普通高等教育焊接技术与工程系列教材

焊接冶金与焊接性

主编　刘会杰
参编　闫久春　魏艳红　刘爱国
主审　张志明

机 械 工 业 出 版 社

《焊接冶金与焊接性》是高等学校焊接专业或焊接方向的一门主要专业课教材，是为满足高等学校焊接专业或焊接方向教学改革的需要而编写的。本书分为上下两篇，上篇为焊接冶金，下篇为焊接性。上篇内容包括：焊接材料的组成及作用，焊接化学冶金，焊接接头的组织和性能，焊接缺陷及其控制；下篇内容包括：焊接性及其试验方法，低合金高强度钢的焊接，不锈钢及耐热钢的焊接，有色金属的焊接。

本书着重论述焊接冶金与焊接性的基本问题，尽量反映国内外近年来在焊接理论研究和生产应用方面的最新成果。本书体系完整，内容精练，可作为高等学校焊接专业或焊接方向的教学用书，也可供从事焊接工作的研究人员和工程技术人员参考。

图书在版编目（CIP）数据

焊接冶金与焊接性/刘会杰主编．—北京：机械工业出版社，2007.3（2025.1重印）

普通高等教育焊接技术与工程系列教材

ISBN 978-7-111-20921-8

Ⅰ．焊…　Ⅱ．刘…　Ⅲ．焊接冶金－高等学校－教材　Ⅳ．TG401

中国版本图书馆CIP数据核字（2007）第023599号

机械工业出版社（北京市百万庄大街22号　邮政编码100037）
策划编辑：冯春生　责任编辑：冯春生　版式设计：霍永明
责任校对：李秋荣　封面设计：王伟光　责任印制：张　博
北京建宏印刷有限公司印刷
2025年1月第1版第16次印刷
184mm×260mm・16印张・385千字
标准书号：ISBN 978-7-111-20921-8
定价：35.00元

电话服务	网络服务
客服电话：010-88361066	机　工　官　网：www.cmpbook.com
010-88379833	机　工　官　博：weibo.com/cmp1952
010-68326294	金　书　网：www.golden-book.com
封底无防伪标均为盗版	机工教育服务网：www.cmpedu.com

前　言

《焊接冶金与焊接性》是高等学校焊接专业或焊接方向的一门主要专业课教材，在培养本科生掌握专业知识过程中起重要作用。本书可作为焊接专业本科生的教学用书，也可供从事焊接工作的研究人员和工程技术人员参考。

本书是为满足高等学校焊接专业或焊接方向教学改革的需要而编写的，分为上下两篇。上篇为焊接冶金，主要论述焊接材料的组成及作用，焊接化学冶金，焊接接头的组织和性能，焊接缺陷及其控制；下篇为焊接性，主要论述材料焊接性及其试验方法，低合金高强度钢、不锈钢及耐热钢、有色金属的焊接性分析及焊接工艺要点。

本书着重论述焊接冶金与焊接性的基本问题，在结构编排和内容选择上力求做到体系完整，内容精练，使学生能够系统掌握和深入地理解所学的专业知识，为合理制定焊接工艺，进而提高焊接质量奠定基础。

在结构编排上，将焊接材料列为第1章，先介绍其组成及作用，可为讲授第2章的焊接化学冶金奠定物质基础，以避免“空谈”现象；再按焊接接头的组成，论述焊缝、热影响区和熔合区的形成机理、微观组织和力学性能，并分析焊接缺陷及其控制方法；在此基础上，最后讲授各种典型材料的焊接性及焊接要点。这样的编排可使各章形成前后呼应的有机联系，全面揭示焊接冶金的基本问题，阐明典型材料的焊接性，达到理论和实际的结合与统一。

在内容选择上，对其他焊接专业课程为主的内容，只在绪论中作简单介绍，如焊接方法、焊接热循环和焊接温度场等；论述焊接接头的组织和性能时，加重了对熔合区的阐述笔墨，强调了熔合区的重要性；分析材料焊接性时，只选择能够反映焊接基本问题的典型材料，而不追求面面俱到。这样做的目的是避免重复，突出重点，节省学时，便于系统掌握和深入理解。

此外，本书在论述深度上也有所取舍，偏重于基本概念和基本规律，既不停留在表观现象上，也不追求繁琐的公式推导与计算，力求做到深入浅出，说明问题。同时，编写过程中也注意内容的更新，尽量反映国内外近年来在焊接理论研究和生产应用方面的最新成果，不断发展和完善焊接理论体系，提高焊接技术水平。

本书由哈尔滨工业大学刘会杰教授担任主编，哈尔滨工业大学张志明教授担任主审。绪论、第1章至第3章由刘会杰编写，第4章由哈尔滨工业大学刘爱国副教授编写，第5章、第7章和第8章的8.3节由哈尔滨工业大学闫久春教授编写，第6章和第8章的8.1节、8.2节由哈尔滨工业大学魏艳红教授编写。

在本书编写过程中，得到了哈尔滨工业大学现代焊接生产技术国家重点实验室、哈尔滨工业大学材料科学与工程学院、哈尔滨工业大学教务处和哈尔滨焊接研究所等单位的大力支持，在此深表谢意。在审稿之际，许多兄弟院校和出版社的同行及专家对编写大纲和书稿提出了很多宝贵意见，特别是哈尔滨工业大学张志明教授对本书进行了全面而细致的审核，在此诚表感谢。

由于编者水平所限，书中难免有不当之处，恳请读者批评指正。

编　者

目　录

下篇　焊　接　性

绪　论

焊接技术是材料工程领域的主要加工工艺之一，已广泛应用在航空、航天、能源、交通、化工、武器、医药、机械、电子以及各种金属结构等工业部门。随着科学技术的不断发展和各种新材料的不断出现，焊接技术在我国科学事业、经济建设和国防建设上将起到越来越重要的作用。

为使学生掌握焊接技术，全面了解焊接冶金与焊接性的知识体系，同时又避免与其他焊接专业课程内容的重复，本绪论只从焊接基本概念出发，简要介绍与之相关的焊接方法的种类及特点、焊接热循环和温度场、焊接接头及其形成过程，最后提出本课程的教学目的、内容和要求。

1. 焊接的本质和途径

什么是焊接？如何实现焊接？了解这些内容对于正确认识焊接过程的本质，开发焊接方法和提高焊接质量都具有重要的理论意义和实际意义。

（1）焊接的概念及内涵　按照国际焊接学会的定义，焊接是指通过加热或加压或二者并用，使被焊材料达到原子间的结合，从而形成永久性连接的工艺。其中，被焊的材料一般被称为母材或工件。

据此描述可知，焊接这个概念至少包括三个方面的含义：一是焊接的途径，即加热或加压或二者并用；二是焊接的本质，即微观上达到原子间的结合；三是焊接的结果，即宏观上形成永久性的连接。

（2）实现焊接的途径　从焊接的本质来看，被焊材料必须达到原子间的结合，这是由原子间的相互作用力与其距离的关系决定的。由图 0-1 可以看出，当原子间的距离为 r_A 时，原子间的结合力最大；当原子间的距离大于或小于 r_A 时，原子间的结合力都明显降低。

因此，只要被焊材料的表面距离接近 r_A 时，就能在接触面上进行扩散、再结晶甚至发生化学反应，从而实现原子间的结合，达到焊接的目的。然而，实际的材料表面在微观上总是凸凹不平的，而且在表面上还存在氧化膜以及油污和水分的吸附层，从而妨碍材料表面的紧密接触。

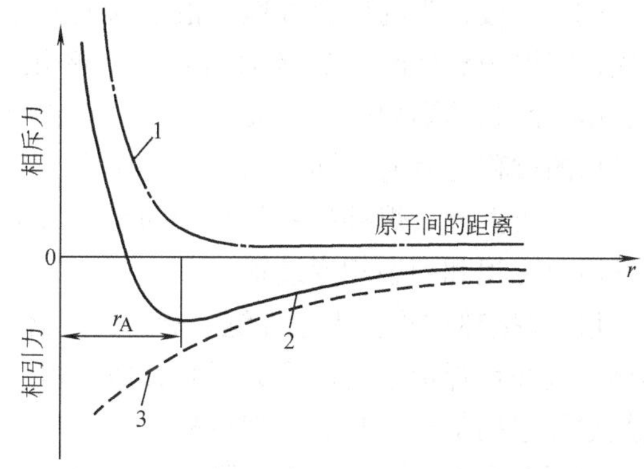

图 0-1　原子间的作用力与距离的关系

1—斥力　2—合力　3—引力

为实现焊接，就必须消除妨碍材料表面紧密接触的各种因素。于是，采取了加压或加热的方式。加压可以破坏接触表面的氧化膜，增加有效接触面积，有利于紧密接触；加热可使材料软化或熔化，从而降低材料的变形抗力，破坏接触表面的氧化膜，促进扩散、再结晶、化学反应和结晶过程的进行。

应当指出，无论是加压方式，还是加热方式，都是使被焊材料之间在微观上达到原子间的结合，在宏观上形成永久性的连接接头。

2. 焊接接头及其形成过程

什么是焊接接头？它由哪些部分组成？其形成过程如何？这些都是研究焊接技术必然遇到的问题。掌握这些内容，对于深入分析焊接过程与微观组织及宏观性能之间的内在联系是非常重要的。

（1）焊接接头的组成　从本质上讲，焊接接头是指被焊材料经焊接之后发生组织和性能变化的区域。它由焊缝、熔合区和热影响区组成，如图 0-2 所示。

1）焊缝。焊缝是焊接接头最重要的组成部分。对于熔焊而言，焊缝一般是由熔化的被焊材料和填加材料经凝固后所形成的。如果焊接过程中未采用任何填加材料，焊缝将完全由经历过熔化和凝固的母材所形成。无论是否采用填加材料，焊缝的组织和性能都不同于母材。

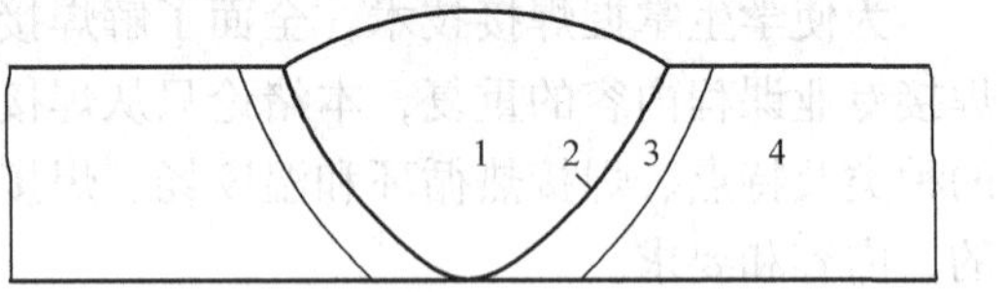

图 0-2　焊接接头的组成
1—焊缝　2—熔合区　3—热影响区
4—未受影响的母材区

2）热影响区。热影响区也是焊接接头的重要组成部分，它由受到焊接热影响而未发生熔化的母材所形成。所谓的热影响，并不仅仅是指温度超过了母材初始温度，而是指温度超过一定值之后给母材带来的微观组织和性能的变化。因此，并不是超过了初始温度的所有母材部分都是热影响区，而只有超过了使母材组织和性能发生变化的温度，并且未发生熔化的母材部分才是热影响区。

3）熔合区。熔合区是介于焊缝与热影响区之间的相当窄小的过渡区。从宏观角度来看，熔合区是焊缝与热影响区的分界线，因此又将其称为熔合线。但从微观角度来讲，熔合区是由部分熔化的母材和部分未熔化的母材所组成的区域，因此有人将该区称为部分熔化区或半熔化区。

熔合区的化学成分、微观组织和力学性能极不均匀，是焊接接头容易出现问题的部位。因此，本书在第 3 章中对“熔合区”进行了详细讨论和分析。

（2）焊接接头的形成过程　根据以上描述已知，焊接接头由焊缝、熔合区和热影响区组成，其组织和性能在焊接前后发生了变化。因此，可以说焊接接头的形成过程就是焊缝、熔合区和热影响区的形成过程。由于它们所经历的焊接热作用不同，因而它们的形成所经历的过程也有所不同，如图 0-3 所示。

从本质上看，焊接接头的形成过程主要涉及焊接热过程、固-液状态演变过程、焊接化学冶金过程和固态相变过程。

1）焊接热过程。无论焊缝、熔合区，还是热影响区，都是在焊接热源作用下形成的。焊接热过程是焊接中所涉及的所有其他过程产生和发展的前提。按母材受热进程来看，焊接热过程包括加热过程和冷却过程。

2）固-液状态演变过程。固-液状态演变过程主要发生在焊缝部位。在焊接热源的作用下，焊缝部位的固态母材发生熔化，形成液态熔池；而后，随着焊接热源的远离，液态熔池凝固结晶，形成固态焊缝。因此，焊缝部位的母材经历了由固态到液态、再由液态到固态的状态演变过程。

3）焊接化学冶金过程。焊接化学冶金过程主要发生在与焊缝相对应的焊接区中，是金属、熔渣和气相在较高温度下发生的冶金反应过程。在焊缝形成过程中，主要涉及氧化、还原、渗氢、除氢、脱硫、脱磷以及合金化等。由于这些冶金反应直接影响焊缝的成分、组织和性能，因而有必要深入研究焊接化学冶金过程，为提高焊接质量提供理论依据。

4）固态相变过程。对于有同素异构转变的材料而言，焊接过程中会发生固态相变。相变过程既可发生在热影响区，也可出现在焊缝。由于焊缝成分是由被焊材料和填加材料共同组成，因而焊缝相变过程与热影响区有所不同。而且，在热影响区中，各点所经受的焊接热作用不同，因而所发生的组织转变也不同。

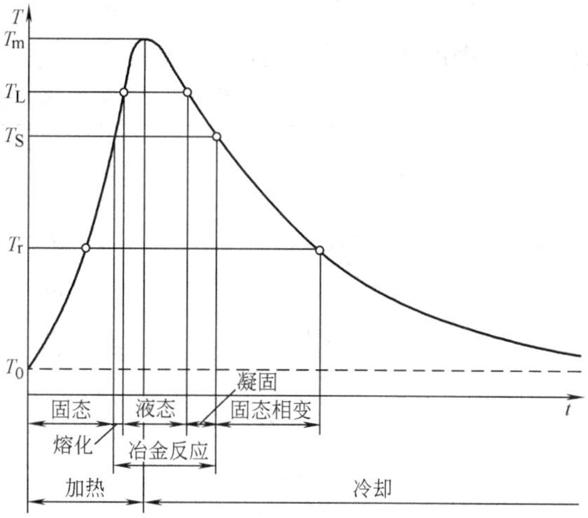

图 0-3　焊接接头形成过程描述图

T—温度　t—时间　T_0—初始温度

T_r—相变温度　T_S—固相线温度

T_L—液相线温度　T_m—峰值温度

应当指出，以上所述的各个过程并不是孤立进行的，而是相互联系的，甚至共同发生和发展的。在整个接头形成过程中，还会由于各种原因使接头产生偏析、夹杂、气孔、热裂纹、冷裂纹以及脆化等焊接缺陷。因此，控制焊接接头的形成过程是保证焊接质量的关键。

3. 焊接方法的种类和特点

在上述对焊接概念的描述中提到，焊接必须采用加压或加热的方式。因此，产生了压焊和熔焊两大类焊接方法。

压焊是必须对被焊材料施加压力（加热或不加热）以完成焊接的方法；而熔焊是不施加压力，只通过加热使母材局部熔化来实现焊接的方法。由于本书讨论的是熔焊中的焊接冶金与焊接性问题，因此这里只介绍熔焊方法的种类及其特点。

（1）熔焊方法的种类　从焊接热源的本质上来看，熔焊方法可分为气焊、电弧焊、高能束流焊及电渣焊等类别，并可进一步细分为多种焊接方法。

1）气焊。气焊是利用可燃气体燃烧所释放出的化学热来实现焊接的方法。常用的燃气是乙炔，故称为氧乙炔焊。

2）电弧焊。电弧焊是以气体介质放电所产生的电弧作为热源的焊接方法。可细分为焊条电弧焊、埋弧焊、熔化极气体保护焊、钨极惰性气体保护焊及等离子弧焊等。

3）高能束流焊。高能束流焊是以电子束或激光束与被焊材料局部表面相互作用而产生的热能作为热源的焊接方法，因此分为电子束焊和激光束焊。

4）电渣焊。电渣焊是以熔渣作为导电介质，利用电流通过熔渣产生的电阻热作为热源的焊接方法。

各种焊接方法的热源特性如表 0-1 所示。总的来看，作为各种焊接方法的热源，其共有的特性就是具有很高的能量密度，能实现快速焊接。但就不同的焊接方法而言，它们所具有的能量密度明显不同，其中气焊较低，电弧焊较高，高能束流焊最高。

表 0-1 各种焊接方法的热源特性

焊接方法		最小加热面积 /cm^2	最大能量密度 /(W/cm^2)	正常焊接时的温度 /K
气焊	氧乙炔焊	10^{-2}	2×10^3	3400
电渣焊		10^{-2}	10^4	2300
电弧焊	焊条电弧焊	10^{-3}	10^4	6000
	埋弧焊	10^{-3}	2×10^4	6400
	钨极氩弧焊	10^{-3}	1.5×10^4	8000
	熔化极气体保护焊	10^{-4}	$10^4\sim10^5$	—
	等离子弧焊	10^{-5}	1.5×10^5	18000～24000
高能束流焊	电子束焊	10^{-7}	$10^7\sim10^9$	—
	激光束焊	10^{-8}	$10^7\sim10^9$	—

正是由于能量密度不同，造成对母材的热输入明显不同，因而所产生的影响也不同。由图 0-4 可以看出，从气焊到电弧焊，再到高能束流焊，能量密度明显提高，对母材的热输入明显降低，因而焊接质量提高，同时焊接效率和熔深也提高。

(2) 熔焊方法的特点　不同的焊接方法由于具有不同的热源特性，因而具有不同的焊接特点。对这些特点进行简要分析和介绍，目的是为研究各种材料焊接性时选择焊接方法提供依据。至于各种焊接方法本身的系统构成和工作原理等内容，会在其他焊接专业课程中详细阐述。

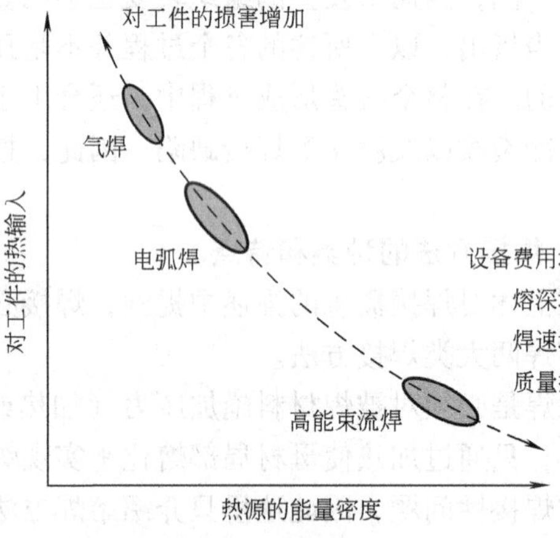

图 0-4　不同焊接方法对工件的热输入及其影响

1) 气焊。气焊的优点是设备简单、便宜，一般适用于焊接不重要的构件，也适用于修补。但其能量密度低，易造成过大的热影响区和严重的变形，焊速也低，而且由于保护性不好也不适于焊接活性材料。

2) 焊条电弧焊。与气焊相类似，焊条电弧焊的优点是设备较为简单、便携，适用于难以实现自动化焊接的构件，也常用于工件修补和野外作业。然而，由于形成的保护气体惰性不足而不适于焊接活性材料，而且由于受焊条长度和药皮过热及脱落的限制，降低了焊接生产率。

3) 埋弧焊。在埋弧焊中，由于焊剂或熔渣的保护作用，消除了飞溅，焊缝洁净，熔敷效率高，可焊厚度远大于气体保护焊。这种方法一般仅限于平焊，其高的热输入也会增大焊接变形。

4）熔化极气体保护焊。当采用惰性气体保护时，熔化极气体保护焊可用于焊接活性材料。与钨极气体保护焊相比，熔化极气体保护焊具有相当高的熔敷率，因而可采用较高的焊速焊接较厚的工件。其缺点是受焊枪尺寸的限制，难于到达狭小的区域或角落。

5）钨极气体保护焊。钨极气体保护焊因其热输入低而适合于薄板的焊接，而且可实现不填丝的自熔焊接以及单面焊双面成形。作为一种很洁净的焊接方法，可用于焊接活性材料。但这种方法的缺点是熔敷效率低，过大的焊接电流也易造成焊缝夹钨。

6）等离子弧焊。与钨极气体保护焊相比，等离子弧焊的显著特点是电弧挺直，对弧长变化不敏感，降低了对焊工操作技术的要求，而且由于等离子弧能量密度高可实现穿孔型焊接，故焊接速度快，可焊厚度也大。然而，这种焊接方法所用焊具的结构非常复杂，电控系统也复杂，因此设备费用高，尤其是变极性等离子弧焊设备。

7）电子束焊。电子束焊方法因其能量密度很高而能实现全熔透的穿孔型焊接，可焊厚度很大，焊接速度很快，焊接热影响区很窄，焊接变形很小。它可以焊接多种类型的材料，包括活性材料、耐热材料、异种材料以及尺寸不同的材料。这种焊接方法的缺点是设备造价很高，同时需要真空环境和 X 射线防护设施，对工件的装配和对中也有非常高的要求。

8）激光束焊。与电子束焊相比，激光束焊也能实现高速焊接，形成深而窄的全熔透焊缝，焊接热影响区和焊接变形都很小，但它不需要真空环境和 X 射线防护设施。激光束焊的主要问题是金属表面对激光具有很强的反射作用，降低了激光的利用率，而且焊接设备造价高，需要对工件进行精确地装配和对中。

9）电渣焊。电渣焊具有非常高的熔敷率，无论工件多厚，均单道焊完，而且没有角变形。其缺点是只适用于垂直位置焊接，而且热输入很高，易造成焊缝及热影响区晶粒的严重粗化，使接头韧性显著降低。

表 0-2 给出了与一些典型材料种类和厚度相对应的推荐焊接方法，以供参考选用。由表可以看出，熔化极气体保护焊和电子束焊适用于各种材料和各种厚度，钨极气体保护焊最适合于薄板的焊接，而电渣焊只适用于厚板的焊接。

4. 焊接温度场和焊接热循环

正如在焊接方法及其特点中所论述的那样，熔焊过程都是在焊接热源的作用下完成的。当采用焊接热源对工件局部进行加热时，工件上的不同部位将会产生很大温差，于是在工件内部和工件与周围介质之间都会形成热流，焊接传热问题也就由此而生。焊接传热所涉及的主要是工件上的温度分布及温度随时间的变化，即焊接温度场和焊接热循环。通过对二者进行分析和研究，进而加以调整和控制，对于提高焊接质量是非常有意义的。

（1）焊接温度场

1）焊接温度场的概念及表征。焊接过程中，工件上各点的温度都在随时间而有规律地变化。我们将某瞬时温度在工件上各点的分布，称为焊接温度场。

焊接温度场可用空间坐标和时间的函数来描述，即

$$T = f(x, y, z, t) \tag{0-1}$$

式中 T——工件上某点某瞬时的温度；

x、y、z——工件上某点的空间坐标；

t——时间。

表 0-2 与典型材料种类和厚度相对应的推荐焊接方法

材料		焊接方法								
种类	厚度/mm	气焊	电渣焊	焊条电弧焊	埋弧焊	熔化极气体保护焊	钨极气体保护焊	等离子弧焊	电子束焊	激光束焊
碳钢	≤3	●		●	●	●	●		●	●
	3～6	●		●	●	●	●		●	●
	6～19	●		●	●	●			●	●
	≥19	●	●	●	●	●			●	
低合金钢	≤3	●		●	●	●	●		●	●
	3～6			●	●	●	●		●	●
	6～19			●	●	●			●	●
	≥19		●	●	●	●			●	
不锈钢	≤3	●		●	●	●	●	●	●	●
	3～6			●	●	●	●	●	●	●
	6～19			●	●	●		●	●	●
	≥19		●	●	●	●			●	
铝合金	≤3	●				●	●	●	●	●
	3～6					●	●		●	●
	6～19					●	●		●	
	≥19					●			●	
镍合金	≤3	●		●		●	●	●	●	●
	3～6			●	●	●	●	●	●	●
	6～19			●	●	●		●	●	●
	≥19		●	●		●			●	

焊接温度场可用等温线或等温面的分布来表征，如图 0-5 所示。等温线或等温面就是某瞬时工件上温度相同的各点连接在一起所形成的线或面。值得注意的是，各个等温线或等温面彼此之间存在温差，因而不能相交。

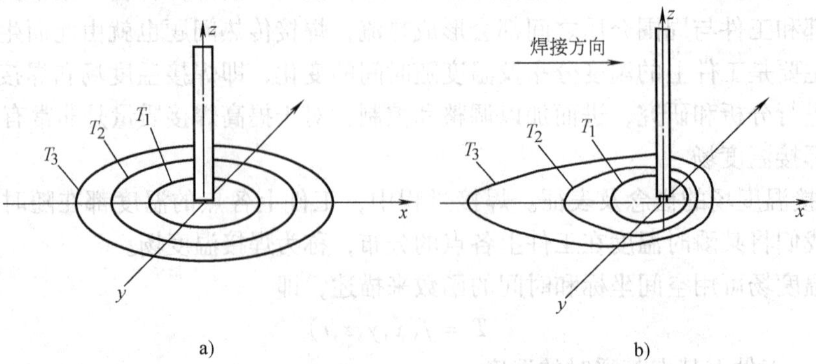

a) b)

图 0-5 两种恒定功率热源的准稳定温度场

a）固定热源 b）移动热源

2）焊接温度场的类型

① 按温度变化情况划分的温度场。按温度变化情况，可将焊接温度场分为稳定温度场、非稳定温度场和准稳定温度场。工件上各点温度不随时间而变化的温度场为稳定温度场；工件上各点温度随时间而变化的温度场为非稳定温度场；工件上各点温度虽然开始一段时间内发生变化，但经过一段时间之后，各点温度不再变化，等温线或等温面形状和尺寸不变，从而形成暂时稳定的温度场，这样的温度场为准稳定温度场。

一般情况下，工件上各点的温度总是随时间而变化的，因此焊接温度场应是非稳定温度场。但恒定功率的热源作用在工件的固定位置时，经过一段时间后，工件上就会形成等温线或等温面形状和尺寸不变的准稳定温度场，如图 0-5a 所示。

同样，恒定功率的热源沿工件等速移动时，经过一段时间之后，工件上也会形成与热源等速移动的、具有等温线或等温面形状和尺寸不变的准稳定温度场，如图 0-5b 所示。此时工件上各点温度虽然随时间而变化，但对于以移动的热源中心为参考点的各点而言，它们的温度并不发生变化。也就是说，热源周围的温度分布变为恒定。当采用坐标原点与热源中心重合的移动坐标系时，工件上各点的温度只取决于它们的空间坐标，而与热源的移动距离无关。

② 按焊接传热类型划分的温度场。按焊接传热类型，可将焊接温度场分为三维温度场、二维温度场和一维温度场，如图 0-6 所示。具体属于哪种类型，主要取决于工件的尺寸和热源的性质。

对于厚大工件进行堆焊，可以将热源看作是点热源，热的传播沿 x、y、z 三个方向，属于三维空间传热，这时所形成的温度场为三维温度场，如图 0-6a 所示。

对于薄板穿透焊接，可以将热源看作是沿板厚均温的线热源，热的传播沿 x、y 两个方向，属于二维平面传热，这时所形成的温度场为二维温度场，如图 0-6b 所示。

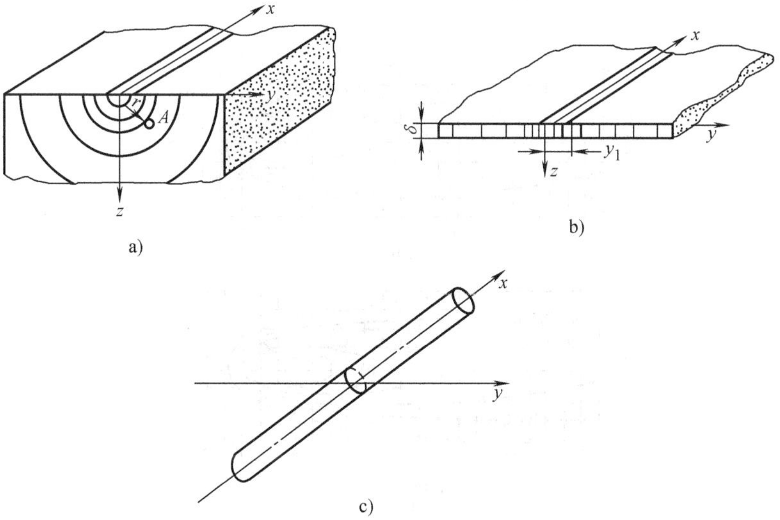

图 0-6　按传热类型划分的焊接温度场

a）三维　b）二维　c）一维

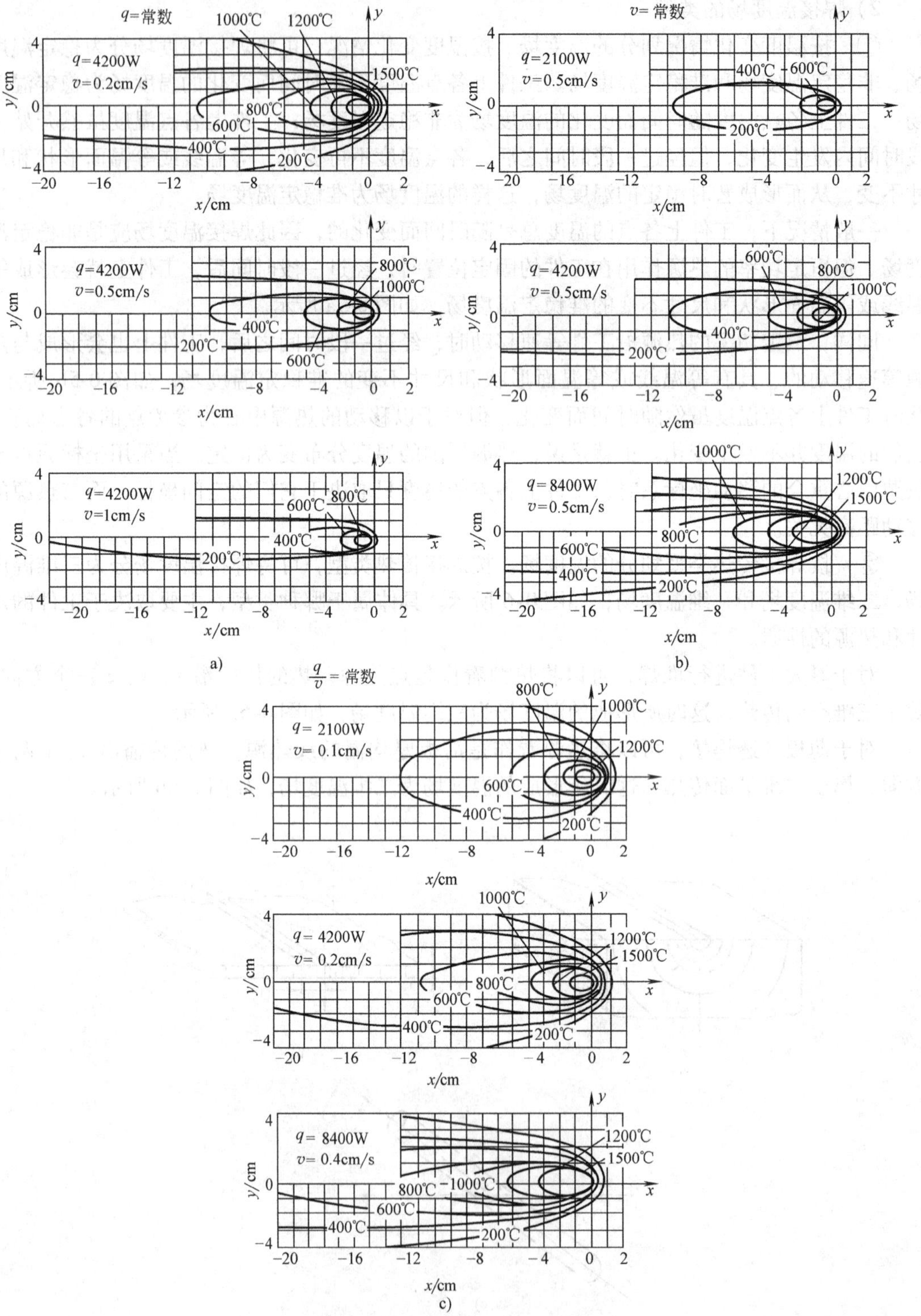

图 0-7　焊接参数对温度场特征的影响

a）焊速 v 的影响　b）功率 q 的影响　c）q 与 v 等比例变化的影响

[$\lambda=0.42\mathrm{W/(cm\cdot℃)}$，$c\rho=4.83\mathrm{J/(cm^3\cdot℃)}$，$a=0.08\mathrm{cm^2/s}$，$\delta=10\mathrm{mm}$]

对于细棒状工件焊接，可以将热源看作是沿细棒截面均温的面热源，热的传播只沿 x 一个方向，属于一维线性传热，这时所形成的温度场为一维温度场，如图 0-6c 所示。

3）焊接温度场的影响因素。焊接温度场受许多因素影响，其中主要有热源的特性、焊接参数、母材的热物理性质和工件的形态等。

① 热源的特性。当采用不同的焊接方法时，如气焊、电弧焊和高能束流焊等，由于它们的热源特性不同，因而所形成的焊接温度场也具有不同的特征。能量高度集中的电子束焊和激光束焊，可形成范围很小的温度场；而气焊的热源作用面积很大，因此温度场的范围很大；能量密度居中的电弧焊，其温度场范围介于高能束流焊与气焊之间。

② 焊接参数。即使采用同样的焊接热源，但由于焊接参数不同，焊接温度场的特征也有所不同。图 0-7 给出了焊接参数对 10mm 厚低碳钢试件焊接温度场的影响。

当热源功率 q 为常数时，随焊接速度 v 的增加，等温线形状变窄、变短，宽度方向变得更显著，即温度场的范围变小，形状变得细长，如图 0-7a 所示。

当焊接速度 v 为常数时，随热源功率 q 的增加，等温线形状变宽、变长，即温度场的范围变大，如图 0-7b 所示。

当热输入 q/v 为常数时，等比例增加 q 与 v，等温线形状变长，即温度场长度方向的范围变大，如图 0-7c 所示。

③ 母材的热物理性质。母材的热物理性质包括比热容 c、体积比热容 $c\rho$、表面传热系数 α、热导率 λ 和热扩散率 a 等，其中对温度场有显著影响的是热导率 λ 和热扩散率 a。

不同材料的热物理性质是不同的，如表 0-3 所示。正是由于热物理性质不同，即使采用相同的焊接方法和相同的焊接参数，所形成的焊接温度场也是不同的，如图 0-8 所示。

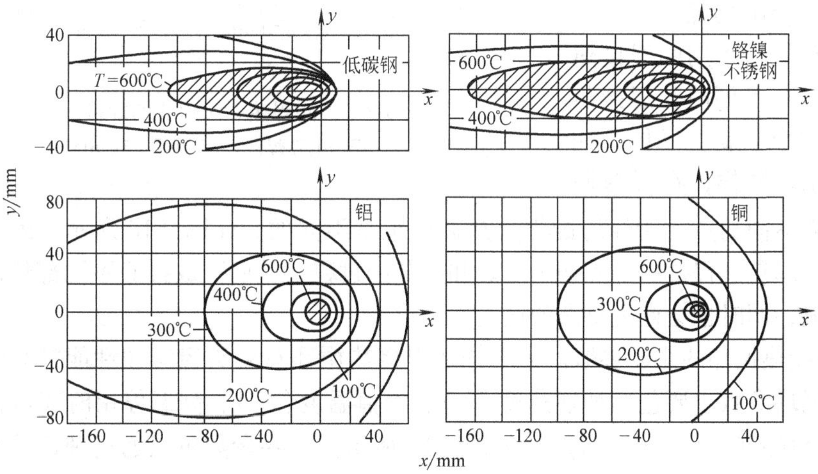

图 0-8 母材热物理性质对温度场特征的影响

（$q=4.19\text{kJ/s}$，$v=2\text{mm/s}$，$\delta=10\text{mm}$，$T_0=0℃$）

由图 0-8 可见，在低碳钢、铬镍不锈钢、铝和铜四种材料中，导热性越好的材料，其较高温度的等温线范围越小，而较低温度的等温线范围越大。因此，焊接不锈钢时所采用的热输入应比焊接低碳钢时要小，因为不锈钢的导热性较差。相反，焊接铜和铝时应采用比焊接低碳钢更大的热输入，因为铜和铝的导热性非常好。

表 0-3 不同材料的热物理常数

名称	符号	单位	焊接条件下选取的平均值			
			低碳钢	不锈钢	铝	铜
热导率	λ	W/(cm·℃)	0.378~0.504	0.168~0.336	2.65	3.78
比热容	c	J/(g·℃)	0.65~0.76	0.42~0.50	1.0	0.45
体积比热容	$c\varphi$	J/(cm³·℃)	4.83~5.46	3.36~4.2	2.63	3.99
热扩散率	a	cm²/s	0.07~0.10	0.05~0.07	1.00	0.95
表面传热系数	α	J/(cm·s·℃)	$(0.63\sim37.8)\times10^{-3}$	—	—	—

④ 工件的形态。工件的几何形状和尺寸、接头的类型以及所处的环境都影响焊接传热过程，因而也就影响温度场的特征。正如在焊接温度场的类型中所介绍的那样，对于厚大工件、薄板和细棒状工件焊接时，将分别形成三维、二维和一维温度场（参见图 0-6）。

（2）焊接热循环

1）焊接热循环的概念。在焊接过程中，工件上某点的温度随时间由低到高，升至最大值后又由高到低的变化过程称为焊接热循环。相应地，表示温度与时间关系的曲线称为热循环曲线。

实际上，焊接热循环描述的是焊接过程中热源对工件的热作用过程。当采用的焊接热源或焊接方法不同时，焊接热循环曲线的形状就会不同，如图 0-9 所示。同样，在焊缝两侧与之距离不同的点，所经历的焊接热循环也是不同的，如图 0-10 所示。因此，对整个工件而言，焊接过程是一个不均匀加热和冷却的过程，从而造成接头不同部位出现不同的组织和性能，同时也会产生复杂的应力与变形。

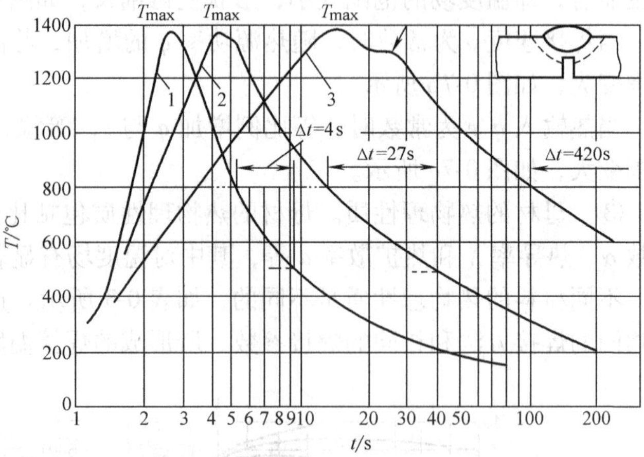

图 0-9 不同焊接方法形成的焊接热循环

1—焊条电弧焊 2—埋弧焊 3—电渣焊

2）焊接热循环的主要参数。为了描述焊接热循环对接头组织和性能的影响，所考虑的焊接热循环参数主要包括加热速度（v_H）、峰值温度（T_m）、高温停留时间（t_H）、冷却速度（v_c）或冷却时间（$t_{8/5}$、$t_{8/3}$、t_{100}），如图 0-11 所示。这些参数可以通过理论计算、实际测量以及理论与试验相结合等方式得到，从而为判定热影响区组织和性能提供依据。

① 加热速度 v_H。加热速度是描述工件温度上升快慢程度的参量。在焊接过程中，它随加热时间而变化，并可从上升段的热循环曲线上求出，一般情况下表示为一定温度范围内的平均值。对于有相变的材料来讲，加热速度会影响相变温度和相变后的均质化程度，从而影响到热影响区的组织和性能。

② 峰值温度 T_m。峰值温度也称最高温度，是热循环曲线上最高点对应的温度。在焊接工件上，不同部位具有不同的峰值温度。一般来讲，焊缝部位的峰值温度高于液相线

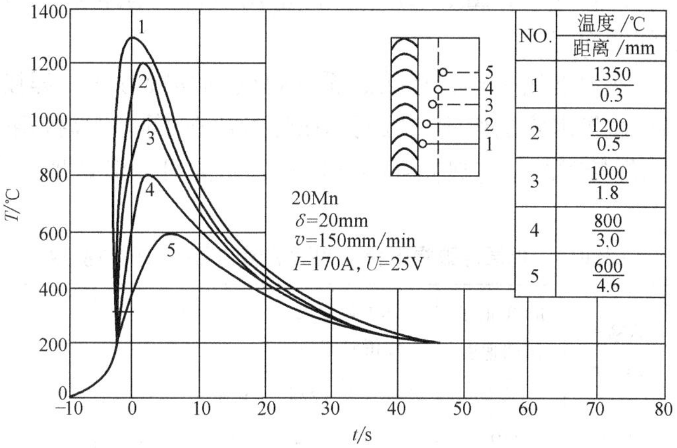

图 0-10　不同位置的点所经历的焊接热循环

温度，而热影响区部位的峰值温度低于固相线温度。峰值温度越高，晶粒长大倾向越严重。单就热影响区而言，与焊缝距离不同的点也具有不同的峰值温度（参见图 0-10），因而在热影响区形成不均匀的组织和性能。

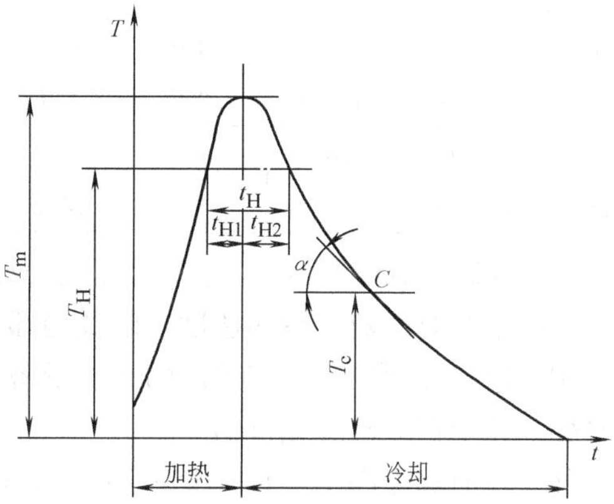

图 0-11　焊接热循环参数

③　高温停留时间 t_H。高温停留时间一般是指在某一较高参考温度以上的停留时间。在研究相变材料的焊接热循环问题中，将相变温度定为参考温度，这样高温停留时间就变成了相变温度以上的停留时间。在热循环曲线上，高温停留时间 t_H 由加热过程的停留时间 t_{H1} 和冷却过程的停留时间 t_{H2} 组成，即 $t_H = t_{H1} + t_{H2}$（参见图 0-11）。对热影响区来讲，高温停留时间长有利于均质化，但会造成晶粒长大倾向。

④　冷却速度 v_c 或冷却时间 $t_{8/5}$、$t_{8/3}$、t_{100}。冷却速度是描述工件温度降低快慢程度的参量。在焊接过程中，冷却速度就是热循环曲线下降段的斜率。由于不同的冷却阶段具有不同的冷却速度，因而常常采用一定温度范围内的平均冷却速度或者冷却至某一温度时的瞬时冷却速度（参见图 0-11）。例如，对于低合金钢的焊接来讲，常选用熔合区附近冷却到540℃左右时的瞬时冷却速度。

冷却速度对热影响区的组织和性能有显著的影响。从某种意义上讲，控制热影响区的组织和性能就是控制热影响区的冷却速度。然而，在试验研究和实际工作中，冷却速度难于测量或者说测量存在较大误差。因此，常采用冷却时间来代替冷却速度作为研究焊接热影响区组织、性能和抗裂性的评价参数。

冷却时间是指由某一特定温度冷却到另一特定温度所经历的时间。例如，从 800℃冷却到 500℃所经历的时间称为 $t_{8/5}$，从 800℃冷却到 300℃所经历的时间称为 $t_{8/3}$，而从峰值温度冷却到 100℃所经历的时间称为 t_{100}。对于低合金钢来讲，这些时间参数可根据给定的焊接条件，从已经设计好的线算图上求得。实际应用中具体选择哪一时间，应根据不同材料焊接时所存在的问题而定。

应当指出，像焊接温度场一样，焊接热循环也受到焊接方法、焊接参数、母材种类、板材厚度以及周围介质等因素的影响，因而热循环参数在不同的焊接条件下是不同的。表0-4 给出了低合金钢焊接时的某些热循环参数数据，由此可以清楚地看到热循环参数随焊接条件的变化。

表 0-4　单层电弧焊低合金钢时热影响区的热循环参数

板厚/mm	焊接方法	热输入/(J/cm)	900℃时的加热速度/(℃/s)	900℃以上的停留时间/s		冷却速度/(℃/s)		备注
				加热	冷却	900℃	540℃	
1	钨极氩弧焊	840	1700	0.4	1.2	240	60	不开坡口对接
2	钨极氩弧焊	1680	1200	0.6	1.8	120	30	不开坡口对接
3	埋弧焊	3780	700	2.0	5.5	54	12	不开坡口对接，有焊剂垫
5	埋弧焊	7140	400	2.5	7	40	9	不开坡口对接，有焊剂垫
10	埋弧焊	19320	200	4.0	13	22	5	V 形坡口对接，有焊剂垫
15	埋弧焊	42000	100	9.0	22	9	2	V 形坡口对接，有焊剂垫
25	埋弧焊	105000	60	25.0	75	5	1	V 形坡口对接，有焊剂垫

3）焊接热循环的特点。与热处理过程相比，焊接热循环具有加热速度快、峰值温度高、高温停留时间短、冷却速度快以及局部加热等特点。

① 加热速度快。焊接采用的是能量密度很高的热源，加热集中。其加热速度往往高于热处理几十倍，甚至几百倍。

② 峰值温度高。在焊接情况下，熔合区附近的热影响区的峰值温度接近母材的熔点。对于低碳钢和低合金钢来讲，一般都在1350℃左右，而热处理时的加热温度一般不超过相变点 Ac_3 以上 200℃。

③ 高温停留时间短。钢材焊接时，温度高于相变点 Ac_3 以上的停留时间很短，如焊条电弧焊为 4～20s，埋弧焊为 30～100s，而热处理时可以根据需要任意控制保温时间。

④ 冷却速度快。焊接时的冷却过程一般都是在自然条件下连续进行的，冷却速度快，只有个别情况才进行焊后保温，而热处理时可根据需要来控制冷却速度或在冷却过程的不同阶段进行保温。

⑤ 加热的局部性和移动性。焊接时只对工件进行局部集中加热，并且热源和被加热的部位是移动的，而热处理时工件是在炉中整体加热的。

总之，与热处理过程相比，焊接热循环有它本身的特点，从而使焊接过程的组织转变与热处理过程的组织转变有所不同，这些内容将在第 3 章中加以详述。

5. 本课程的教学目的和内容

“焊接冶金与焊接性”是焊接专业或焊接方向的一门主干课程，在本科专业教学中占有重要的地位。本课程以“物理化学”和“金属学及热处理”等课程为基础，结合焊接本身的特点来探讨材料焊接中的基本问题，专业性极强，涉及内容很广。因此，只有做到理论联系实际，课堂教学与实验教学相结合，并借助研讨、大作业等互动式教学模式，才能取得良好的教学效果。

（1）教学目的　使学生掌握材料在熔焊条件下冶金过程的基本理论和基本知识，培养分析各种具体条件下材料焊接性的基本能力，为正确选择焊接材料、制定合理的焊接工艺和探索提高焊接质量的途径奠定基础。

（2）教学内容　本课程的教学内容分为上下两篇。上篇为焊接冶金，主要论述材料在熔焊条件下化学冶金和物理冶金的基本理论；下篇为焊接性，主要论述典型材料的焊接性及焊接工艺要点。其中上篇内容包括：焊接材料的组成及作用，焊接化学冶金，焊接接头的组织和性能，焊接缺陷及其控制；下篇内容包括：焊接性及其试验方法，低合金高强度钢的焊接，不锈钢及耐热钢的焊接，有色金属的焊接。

应当指出，由于试验条件、测试手段以及认识水平等诸多因素的限制，在焊接冶金与焊接性方面仍然有很多现象和规律未被人们所认识，还有待全体焊接工作者开展更为深入的研究，不断完善焊接的理论体系，为焊接技术的进一步发展做出贡献。

思考题

1. 焊接的概念及其内涵是什么？
2. 焊接接头由哪几部分组成？其形成经历了哪些过程？
3. 说明各种熔焊方法的热源特性及应用特点。
4. 论述焊接温度场的类型及影响因素。
5. 焊接热循环的特点及主要参数是什么？
6. 指出焊接温度场与焊接热循环的区别和联系。
7. 本课程的教学目的是什么？

上篇 焊接冶金

第1章 焊接材料的组成及作用

一般来讲，焊接材料是指能填充焊缝、对焊缝起保护作用和冶金处理作用的所有消耗材料。在熔焊中，焊接材料包括焊条、焊丝、焊剂和气体等，不同的焊接方法采用不同的焊接材料。例如，焊条电弧焊采用焊条，埋弧焊采用焊剂和焊丝，而气体保护焊采用保护气体和焊丝。焊接材料参与整个焊接过程，因而不仅影响过程的稳定性和接头的最终质量，同时也影响焊接生产率。因此，了解和掌握焊接材料的有关知识，对于提高焊接质量和效率是很有意义的。

本章重点介绍焊条的组成、作用和性能，同时也简要介绍焊剂与焊丝的种类和用途，目的是为讲授焊接化学冶金和进行焊接材料选择奠定基础。对于焊接所用的保护气体这里并不论及，因为该内容在“焊接方法”课程中会进行详细讨论。

1.1 焊条

1.1.1 焊条的组成及作用

焊条是指由一定长度的金属丝和外表涂有特殊作用的涂层所构成的焊接材料，主要用于焊条电弧焊。其中，焊条内部的金属丝被称为焊芯，外部的涂层被称为药皮。因此，可以说焊条由焊芯和药皮两部分组成。

1. 焊芯

(1) 焊芯的作用　焊芯主要起两个方面的作用：一是传导电流，维持电弧燃烧；二是本身熔化，形成焊缝的填充金属。

(2) 焊芯的种类和成分　由于焊芯的主要作用之一就是作为焊缝的填充金属，因此焊芯的种类和成分对焊缝的成分、组织和性能有直接的影响。在一般情况下，焊芯的种类、焊条的种类与被焊母材的种类存在大致的对应关系，如表1-1所示。例如，对于碳钢和低

表1-1　与母材和焊条对应的焊芯种类

母材种类	碳钢	低合金钢	耐热钢	不锈钢	铸铁	镍及镍合金	铝及铝合金	铜及铜合金
焊条种类	碳钢	低合金钢	耐热钢	不锈钢	铸铁	镍及镍合金	铝及铝合金	铜及铜合金
焊芯种类	低碳钢	低碳钢或低合金钢	耐热钢	不锈钢	铸铁或合金	镍或镍合金	铝或铝合金	铜或铜合金

合金钢焊接所用的焊条来讲，都可以选用低碳钢焊芯，其化学成分如表 1-2 所示，而其他焊条所用焊芯的成分可参看有关手册。

表 1-2 低碳钢焊芯的化学成分（GB/T 14957—1994）

牌号	化学成分（质量分数）（%）							
	C	Mn	Si	Ni	Cr	Cu	S	P
H08A	≤0.10	0.30～0.55	≤0.03	≤0.30	≤0.20	≤0.20	≤0.030	≤0.030
H08E	≤0.10	0.30～0.55	≤0.03	≤0.30	≤0.20	≤0.20	≤0.020	≤0.020
H08C	≤0.10	0.30～0.55	≤0.03	≤0.10	≤0.10	≤0.10	≤0.015	≤0.015
H08Mn	≤0.10	0.30～0.55	≤0.07	≤0.30	≤0.20	≤0.20	≤0.035	≤0.035
H08MnA	≤0.10	0.30～0.55	≤0.07	≤0.30	≤0.20	≤0.20	≤0.030	≤0.030
H15A	0.11～0.18	0.30～0.65	≤0.03	≤0.30	≤0.20	≤0.20	≤0.030	≤0.030
H15Mn	0.11～0.18	0.80～1.10	≤0.03	≤0.30	≤0.20	≤0.20	≤0.035	≤0.035

在表 1-2 中，焊芯牌号的第一个字母 H 表示焊芯；H 之后的数字表示碳的质量分数，如 H08 表示焊芯中碳的平均质量分数为 0.08%；最后的字母 A 表示优质，E 表示特优，C 表示超优。由表 1-2 可知，低碳钢焊芯中主要含有碳、锰、硅、镍、铬、铜、硫和磷等化学元素。从提高焊接质量的角度来考虑，应该对这些元素的含量加以合理的控制。

1）碳的控制。碳能提高焊缝强度，但它的增加会增大焊缝产生脆化和裂纹的倾向，同时也会降低焊接过程的稳定性，增加焊接飞溅率。因此，在保证焊缝与母材等强的前提下，应尽量降低焊芯的含碳量。对于低碳钢焊芯来讲，碳的质量分数应控制在 0.1% 以下，个别情况下也应低于 0.2%。

2）锰的控制。锰具有固溶强化作用，在焊缝形成过程中还能脱氧、脱硫，降低焊缝的结晶裂纹倾向，但含锰量过高或过低都会降低焊缝的韧性。因此，焊芯的含锰量应控制在一定范围之内。对于低碳钢焊芯而言，锰的质量分数介于 0.30%～0.55% 之间为宜。但当焊芯含碳量增加时，锰的含量可适当增加。

3）硅的控制。硅是固溶强化元素，也能起到脱氧作用，但硅的增加会增大焊缝产生 SiO_2 夹杂的倾向，而且对焊缝的韧性也不利。因此，低碳钢焊芯的含硅量均较低。

4）硫和磷的控制。硫和磷对焊缝具有明显的危害作用，不仅增大焊缝的结晶裂纹倾向，而且增大焊缝的脆性。因此，应严格控制焊芯中硫和磷的含量，其质量分数一般应在 0.04% 以下，焊缝质量要求高时应低于 0.015%。

5）其他元素的控制。镍、铬及铜是作为低碳钢焊芯中的杂质元素，尤其是镍能显著增大结晶裂纹倾向。因此，它们的含量都应控制在有关标准的范围之内。

2. 药皮

（1）药皮的作用　无论何种焊条，其药皮的主要作用都表现在三个方面，即机械保护作用、冶金处理作用和工艺性能改善作用。

1）机械保护作用。药皮在电弧热的作用下熔化成渣，形成熔渣保护；同时在冶金过程中还会产生气体，形成气体保护。正是在这种渣-气联合保护作用下，实现了焊接区内金属熔滴和焊接熔池与周围空气的隔离，从而避免了空气的侵入及其对焊缝金属的危害。

2）冶金处理作用。在焊接过程中，药皮通过各种冶金反应去除氧、氢、硫和磷等有害元素，同时通过药皮向焊缝填加有益的合金元素。正是这种冶金处理作用，实现了焊缝的净化和合金化，从而提高了焊缝的性能。

3）工艺性能改善作用。通过合理设计药皮的组分，可使电弧易于引燃且能稳定燃烧，能降低焊接飞溅，提高脱渣性能，使焊缝成形美观，增强全位置焊接的适应性。

（2）药皮的组成　焊条药皮是由具有不同物理性质和化学性质的多种材料混合而成的涂层。这些材料包括氧化物、碳酸盐、硅酸盐、有机物、氟化物、金属和铁合金等，如表1-3所示。按其功能可分为稳弧剂、造气剂、造渣剂、脱氧剂、合金剂、粘结剂和成形剂。

表1-3　结构钢焊条药皮的主要组成物（质量分数）　（%）

组成物	钛型	钛钙型	钛铁矿型	氧化铁型	纤维素型	低氢型
碳酸盐	4～12	15～22	0～18	0～3	3～5	25～55
硅酸盐	20～35	25～40	30～45	35～45	10～15	7～23
二氧化钛	45～60	35～45	0～12	0～12	5～8	0～5
钛铁矿	—	0～25	25～40	—	20～30	—
赤铁矿	—	—	—	29～35	—	—
铁合金	10～12	10～15	13～20	24～30	14～20	≥15
有机物	0～9	0～3	0～5	0～5	25～35	—
氟化物	—	—	—	—	—	15～30

1）稳弧剂。稳弧剂是能提高电弧燃烧稳定性并能改善引燃性能的物质。一般含电离电位低的元素的材料都有稳弧作用，如碳酸钾、水玻璃、大理石、长石、金红石、云母等。

2）造气剂。造气剂是焊接时能燃烧或分解产生气体从而使焊接区得到保护的物质。常用的造气剂包括有机物和碳酸盐，如木粉、淀粉、纤维素、大理石、白云石、菱苦土等。

3）造渣剂。造渣剂是焊接时能熔化形成一定物理化学性质的熔渣从而使焊接区得到保护的物质，它是焊条药皮中最基本的组成物。常用的造渣剂有钛铁矿、赤铁矿、金红石、大理石、菱苦土、白云石、硅砂、长石、云母、氟石等。

4）脱氧剂。脱氧剂是能通过冶金反应降低药皮或熔渣氧化性以及焊缝含氧量的物质。在各种钢的焊接中，只要对氧的亲和力比铁大的金属及其合金都可用作脱氧剂，如锰铁、钛铁、硅铁、铝粉等。

5）合金剂。合金剂是用于补偿焊接过程中合金元素烧损并向焊缝填加必要合金成分的物质。一般情况下，合金剂应根据需要确定。常用的有铁合金和纯金属，如锰铁、硅铁、钼铁、镍粉、铬粉等。

6）粘结剂。粘结剂是将药皮材料涂敷到焊芯上并使之具有一定强度的物质，它在焊接过程中不应产生有害的冶金反应。常用的粘结剂有钠水玻璃、钾水玻璃等。

7）成形剂。成形剂是使药皮具有一定的塑性、弹性和流动性，保证药皮压涂时表面光滑而不开裂的物质。成形剂通常是有一定弹性和滑性的材料，如白泥、云母、钛白粉、糊精、滑石等。

应当指出，药皮组成物中的每种材料可具有多种作用，如表1-4所示。例如，金红石的作用主要是造渣，其次是稳弧，能减少飞溅和改善焊缝成形；大理石主要用于造渣和造气，其次是稳弧，可减小氢、硫和磷的危害；氟石主要起造渣和稀渣作用，可降低焊缝含氢量，但它使电弧不稳并产生有毒气体；硅砂的主要作用是造渣，可降低熔渣的碱度，并使焊缝增硅，同时降低脱硫和脱磷能力。因此，在进行焊条药皮配方设计和药皮材料选择时，应重点考虑主要作用，同时兼顾次要作用。此外，还应考虑冶金方面的副作用，如氧化、增氢、增磷、增硫等。

表 1-4 药皮材料的功能及副作用

材料	主要成分	稳弧	造气	造渣	脱氧	合金化	粘结	成形	氧化	增氢	增硫	增磷
金红石	TiO_2	次		主								
钛白粉	TiO_2	次		主				主				
钛铁矿	TiO_2、FeO	次		主					副			
赤铁矿	Fe_2O_3			主					副		副	副
锰矿	MnO_2			主					副			副
大理石	$CaCO_3$	次	主	主					副			
白云石	$CaCO_3+MgCO_3$	次	主	主					副			
菱苦土	$MgCO_3$	次	主	主					副			
硅砂	SiO_2			主								
白泥	SiO_2、Al_2O_3、H_2O			主				主		副		
滑石	SiO_2、Al_2O_3、MgO			主				次				
长石	SiO_2、Al_2O_3、K_2O+Na_2O	次		主								
云母	SiO_2、Al_2O_3、H_2O、K_2O	次		主				主		副		
氟石	CaF_2			主								
碳酸钠	Na_2CO_3	次		次				主				
碳酸钾	K_2CO_3	主		次								
锰铁	Mn、Fe			次	主	主						副
硅铁	Si、Fe			次	主	主						
钛铁	Ti Fe			次	主	次						
钼铁	Mo、Fe			次	次	主						
铝粉	Al			次	主							
木粉	$(C_6H_{10}O_5)_n$	次	主		次			次		副		
淀粉	$(C_6H_{10}O_5)_n$	次	主		次			次		副		
糊精	$(C_6H_{10}O_5)_n$	次	主		次			次		副		
钠水玻璃	$Na_2O \cdot nH_2O$	主		次			主					
钾水玻璃	$K_2O \cdot nH_2O$	主		次			主					

注：主——主要作用；次——次要作用；副——副作用。

（3）药皮的类型 按照主要组成物种类及其含量不同，焊条药皮可分为氧化钛型、氧化钛钙型、钛铁矿型、氧化铁型、纤维素型、低氢型、石墨型和盐基型等八种类型。在国家标准中，对每种药皮类型都规定了相应的数字和适用的焊接电源种类。

1）氧化钛型。氧化钛型可简称为钛型。在该类型药皮中，含有质量分数为 35% 以上的二氧化钛、相当数量的硅酸盐和锰铁以及少量的有机物。

2）氧化钛钙型。氧化钛钙型可简称为钛钙型。在该类型药皮中，含有质量分数为 30% 以上的二氧化钛、20% 以下的碳酸盐以及相当数量的硅酸盐和锰铁，一般不含或含少量的有机物。

3）钛铁矿型。药皮中含有质量分数为 30% 以上的钛铁矿、一定数量的硅酸盐和锰铁以及少量的有机物，不含或含少量的碳酸盐。

4）氧化铁型。药皮中含有大量的铁矿石、一定数量的硅酸盐和锰铁以及少量的有机物。

5）纤维素型。药皮中含有质量分数为 15% 以上的有机物、一定数量的造渣剂以及锰铁等。

6）低氢型。药皮中含有大量的碳酸盐、相当数量的氟石和铁合金以及少量的硅酸盐和二氧化钛。

7）石墨型。药皮中含有适量的石墨，以保证焊缝金属的石墨化，主要用于铸铁焊条。

8）盐基型。药皮由氯盐和氟盐组成，如氯化钠、氯化锂、氟化钠、氟化钾及冰晶石等，主要用于铝及铝合金焊条。

1.1.2　焊条的种类及型号

1. 焊条的种类

由于考虑问题的出发点不同，因而就有多种焊条类别的划分方法。总的来看，可按焊条的实际用途、焊接熔渣的酸碱度、焊条药皮的类型以及药皮的重量系数等进行划分。

（1）按焊条实际用途划分的类别　按焊条的实际用途，可将焊条划分为十大类别。它们是结构钢焊条、不锈钢焊条、钼和铬钼耐热钢焊条、低温钢焊条、铸铁焊条、堆焊焊条、镍及镍合金焊条、铜及铜合金焊条、铝及铝合金焊条以及特殊用途焊条。

1）结构钢焊条。结构钢焊条一般采用低碳钢或低合金钢作为焊芯材料，其熔敷金属的抗拉强度在 420MPa 以上，主要用于焊接碳钢和低合金高强度钢。

2）不锈钢焊条。不锈钢焊条的焊芯成分中含有相当数量的铬和镍，可分为铬不锈钢焊条和铬镍不锈钢焊条，主要用于焊接不锈钢和耐热钢。

3）钼和铬钼耐热钢焊条。钼和铬钼耐热钢焊条的焊芯成分中含有一定数量的铬和钼，主要用于焊接珠光体耐热钢和马氏体耐热钢。

4）低温钢焊条。低温钢焊条的焊芯中含有提高低温性能的合金元素，其熔敷金属具有不同的低温工作性能，主要用于焊接在低温下工作的构件。

5）铸铁焊条。铸铁焊条采用铸铁、碳钢、镍铁合金、镍铜合金或铜铁合金等作为焊芯材料，采用石墨作为药皮材料，主要用于焊接或焊补铸铁构件。

6）堆焊焊条。堆焊焊条采用具有特殊性能的合金作为焊芯材料，主要用于表面堆焊，从而获得耐热、耐磨及耐蚀等特殊性能的堆焊层。

7）镍及镍合金焊条。镍及镍合金焊条采用纯镍、镍铜合金或因康镍作为焊芯材料，主要用于焊接镍及镍合金，也可用于焊接异种金属。

8）铜及铜合金焊条。铜及铜合金焊条采用纯铜、青铜或白铜作为焊芯材料，主要用于焊接铜及铜合金。

9）铝及铝合金焊条。铝及铝合金焊条采用纯铝、铝硅合金或铝锰合金作为焊芯材料，主要用于焊接铝及铝合金。

10）特殊用途焊条。特殊用途焊条所用焊芯由特殊成分或特殊性能的合金制成，主要用于特殊需要的场合，如高硫堆焊、水下焊接或水下切割等。

（2）按焊接熔渣碱度划分的类别　按焊接熔渣的碱度，可将焊条划分为酸性焊条和碱性焊条两大类别。由于二者药皮组成物的不同，因而它们具有不同的性能和适用性。

1）酸性焊条。酸性焊条是指药皮中含有较多酸性氧化物、焊接熔渣为酸性的焊条。由于药皮中含有较多的 FeO、TiO_2 和 SiO_2 等成分，因而熔渣具有很强的氧化性。酸性焊条的工艺性能好，采用直流或交流电源施焊均可，焊缝成形美观，波纹致密。

2）碱性焊条。碱性焊条是指药皮中含有较多碱性氧化物、焊接熔渣为碱性的焊条。由于药皮中含有较多的大理石和氟石等成分，能有效降低焊缝中的氢含量，所以碱性焊条又被称为低氢型焊条。由于焊缝具有较高的塑性和韧性，因而碱性焊条适合于动载或重要结构的焊接，但它的工艺性能不如酸性焊条。

（3）按焊条药皮类型划分的类别　在对焊条药皮类型的介绍中已经指出，焊条药皮可分为八种类型。与此相对应，焊条也可按药皮类型划分为八种类型，即钛型焊条、钛钙型焊条、钛铁矿型焊条、氧化铁型焊条、纤维素型焊条、低氢型焊条、石墨型焊条和盐基型焊条。

（4）按药皮重量系数划分的类别　药皮的重量系数是指焊条中药皮与焊芯的重量之比。按药皮的重量系数可将焊条划分为厚皮焊条和薄皮焊条。其中，药皮重量系数介于30% ~50%之间的焊条称为厚皮焊条；而药皮重量系数为 1% ~2% 的焊条称为薄皮焊条。目前，焊接生产中广泛使用的主要是厚皮焊条。

2. 焊条的型号

焊条型号是由国家标准规定的具有特定含义的符号。它是根据焊条的主要用途和性能特点命名的，也是焊条生产、检验和选用的依据。焊条型号由字母和数字组成，主要表示焊条的类别、熔敷金属的化学成分或抗拉强度、适用的焊接位置、药皮的类型以及适用的电源种类等。常用焊条的类别代号及其执行的国家标准如表 1-5 所示。

表 1-5　常用焊条的类别代号

焊条名称	碳钢焊条	低合金钢焊条	不锈钢焊条	铸铁焊条
类别代号	E	E	E	EZ
国家标准	GB/T 5117—1995	GB/T 5118—1995	GB/T 983—1995	GB/T 10044—1988
焊条名称	堆焊焊条	镍及镍合金焊条	铝及铝合金焊条	铜及铜合金焊条
类别代号	ED	ENi	EAl	ECu
国家标准	GB/T 984—2001	GB/T 13814—1992	GB/T 3669—2001	GB/T 3670—1995

为了说明焊条型号所代表的具体含义，图 1-1 给出了碳钢焊条型号及其含义的实例，其通用的形式为 E××××。关于其他焊条型号的含义可参看有关标准和手册，这里不再多述。

1）牌号中的首位字母 E 表示焊条。

2）E之后的前两位数字表示熔敷金属的最低抗拉强度值。

3）E之后的第三位数字表示焊条适用的焊接位置，其中0或1表示全位置焊接，2表示平焊和平角焊，4表示立向下焊。

4）E之后第四位数字与第三位数字的组合表示药皮类型和焊接电源的种类，参见表1-6。

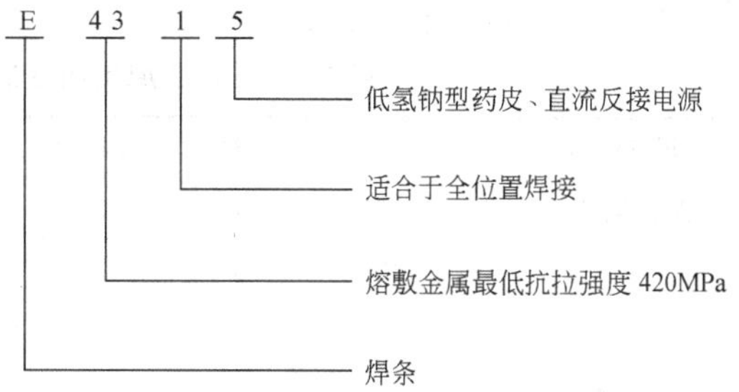

图1-1　焊条型号含义的实例

表1-6　碳钢焊条的型号及其含义（GB/T 5117—1995）

<table>
<tr><th>焊条型号</th><th>药皮类型</th><th>电源种类</th><th>焊接位置</th><th>熔敷金属抗拉强度</th></tr>
<tr><td>E4300</td><td>特殊型</td><td rowspan="3">交流或直流</td><td rowspan="9">平焊、立焊、仰焊、横焊</td><td rowspan="17">≥420MPa</td></tr>
<tr><td>E4301</td><td>钛铁矿型</td></tr>
<tr><td>E4303</td><td>钛钙型</td></tr>
<tr><td>E4310</td><td>高纤维素钠型</td><td>直流反接</td></tr>
<tr><td>E4311</td><td>高纤维素钾型</td><td>交流或直流反接</td></tr>
<tr><td>E4312</td><td>高钛钠型</td><td>交流或直流正接</td></tr>
<tr><td>E4313</td><td>高钛钾型</td><td>交流或直流</td></tr>
<tr><td>E4315</td><td>低氢钠型</td><td>直流反接</td></tr>
<tr><td>E4316</td><td>低氢钾型</td><td>交流或直流反接</td></tr>
<tr><td rowspan="2">E4320</td><td rowspan="3">氧化铁型</td><td>交流或直流</td><td>平焊</td></tr>
<tr><td rowspan="2">交流或直流正接</td><td>平角焊</td></tr>
<tr><td>E4322</td><td>平焊（适宜单道焊）</td></tr>
<tr><td>E4323</td><td>铁粉钛钙型</td><td rowspan="3">交流或直流</td><td rowspan="2">平焊、平角焊</td></tr>
<tr><td>E4324</td><td>铁粉钛型</td></tr>
<tr><td rowspan="2">E4327</td><td rowspan="2">铁粉氧化铁型</td><td>平焊</td></tr>
<tr><td>交流或直流正接</td><td>平角焊</td></tr>
<tr><td>E4328</td><td>铁粉低氢型</td><td>交流或直流反接</td><td>平焊、平角焊</td></tr>
<tr><td>E5001</td><td>钛铁矿型</td><td rowspan="2">交流或直流</td><td rowspan="8">平焊、立焊、仰焊、横焊</td><td rowspan="13">≥490MPa</td></tr>
<tr><td>E5003</td><td>钛钙型</td></tr>
<tr><td>E5010</td><td>高纤维素钠型</td><td>直流反接</td></tr>
<tr><td>E5011</td><td>高纤维素钾型</td><td>交流或直流反接</td></tr>
<tr><td>E5014</td><td>铁粉钛型</td><td>交流或直流</td></tr>
<tr><td>E5015</td><td>低氢钠型</td><td>直流反接</td></tr>
<tr><td>E5016</td><td>低氢钾型</td><td rowspan="2">交流或直流反接</td></tr>
<tr><td>E5018</td><td>铁粉低氢钾型</td></tr>
<tr><td>E5023</td><td>铁粉钛钙型</td><td rowspan="2">交流或直流</td><td rowspan="4">平焊、平角焊</td></tr>
<tr><td>E5024</td><td>铁粉钛型</td></tr>
<tr><td>E5027</td><td>铁粉氧化铁型</td><td>交流或直流正接</td></tr>
<tr><td>E5028</td><td rowspan="2">铁粉低氢型</td><td rowspan="2">交流或直流反接</td></tr>
<tr><td>E5048</td><td>平焊、立向下焊、仰焊、横焊</td></tr>
</table>

1.1.3　焊条的性能

焊条的性能主要包括工艺性能和冶金性能两个方面。无论是工艺性能，还是冶金性能，二者都与焊条药皮的具体组成有关。因此，表1-7列出了各种结构钢焊条药皮的典型配方，以便于详细分析和讨论。

表 1-7 结构钢焊条药皮的典型配方（质量分数） （%）

焊条型号	E4300	E4313	E4303	E4301	E4320	E5011	E5016	E5015
人造金红石	30	40	28	—	—	—	5	—
钛白粉	10	6	9	8	—	9	4	2
钛铁矿	—	—	6	28	—	36	—	—
赤铁矿	—	—	—	—	35	—	—	—
锰矿	—	—	—	—	—	11	—	—
大理石	13	—	9	—	—	—	48	44
白云石	—	7	10	12	—	—	—	—
菱苦土	7	—	—	—	—	7	—	—
硅砂	—	—	—	—	—	—	—	7
白泥	12	10	14	14	—	—	—	—
花岗石	—	—	—	—	33	—	—	—
长石	5	9	—	14	—	—	—	—
云母	8	7	10	6	—	—	5	—
氟石	—	—	—	—	—	—	18	24
氟化钠	—	—	—	—	—	—	2	—
纯碱	—	—	—	—	—	—	—	1
锰铁	15	12	14	17	27	6	—	4
45 度硅铁	—	—	—	—	—	—	10	—
低度硅铁	—	—	—	—	—	—	—	3
钛铁	—	—	—	—	—	—	5	13
钼铁	—	—	—	—	—	4	3	—
木粉	—	—	—	1	—	27	—	—
淀粉	—	4	—	—	5	—	—	—
纤维素	—	5	—	—	—	—	—	—

1. 焊条的工艺性能

焊条的工艺性能是指焊条在使用操作过程中表现出来的性能，是衡量焊条质量的一个重要指标。它涉及焊接电弧是否稳定燃烧、焊接位置的适应性、焊缝成形是否良好、焊接飞溅与熔敷效率、焊接渣壳的脱除性、焊接烟尘以及焊条药皮的发红等内容。

（1）焊接电弧的稳定性　电弧的稳定性是指电弧维持稳定燃烧的程度，如是否产生断弧、飘移以及偏吹等。许多因素影响焊接电弧的稳定性，如焊条的类型、焊接电源的特性和焊接参数的选择等。焊接电弧的稳定性直接影响焊接过程的稳定性，从而影响最终的焊接质量和可靠性。

仅就焊条的类型而言，焊条药皮的组成对电弧的稳定性有决定性影响。焊条药皮中常常加入电离电位低的物质，如云母、长石、钛白粉或金红石等，能有效提高电弧空间带电粒子的密度，增强电弧的导电能力，从而使电弧能够稳定燃烧。然而，某些焊条药皮中因加入了具有反电离作用的氟石而降低了电弧的导电能力，致使交流电弧不能稳定燃烧，只有采用直流电源才能稳定工作。在这种情况下，可在焊条药皮中加入稳弧作用强的物质，如碳酸钾和水玻璃等，从而保证交流电弧燃烧的稳定性。

此外，当焊条药皮的熔点过高或药皮太厚时，在焊条端部易形成较长的套筒，导致电弧过长而易于熄灭。因此，应合理控制焊条药皮的熔点和厚度。

（2）焊接位置的适应性　焊接位置的适应性是指焊条对不同空间位置焊接难易程度的适应能力。当焊接位置不同时，焊接的难易程度是不同的。一般来讲，平焊较易，而横焊、立焊和仰焊较难。这是因为非平焊位置焊接时，在重力作用下熔滴不易向熔池过渡，熔池金属和熔渣易于下流而难于形成正常的焊缝。

研究和试验表明，不同类型的焊条对焊接位置的适应性是不同的，有些焊条能适应全位置焊接，而有些焊条只能进行平焊。因此，若要适应全位置焊接，就要合理设计焊条药皮的组成，使其具有不同的性质和作用。例如，通过调节熔渣的熔点、粘度和表面张力，可防止熔渣和熔池金属下流，并使高温熔渣尽快凝固。此外，适当增加电弧和气流的吹力，也有利于将熔滴推向熔池并阻止熔池金属和熔渣下流，从而有利于全位置焊接。

（3）焊缝成形　焊缝成形是描述焊缝表面光滑程度、表面是否存在缺陷以及几何形状和尺寸是否正确的宏观指标。焊缝成形不仅影响美感，而且影响接头的性能。成形良好的焊缝表现为表面光滑、波纹细密美观、几何形状和尺寸正确、向母材圆滑过渡、无咬边等缺陷。成形不好的焊缝不但不美观，而且会造成应力集中，导致接头过早破坏。

从焊条的角度来看，影响焊缝成形的主要因素就是焊接熔渣的物理性质，如熔渣的凝固温度、熔渣的粘度及表面张力等。只有这些物理性质处在合适的范围之内，才能获得良好的焊缝成形。

1）熔渣凝固温度的影响。熔渣的凝固温度是指焊条药皮熔化后所形成的液态熔渣向固态转变时的温度。过高的凝固温度会产生挤压液态熔池的作用，严重影响焊缝成形，甚至引起焊接气孔；过低的凝固温度会使熔渣不能均匀地覆盖熔池的表面，从而导致焊缝成形变差。因此，要求焊接熔渣的凝固温度必须合适，一般应略低于母材的熔点。

2）熔渣粘度的影响。如果熔渣在高温时的粘度过大，就会减缓焊接冶金反应，使焊缝成形不良，甚至产生气孔和夹渣等缺陷；如果熔渣的粘度过小，就会降低熔渣覆盖熔池的均匀性，弱化了熔渣应有的保护作用。因此，要求焊接熔渣的粘度必须适中，一般在1500℃时介于0.1～0.2Pa·s之间为宜。

3）熔渣表面张力的影响。与熔渣的粘度相类似，熔渣的表面张力对焊缝成形的影响也很大，其数值过大或过小都不利于焊缝成形。一般情况下，液态熔渣的表面张力介于0.3～0.4N/m之间为宜。这样可使熔渣均匀地覆盖在熔池的表面上，并且在熔池结晶时因表面张力的急剧增加而使焊缝具有良好的成形。

（4）焊接飞溅与熔敷效率

1）焊接飞溅。焊接飞溅是指焊接过程中从熔滴或熔池中飞出的金属颗粒。它不仅影响焊缝及其附近部位的表面质量，而且降低焊条的熔覆效率。过多的焊接飞溅还会破坏正常的焊接过程，同时也会增加焊后清理的工作量。

影响焊接飞溅的因素很多，既包括电源的种类和焊接参数等工艺因素，也包括焊条类型及其制造缺陷等材质因素。仅就后者而言，一般钛钙型焊条的电弧较为稳定，熔滴过渡形式为细颗粒过渡，飞溅较小；而低氢型焊条的电弧稳定性较差，熔滴过渡形式多为大颗粒短路过渡，飞溅较大。此外，焊条偏心率过大或焊条含水量过多以及熔渣粘度较大等，均会造成较大的飞溅。

2）熔敷效率。熔敷效率是反映焊接生产率高低的指标，并用熔敷系数 α_H 来表示。熔敷系数是指单位电流在单位时间内所能熔敷在工件上的金属量，其数值越大，熔敷效率越高，焊接生产率越高。

不同药皮类型的焊条，其熔敷系数是不同的，如表 1-8 所示。这是因为，药皮组成直接影响电弧电压及产热，从而影响熔敷效率；药皮组成影响熔滴过渡形式，进而影响焊接飞溅和熔敷效率。当药皮中含有放热反应的物质或加入铁粉时，能提高熔敷效率。

应当指出，凡是影响焊接飞溅大小的因素，均影响熔敷效率。因为焊接飞溅造成熔化金属不能有效地进入焊缝之中，从而降低了熔敷效率。

表 1-8 几种典型焊条的熔敷系数

焊条型号	E4303	E4301	E4320	E4315	E5015
α_H/[g/(A·h)]	8.3	9.7	8.2	9.0	8.5

（5）脱渣性 脱渣性是指焊后从焊缝表面清除焊接渣壳的难易程度。脱渣性不仅影响焊接生产率，而且会造成多层焊中产生夹渣的缺陷。影响脱渣性的主要因素就是焊接熔渣的物理性质，如熔渣的线膨胀系数、氧化性和松脆性等。

1）熔渣线膨胀系数的影响。熔渣与焊缝金属的线膨胀系数相差越大，冷却时二者之间产生的界面应力越大，熔渣越容易与焊缝金属脱离，脱渣性越好。由于不同类型焊条的熔渣具有不同的线膨胀系数，因而不同焊条的脱渣性是不同的。如图 1-2 所示，钛型焊条 E4313 的熔渣与低碳钢的线膨胀系数相差最大，所以用它来焊接低碳钢时，脱渣性最好；而低氢型焊条 E4315 的熔渣与低碳钢的线膨胀系数相差较小，因而用它来焊接低碳钢时脱渣性较差。

2）熔渣氧化性的影响。对于合金结构钢的焊接来讲，熔渣的氧化性越强，脱渣性越难。这是因为在熔池结晶的开始阶段，尚未凝固的液态熔渣与处于高温状态的焊缝金属仍会发生一定的冶金反应，而且熔渣氧化性越强，在焊缝表面越易生成 FeO 膜。由于体心立方晶格的 FeO 是搭建在体心立方晶格的焊缝金属 α-Fe 上形成的，二者之间产生了牢固的冶金结合，从而导致脱渣困难。因此，增加焊条的脱氧能力可显著改善脱渣性。

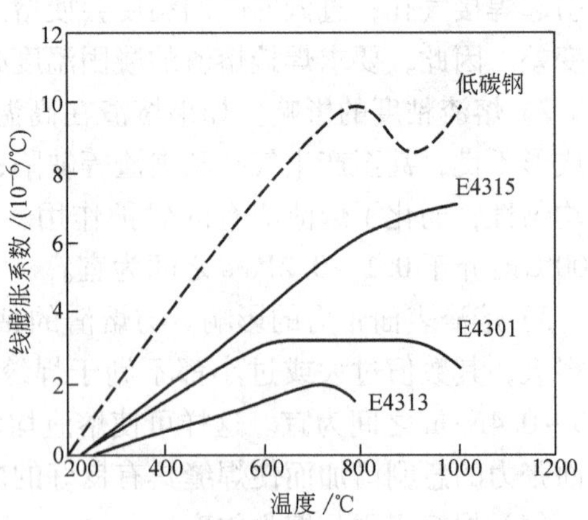

图 1-2 几种焊条熔渣和低碳钢的线膨胀系数

3）熔渣松脆性的影响。一般来讲，熔渣越疏松，脆性越大，越容易被清除，脱渣性越好。特别是在角接或深坡口底层焊接情况下，熔渣松脆性的影响更明显。

（6）焊接烟尘 焊接烟尘是指在电弧高温作用下而产生的高温金属和非金属蒸气，在电弧周围空间中被氧化和冷凝而形成的细小的固态颗粒。焊接烟尘常常含有各种毒性物质，不仅污染工作环境，而且危害焊工健康。因此，许多国家(尤其是发达国家)都制定了相应的工业卫生标准、焊接场所的通风措施及相关标准，以降低焊接烟尘的含量和毒性。

不同药皮类型的焊条具有不同的发尘速度和发尘量，如表1-9所示。可以看出，低氢型焊条的发尘速度和发尘量均高于其他类型的焊条。

表1-9　不同类型焊条的发尘速度和发尘量

焊条类型	钛钙型	高钛型	钛铁矿型	低氢型
发尘速度/(mg/min)	200～280	280～320	300～360	360～450
发尘量/(g/kg)	6～8	7～9	8～10	10～20

不同类型药皮的焊条，其烟尘组成成分、所含化学元素及可溶性物质的数量也是不同的，如表1-10和表1-11所示。可以看出，低氢型焊条E5015烟尘中含氟量很高，并以CaF_2、NaF和KF等可溶性物质的形式存在，而氧化铁的质量分数约占25%；非低氢型焊条E4303烟尘中不含氟，氧化铁是其主要组成成分，约占50%。这充分说明，低氢型焊条的烟尘毒性高于非低氢型焊条。

表1-10　不同类型焊条烟尘的组成成分（质量分数）　(%)

焊条型号	Fe_2O_3	SiO_2	MnO	TiO_2	CaO	MgO	Na_2O	K_2O	CaF_2	NaF	KF
E4303	48.12	17.93	7.18	2.61	0.95	0.27	6.03	6.81	—	—	—
E5015	24.93	5.62	6.30	1.22	10.34	—	6.39	—	19.92	13.71	7.95

表1-11　不同类型焊条烟尘所含的化学元素及可溶性物质的质量分数

焊条型号	大量元素	中量元素	少量元素	可溶性物质的质量分数(%)	可溶性氟的质量分数(%)
E4303	Fe	Si、Mn、Na、Ca	K、Mg、Al	20.5	0
E5015	Fe、F、Na	Ca、K	Mn、Si、Ti	49.3	9.1

(7) 焊条药皮的发红　焊条药皮的发红是指焊条在使用到后半段时由于温升过高而使药皮发红、开裂甚至脱落的现象。药皮发红会丧失其应有的保护作用和冶金处理作用，造成工艺性能变差，焊接质量降低，同时也浪费材料，降低焊接生产效率。

焊条药皮发红问题主要出现在不锈钢焊条中，是由不锈钢焊芯的物理性质引起的。不锈钢焊芯的电阻率高，比热容小，导热性差，焊接过程中产生的电阻热多，温度上升高，从而使药皮温度升高、发红甚至脱落。实践证明，通过调整焊条药皮配方及熔滴过渡形式，可成功解决这一问题。

综上所述，焊条的所有工艺性能都取决于焊条药皮的组成。不同药皮类型的焊条具有不同的工艺性能，具体情况如表1-12所示。总的来看，低氢型焊条的工艺性能不如其他类型的焊条。但正如以下所介绍的那样，低氢型焊条具有良好的冶金性能。因此，在进行焊条设计和选用中，应加以综合考虑。

2. 焊条的冶金性能

焊条的冶金性能主要是指它对焊缝金属的净化和合金化作用，该作用的结果最终反映在焊缝金属的化学成分、力学性能及防止缺陷形成的能力等方面。为获得力学性能良好、

表 1-12 不同药皮类型的结构钢焊条的工艺性能

焊条型号		E4313	E4303	E4301	E4320	E5011	E5016	E5015
药皮类型		钛型	钛钙型	钛铁矿型	氧化铁型	纤维素型	低氢钾型	低氢钠型
熔渣性质		酸性短渣	酸性短渣	酸性较短渣	酸性长渣	酸性短渣	碱性短渣	碱性短渣
焊接电弧的稳定性		柔和稳定	稳定	稳定	稳定	稳定	较差	较差
焊接位置的适应性	平焊	易	易	易	易	易	易	易
	立向上焊	易	易	易	不可	极易	易	易
	立向下焊	易	易	难	不可	易	易	易
	仰焊	稍易	稍易	易	不可	极易	稍难	稍难
焊缝成形	焊缝外观	纹细美观	美观	美观	美观	粗糙	稍粗	稍粗
	焊脚形状	凸	平	平或稍凸	平	平	平或凹	平或凹
	熔深	小	中	中	稍大	大	中	中
	咬边	小	小	中	小	大	小	小
焊接飞溅与熔敷效率	焊接飞溅	少	少	中	中	多	较多	较多
	熔敷效率	中	中	稍高	高	高	中	中
脱渣性		好	好	好	好	好	较差	较差
焊接烟尘		少	少	稍多	多	少	多	多

满足使用要求的焊缝，就要合理设计和选用冶金性能良好的焊条。

净化作用是指通过各种冶金反应去除氧、氢、硫和磷等有害元素，合金化是指通过药皮向焊缝填加有益的合金元素。关于净化的机理和合金化的具体内容将在焊接化学冶金一章中进行详细分析和讨论，这里只从典型焊条的药皮组成出发，对比介绍净化作用的结果。

参见表 1-7 可知，酸性焊条 E4303 药皮含有大量的酸性造渣物金红石和硅酸盐，相当数量的碳酸盐和一定数量的锰铁；碱性焊条 E5015 药皮中含有大量的碱性造渣物碳酸盐，相当数量的氟石和一定数量的锰铁、钛铁及硅铁。下面将以这两种典型焊条为例，介绍对氧、氢、氮、硫和磷的控制。

（1）对氧的控制　酸性焊条熔渣中的 SiO_2 和焊接气氛中的含氧气体将铁氧化成 FeO 而使焊缝增氧，在酸性渣的环境下采用锰铁进行脱氧能取得较好的脱氧效果。碱性焊条焊接气氛中的 CO_2 和其他含氧气体将铁氧化成 FeO 而使焊缝增氧，在碱性渣的环境下采用硅-锰和硅-钛联合脱氧的效果很好，焊缝金属的含氧量很低。

（2）对氢的控制　酸性焊条熔渣中的强氧化物 SiO_2、MnO 及 FeO 等具有一定的脱氢能力，但焊缝金属中含氢量还相对较高。碱性焊条焊接气氛中的 CO_2 具有较强的脱氢能力，而药皮中的氟石脱氢能力更强，所以焊缝金属中的含氢量很低。

（3）对氮的控制　酸性焊条含有大量的造渣剂和相当数量的造气剂，形成以渣为主的渣-气联合保护，焊缝的含氮量较低。碱性焊条中含有大量的碳酸盐作造气剂和造渣剂，同时还有相当数量的其他造渣剂，隔离空气的作用更好，焊缝含氮量更低。

（4）对硫的控制　酸性焊条药皮中的锰铁具有较好的脱硫作用，同时熔渣中 MnO 和 CaO 也能起到脱硫的作用，但由于酸性渣的碱度较低以及 FeO 含量较高而使脱硫的效果有所减弱。碱性焊条熔渣中含有大量的 CaO 和很少的 FeO，熔渣碱度相对较大，有利于脱硫，而且药皮中的氟石也起到增强脱硫的作用，但总的来看脱硫效果与酸性焊条相差不大，而且不够理想。

(5) 对磷的控制　酸性焊条熔渣中的 FeO 和 CaO 共同起到脱磷的作用，但由于酸性渣的碱度较低以及 CaO 含量较少而使脱磷效果变差。碱性焊条也是通过熔渣中的 FeO 和 CaO 起到脱磷作用的，由于熔渣碱度和 CaO 含量均较高，且有大量氟石的辅助作用，因而使脱磷效果好于酸性焊条，但总的来看脱磷效果仍然受到限制。

综上所述，从冶金性能来看，碱性焊条优于酸性焊条，焊缝具有良好的力学性能和抗裂性，适合于重要结构的焊接，如表 1-13 所示。但碱性焊条的工艺性能较差，而且由于熔渣不具有氧化性而对铁锈、油污和水分非常敏感，所以必须严格防止含氢物质直接侵入熔池。

表 1-13　不同药皮类型的结构钢焊条的冶金性能

焊条型号		E4313	E4303	E4301	E4320	E4311	E4316	E4315
药皮类型		钛型	钛钙型	钛铁矿型	氧化铁型	纤维素型	低氢钾型	低氢钠型
熔渣碱度 B_1 的理论值		0.40~0.50	0.65~0.76	1.06~1.30	1.02~1.40	1.10~1.34	1.60~1.80	1.60~1.80
焊缝金属的化学成分（质量分数）(%)	C	0.07~0.10	0.07~0.08	0.07~0.10	0.08~0.10	0.08~0.10	0.07~0.10	0.07~0.10
	Si	0.15~0.20	0.10~0.15	<0.10	~0.10	0.06~0.10	0.35~0.45	0.35~0.45
	Mn	0.25~0.35	0.35~0.50	0.40~0.50	0.52~0.80	0.25~0.40	0.70~1.10	0.70~1.10
	S	0.018~0.030	0.015~0.025	0.016~0.028	0.018~0.025	0.016~0.022	0.015~0.025	0.012~0.025
	P	0.020~0.032	0.020~0.030	0.022~0.035	0.030~0.050	0.025~0.035	0.025~0.028	0.020~0.025
焊缝中氧、氮的质量分数(%)	O	0.06~0.08	0.06~0.10	0.08~0.11	0.10~0.12	0.06~0.09	0.025~0.035	0.025~0.035
	N	0.025~0.030	0.024~0.030	0.025~0.030	0.020~0.025	0.010~0.020	0.010~0.022	0.007~0.020
氢含量	H/(ml/100g)	25~30	25~30	24~30	26~30	30~40	8~10	6~8
焊缝金属力学性能	σ_b/MPa	430~490	430~490	420~480	430~470	430~490	470~540	470~540
	δ(%)	20~28	22~30	20~30	25~30	20~28	22~30	24~35
	ψ(%)	60~65	60~70	60~68	60~68	60~65	68~72	70~75
	A_{KV}/J	常温 50~75	0℃ 70~115	0℃ 60~110	常温 60~110	-30℃ 100~130	-30℃ 80~180	-30℃ 80~180
锰对硫的质量比		8~12	13~16	12~18	14~28	8~14	30~38	30~38
锰对硅的质量比		1.5~1.8	2.5~3.0	4~5	6~8	3.5~4.0	2.0~2.5	2.0~2.5
夹杂物总质量分数(%)		0.109~0.131		0.134~0.203		~0.10	0.028~0.090	
抗裂性能		一般	尚好	尚好	较好	一般	良好	良好
抗气孔性能		一般			较好	一般		
对铁锈和水分敏感性		不太敏感			不敏感	不太敏感	非常敏感	
备注		以锰脱氧为主		氧化性强		造气保护	正接时易出现气孔	

1.2 焊丝

焊丝是焊接时作为填充材料的金属丝，在熔化极气体保护焊及埋弧焊中还兼有导电的作用。随着焊接工艺方法的不断发展和焊接生产日益增长的需求，焊丝的种类和性能也在不断发展和完善。在此，仅重点介绍适用于气体保护焊、埋弧焊以及自保护焊用的实芯焊丝和药芯焊丝。

1.2.1 焊丝的种类和编号

1. 焊丝的种类

划分方法不同，焊丝的类别就不同。总的来看，可按焊丝适用的焊接方法、被焊材料和焊丝本身的形状结构进行单独划分，而后进行复合称谓。

（1）按焊丝适用的焊接方法划分的类别　按焊丝适用的焊接方法，可将焊丝分为钨极氩弧焊焊丝、熔化极氩弧焊焊丝、二氧化碳焊焊丝、埋弧焊焊丝、电渣焊焊丝、堆焊焊丝、气焊焊丝及自保护焊焊丝等。

（2）按焊丝适用的被焊材料划分的类别　按焊丝适用的被焊材料，可将焊丝分为碳钢焊丝、合金钢焊丝、不锈钢焊丝、铸铁焊丝、硬质合金焊丝、铝及铝合金焊丝、铜及铜合金焊丝以及镍及镍合金焊丝等。

（3）按焊丝本身的形状结构划分的类别　按焊丝本身的形状结构，可将焊丝分为实芯焊丝和药芯焊丝等。对于药芯焊丝，还可进一步细分为很多小的类别。

2. 焊丝的型号

（1）实芯焊丝的型号　实芯焊丝的型号由字母和数字组成，主要表示焊丝的类别、熔敷金属的抗拉强度、化学成分或金属类型等。一些实芯焊丝型号名称的代表字母如表 1-14 所示。

表 1-14　一些实芯焊丝型号名称的代表字母

焊丝名称	碳钢焊丝	合金钢焊丝	铸铁焊丝	铝及铝合金焊丝	镍及镍合金焊丝
代表字母	ER	ER	RZ	SAl	ERNi

为了说明实芯焊丝型号所代表的具体含义，图 1-3 给出了碳钢和合金钢实芯焊丝型号及其含义的实例。关于其他实芯焊丝型号的含义可参看有关标准和手册。

碳钢与合金钢实芯焊丝型号是按熔敷金属的力学性能和焊丝化学成分分类的，并用 ER××-×表示。

1）型号中的前两个字母 ER 表示焊丝。

2）ER 之后的两位数字表示熔敷金属的最低抗拉强度值。

3）短横后面的字母或数字表示焊丝化学成分分类代号。

4）如还附加其他化学元素时，直接

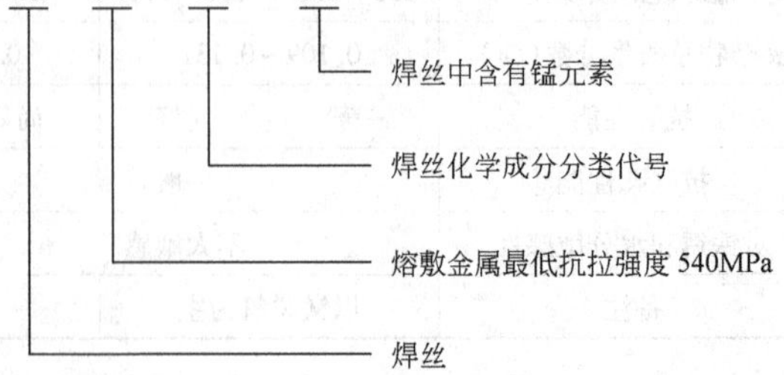

图 1-3　实芯焊丝型号含义的实例

用元素符号表示，并以短横与前面数字分开。

（2）药芯焊丝的型号　碳钢药芯焊丝的型号是由焊丝类别代号和焊缝金属的力学性能代号两部分组成，即 EF××-××××，型号含义的实例如图 1-4 所示。

1）焊丝类别代号。型号的前一部分是焊丝类别代号，由字母和数字组成，即 EF××。在此代号中，前两位字母 EF 表示药芯焊丝；EF 之后的第一位数字表示适用的焊接位置，其中 0 表示用于平焊和横焊，1 表示用于全位置焊；EF 之后的第二位数字或字母表示焊丝类别，它是按药芯类型、是否采用保护气体、焊接电流种类以及对单道焊和多道焊的适用性进行分类的，具体内容如表 1-15 所示。

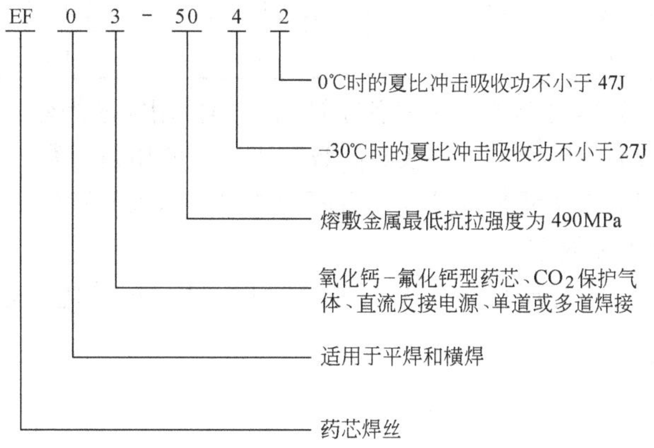

图 1-4　药芯焊丝型号含义的实例

表 1-15　药芯焊丝的类别代号

类别代号	药芯类型	保护气体	电源种类	适用性
EF×1	氧化钛型	二氧化碳	直流反接	单道焊、多道焊
EF×2	氧化钛型	二氧化碳	直流反接	单道焊
EF×3	氧化钙-氟化物型	二氧化碳	直流反接	单道焊、多道焊
EF×4	—	自保护	直流反接	单道焊、多道焊
EF×5	—	自保护	直流反接	单道焊、多道焊
EF×G	—	—	—	单道焊、多道焊
EF×GS	—	—	—	单道焊

2）力学性能代号。型号的后一部分是焊缝金属的力学性能代号，由四位数字组成，即××××。其中，前两位数字表示最低抗拉强度值；后两位数字表示夏比（V 形缺口）冲击吸收功和试验温度，具体数值如表 1-16 所示。

表 1-16　V 形缺口冲击吸收功和试验温度的数字代号

第一位数字	温度/℃	冲击吸收功/J	第二位数字	温度/℃	冲击吸收功/J
0	没有规定		0	没有规定	
1	+20	≥27	1	+20	≥47
2	0		2	0	
3	-20		3	-20	
4	-30		4	-30	
5	-40		5	-40	

3. 焊丝的牌号

（1）实芯焊丝的牌号　实芯焊丝的牌号主要是按焊丝的化学成分编制的。一些实芯焊丝牌号名称的代表字母如表1-17所示，其中碳钢与合金钢焊丝用H表示，铸铁和有色金属焊丝用HS表示。钢焊丝牌号的含义如图1-5所示。

表1-17 一些实芯焊丝牌号名称的代表字母

焊丝名称	碳钢焊丝	合金钢焊丝	铸铁焊丝	铝及铝合金焊丝	铜及铜合金焊丝
代表字母	H	H	HS	HS	HS

1）焊丝牌号中的首字母H表示焊接用实芯焊丝。

2）H后面的一位或两位数字表示碳的质量分数。

3）化学元素符号及其后面的数字表示该元素的大致质量分数。若小于1%，则该元素后面不标数字。

4）牌号尾部标有A或E时，表示优质或特优，亦即焊丝的硫、磷含量较低或更低。

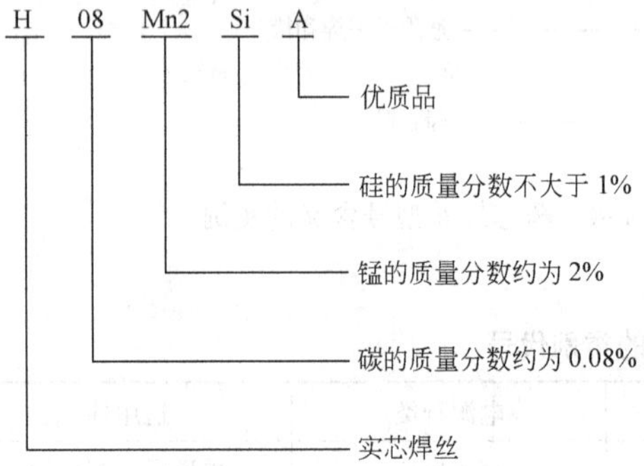

图1-5 实芯焊丝牌号含义的实例

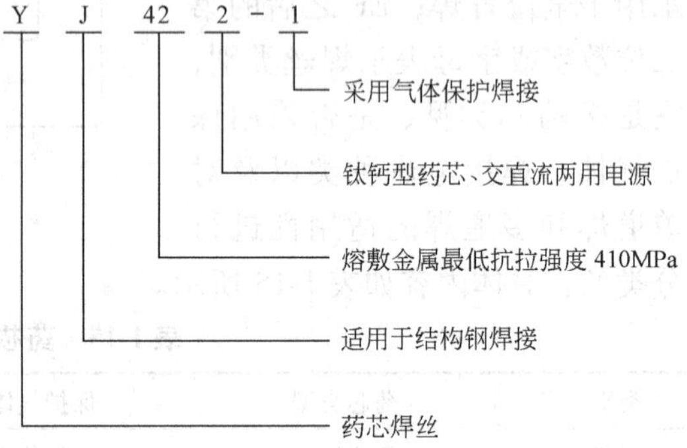

图1-6 药芯焊丝牌号含义的实例

（2）药芯焊丝的牌号 药芯焊丝的牌号是按焊丝的类别、熔敷金属的化学成分或抗拉强度、药芯类型及保护方式等编制的，牌号形式为Y××××-×，典型结构钢药芯焊丝牌号含义的实例如图1-6所示。

1）焊丝牌号中的第一个字母Y表示药芯焊丝，第二个字母表示焊丝大的类别。

2）第二个字母之后的前两位数字表示若干小类，第三位数字表示药芯类型和焊接电源种类。

3）短横后面的数字表示焊接时的保护方式，其中1为气保护，2为自保护，3为气保护和自保护两用，4为其他保护形式。

4）当药芯焊丝有特殊性能和用途时，在牌号后面加注起主要作用的元素和主要用途的字母，一般不超过两个。

1.2.2 实芯焊丝

实芯焊丝是由热轧线材经拉拔加工制成的。为防止生锈，焊丝表面一般还经过了镀铜处理。从焊接工艺角度来看，实芯焊丝已广泛用于气体保护焊、埋弧焊以及其他焊接方法中。从材料角度来看，结构钢焊丝获得了最多的应用，其典型牌号和化学成分如表1-18所示。

1. 气体保护焊用实芯焊丝

（1）氩弧焊焊丝 钨极氩弧焊用的焊丝只是作为焊缝的填充金属，而不充当导电的电

表1-18　结构钢实芯焊丝的牌号和化学成分(GB/T 14957—1994)

钢种	牌号	化学成分(质量分数)(%)										
		C	Mn	Si	Ni	Cr	Mo	V	Cu≤	Ti	S≤	P≤
碳素结构钢	H08A	≤0.10	0.30~0.55	≤0.03	≤0.30	≤0.20	—	—	0.20	—	0.030	0.030
	H08E	≤0.10	0.30~0.55	≤0.03	≤0.30	≤0.20	—	—	0.20	—	0.020	0.020
	H08C	≤0.10	0.30~0.55	≤0.03	≤0.10	≤0.10	—	—	0.10	—	0.015	0.015
	H08Mn	≤0.10	0.30~0.55	≤0.07	≤0.30	≤0.20	—	—	0.20	—	0.035	0.035
	H08MnA	≤0.10	0.30~0.55	≤0.07	≤0.30	≤0.20	—	—	0.20	—	0.030	0.030
	H15A	0.11~0.18	0.30~0.65	≤0.03	≤0.30	≤0.20	—	—	0.20	—	0.030	0.030
	H15Mn	0.11~0.18	0.80~1.10	≤0.03	≤0.30	≤0.20	—	—	0.20	—	0.035	0.035
合金结构钢	H10Mn2	≤0.12	1.50~1.90	≤0.07	≤0.30	≤0.20	—	—	0.20	—	0.035	0.035
	H08Mn2Si	≤0.11	1.70~2.10	0.65~0.95	≤0.30	≤0.20	—	—	0.20	—	0.035	0.035
	H08Mn2SiA	≤0.11	1.80~2.10	0.65~0.95	≤0.30	≤0.20	—	—	0.20	—	0.030	0.030
	H10MnSi	≤0.14	0.80~1.10	0.60~0.90	≤0.30	≤0.20	—	—	0.20	—	0.035	0.035
	H10MnSiMo	≤0.14	0.90~1.20	0.70~1.10	≤0.30	≤0.20	0.15~0.25	—	0.20	—	0.035	0.035
	H10MnSiMoTiA	0.18~0.12	1.00~1.30	0.40~0.70	≤0.30	≤0.20	0.20~0.40	—	0.20	0.05~0.15	0.025	0.030
	H08MnMoA	≤0.10	1.20~1.60	≤0.25	≤0.30	≤0.20	0.30~0.50	—	0.20	0.15	0.030	0.030
	H08Mn2MoA	0.06~0.11	1.60~1.90	≤0.25	≤0.30	≤0.20	0.50~0.70	—	0.20	0.15	0.030	0.030
	H10Mn2MoA	0.08~0.13	1.70~2.00	≤0.40	≤0.30	≤0.20	0.60~0.80	—	0.20	0.15	0.030	0.030
	H08Mn2MoVA	0.06~0.11	1.60~1.90	≤0.25	≤0.30	≤0.20	0.50~0.70	0.06~0.12	0.20	0.15	0.030	0.030
	H10Mn2MoVA	0.08~0.13	1.70~2.00	≤0.40	≤0.30	≤0.20	0.60~0.80	0.06~0.12	0.20	0.15	0.030	0.030
	H08CrMoA	≤0.10	0.40~0.70	0.15~0.35	≤0.30	0.80~1.10	0.40~0.60	—	0.20	—	0.030	0.030
	H13CrMoA	0.11~0.16	0.40~0.70	0.15~0.35	≤0.30	0.80~1.10	0.40~0.60	—	0.20	—	0.030	0.030
	H18CrMoA	0.15~0.22	0.40~0.70	0.15~0.35	≤0.30	0.80~1.10	0.15~0.25	—	0.20	—	0.025	0.030
	H08CrMoVA	≤0.10	0.40~0.70	0.15~0.35	≤0.30	1.00~1.30	0.50~0.70	0.15~0.35	0.20	—	0.030	0.030
	H08CrNi2MoA	0.05~0.10	0.50~0.85	0.10~0.30	1.40~1.80	0.70~1.00	0.20~0.40	—	0.20	—	0.025	0.025
	H30CrMnSiA	0.25~0.35	0.80~1.10	0.90~1.20	≤0.30	0.80~1.10	—	—	0.20	—	0.025	0.030
	H10MoCrA	≤0.12	0.40~0.70	0.15~0.35	≤0.30	0.45~0.65	0.40~0.60	—	0.20	—	0.030	0.030

极。由于钨极氩弧焊采用的保护气体为纯氩，没有氧化性，焊丝受热熔化后的成分一般发生变化不大，所以常选用与母材成分基本相同的焊丝，有时甚至从母材上切取细条直接作为填充焊丝使用。

与钨极氩弧焊不同的是，熔化极氩弧焊用的焊丝不但作为焊缝的填充金属，而且焊接过程中还充当导电的电极。焊丝选用的依据是被焊母材的化学成分和焊缝的力学性能要求。当焊接低合金钢时，为提高焊缝的抗气孔能力并改善焊缝成形，常用 $Ar+5\%\ CO_2$ 的混合气体来取代纯氩，这时所用焊丝的硅、锰含量应比母材高，而其他成分可与母材基本一致。当焊接高强度钢时，所用焊丝的含碳量应低于母材，锰含量应高于母材，而含硅量不宜过高。

（2）二氧化碳焊焊丝　二氧化碳作为保护气体能有效防止空气进入焊接区，但二氧化碳焊的气氛具有很强的氧化性，易造成合金元素的氧化烧损。因此，在焊丝成分设计中应添加适量的硅和锰，以便通过硅-锰联合脱氧来保证焊缝质量。正因为这样，二氧化碳焊通常采用 C-Mn-Si 系焊丝，如 H08MnSiA、H08Mn2SiA、H04Mn2SiTiA 及 H10MnSiMo 等。

在所有二氧化碳焊焊丝中，H08Mn2SiA 是最常用的。它具有较好的焊接工艺性能和接头力学性能，适宜焊接低碳钢和 500MPa 级以下的低合金钢。对于强度级别要求更高的钢种，应采用合金成分中含钼的焊丝，如 H10MnSiMo 等。

为解决二氧化碳焊的飞溅问题，已研制了含钾或铯的活性焊丝。与用普通焊丝相比，采用活性焊丝焊接时，飞溅率大大降低，同时焊接速度明显提高，焊缝熔透良好，表面光滑美观，焊缝冲击韧度及抗气孔能力得到改善。

2. 埋弧焊用实芯焊丝

（1）碳素结构钢焊丝　碳素结构钢焊丝主要是含锰量较低的低碳钢焊丝，如 H08A、H15A 及 H08MnA 等。这类焊丝中含硅量很低，含锰量也较低，埋弧焊时常配合高硅高锰焊剂使用，主要用于焊接低碳钢和强度级别较低的低合金钢。

（2）合金结构钢焊丝　合金结构钢焊丝从合金系上看可分几个系列，如 Mn-Si 系、Mn-Mo 系及 Cr-Mo 系等。根据高强度钢焊接的使用要求，还可在焊丝中加入镍和钒等元素，以提高焊缝的性能。

对于强度级别低于 500MPa 的低合金钢的焊接，常选用 Mn-Si 系焊丝，如 H08Mn2SiA 等；当焊缝强度要求达到 590MPa 的级别时，多采用 Mn-Mo 系焊丝，如 H08MnMo2A 等；当焊缝强度要求达到 690～780MPa 的级别时，多采用 Cr-Mo 系焊丝，如 H08CrMoVA 等；如果对焊缝的韧性要求较高，可采用含镍的 Cr-Mo 系焊丝，如 H08CrNi2MoA 等。

1.2.3　药芯焊丝

药芯焊丝是由包有一定成分粉剂（药粉或金属粉）的不同截面形状的薄钢管或薄钢带经拉拔加工而形成的焊丝。这种焊丝中的药粉具有与焊条药皮相似的作用，只是它们所在的部位不同。正因为这样，药芯焊丝具有实芯焊丝无法比拟的优点，同时又克服了焊条不能自动化焊接的缺点，是很有发展前途的焊接材料。典型合金结构钢药芯焊丝的化学成分和力学性能如表 1-19 所示。

1. 药芯焊丝的种类及其特点

表1-19　典型合金结构钢药芯焊丝的化学成分和力学性能

牌号	熔敷金属化学成分（质量分数）（%）							熔敷金属力学性能			
	C	Si	Mn	Ni	Cr	Mo	Cu	σ_b/MPa	σ_s/MPa	δ(%)	A_{KV}/J
YJ420-1	≤0.1	≤0.5	≤1.2	—	—	≤0.1	—	≥420	—	≥22	-20℃ ≥47
YJ502-1	≤0.1	≤0.5	≤1.2	—	—	—	—	≥490	—	≥22	-20℃ ≥47
YJ502CuCr-1	≤0.12	≤0.6	0.5～1.2	—	0.25～0.60	—	0.2～0.5	≥490	≥350	≥20	0℃ ≥47
YJ506-2	0.2	≤0.9	≤1.75	—	—	—	—	≥490	—	≥16	0℃ ≥27
YJ507-1	≤0.1	≤0.5	≤1.2	—	—	—	—	≥490	—	≥22	-20℃ ≥47
YJ507-2	0.2	≤0.9	≤1.75	0.5	—	0.3	—	≥490	≥390	≥20	-30℃ ≥27
YJ607-1	≤0.12	≤0.6	1.2～1.75	—	—	0.25～0.45	—	≥590	≥530	≥15	-50℃ ≥27
YJ707-1	≤0.1	≤0.5	≤1.2	—	—	≤0.1	—	≥420	—	≥22	-20℃ ≥47

药芯焊丝的种类可按焊丝外层的结构、内部粉剂的种类、形成渣系的碱度、保护气体的使用与否等进行划分。

（1）按焊丝外层结构划分的类别　按焊丝外层的结构，药芯焊丝可分为有缝焊丝和无缝焊丝。有缝药芯焊丝的外层是由薄钢带制成的，而无缝药芯焊丝是由薄钢管制成的。无缝药芯焊丝的表面可以镀铜，有利于防潮和存放，而且性能好，成本低，已成为未来的发展方向。

（2）按焊丝内部粉剂种类划分的类别　按焊丝内部粉剂的种类，可将药芯焊丝分为药粉型焊丝和金属粉型焊丝。药粉型药芯焊丝也称有造渣剂型药芯焊丝，即粉剂是由能够造渣的药粉组成。金属粉型药芯焊丝也称无造渣剂型药芯焊丝，即粉剂是由没有造渣能力的金属粉组成。金属粉型药芯焊丝的焊接性能类似于实芯焊丝，其抗裂性和熔敷效率优于药粉型药芯焊丝，并在某些方面有取代实芯焊丝的趋势。

（3）按形成渣系碱度划分的类别　按焊丝所形成渣系的碱度，可将药芯焊丝分为钛型渣系（酸性）焊丝、钛钙型渣系（中性或弱碱性）焊丝和钙型渣系（碱性）焊丝。钛型渣系药芯焊丝的焊接工艺性能好，如电弧稳定、焊缝成形美观、焊接飞溅小等，但焊缝的抗裂性及韧性差；与此相反，钙型渣系药芯焊丝的焊接工艺性能稍差，而焊缝的抗裂性及韧性优良；钛钙型渣系药芯焊丝的特性介于以上二者之间。

（4）按是否使用保护气体划分的类别　按焊接中是否使用保护气体，可将药芯焊丝分为气体保护焊丝和自保护焊丝。气体保护药芯焊丝主要采用 CO_2 气体或 $Ar+CO_2$ 混合气体进行焊接，前者适用于普通结构，而后者适用于重要结构。在这种类型的焊丝中，应用最广的是低碳钢和高强度钢药芯焊丝。这种药芯焊丝具有焊接工艺性能好、焊接质量高和对钢材适应性强等特点，可用于焊接各种类型的钢结构。从应用来看，有的侧重于焊接工艺性能，有的侧重于焊缝力学性能；仅就工艺性能而言，有的适用于全位置焊接，有的只专用于角焊缝。

自保护药芯焊丝是指不需要外加保护气体或焊剂，而是通过自身所含药粉形成的熔渣和气体实现保护的焊丝。自保护药芯焊丝的优点在于熔敷效率明显高于焊条，施焊的灵活性和抗风能力优于气体保护焊，适用于野外或高空作业，多用于安装现场和建筑工地。与气体保护药芯焊丝相比，自保护药芯焊丝的缺点在于焊缝金属的塑性和韧性一般较低，目前主要用于焊接低碳钢组成的普通结构，不宜用于焊接高强度钢组成的重要结构。此外，自保护药芯焊丝施焊时烟尘较大，在狭小空间作业时应加强通风换气。

2. 药芯焊丝的工艺特性

研究发现，药芯焊丝的截面形状对焊接工艺性能和冶金性能有很大影响。截面形状越复杂、越对称，焊接电弧越稳定，药芯的冶金反应和保护作用越充分，焊接效果越好。但随药芯焊丝直径的减小，这种差别逐渐减小。总的来看，随着药芯焊丝的不断发展和完善，药芯焊丝的下列工艺特性越来越明显。

(1) 焊接飞溅小　药芯焊丝中加入的稳弧剂能使电弧稳定燃烧，熔滴过渡更均匀、平稳，因而不仅飞溅的颗粒小，而且数量很少。

(2) 焊缝成形美观　药芯焊丝中加入的药粉在受热熔化后所形成的熔渣，不仅能对焊缝金属起到保护作用，而且能够改善焊缝成形。

(3) 熔敷效率高　药芯焊丝的导电截面小，而且焊接时可采用较大的电流，因此焊接电流密度高，焊丝熔化速度快，熔敷效率高。此外，焊接飞溅的减小也有利于提高熔敷效率。

(4) 可进行全位置焊接　通过在药芯焊丝中加入不同的造渣剂，能有效调节渣系的物理性质和化学性质，使渣系的粘度和表面张力随温度的变化特性向着有利于空间位置焊接的方向发展。

1.3 焊剂

焊剂是一种在焊接过程中能够熔化形成熔渣和气体的颗粒状物质，主要由各种氧化物和氟化物组成。焊剂具有与焊条药皮相类似的功能，即对熔化金属起到保护作用和冶金处理作用。焊剂的组成及其性质对焊缝的成分和性能有决定性的影响，如何选择焊剂及其与焊丝的合理组配是获得高质量接头的关键所在。因此，本节将重点介绍焊剂的种类、组成、特点及用途，为合理设计和选用焊剂以及指导焊接生产奠定基础。

1.3.1 焊剂的种类和质量要求

1. 焊剂的种类

焊剂的种类可按其化学组成、化学性质、熔渣碱度、颗粒结构、适用对象和制造方法等进行独立划分，但每一种划分方法都只是从某一方面反映了焊剂的特点，因而需要将这些类别加以复合应用，才能较为全面地说明焊剂的主要特性。

（1）按焊剂化学组成划分的类别

1）按 SiO_2 质量分数划分。根据 SiO_2 质量分数，可将焊剂分为高硅焊剂[$w(SiO_2)>30\%$]、中硅焊剂[$w(SiO_2)=10\%\sim30\%$]和低硅焊剂[$w(SiO_2)<10\%$]。

2）按 MnO 质量分数划分。根据 MnO 质量分数,可将焊剂划分为高锰焊剂[$w(MnO)>30\%$]、中锰焊剂[$w(MnO)=15\%\sim30\%$]、低锰焊剂[$w(MnO)=2\%\sim15\%$]和无锰焊剂[$w(MnO)<2\%$]。

3）按 CaF_2 质量分数划分。根据 CaF_2 质量分数,可将焊剂划分为高氟焊剂[$w(CaF_2)>30\%$]、中氟焊剂[$w(CaF_2)=10\%\sim30\%$]和低氟焊剂[$w(CaF_2)<10\%$]。

4）按 SiO_2、MnO 和 CaF_2 质量分数组合划分。根据 SiO_2、MnO 和 CaF_2 质量分数的组合，可将焊剂分为许多组合类型，如高锰高硅低氟焊剂、中锰中硅中氟焊剂及低锰中硅中氟焊剂等。

5）按焊剂主要组分划分。根据焊剂主要组分的质量分数，可将焊剂分为硅锰型焊剂[$w(MnO+SiO_2)>50\%$]、硅钙型焊剂[$w(CaO+MgO+SiO_2)>60\%$]、铝钛型焊剂[$w(Al_2O_3+TiO_2)>45\%$]、高铝型焊剂[$w(Al_2O_3+CaO+MgO)>45\%$、$w(Al_2O_3)\geqslant20\%$]及氟碱型焊剂[$w(CaO+MgO+MnO+CaF_2)>50\%$、$w(CaF_2)\geqslant15\%$、$w(SiO_2)\leqslant20\%$]。

（2）按焊剂化学性质划分的类别　根据焊剂的化学性质，可将焊剂分为氧化性焊剂、弱氧化性焊剂和无氧化性焊剂，这是由它们的不同组成决定的。

1）氧化性焊剂。这种焊剂含有大量的 SiO_2 和 MnO，或者含有较多的 FeO，对被焊金属有较强的氧化性，因而焊缝含氧量较高。

2）弱氧化性焊剂。这种焊剂含有较少的 SiO_2、MnO 和 FeO 等活性氧化物，对被焊金属的氧化性较弱，因而焊缝含氧量较低。

3）无氧化性焊剂。无氧化性焊剂也称惰性焊剂，它主要由 Al_2O_3、CaO、MgO 及 CaF_2 组成，基本不含 SiO_2、MnO 和 FeO 等活性氧化物，对被焊金属没有氧化作用。

（3）按焊剂的熔渣碱度划分的类别　熔渣碱度是焊剂的一个重要性质，它对焊剂的工艺性能和冶金性能有决定性影响。目前关于焊剂的熔渣碱度计算尚无统一的标准，这里采用国际焊接学会推荐的公式进行计算，如式(1-1)所示。根据计算结果，可将焊剂分为酸性焊剂、中性焊剂和碱性焊剂。

$$B=\frac{w(CaO+MgO+BaO+Na_2O+K_2O+CaF_2)+0.5w(MnO+FeO)}{w(SiO_2)+0.5w(Al_2O_3+TiO_2+ZrO_2)} \tag{1-1}$$

式中　B——焊剂的熔渣碱度；

w——焊剂组成物的质量分数。

1）酸性焊剂。酸性焊剂是碱度 B 小于 1.0 的焊剂。它具有良好的焊接工艺性能，特别是焊缝成形美观，但焊缝含氧量高，冲击韧度较低。

2）中性焊剂。中性焊剂是碱度 B 介于 1.0～1.5 之间的焊剂。采用这类焊剂时，熔敷金属的化学成分与焊丝相接近，焊缝含氧量较低。

3）碱性焊剂。碱性焊剂是碱度 B 大于 1.5 的焊剂。采用这类焊剂时，焊缝含氧量低，冲击韧度高，抗裂性好，但焊接工艺性能较差。尤其是随着碱度的提高，焊道形状变得窄而高，且易产生咬边及夹渣等缺陷。

（4）按焊剂颗粒结构划分的类别　根据焊剂的颗粒结构，可将焊剂分为玻璃状焊剂、结晶状焊剂和浮石状焊剂。玻璃状焊剂由透明颗粒组成，具有比较致密的结构，松装密度(即单位体积内焊剂的质量)为1.1～1.8g/cm^3；结晶状焊剂由具有结晶特点的颗粒组成，其结构也比较致密，松装密度也为1.1～1.8g/cm^3；浮石状焊剂由泡沫颗粒组成，具有比较疏松的结构，松装密度仅为0.7～1.0g/cm^3。

(5) 按焊剂适用对象划分的类别　适用对象分为焊接方法和被焊材料。根据焊接方法，焊剂分为埋弧焊焊剂、电渣焊焊剂以及堆焊焊剂。根据被焊材料，焊剂分为钢用焊剂和有色金属用焊剂，而前者又可分为碳素钢用焊剂、低合金钢用焊剂以及不锈钢用焊剂等。

(6) 按焊剂制造方法划分的类别　根据焊剂的制造方法，可将焊剂分为熔炼焊剂和烧结焊剂。其中，烧结焊剂又可分为低温烧结焊剂和高温烧结焊剂。

1) 熔炼焊剂。熔炼焊剂是将一定组成比例的混合配料在电炉或火焰炉中熔炼后，经过水冷粒化、烘干和筛选而制成的焊剂。

熔炼焊剂所采用的原料主要是锰矿、硅砂、铝矾土、镁砂、氟石、生石灰、钛铁矿等矿物材料，此外还加入冰晶石、硼砂等化工产品。由于制造过程中原料需要熔化，所以熔炼焊剂中不能加入碳酸盐、脱氧剂与合金剂，从而使焊剂的合金系成分受到一定的限制。

2) 烧结焊剂。烧结焊剂是将一定组成比例的各种粉料与适量的粘结剂混合搅拌并经造粒后，经一定温度的烧结和随后的辅助工序而制成的焊剂。其中，高温(700～1000℃)烧结的焊剂称为高温烧结焊剂；低温(300～500℃)烧结的焊剂称为低温烧结焊剂，又称粘结焊剂。

烧结焊剂所用的原料与焊条药皮所用的原料基本相同。由于这种焊剂的成分可以根据需要灵活调整，因而拥有熔炼焊剂不能具备的特点。例如，烧结焊剂可以在较大的范围内调节碱度而仍能保持良好的工艺性能，如电弧稳定、脱渣性好以及烟尘量小等；烧结焊剂可加入脱氧剂与合金剂，冶金处理效果好，抗锈能力强，能够获得强度、塑性和韧性良好的匹配；烧结焊剂松装密度小，焊剂耗能低，适合于大电流高速焊。此外，烧结焊剂制造简单，生产成本较低。当然，烧结焊剂也有它的缺点，如吸潮性强导致焊缝增氢、焊缝成分随焊接工艺参数变化而波动以及存放条件要求严格等。

2. 焊剂的质量要求

(1) 冶金性能的要求　要求焊剂应具有良好的冶金性能。也就是说，在焊丝配合适当和焊接工艺合理的条件下，焊缝金属应具有适宜的化学成分、良好的力学性能以及较强的抗裂纹和抗气孔的能力。

(2) 工艺性能的要求　要求焊剂应具有良好的工艺性能。具体而言，就是焊接电弧燃烧稳定，焊接过程中产生的有害气体少，熔渣具有适宜的熔点、粘度和表面张力，焊缝成形良好，脱渣容易。

(3) 颗粒尺寸和强度的要求　要求焊剂应具有合适的颗粒尺寸，以利于它的保护作用和冶金处理作用。普通颗粒度焊剂的粒度要求为8～40目，而细颗粒度焊剂的粒度要求为14～60目。其中，小于规定粒度的粗粒不得粗过2%，大于规定粒度的细粒不得细过5%。此外，要求焊剂应具有一定的颗粒强度，以利于多次回收和使用。

(4) 水分和杂质含量的要求　要求焊剂中水的质量分数不大于0.1%，机械夹杂物的质量分数不大于0.3%，硫的质量分数不大于0.06%，磷的质量分数不大于0.08%。

1.3.2　焊剂的型号和牌号

1. 焊剂的型号

焊剂的型号是依据国家标准的规定进行划分的，不同材料及不同钢种所用焊剂的型号是不同的。这里仅以碳钢埋弧焊用焊剂为例说明焊剂型号所代表的含义，而关于其他焊剂型号的含义可参看有关标准和手册。

如图1-7所示，碳钢埋弧焊用焊剂不是按焊剂化学成分或焊缝金属的化学成分划分的，而是按焊缝金属的力学性能划分的。由于焊缝金属的力学性能与所用的焊丝有关，因此焊剂型号采用了与焊丝匹配的标注形式，即F×××-H×××。

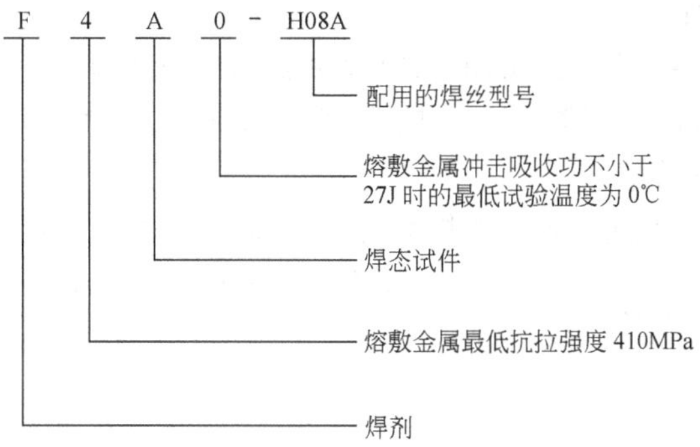

图1-7　焊剂型号含义的实例

1）型号中首位上的字母F表示焊剂。

2）第二位上的数字表示熔敷金属的最低抗拉强度，具体数值如表1-20所示。

表1-20　焊剂型号中第二位上的数字所代表的含义

第二位上的数字	抗拉强度 σ_b/MPa	屈服强度 σ_s/MPa	伸长率 δ(%)
3	410～540	≥300	≥22
4		≥330	
5	480～650	≥400	

3）第三位上的字母表示试样的状态，其中A表示焊态，P表示焊后热处理状态(装炉温度不高于300℃，升温速度不大于200℃/h，620℃±15℃保温1h，低于190℃/h的冷速随炉冷至320℃，炉冷或空冷至室温)。

4）第四位上的数字表示熔敷金属冲击吸收功不小于27J时的最低试验温度，具体数值如表1-21所示。

表1-21　焊剂型号中第四位上的数字所代表的含义

第四位上的数字	0	2	3	4	5	6
试验温度/℃	0	-20	-30	-40	-50	-60

5）短横之后的所有字母和数字表示焊丝的牌号，其含义已在焊丝牌号中进行了说明。

2. 焊剂的牌号

无论是熔炼焊剂，还是烧结焊剂，其牌号都是按焊剂的主要化学组成物编制的。由于二者的制造方法和组成物存在较大差异，因而对其牌号进行分别编制。

(1) 熔炼焊剂的牌号　熔炼焊剂主要用于埋弧焊及电渣焊，并用HJ×××表示其牌号，牌号含义的实例如图1-8所示。

1）牌号中的前两个字母 HJ 表示埋弧焊及电渣焊用熔炼焊剂。

2）HJ 之后的第一位数字表示焊剂中 MnO 的含量，具体数值范围如表 1-22 所示。

3）HJ 之后的第二位数字表示焊剂中 SiO_2 和 CaF_2 的含量，具体数值范围如表 1-23 所示。

4）HJ 之后的第三位数字表示同一类型焊剂的不同牌号，并按 0、1、2、…、9 的顺序编排。

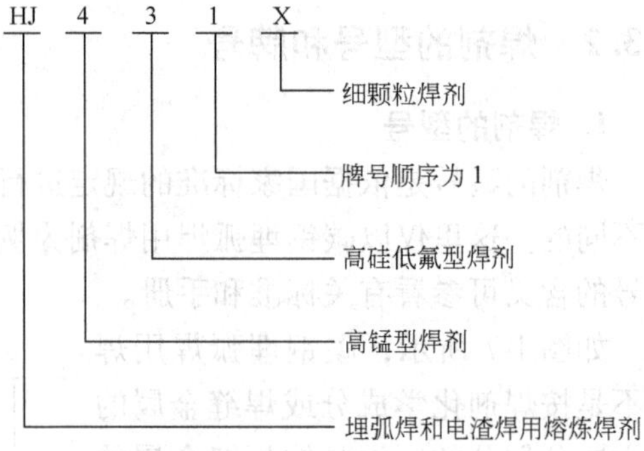

图 1-8 熔炼焊剂牌号含义的实例

5）同一牌号的焊剂有两种颗粒度时，在细颗粒焊剂牌号后加字母 X。

表 1-22 熔炼焊剂牌号中第一位数字所代表的含义

焊剂牌号	焊剂类型	MnO 质量分数(%)
HJ1 × ×	无锰	<2
HJ2 × ×	低锰	2 ~ 15
HJ3 × ×	中锰	15 ~ 30
HJ4 × ×	高锰	>30

表 1-23 熔炼焊剂牌号中第二位数字所代表的含义

焊剂牌号	焊剂类型	SiO_2 质量分数(%)	CaF_2 质量分数(%)
HJ × 1 ×	低硅低氟	<10	<10
HJ × 2 ×	中硅低氟	10 ~ 30	<10
HJ × 3 ×	高硅低氟	>30	<10
HJ × 4 ×	低硅中氟	<10	10 ~ 30
HJ × 5 ×	中硅中氟	10 ~ 30	10 ~ 30
HJ × 6 ×	高硅中氟	>30	10 ~ 30
HJ × 7 ×	低硅高氟	<10	>30
HJ × 8 ×	中硅高氟	10 ~ 30	>30
HJ × 9 ×	其他	不规定	不规定

（2）烧结焊剂的牌号　烧结焊剂主要用于埋弧焊，其牌号的一般形式为 SJ × × ×，牌号含义的实例如图 1-9 所示。

1）牌号中的前两个字母 SJ 表示埋弧焊用烧结焊剂。

2）SJ 之后的第一位数字表示焊剂熔渣的渣系类型，如表 1-24 所示。

3）SJ 之后的第二和第三位数字表示同一渣系类型焊剂的不同牌号，并按 01、02、…、09 的顺序编排。

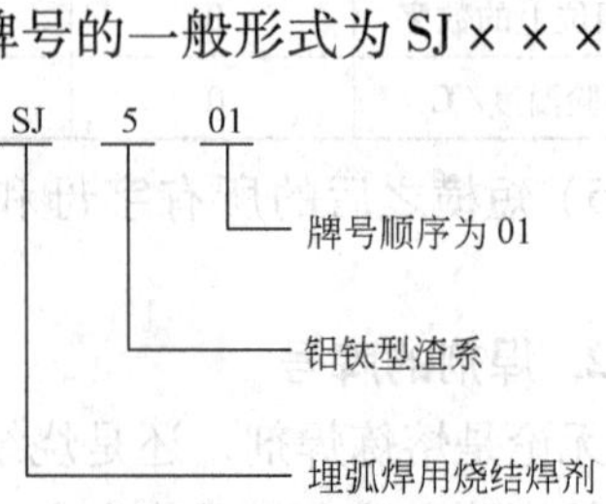

图 1-9 烧结焊剂牌号含义的实例

表 1-24　烧结焊剂牌号中第一位数字所代表的含义

焊剂牌号	焊剂类型	主要组分的质量分数(%)
SJ1××	氟碱型	CaF_2≥15%、CaO+MgO+MnO+CaF_2>50%、SiO_2≤20%
SJ2××	高铝型	Al_2O_3≥20%、Al_2O_3+CaO+MgO>45%
SJ3××	硅钙型	CaO+MgO+SiO_2>60%
SJ4××	硅锰型	MnO+SiO_2>50%
SJ5××	铝钛型	Al_2O_3+TiO_2>45%
SJ6××	其他型	不规定

1.3.3　焊剂的特点及应用

1. 熔炼焊剂

典型熔炼焊剂的组成成分如表1-25所示。在这种类型的焊剂中，当SiO_2的含量较高时，焊剂具有向焊缝过渡硅的作用。同样，当MnO的含量较高时，焊剂具有向焊缝过渡锰的作用。

表 1-25　典型熔炼焊剂的组成成分

焊剂牌号	焊剂类型	组成物的质量分数(%)												
		SiO_2	MnO	CaF_2	Al_2O_3	CaO	MgO	FeO	R_2O	TiO_2	NaF	ZrO_2	S≤	P≤
HJ130	无锰高硅低氟	35~40	—	4~7	12~16	10~18	14~19	2	—	7~11	—	—	0.05	0.05
HJ131	无锰高硅低氟	34~38	—	2~5	6~9	48~55	—	≤1.0	≤3	—	—	—	0.05	0.08
HJ150	无锰中硅中氟	21~23	—	25~33	28~32	3~7	9~13	≤1.0	≤3	—	—	—	0.08	0.08
HJ151	无锰中硅中氟	24~30	—	18~24	22~30	≤6	13~20	—	—	—	—	—	0.07	0.08
HJ172	无锰低硅高氟	3~6	1~2	45~55	28~35	2~5	—	≤0.8	≤3	—	2~3	2~4	0.05	0.05
HJ230	低锰高硅低氟	40~46	5~10	7~11	10~17	8~14	10~14	≤1.5	—	—	—	—	0.05	0.05
HJ250	低锰中硅中氟	18~22	5~8	23~30	18~23	4~8	12~16	≤1.5	≤3	—	—	—	0.05	0.05
HJ251	低锰中硅中氟	18~22	7~10	23~30	18~23	3~6	14~17	≤1.0	—	—	—	—	0.08	0.05
HJ252	低锰中硅中氟	18~22	2~5	18~24	22~28	2~7	17~23	≤1.0	—	—	—	—	0.07	0.08
HJ260	低锰高硅中氟	29~34	2~4	20~25	19~24	4~7	15~18	≤1.0	—	—	—	—	0.07	0.07
HJ330	中锰高硅低氟	44~48	22~26	3~6	≤4	≤3	16~20	≤1.5	≤1	—	—	—	0.06	0.08
HJ350	中锰中硅中氟	30~35	14~19	14~20	13~18	10~18	—	≤1.0	—	—	—	—	0.06	0.07
HJ351	中锰中硅中氟	30~35	14~19	14~20	13~18	10~18	—	≤1.0	—	2~4	—	—	0.04	0.05
HJ360	中锰高硅中氟	33~37	20~26	10~19	11~15	4~7	5~9	≤1.0	—	—	—	—	0.10	0.10
HJ430	高锰高硅低氟	38~45	38~47	5~9	≤5	≤6	—	≤1.8	—	—	—	—	0.06	0.08
HJ431	高锰高硅低氟	40~44	40~44	3~7	≤6	≤8	5~8	≤1.8	—	—	—	—	0.06	0.08
HJ433	高锰高硅低氟	42~45	42~45	2~4	≤3	≤4	—	≤1.8	≤0.5	—	—	—	0.06	0.08
HJ434	高锰高硅低氟	40~50	40~50	4~8	≤6	3~9	≤5	≤1.5	—	1~8	—	—	0.05	0.05

焊剂中SiO_2含量对焊缝含硅量的影响如图1-10所示。随焊剂中SiO_2含量的增加，焊缝中硅的含量增加。但应注意的是，对于硅的初始质量分数为0.3%的焊缝而言，当焊剂中SiO_2的质量分数小于40%时，焊缝中的含硅量低于初始含硅量，即焊缝中的含硅量相

对于初始值是减少的；只有当焊剂中 SiO_2 的质量分数大于 40% 时，焊缝中的含硅量才高于初始含硅量，即焊缝中的含硅量相对于初始值是增加的。这说明硅向焊缝的过渡既与焊剂中的 SiO_2 含量有关，也与焊缝本身的初始含硅量有关。焊缝初始含硅量越低，通过焊剂向焊缝过渡硅的效果越好。

焊剂中 MnO 含量对焊缝含锰量的影响如图 1-11 所示。随焊剂中 MnO 含量的增加，焊缝中锰的含量增加。当焊剂中 MnO 的质量分数小于 10% 时，焊缝中的含锰量低于焊丝中的含锰量；只有当焊剂中 MnO 的质量分数大于 10% 时，焊缝中的含锰量才高于焊丝中的含锰量。这说明锰向焊缝的过渡既与焊剂中的 MnO 含量有关，也与焊丝中的含锰量有关。焊丝含锰量越低，通过焊剂向焊缝过渡锰的效果越好。

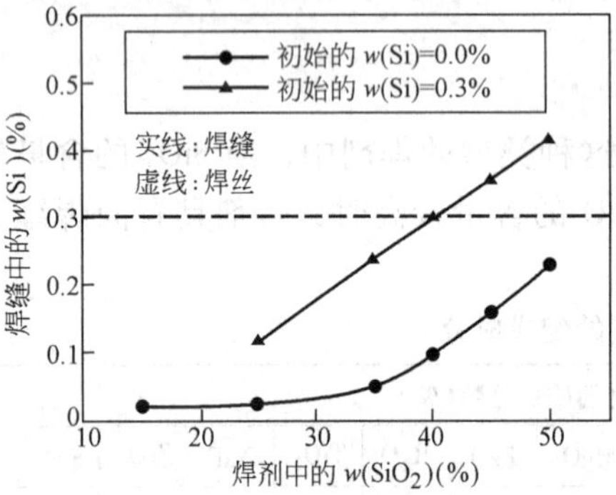

图 1-10 焊剂中 SiO_2 含量对焊缝含硅量的影响

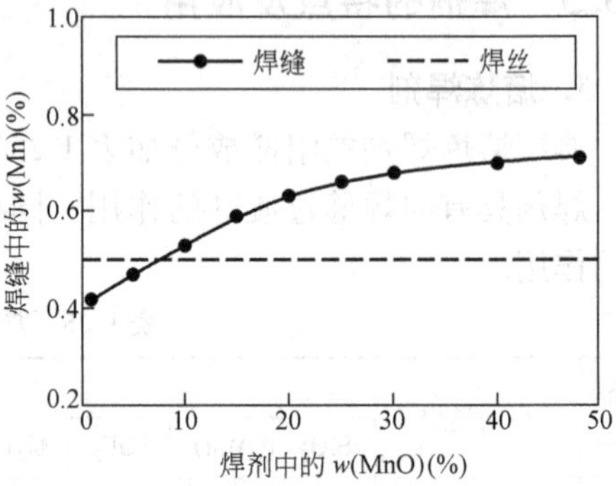

图 1-11 焊剂中 MnO 含量对焊缝含锰量的影响

（1）高硅焊剂 高硅焊剂是以硅酸盐为主的焊剂，其 SiO_2 质量分数达到 30% 以上，属于氧化性焊剂。由于 SiO_2 的含量高，焊剂有向焊缝过渡硅的作用。因此，采用高硅焊剂焊接时，在焊丝中就不必再特意加硅。但应根据焊剂的 MnO 含量，来配合相应含锰量的焊丝。

一般来讲，焊接低碳钢或某些低合金钢时，高硅无锰或低锰焊剂应配合高锰焊丝，高硅中锰焊剂应配合低锰焊丝，而高硅高锰焊剂应配合低碳钢焊丝或低锰焊丝。其中，后者应用最为广泛，但由于采用高硅高锰焊剂所形成的焊缝含氧量及含磷量较高，脆性转变温度高，因而不宜用于焊接低温韧性要求高的重要结构。

（2）中硅焊剂 中硅焊剂的 SiO_2 含量较少，其质量分数介于 10% ~30% 之间，而 CaO 或 MgO 等碱性氧化物的含量较多。因此，这类焊剂一般属于弱氧化性焊剂，焊缝含氧量较低，焊缝韧性较高，配合适当的焊丝可用于焊接合金结构钢。

然而，焊缝含氢量较高，降低了焊缝的抗冷裂能力。若在中硅焊剂中加入相当数量的 FeO，就可通过提高焊剂的氧化性来减少焊缝的含氢量。于是，形成了一种新型的中硅氧化性焊剂，主要用于焊接高强度钢。

（3）低硅焊剂 低硅焊剂主要由 CaO、MgO、Al_2O_3 和 CaF_2 组成，所含 SiO_2 很少，其质量分数小于 10%。因此，这类焊剂基本上没有氧化性，配合适当的焊丝可用于焊接高合金钢，如不锈钢、耐热钢及低温钢等。

2. 烧结焊剂

典型烧结焊剂的组成成分如表1-26所示。烧结焊剂是继熔炼焊剂之后发展起来的一类新型焊剂，可分为氟碱型、高铝型、硅钙型、硅锰型及铝钛型等多种具体类型。由于烧结焊剂具有熔炼焊剂所不能具备的特点，因而已广泛用于焊接碳钢、低合金高强度钢和高合金钢。特别是烧结焊剂易于向焊缝过渡合金元素，因而应成为焊接特殊用钢的首选焊剂。

表1-26　典型烧结焊剂的组成成分

焊剂牌号	焊剂渣系类型	主要组成物的质量分数(%)					
		SiO_2+TiO_2	$CaO+MgO$	Al_2O_3+MnO	CaF_2	S	P
SJ101	氟碱型	20~30	25~35	20~30	15~25	≤0.06	≤0.08
SJ102	氟碱型	10~15	35~45	15~25	20~30	≤0.06	≤0.08
SJ201	高铝型	16	4	40	30	—	—
SJ203	高铝型	25	30	30	10	—	—
SJ301	硅钙型	35~45	20~30	20~30	5~15	≤0.06	≤0.06
SJ302	硅钙型	20~25	20~25	30~40	8~10	≤0.06	≤0.06
SJ303	硅钙型	40	30	20	10	—	—
SJ401	硅锰型	45	10	40	—	—	—
SJ402	硅锰型	35~45	5~15	40~50	—	≤0.06	≤0.06
SJ403	硅锰型	35~45	10~20	20~35	—	≤0.04	≤0.04
SJ501	铝钛型	25~35	—	50~60	3~10	≤0.06	≤0.08
SJ502	铝钛型	45	10	30	5	—	—
SJ503	铝钛型	20~35	—	50~55	5~15	≤0.06	≤0.08
SJ601	专用碱性	5~10	6~10	30~40	40~50	≤0.06	≤0.06
SJ605	高碱性	10	35	20	30	—	—
SJ608	碱性	≤20	6~10	30~40	40~50	—	—

（1）氟碱型焊剂　氟碱型焊剂是以碱性氧化物和氟化钙为主要成分的焊剂，所含的$CaO+MgO+MnO+CaF_2$总质量分数达到50%以上，属于碱性焊剂。在这种类型的焊剂中，SJ101是一个典型牌号。它具有较好的焊接工艺性能，如电弧燃烧稳定、焊缝成形美观以及脱渣容易等。同时，焊剂本身的抗潮性好，焊缝金属的低温冲击韧度较高。因此，该焊剂配合H08MnA、H08MnMoA及H08Mn2MoA等焊丝，可以焊接低合金结构钢组成的锅炉、压力容器以及管道等重要结构，适合于多丝埋弧焊和大直径容器的双面单道焊。

（2）高铝型焊剂　高铝型焊剂是以氧化铝和碱性氧化物为主要成分的焊剂，所含的$Al_2O_3+CaO+MgO$总质量分数达到45%以上，焊剂呈现中性或碱性。其中，SJ201是这种类型焊剂之一，属于碱性焊剂，具有电弧稳定、焊缝成形美观、脱渣性能优异和焊缝金属冲击韧度高等特点。配合H08MnA、H10Mn2及H08Mn2MoA等焊丝，可用于焊接多种低合金钢结构，特别是厚板窄坡口或窄间隙结构。

（3）硅钙型焊剂　硅钙型焊剂是以二氧化硅和氧化钙为主要成分的焊剂，所含的$SiO_2+CaO+MgO$总质量分数达到60%以上，属于中性焊剂。在这种类型的焊剂中，SJ302是一个典型牌号，具有较好的焊接工艺性能和焊缝低温冲击韧度。配合H08MnA、H10Mn2

及 H08MnMoA 等焊丝，可以焊接普通结构钢、锅炉钢及管线钢，适合于多丝快速焊和双面单道焊。特别是由于熔渣呈现短渣的性质，非常适合于小直径环缝的焊接。

（4）硅锰型焊剂　硅锰型焊剂是以二氧化硅和氧化锰为主要成分的焊剂，二者总质量分数达到 50% 以上，属于酸性焊剂。其中，典型焊剂 SJ402 具有较好的焊接工艺性能、抗气孔性能和抗锈性能。配合 H08A 之类的焊丝，可以焊接由低碳钢或某些低合金钢组成的矿山机械及机车车辆等普通金属结构。

（5）铝钛型焊剂　铝钛型焊剂是以氧化铝和二氧化钛为主要成分的焊剂，二者总质量分数达到 45% 以上，属于酸性焊剂。其中，典型焊剂 SJ503 具有较好的焊接工艺性能、抗气孔性能和抗锈性能，焊缝金属的低温冲击韧度较高。配合 H08A 及 H08MnA 等焊丝，可以焊接低碳钢及低合金结构钢组成的锅炉及压力容器等重要结构，适合于多丝快速焊和双面单道焊。

思 考 题

1. 焊条由哪几部分组成？它们的作用是什么？
2. 焊条药皮的类型由哪几种？按功能划分，焊条药皮的组成物是什么？
3. 指出焊条型号所代表的含义，并以 E4303 和 E5015 为例加以说明。
4. 焊条的冶金性能和工艺性能各包括哪几个方面的内容？
5. 从酸性焊条和碱性焊条的组成出发，对比分析它们的冶金性能和工艺性能。
6. 说明药芯焊丝的种类、特点及工艺特性。
7. 指出焊丝型号和牌号所代表的含义，并以 ER55-B2-Mn、EF03-5042、H08Mn2SiA 和 YJ422-1 为例加以说明。
8. 焊剂的种类有哪些？对焊剂的质量有何要求？
9. 指出焊剂型号和牌号所代表的含义，并以 F4A0-H08A 和 HJ431-X 为例加以说明。
10. 举例说明焊剂与焊丝如何配合使用。

第 2 章　焊接化学冶金

焊接化学冶金是指焊接过程中焊接区内各种物质之间在高温下的相互作用，也就是液态金属、熔渣和气相之间在高温下发生的复杂的冶金反应。由于焊接化学冶金直接影响焊缝的成分、组织和性能，同时也影响焊接工艺性能以及某些焊接缺陷的形成，因而它已发展成为焊接理论的重要组成部分。

本章主要以钢材熔焊时的冶金问题为重点，从热力学角度阐明焊接化学冶金的一般规律，主要涉及气体的溶解、金属的氧化和焊缝的脱氧、脱硫、脱磷、除氢以及焊缝金属的合金化等内容，目的是为分析材料焊接性、选择焊接材料和制定焊接工艺奠定基础。

2.1　焊接化学冶金的特殊性

2.1.1　焊接区金属的保护

在焊接过程中对焊接区内的金属进行保护是焊接化学冶金的首要任务。为防止空气的有害作用，焊接过程中必须对焊接区金属采取保护措施。不同的保护方式，所取得的效果也不同。

1. 无保护的危害

当在空气气氛下不采用任何保护措施进行焊接时，焊缝金属的成分和性能将会不同于母材和焊丝，而且焊接工艺性能也很差。

（1）焊缝成分显著变化　在采用光焊丝的无保护焊接过程中，由于熔化的高温金属与周围的空气发生强烈的作用，可使焊缝金属中氧和氮的质量分数分别达到 0.72% 和 0.22%，即为低碳钢焊丝含氧量和含氮量的 35 倍和 45 倍。因此，无保护焊接可造成焊缝金属中氧和氮等有害杂质显著增加。同时，焊缝中锰和碳等有益合金元素因强烈烧损和蒸发而减少。

（2）焊缝力学性能降低　正是由于焊缝中氧和氮等有害元素的显著增加以及锰和碳等有益合金元素的减少，焊缝金属的塑性和韧性显著降低，而因氮的部分强化作用使得焊缝金属的强度变化不大，如表 2-1 所示。

表 2-1　低碳钢无保护焊接时的焊缝力学性能

力学性能	抗拉强度 σ_b /MPa	伸长率 δ (%)	冲击韧度 a_K /(J/cm^2)	弯曲角 α /(°)
母材	390 ~ 440	25 ~ 30	>147	180
焊缝	334 ~ 390	5 ~ 10	5 ~ 25	20 ~ 40

（3）焊接工艺性能差　由于焊接过程中没有任何保护，电弧空间电离度低，电弧不稳定，焊接飞溅也大，焊道表面成形差，焊缝中也易产生各种类型的气孔。

2. 保护的方式和效果

综上所述，为提高焊缝的质量，焊接过程中就必须对焊接区的金属进行保护。所谓保护，就是利用某种介质将焊接区与周围的空气隔离开来。从保护介质来看，保护可分为气体保护、熔渣保护、渣-气联合保护、真空保护以及自保护等。所有熔焊方法都是以这些保护方式实现焊接的，如表2-2所示。由于常用的保护介质中基本不含氮，因而可用焊缝金属中的含氮量来评价各种保护方式的保护效果。

表2-2 熔焊方法的保护方式

熔焊方法	焊条电弧焊	埋弧焊	电渣焊	氩弧焊	CO_2 焊	等离子弧焊	激光束焊	电子束焊	自保护焊
保护方式	渣-气联合保护	熔渣保护	熔渣保护	气体保护	气体保护	气体保护	气体保护	真空保护	自保护

（1）气体保护　气体保护是利用外加气体对焊接区进行保护的方法。保护的效果主要取决于气体的性质和纯度，并按气体性质分为惰性气体保护和活性气体保护。

常用的惰性气体主要是氩，其次是氦。惰性气体的保护效果很好，熔化极氩弧焊焊缝中氮的质量分数只有0.0068%左右。常用的活性气体主要是具有氧化性的二氧化碳，保护效果也比较好，焊缝中氮的质量分数介于0.008%～0.015%之间。

（2）熔渣保护　熔渣保护是利用焊剂、药芯或药皮熔化形成的熔渣起到保护作用的。对于埋弧焊来讲，焊剂及其熔渣的保护效果是很好的，焊缝中氮的质量分数介于0.002%～0.007%之间。

一般来讲，焊剂及其熔渣的保护效果与焊剂的结构和松装密度有关。与玻璃状的焊剂相比，多孔性的浮石状焊剂具有较大的表面积，吸附的空气较多，保护的效果较差。

焊剂松装密度对焊缝含氮量的影响如表2-3所示。由表可见，随着焊剂松装密度的增加，焊剂透气性减小，保护效果增强，焊缝中的含氮量降低。但应指出，并不是焊剂的松装密度越大越好。因为当松装密度过大时，焊剂透气性过小，这会阻碍焊接熔池中气体的外逸，促使焊缝中形成气孔，并使焊缝表面出现压坑等缺陷。

表2-3 焊缝含氮量与焊剂松装密度的关系

松装密度/(kg/m^3)	550	800	1000	1200
透气性	3800	3000	2500	2000
氮的质量分数(%)	0.0094	0.0043	0.0022	0.0022

（3）渣-气联合保护　渣-气联合保护是通过药皮或药芯中的造渣剂和造气剂在焊接过程中形成熔渣和气体而共同起到保护作用的。在这种联合保护作用下，焊缝中氮的质量分数可控制在0.010%～0.014%的范围内，达到了一般要求的保护效果。

造渣剂熔化后形成的熔渣，覆盖在熔滴和熔池的表面上将空气隔开。而熔渣凝固后在焊缝表面上形成的渣壳，可进一步防止处于高温状态的焊缝金属与空气的接触。造气剂受热分解后析出大量的气体，将焊接区与空气隔开。特别是焊条药皮分解形成的气体，在药皮端部套筒的约束下能定向吹向熔池，起到较好的保护作用。

渣-气联合保护的效果主要取决于药皮或药芯中保护材料(即造渣剂和造气剂)的含量、

熔渣的性质和焊接参数等。由图2-1可以看出，焊条熔化时析出的气体数量越多，熔敷金属中的含氮量越少。同样，由图2-2可知，药芯焊丝中保护材料的含量越多，熔敷金属中的含氮量越少。但保护材料过多时，会使药芯熔化落后于金属外皮，反而使保护效果变差。

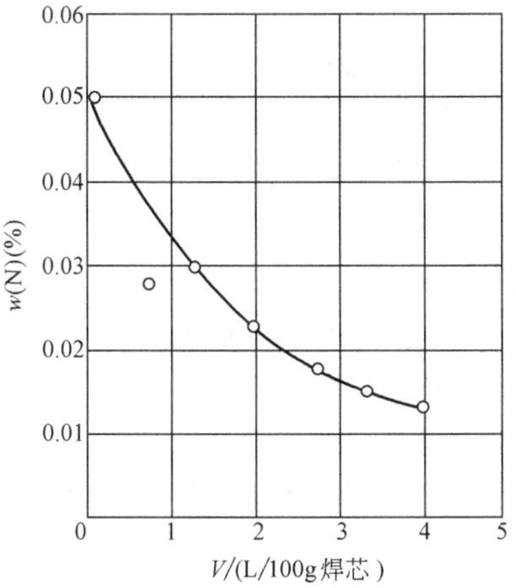

图2-1　熔敷金属含氮量与焊条熔化析出气体数量的关系

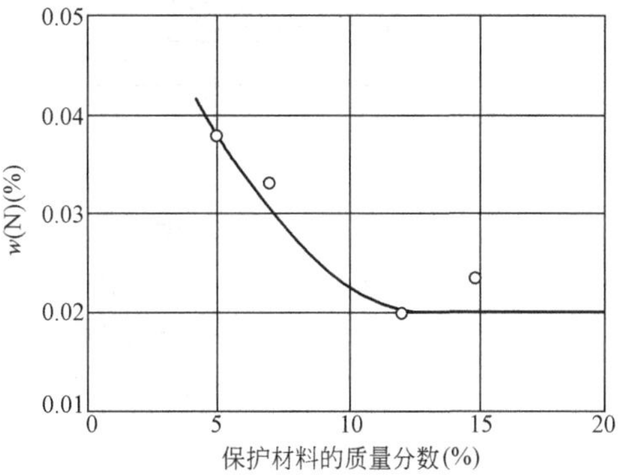

图2-2　熔敷金属含氮量与药芯焊丝中保护材料含量的关系

（4）真空保护　真空保护是指利用真空环境使焊接区的空气含量显著降低的保护方法。虽然此时还不能将空气完全排除，但随真空度的提高，可使空气中氧和氮等的危害降至最低。因此，真空保护是保护效果最好的方法。

（5）自保护　从本质上讲，以上提到的四种保护均属将空气排除焊接区的机械保护方法。自保护不是利用这种机械隔离空气来保护焊接区金属的方法，而是通过化学反应防止氧和氮进入焊缝的冶金保护方法。

具体而言，自保护就是通过在焊丝中加入脱氧剂和脱氮剂，使由空气进入熔化金属的氧和氮反应生成氧化物和氮化物，并使其成渣，从而实现降低焊缝金属含氧量和含氮量的方法。这种自保护方法无法避免空气的有害影响，焊缝中氮的质量分数高达0.12%，故保护效果欠佳，生产上也很少采用。

2.1.2　焊接化学冶金的反应区

与普通化学冶金过程不同，焊接化学冶金过程是分区域(或阶段)连续进行的，而且各区的反应条件也存在差异，从而影响到各区反应的方向和限度。

焊接方法不同，反应区的多少不同。一般来讲，不填丝的钨极气体保护焊和电子束焊只有一个反应区，即熔池反应区；熔化极气体保护焊有两个反应区，即熔滴反应区和熔池反应区；焊条电弧焊有三个反应区，即药皮反应区、熔滴反应区和熔池反应区，如图2-3所示。因此，焊条电弧焊的反应区最多，对此进行讨论最有代表性。

1. 药皮反应区

药皮反应区是指焊条端部药皮开始反应的温度至药皮熔点之间的区域。对钢焊条而

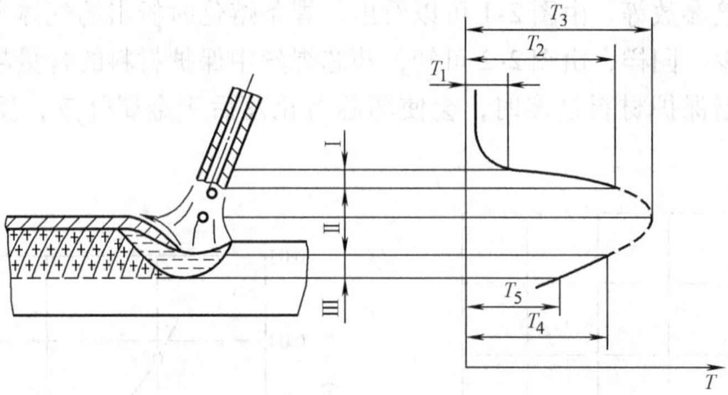

图 2-3　焊接化学冶金的反应区

Ⅰ—药皮反应区　Ⅱ—熔滴反应区　Ⅲ—熔池反应区　T_1—药皮开始反应温度

T_2—焊条端部熔滴温度　T_3—弧柱中部熔熵温度

T_4—熔池最高温度　T_5—熔池最低温度

言，该区的温度范围为 100～1200℃。药皮反应区主要发生的反应包括水分的蒸发、某些物质的分解和铁合金的氧化(即先期脱氧)。

(1) 水分的蒸发　当药皮被加热时，其吸附水开始蒸发，直到温度超过 100℃时，吸附水全部蒸发；当温度超过 200～400℃时，药皮中的白泥、云母等组成物中的结晶水将被去除，而化合水则需在更高的温度下才能析出。

(2) 某些物质的分解　当药皮受热达到一定温度时，其中的纤维素、木粉和淀粉等有机物开始分解和燃烧，形成 CO_2、CO 及 H_2 等气体。药皮所含的 $CaCO_3$、$MgCO_3$ 等碳酸盐和 Fe_2O_3、MnO_2 等高价氧化物也发生分解，形成 CO_2 和 O_2 等气体。

(3) 铁合金的氧化　以上所述的因水分蒸发和某些物质分解所形成的 H_2O、CO_2 和 O_2 等氧化性气体，会对被焊金属和药皮中的铁合金(如锰铁、硅铁和钛铁等)造成很强的氧化作用，从而使气相的氧化性大大降低，即实现了所谓的先期脱氧。

总之，药皮反应区的温度较低，这一反应阶段可视为熔滴反应和熔池反应的准备阶段，其生成物即为熔滴反应阶段和熔池反应阶段的反应物，因而对焊接化学冶金过程和焊接质量有一定的影响。

2. 熔滴反应区

熔滴反应区是指从焊条端部熔滴形成、长大到过渡至熔池的整个区域。该区所进行的主要反应包括气体的分解和溶解、金属的蒸发、金属及其合金成分的氧化和还原，以及焊缝金属的合金化等。从反应条件来看，熔滴反应区的特点是反应温度高、相的接触面积大、反应时间短并有各相的强烈混合作用。

(1) 反应温度高　在钢材的电弧焊中，熔滴活性斑点处的温度接近焊芯材料的沸点，高达 2800℃左右。随焊接参数的变化，熔滴平均温度在 1800～2400℃范围内变化，从而使熔滴金属发生 300～900℃的过热。因此，熔滴阶段的反应温度很高。

(2) 相的接触面积大　正常焊接条件下，熔滴比较细小，其比表面积可达 1000～10000cm^2/kg，比炼钢时大 1000 倍左右，故熔滴与气体和熔渣的接触面积很大。

(3) 反应时间短　熔滴在焊条末端的停留时间仅为 0.01～0.1s，熔滴以高达 2.5～10m/s 的速度穿过弧柱区的时间更短，只有 0.0001～0.001s。因此，熔滴阶段各相之间的反应时间很短。

（4）相的混合强烈 在熔滴形成、长大及过渡过程中，由于受到多种力的作用，其形状不断变化，导致局部表面发生收缩或扩张，使熔滴表面上的渣层发生破坏而相互混合，甚至被熔滴金属所包围，故熔滴与熔渣发生了强烈的混合作用。

由上述特点可以看出，熔滴反应区的反应时间短，但反应温度高，相的接触面积大，并有强烈的混合作用，同时反应物含量偏离平衡甚远，故冶金反应最激烈，不但反应速度快，而且反应最完全，对焊缝成分和性能影响最大。

3. 熔池反应区

熔池反应区是指由熔滴和熔渣同熔化的母材相混合所形成的反应区。在熔滴和熔渣落入熔池后，各相之间进一步发生物理化学反应，直至金属凝固形成焊缝。与熔滴反应区相比，熔池反应区的特点是反应速度低、反应不同步以及具有一定的搅动作用。

（1）反应速度低 与熔滴相比，熔池平均温度较低，约为1600～1900℃；熔池比表面积较小，约为300～1300cm^2/kg；熔池存在时间稍长，但也不超过几十秒，如焊条电弧焊时为3～8s，埋弧焊时为6～25s。正因为这样，熔池阶段的反应速度较低。

（2）反应不同步 熔池的温度分布极不均匀，其前部温度比后部高。因此，熔池反应区内不同部位的反应可能向相反的方向进行，或者说所进行的反应是不同步的。一般在熔池的前部发生金属的熔化、气体的吸收和氧化反应，而在熔池的后部则发生金属的凝固、气体的逸出和脱氧反应。这样的过程可以达到相对稳定的状态，从而使焊缝成分趋于平衡。

（3）具有一定的搅动作用 在气流、等离子流以及由于熔池温度分布不匀造成的液态金属密度差异和表面张力差异等因素的综合作用下，熔池中的液态金属会发生有规律的对流和搅动，有助于加快反应速度，也为气体和非金属夹杂物的外逸创造了条件。

总之，熔池阶段的反应速度比熔滴阶段低，对整个冶金反应的贡献没有熔滴反应阶段高。但在熔池前部和后部的不同步反应以及熔池中发生的搅动作用，对焊缝成分的均匀化起到了有利的作用。

2.1.3 焊接化学冶金系统的不平衡性

综上所述可知，焊接化学冶金过程不但是分区域进行的，而且同一区域的不同部位的反应方向和速度也存在差异。因此，整个化学冶金系统是非常复杂的，是一个多相的、不平衡的反应系统。

1. 焊接化学冶金系统是多相的反应系统

焊接化学冶金系统的反应温度高，参与反应的相数多，并随焊接方法而不同。例如，焊条电弧焊和埋弧焊时，存在液态金属、熔渣和气体三个相之间的相互作用；气体保护焊时，主要是气体与金属两个相之间的作用；而电渣焊时，主要是熔渣与金属两个相之间的作用。由于多相反应是在相界面上进行的，并受到传热、传质和动量传输的影响，因而难于判定反应的方向、速度和限度。

2. 焊接化学冶金系统是不平衡的反应系统

焊接区温度高且分布不匀，排除了整个焊接化学冶金系统平衡的可能性。焊接区的高温和各相之间巨大的反应界面以及强烈的搅动，均可使冶金反应进行得很激烈。但由于各反应区的反应条件变化极大，多相界面增加了物质传输的困难，焊接连续冷却过程使温度变化范围很大，停留时间很短，各种反应离平衡的远近程度相差甚远，从而造成了焊接化学冶金系统的不平衡性。因此，不能直接应用热力学平衡的计算公式定量分析焊接化学冶金问题，但可用于定性分析冶金反应进行的方向、限度及其影响因素。

应当指出，尽管焊接化学冶金系统从整体上说是不平衡的，但并不排除系统个别部分出现某种反应的短暂平衡。例如，在熔池反应区中所进行的同一反应在熔池前部和后部的反应方向可能是相反的，在这相反的反应方向之间必然存在一个反应方向改变的平衡状态。

2.2 焊接区内气体与金属的作用

2.2.1 焊接区内的气体

焊接区内的气体是与液态金属进行冶金反应的重要物质，了解焊接区内气体的种类、来源及气相的组分是研究气相与液态金属相互作用的前提。

1. 气体的种类和来源

（1）气体的种类　总的来看，除了外加的惰性保护气体之外，焊接区内的气体主要包括 N_2、H_2、O_2、H_2O、CO_2、金属蒸气、熔渣蒸气以及它们分解和电离的产物。其中，对焊接质量有重要影响的是 N_2、H_2、O_2、H_2O 和 CO_2。

（2）气体的物质来源　焊接区内的气体主要来源于焊接材料、母材和环境气氛。这些来源具体包括焊条药皮、焊剂和药芯中的造气剂、高价氧化物和水分，气体保护焊所用的保护气体及其所含的杂质，焊丝和母材表面附着的油污、铁锈、氧化皮和吸附水，周围的空气及其所含的水蒸气，被焊金属及其合金的蒸发产物等。

（3）气体的供给途径　从本质上看，焊接区内的气体一部分是直接输入或侵入的原始气体，而另一部分是通过物化反应所生成的气体，具体情况如下。

1）有机物的分解和燃烧。制造焊条时常用淀粉、纤维素和糊精等有机物作为造气剂和涂料增塑剂，其受热后将从 220 ~ 250℃开始发生具有放热效应的热氧化分解反应，生成 CO_2、CO、H_2 及 H_2O 等气态产物。例如，纤维素的热氧化分解反应可表示为

$$2(C_6H_{10}O_5)_m + 7mO_2 = 12mCO_2 + 10mH_2 \tag{2-1}$$

在 220 ~ 320℃的范围内，焊条所用的有机物可发生最大程度的分解，质量损失可达 50%，并在 800℃左右完全分解。当有机物与钾 - 钠水玻璃混合使用时，其分解温度将会降低。因此，对含有有机物的焊条进行烘干时，烘干温度应控制在 150℃左右，一般不应超过 200℃。

2）碳酸盐和高价氧化物的分解　焊接材料中常用 $CaCO_3$、$MgCO_3$ 和 $CaMg(CO_3)_2$（白云石）等碳酸盐，它们受热超过一定温度时会发生分解反应，生成 CO_2 气体，起到气体保护作用。$CaCO_3$ 和 $MgCO_3$ 的分解反应和分解压分别为

$$CaCO_3 = CaO + CO_2 \tag{2-2}$$

$$\lg p(CO_2/CaCO_3) = -8920/T + 7.54 \tag{2-3}$$

$$MgCO_3 = MgO + CO_2 \tag{2-4}$$

$$\lg p(CO_2/MgCO_3) = -5785/T + 6.27 \tag{2-5}$$

式中，$p(CO_2/CaCO_3)$和$p(CO_2/MgCO_3)$分别表示$CaCO_3$和$MgCO_3$分解生成的CO_2平衡分压。

利用上式，可以计算出$CaCO_3$和$MgCO_3$在空气中开始分解和剧烈分解的温度。

计算结果表明，$CaCO_3$和$MgCO_3$在空气中开始分解的温度分别为545℃和325℃，而剧烈分解的温度分别为910℃和650℃。因此，它们在焊接过程中能够完全分解。同时，对含有$CaCO_3$和$MgCO_3$的焊条进行烘干时，烘干温度分别不应超过450℃和300℃。

应当指出，加热速度、碳酸盐粒度和其他物质对碳酸盐的分解过程是有影响的。加热速度越高，碳酸盐的分解温度越高。碳酸盐的粒度越小，在同样温度下的分解压越大。CaF_2、SiO_2、TiO_2和Na_2CO_3等物质可使$CaCO_3$的分解温度区间向低温推移，如图2-4所示。尤其是Na_2CO_3的加入，还可扩大$CaCO_3$的分解温度区间，对改善熔化金属的保护效果起到了特殊的作用。此外，电弧气氛中的水蒸气具有催化作用，可加速碳酸盐的分解。

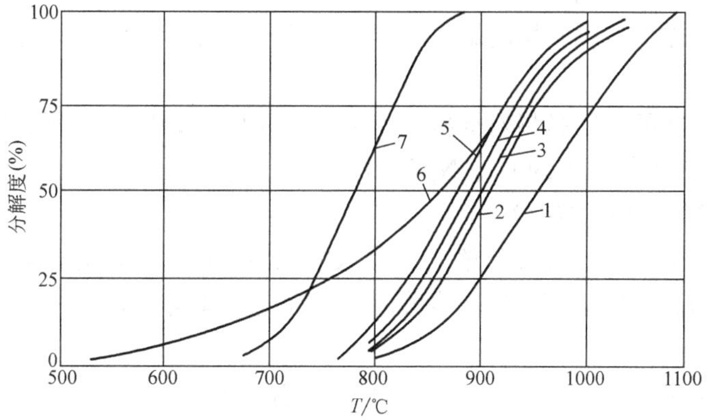

图2-4　不同物质对碳酸钙分解度的影响(加热速度为30℃/s)

1—$CaCO_3$　2—$CaCO_3+CaF_2$　3—$CaCO_3+TiO_2$　4—$CaCO_3+SiO_2$

5—$CaCO_3+Na_2CO_3$(比例1:1)　6—$CaCO_3+CaF_2+TiO_2+Na_2CO_3$(比例1:2:2:1)

7—$CaCO_3+CaF_2+TiO_2$(比例1:2:2)

焊接材料中的高价氧化物主要有Fe_2O_3和MnO_2，它们在焊接过程中将发生逐级分解，生成大量O_2，增强了气氛的氧化性。所发生的分解反应为

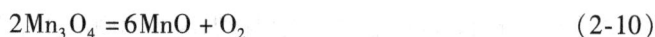

$$6Fe_2O_3 = 4Fe_3O_4 + O_2 \tag{2-6}$$

$$2Fe_3O_4 = 6FeO + O_2 \tag{2-7}$$

$$4MnO_2 = 2Mn_2O_3 + O_2 \tag{2-8}$$

$$6Mn_2O_3 = 4Mn_3O_4 + O_2 \tag{2-9}$$

$$2Mn_3O_4 = 6MnO + O_2 \tag{2-10}$$

3）物质的蒸发及冶金反应。焊接过程中，母材表面所吸附的水分和焊接材料中的吸附水和结晶水受热到一定温度后将会蒸发，形成水蒸气。在焊接电弧的高温作用下，金属元素和熔渣的各种成分也会发生蒸发，形成相当多的金属蒸气和熔渣蒸气。

物质的蒸发主要取决于其本身的沸点或饱和蒸气压。在一定的温度下，沸点越低或饱和蒸气压越高的物质越容易蒸发。由表2-4可以看出，在金属元素中，Zn、Mg、Pb和Mn的沸点较低，故在熔滴阶段很容易蒸发。在氟化物中，KF、LiF和NaF的沸点较低，它们易于蒸发。因此，Zn 和 Mg 在黄铜和铝合金焊接时发生了激烈的蒸发，而 Mn 和低沸点的氟化物在钢的焊接中易于蒸发。此外，焊接规范对物质的蒸发也有显著影响，增大焊接电流和电弧电压都会加剧物质的蒸发。

表 2-4 一些常用金属和氟化物的沸点

物质	Zn	Mg	Pb	Mn	Cr	Al	Ni	Si	Cu	Fe
沸点/℃	907	1126	1740	2097	2222	2327	2459	2467	2547	2753
物质	Ti	C	Mo	AlF_3	KF	LiF	NaF	BaF_2	MgF_2	CaF_2
沸点/℃	3127	4502	4804	1260	1500	1670	1700	2137	2239	2500

除上述提到的反应之外，一些冶金反应也能生成气态产物。例如，SiF_4、HF、H_2 和 CO 等气体，其中有的为中间产物，有的为最终产物，有关内容将在本章其他部分进行介绍。

4）直接输入或侵入。直接输入焊接区的气体主要是指对焊接区起保护作用的原始气体。例如，钨极气体保护焊所用的氩气或氦气，熔化极气体保护焊所用的氩气或二氧化碳气体等。

直接侵入焊接区的气体是指对焊接区有危害作用的原始气体。例如周围空气中的 N_2、O_2 及 H_2O 蒸气，保护气体中的 O_2、N_2 和 H_2O 蒸气等。

2. 气体的分解和气相的组分

（1）气体的分解　无论是直接输入或侵入的原始气体，还是通过物化反应所生成的气体，在焊接电弧的高温作用下将进一步分解，从而对气体与金属的相互作用产生显著的影响。

焊接区气相中常见的 CO_2 与 H_2O 等多原子复杂气体和 N_2、H_2、O_2 与 F_2 等双原子简单气体，当受热获得足够高的能量后，将分解为简单气体、单个原子或离子与电子。这些分解反应均为吸热反应，其在标准状态下的热效应 ΔH^0_{298} 如表 2-5 所示，由此可以比较不同气体或同一气体按不同方式进行分解的难易程度。

表 2-5 几种气体的分解反应及其热效应 ΔH^0_{298}

反应式	$F_2 = F + F$	$H_2 = H + H$	$H_2 = H + H^+ + e$	$O_2 = O + O$	$N_2 = N + N$
ΔH^0_{298}/(kJ/mol)	-270	-433.9	-1745	-489.9	-711.4
反应式	$CO_2 = CO + 1/2O_2$	$H_2O = H_2 + 1/2O_2$	$H_2O = OH + 1/2H_2$	$H_2O = H_2 + O$	$H_2O = 2H + O$
ΔH^0_{298}/(kJ/mol)	-282.8	-483.2	-532.8	-977.3	-1808.3

气体分解的程度常用分解度来表示。分解度是指已分解的分子数与原有分子的总数之比，其大小与气体的种类和温度有关。双原子气体 N_2、H_2 和 O_2 的分解度随温度的变化关系如图 2-5 所示。可以看出，当焊接温度为 5000K 时，H_2 和 O_2 的分解度很大，其中绝大部分以原子状态存在；而 N_2 的分解度很小，基本上以分子状态存在。

多原子气体 CO_2 与 H_2O 的分解度随温度的变化关系如图 2-6 所示。由图可见，在 4000K 时，CO_2 的分解度很大，分解生成了 CO 和 O_2，增强了气相的氧化性。由表 2-5 可知，H_2O 的分解途径较多，但在不同的温区以不同的分解方式为主，分解的产物有 H_2、O_2、H 和 O 等，从而增强了气相的氧化性和氢分压。值得说明的是，多原子气体分解的产物在高温下或有其他合金元素存在的条件下还可进一步分解和电离。

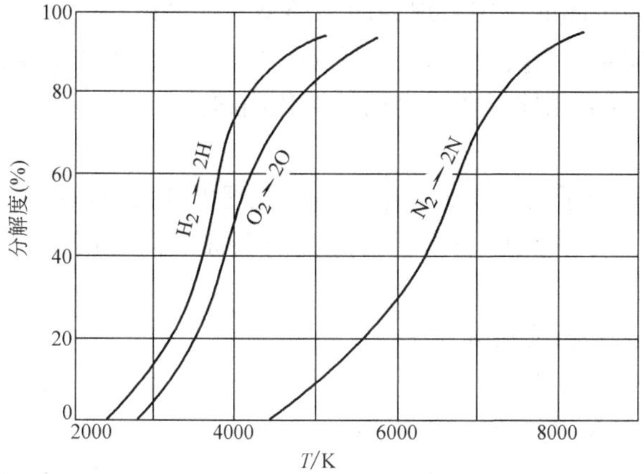

图 2-5 双原子气体的分解度与温度的关系（$p_0 = 101kPa$）

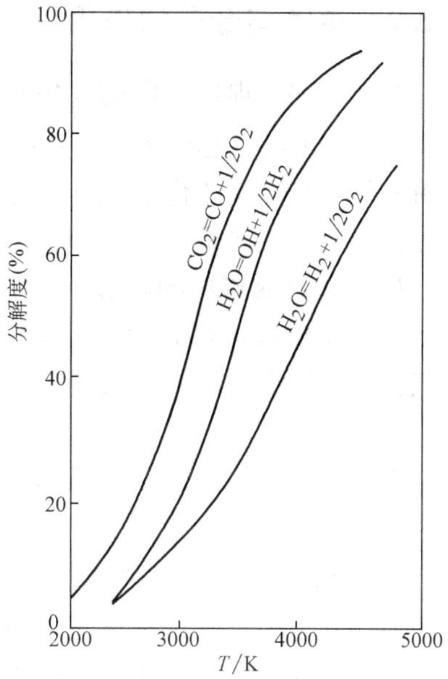

图 2-6 多原子气体的分解度与温度的关系

（2）气相的组分 焊接区内经常同时存在多种气体，所以焊接区内的气相是由多种气体组成的。气相的组分与焊接方法、焊接材料和焊接规范有关，表 2-6 给出了焊接区实际气体冷却至室温后的成分分析结果。尽管室温成分与高温成分存在差别，但对于定性分析冶金反应进行的条件和可能的结果还是有参考价值的。

表 2-6 焊接碳钢冷至室温时的气相组分

焊接方法	焊条或焊剂类型	气相组分的体积分数（%）					备注
		CO	CO_2	H_2	H_2O	N_2	
焊条电弧焊	钛型	46.7	5.3	35.5	13.5	—	焊条在110℃烘干2h
	钛钙型	50.7	5.9	37.7	5.7	—	
	钛铁矿型	48.1	4.8	36.6	10.5	—	
	氧化铁型	55.6	7.3	24.0	13.1	—	
	纤维素型	42.3	2.9	41.2	12.6	—	
	低氢型	79.8	16.9	1.8	1.5	—	
埋弧焊	HJ330	86.2	—	9.3	—	4.5	玻璃状焊剂
	HJ431	89~93	—	7~9	—	<1.5	

由表 2-6 可以看出，用低氢型焊条焊接时，气相中含 H_2 和 H_2O 都很少，因而焊缝含氢量很低，故称“低氢型”。埋弧焊时气相中含 CO_2 和 H_2O 都很少，所以气相的氧化性很小。与此相反，焊条电弧焊时因含 CO_2 和 H_2O 的总量较多而使气相的氧化性相对增大。

2.2.2 气体与金属的作用

如上所述，焊接区内的气体种类很多，但对焊接质量有重要影响的主要是 N_2、H_2、O_2、CO_2 和 H_2O。总的来看，这些气体与金属的作用表现为两种类型，即气体在金属中的溶解和气体与金属的化学反应。前者主要是指 N_2、H_2 和 O_2 等双原子气体在金属中的溶解问题；而后者主要是指 O_2、CO_2 和 H_2O 等氧化性气体对金属的氧化问题。

1. 气体在金属中的溶解

（1）溶解反应热力学　一般来讲，双原子气体在金属中的溶解机理可分为两步：首先是气体分子被金属表面所吸附并分解为原子，然后是原子穿过金属表面层向金属深处溶解。

对于双原子气体 X_2，其在金属中的溶解反应可表示为

$$X_2 = 2[X] \tag{2-11}$$

则 X 在金属中的溶解度（平衡时的含量）$S(X)$ 符合平方根定律

$$S(X) = K(X_2)\sqrt{p(X_2)} \tag{2-12}$$

式中　$K(X_2)$——X_2 溶解反应的平衡常数，取决于温度、气体和金属的种类；

$p(X_2)$——气相中 X_2 气体的分压。

然而，如上节所述，部分双原子气体在焊接高温下可直接分解为单原子气体，从而进一步提高该气体在金属中的溶解度。因为单原子气体在金属中的溶解过程更为简单和直接，只需原子穿过金属表面层向金属深处扩散即可实现。

对于单原子气体 X，其溶解反应可表示为

$$X = [X] \tag{2-13}$$

则 X 在金属中的溶解度（平衡时的含量）$S(X)$ 符合线性规律

$$S(X) = K(X)p(X) \tag{2-14}$$

式中　$K(X)$——X 溶解反应的平衡常数，取决于温度、气体和金属的种类；

$p(X)$——气相中 X 气体的分压。

（2）氮在金属中的溶解　氮的主要来源是焊接区周围的空气。尽管焊接中采取了各种保护措施，但氮总会或多或少地侵入焊接区，并与焊接区内的金属发生作用。

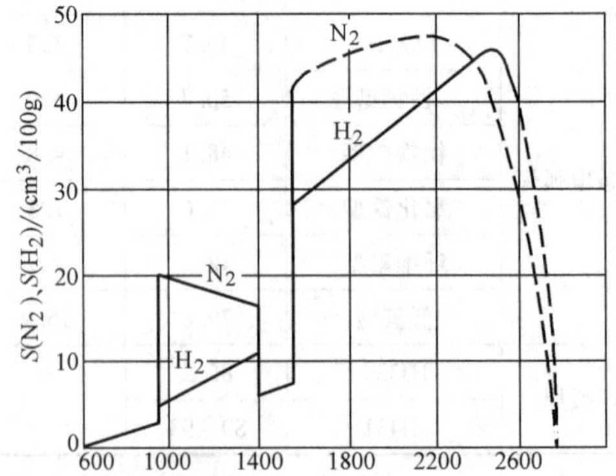

图 2-7　氮和氢在铁中的溶解度与温度的关系

$[p(N_2)+p(\text{金属})=101\text{kPa}, p(H_2)+p(\text{金属})=101\text{kPa}]$

根据平方根定律表达式（2-12），经计算得到的氮在铁中的溶解度与温度的关系如图 2-7 所示。由图可以看出，氮在液态铁中的溶解度随温度的升高而增大，在温度为 2200℃时达到最大值 $47\text{cm}^3/100\text{g}$，继续升温后由于金属蒸气增加使气相中氮的分压减小而导致氮的溶解度急剧降低，当温度达到铁的沸点（2750℃）时氮的溶解度已降至为零。

此外，由图2-7还可以看出，当液态铁凝固时，氮的溶解度突然下降，降幅达到75%左右。这意味着焊接熔池结晶时会有大量的氮需要逸出，若氮的逸出速度小于熔池的结晶速度，则氮就将残留在焊缝中，并以过饱和的固溶氮、分子氮和氮化物等形式存在，从而对焊缝性能产生影响。

实际上，弧焊熔池的溶氮量要比用平方根定律计算出的标准溶解度高几倍之多，如图2-8所示。这主要是弧焊时气体的溶解机理极其复杂造成的，除了双原子氮的溶解机理之外，氮的溶解还存在其他形式。如上所述，部分氮分子在电弧高温下已经分解为氮原子，其溶解属于单原子气体的溶解，溶解速度远远高于氮分子，这部分氮的溶解度应该用线性表达式(2-14)来计算；在电弧高温下也能形成氮离子，它能在电弧的阴极直接溶解；在氧化性电弧气氛中形成的NO，遇到较低温度的液态金属时，可分解为氮原子和氧原子而溶入液态金属中。

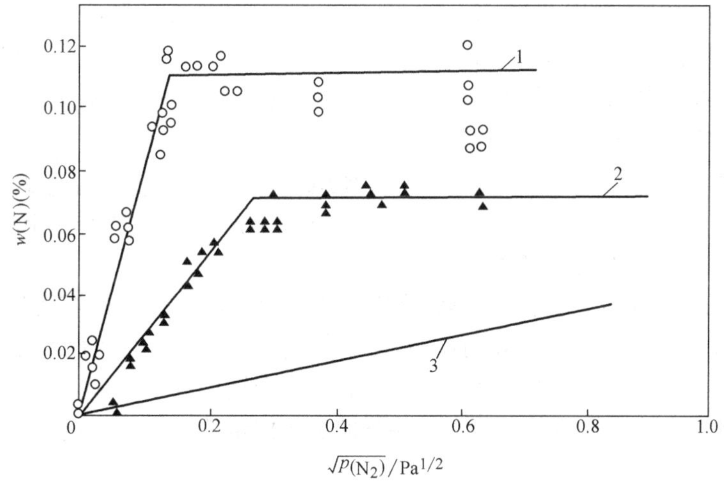

图2-8 液态铁中氮的含量与氮分压的关系

[$p(N_2)+p(Ar)=101kPa$,温度=1600℃]

1—等离子熔炼过程 2—弧焊过程 3—普通热过程

应当指出，氮与铜、镍等某些金属是不发生作用的，它们既不溶解氮，也不形成氮化物。因此，焊接这类金属时，可以采用氮作为保护气体。

(3) 氢在金属中的溶解 氢的主要来源是焊接材料及母材中的水分、含氢物质和焊接区周围空气中的水蒸气。在熔焊方法中，尽管采取了各种保护措施，但氢总会或多或少地与焊接区内的金属发生作用，从而对接头造成不同程度的危害。正因为这样，焊接中氢与金属的作用一直是国际上的重点研究内容。

1) 氢在金属中的溶解度及其影响因素。在熔焊方法中，氢向金属中的溶解有两种途径。一种是氢通过气相与金属的界面以原子或质子的形式溶入金属（如气体保护焊）；另一种是氢通过熔渣层过渡后再进入金属（如电渣焊）。当气相中的氢以分子状态存在时，氢在金属中的溶解度符合平方根定律。

根据表达式(2-12)，计算得到氢在铜、铝、铁和镍中的溶解度与温度的关系如图2-9所示。由图可以看出，氢在此类金属中的溶解度曲线具有相似的特征。此时的溶解反应为吸热反应，故溶解度随温度的升高而增大，并在一定的温度下达到最大值，这表明熔滴阶段吸收的氢比熔池阶段多。对于铁来说，氢的最大溶解度为43cm³/100g，对应的温度为2400℃。继续升温后，由于金属蒸气压剧增，氢的溶解度迅速降低，在接近金属沸点时溶解度已降至为零。此外，由图2-7还可以看出，氢的溶解度在相变点处发生突变，这是导致某些焊接缺陷产生或接头性能降低的主要原因之一。

实际上，弧焊时氢在金属中的溶解度要比用平方根定律计算出的标准溶解度高得多，如图2-10所示。这是因为，气相中的氢在电弧高温下并非完全以分子状态存在，相当多的氢已分解为原子，甚至电离成质子。这部分氢的溶解度应该用线性表达式(2-14)来计算，当用平方根定律计算时，计算结果就会降低。因此，实际计算中，应对分子状态的氢和原子状态的氢加以分别考虑，以提高计算结果的准确性。

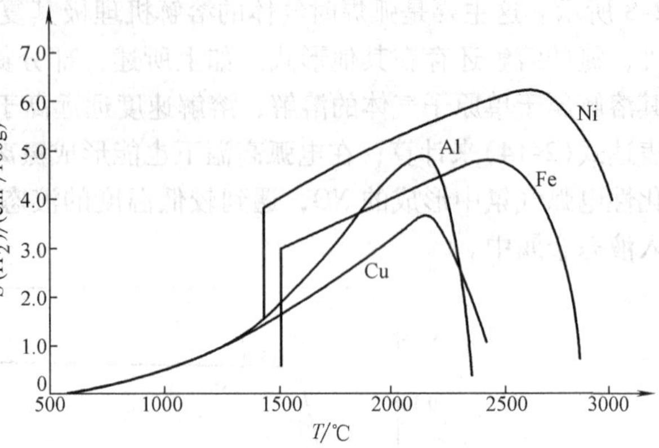

图2-9 氢在金属中的溶解度与温度的关系

[$p(H_2)+p$(金属)＝1.01kPa,其余为Ar]

合金元素对氢在铁中的溶解度有很大影响，如图2-11所示。Ti、Zr、Nb及某些稀土元素可提高氢的溶解度，但Mn、Ni、Cr、Mo的影响不大，而Si、C、Al可降低氢的溶解度。氧是表面活性元素，可减少金属对氢的吸附，能有效降低氢在液态铁、低碳钢和低合金钢中的溶解度。此外，氢在固态钢中的溶解度与其晶体结构有关，面心立方晶格的奥氏体钢的溶氢能力高于体心立方晶格的铁素体-珠光体钢。

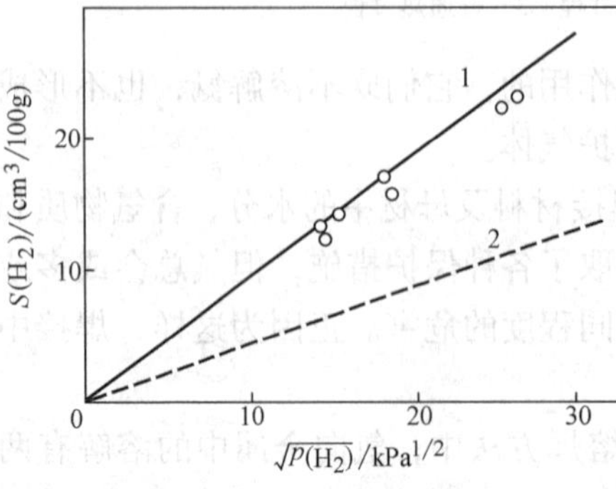

图2-10 氢在液态镍中的溶解度与氢分压的关系

[$p(H_2)+p(Ar)$＝101kPa,温度＝1600℃]

1—弧焊过程 2—普通热过程

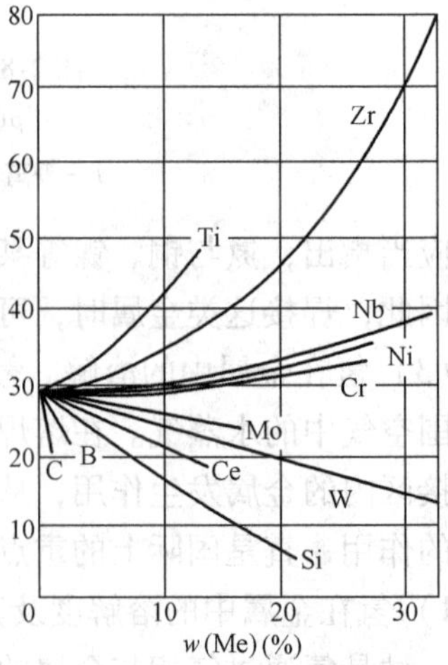

图2-11 合金元素对氢在液态铁中的溶解度的影响

应当指出，对于Nb、Ti、Ta、V、Zr等能与氢生成稳定氢化物的金属来讲，它们吸氢的反应属于放热反应，在较低温度下吸氢量多，而在较高温度下吸氢量少。焊接这类金属及其合金时，必须防止它们在固态下吸收大量的氢，否则将严重影响接头的质量。

2）氢在焊缝中的扩散行为　由于焊接冷却速度很快，液态金属所吸收的氢只有一部分能在熔池凝固过程中逸出，还有相当多的氢来不及逸出而被留在固态焊缝金属中。在钢焊缝中，大部分氢以 H 或 H^+ 形式存在，并与焊缝金属形成间隙固溶体，而且由于氢原子或离子半径很小而能在焊缝金属的晶格中自由扩散，故称之为扩散氢；小部分氢扩散聚集到金属的晶格缺陷、显微裂纹和非金属夹杂物边缘的空隙中，并结合为氢分子，因其半径扩大而不能自由扩散，故称之为残余氢。一般认为，钢焊缝中的扩散氢约占总含氢量的80%～90%，是造成氢危害的主要部分，显著影响接头的性能。但残余氢对接头性能的影响也不能忽视，因为残余氢只要获得足够高的激活能也可重新转变为扩散氢。

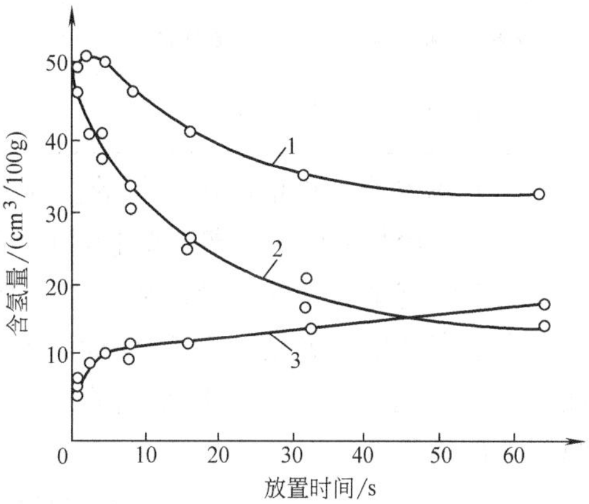

图2-12　焊缝中的含氢量随焊后放置时间的变化
1—总氢量　2—扩散氢　3—残余氢

焊缝金属的含氢量因扩散而随时间变化，如图2-12所示。经焊后放置，一部分扩散氢会转变为残余氢或者从焊缝表面逸出，故扩散氢减少，残余氢增加，总氢量降低。为使测氢准确和便于比较分析，许多国家都制定了测定熔敷金属中扩散氢含量的标准方法。我国规定的是甘油法，而国际焊接学会规定的是水银法。熔敷金属的扩散氢含量是指焊后立即按标准方法测定并换算成标准状态下的含氢量，而残余氢含量是指在真空室内将试样加热到650℃测定的含氢量。用各种焊接方法焊接碳钢时，熔敷金属中的含氢量如表2-7所示。由表可见，所有焊接方法都使焊缝金属增氢，但 CO_2 焊的含氢量最少，尤其是扩散氢含量极少，是一种超低氢的焊接方法。在焊条电弧焊中，只有采用低氢型焊条时，焊缝的含氢量才明显降低。

表2-7　焊接碳钢时熔敷金属的含氢量

焊接方法		含氢量/(cm^3/100g)			备　注
		扩散氢	残余氢	总氢量	
焊条电弧焊	钛型	39.1	7.1	46.2	低碳钢板和焊丝的含氢量为0.2～0.5cm^3/100g
	钛铁矿型	30.1	6.7	36.8	
	氧化铁型	32.3	6.5	38.8	
	纤维素型	35.8	6.3	42.1	
	低氢型	4.2	2.6	6.8	
埋弧焊		4.40	1～1.5	5.90	在40～50℃停留48～72h测定扩散氢；真空加热测定残余氢
CO_2 焊		0.04	1～1.5	1.54	
氧乙炔气焊		5.00	1～1.5	6.50	

氢在不同组织中的扩散系数是不同的，如表2-8所示。由表可知，氢在铁素体等体心

立方晶格组织中的扩散速度远远大于其在奥氏体组织中的扩散速度。正因为这样，当母材和焊缝的组织类型匹配不同时，熔合区附近氢的扩散动力学曲线会有明显不同的特征，如图 2-13 所示。可以看出，由于氢在奥氏体中扩散较慢且溶解度较高，无论母材是淬火钢还是非淬火钢，采用奥氏体焊缝均可显著降低熔合区附近部位的含氢量。

表 2-8 氢在不同组织中的扩散系数 (cm^2/s)

铁素体/珠光体	索氏体	托氏体	马氏体	奥氏体
4.0×10^{-7}	3.5×10^{-7}	3.2×10^{-7}	2.5×10^{-7}	2.1×10^{-12}

（4）氧在金属中的溶解　氧的主要来源是焊接材料及母材中的含氧物质和焊接区周围的空气。在熔焊方法中，氧与焊接区内的金属发生作用是不可避免的，重要的是如何尽量减少它在焊缝金属中的含量，从而降低对接头造成的危害。

在液态铁中，氧是以原子状态和 FeO 的形式溶解的，其溶解度随温度的升高而增大，如图 2-14 所示。当与液态铁平衡的是纯 FeO 时，氧的溶解度可达到最大值 $S_{max}(O)$，它与温度 T 的关系为

$$\lg S_{max}(O) = -6320/T + 2.734 \tag{2-15}$$

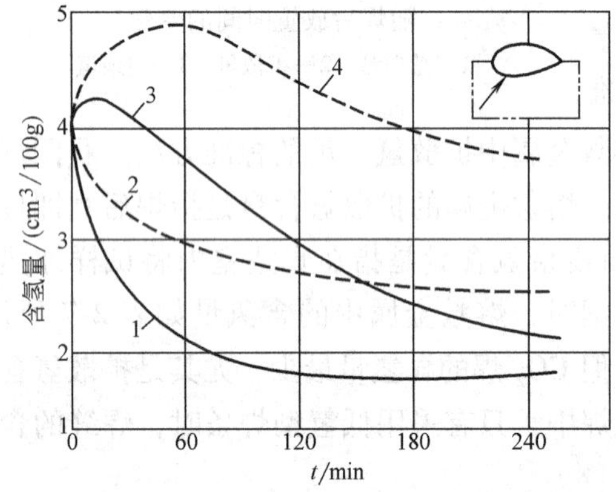

图 2-13 熔合区附近部位的含氢量随时间的变化
1—Q235 + 奥氏体焊缝 2—45 钢 + 奥氏体焊缝
3—Q235 + 铁素体焊缝 4—45 钢 + 铁素体焊缝

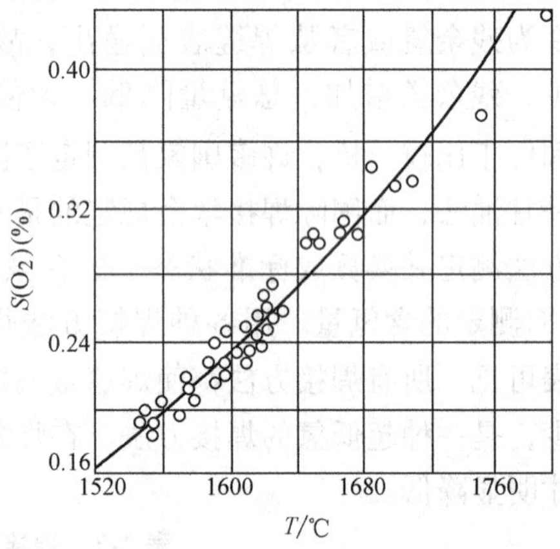

图 2-14 氧在液态铁中的溶解度与温度的关系

当液态铁中有第二种合金元素时，氧的溶解度随合金元素含量的增加而下降，如图 2-15 所示。在室温下，氧在铁中的溶解度极低，固态焊缝中所含的氧多以氧化物和硅酸盐夹杂物的形式存在，故焊缝中的含氧量是包括这些夹杂物中所含的氧在内的。

2. 氧化性气体对金属的氧化

焊接区内的氧化性气体主要是指自由状态的氧气、二氧化碳、水蒸气及其混合气体。在焊接区内的各个反应区中，它们与金属发生氧化反应，导致合金元素烧损，并使焊缝增氧，从而降低接头的性能。

（1）氧化还原反应方向的判据　在由金属、氧化性气体和金属氧化物组成的系统中，

可用金属氧化物的分解压作为金属发生氧化还原反应方向的判据。所谓分解压就是氧化物分解反应达到平衡状态时氧的分压，其数值越高，氧化物越易分解，金属越不易被氧化。

若金属氧化物 Me_nO_m 的分解压为 $p(O_2/Me_nO_m)$，而氧在反应系统中的实际分压为 $p(O_2)$，则氧化还原反应的方向为：当 $p(O_2) > p(O_2/Me_nO_m)$ 时，金属被氧化；当 $p(O_2) = p(O_2/Me_nO_m)$ 时，系统处于平衡状态；当 $p(O_2) < p(O_2/Me_nO_m)$ 时，金属被还原。

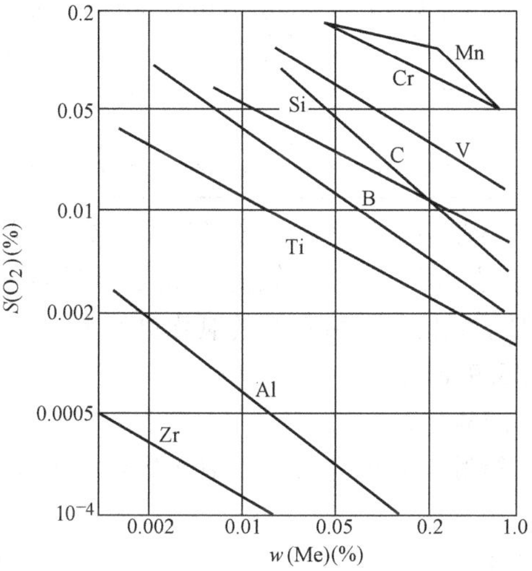

图2-15 合金元素对氧在液态铁中的溶解度的影响（1600℃）

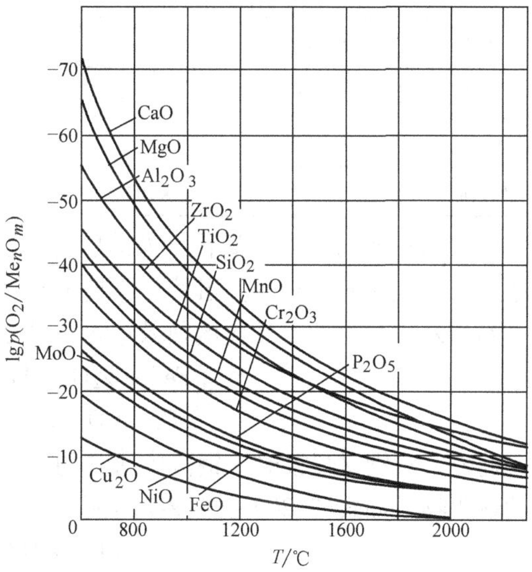

图2-16 金属氧化物的分解压与温度的关系

金属氧化物的分解压与温度有关，且随温度的升高而增大，如图2-16所示。由图可见，在相同温度下，CaO、MgO 和 Al_2O_3 的分解压较小，其稳定性较高，所对应的金属易被氧化；而除 Cu_2O 和 NiO 外，FeO 的分解压最高，其稳定性较差，对应的金属 Fe 应该不易被氧化。然而，由于 FeO 能溶于液态铁中，其分解压大为减小，使 Fe 易于发生氧化。

当 FeO 为纯凝聚相时，其分解压为

$$\lg p(O_2/FeO) = -26730/T + 6.43 \tag{2-16}$$

在实际的焊接冶金过程中，FeO 并不是以纯凝聚相存在，而是溶于液态铁中，故此时的分解压 $p'(O_2/FeO)$ 为

$$p'(O_2/FeO) = p(O_2/FeO)w^2[FeO]/w^2_{max}[FeO] \tag{2-17}$$

式中 $w[FeO]$——溶解在液态铁中的 FeO 的质量分数；

$w_{max}[FeO]$——FeO 在液态铁中的最大溶解度，可用式(2-15)换算求得。

由式(2-15)~式(2-17)可以计算不同温度下液态铁中 FeO 的质量分数所对应的分解压，如表2-9所示。计算结果表明，在焊接条件下 FeO 的分解压是很小的，气相中只要有微量的氧就可使铁发生氧化。

表 2-9 液态铁中 FeO 的质量分数对其分解压 $p'(O_2/FeO)$ 的影响

在液态铁中的质量分数(%)		$p'(O_2/FeO)/101kPa$				
[FeO]	[O]	1540℃	1600℃	1800℃	2000℃	2300℃
0.1	0.0222	7.4×10^{-11}	1.7×10^{-10}	1.56×10^{-9}	6.1×10^{-9}	4.8×10^{-8}
0.2	0.0444	2.9×10^{-10}	6.7×10^{-10}	6.25×10^{-9}	2.4×10^{-8}	1.9×10^{-7}
0.5	0.1110	1.8×10^{-9}	4.2×10^{-9}	3.9×10^{-8}	1.5×10^{-7}	1.2×10^{-6}
1.0	0.2220	—	—	1.5×10^{-7}	6.1×10^{-7}	4.8×10^{-6}
2.0	0.4440	—	—	—	2.4×10^{-6}	1.9×10^{-5}
3.0	0.6660	—	—	—	—	4.3×10^{-5}
最大值	—	4.0×10^{-9}	1.5×10^{-8}	3.4×10^{-7}	4.8×10^{-6}	1.1×10^{-4}

(2) 自由氧对金属的氧化 如前所述，在各种焊接方法中，自由状态的氧总会或多或少地进入焊接区的气相中。当其分压超过 FeO 的分解压时，铁将被氧化，如式(2-18)和式(2-19)所示。由这两个反应的热效应可以看出，原子氧比分子氧对铁的氧化更严重。

$$[Fe]+\frac{1}{2}O_2=FeO+26.97kJ/mol \tag{2-18}$$

$$[Fe]+O=FeO+515.76kJ/mol \tag{2-19}$$

此外，对钢材焊接时，钢液中所含的碳、硅和锰等元素也会被自由氧所氧化，生成相应的氧化物，如式(2-20)~式(2-22)所示。

$$[C]+\frac{1}{2}O_2=CO\uparrow \tag{2-20}$$

$$[Si]+O_2=SiO_2 \tag{2-21}$$

$$[Mn]+\frac{1}{2}O_2=[MnO] \tag{2-22}$$

(3) CO_2 对金属的氧化 CO_2 在高温下能分解生成自由氧，从而对金属产生氧化作用。温度越高，CO_2 的分解度越大，所生成的氧在气相中的分压越高，氧化性越强。例如，在温度为 1800K 时，平衡气相中氧的分压为 0.22kPa，远远大于此温度下液态铁中饱和 FeO 的分解压 3.86×10^{-7}kPa，故 CO_2 在高温下对铁及其他许多金属都具有较强的氧化性；在温度为 3000K 时，平衡气相中氧的分压达到 20.3kPa，相当于空气中氧的分压，所以 CO_2 的氧化性在更高的温度下比空气的氧化性还强。

CO_2 对液态铁的氧化作用和反应平衡常数为

$$CO_2+[Fe]=CO+[FeO] \tag{2-23}$$

$$\lg K=\lg\{w[FeO]p(CO)/p(CO_2)\}=-11576/T+6.86 \tag{2-24}$$

由式(2-24)可见，温度升高时，反应平衡常数增大，有利于反应向铁氧化的方向进行，表明 CO_2 在熔滴阶段比在熔池阶段对金属的氧化程度大。即使气相中只有少量的 CO_2，对铁也有很大的氧化性。因此，采用 CO_2 作保护气体，只能防止空气中氮的侵入，而不能避免金属的氧化。正因为这样，CO_2 焊时必须采用硅和锰作为脱氧剂的焊丝，以保证得到优质的焊缝。同样，在含碳酸盐的焊条药皮中也必须加入脱氧剂，以降低焊缝的含氧量。

(4) H_2O 对金属的氧化 气相中的水蒸气在高温下也能分解生成自由氧，从而对金属产生氧化作用。H_2O 对液态铁的氧化作用和反应平衡常数为

$$H_2O + [Fe] = H_2 + [FeO] \tag{2-25}$$

$$\lg K = \lg\{w[FeO]p(H_2)/p(H_2O)\} = -10200/T + 5.5 \tag{2-26}$$

由上式可见，温度越高，反应平衡常数越大，反应越向铁氧化的方向进行，H_2O 对铁的氧化作用越强。对式(2-24)和式(2-26)进行比较还可看出，在液态铁存在的温度下，H_2O 的氧化性比 CO_2 小。但应指出，气相中的水蒸气除对金属产生氧化作用外，还会使焊缝金属增氢，从而带来许多其他不利影响。因此，在考虑脱氧的同时，还必须进行脱氢。

(5) 混合气体对金属的氧化　在焊条电弧焊中，焊接区内的气体并不是单一的气体，而是多种气体的混合物，如 CO_2、CO、O_2 和 H_2O 等。气体保护焊时，为改善电弧的电、热和工艺特性，也常常采用混合气体，如 Ar + O_2、Ar + CO_2 及 Ar + O_2 + CO_2 等。由于混合气体中含有氧化性气体，因而就会对金属产生氧化作用。但由于不同气体之间存在相互影响，因而混合气体对金属的氧化作用更为复杂。

理论计算表明，在温度高于 2500K 的情况下，钛铁矿型焊条和低氢型焊条电弧气氛中氧的分压高于 FeO 的分解压，故混合气体对铁具有氧化性，必须在焊条药皮中加入脱氧剂以进行脱氧。

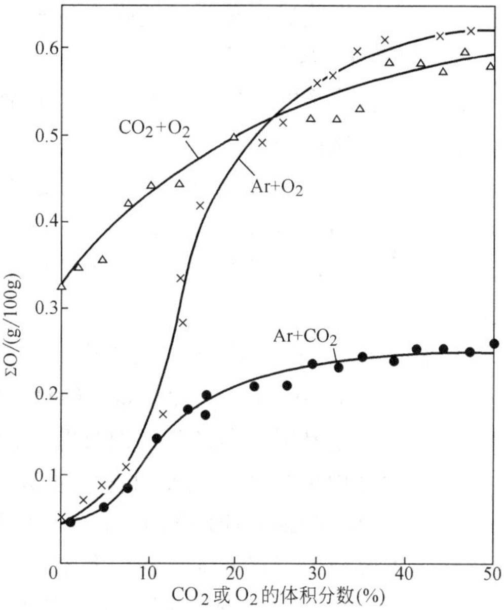

图 2-17　保护气体成分对 ΣO 的影响

在混合气体保护焊中，常用与 100g 焊缝金属反应的总氧量 ΣO 作为评价混合气体对金属氧化能力的指标，并可由各种元素的氧化损失计算求出。保护气体成分对 ΣO 的影响如图 2-17 所示，其中试验用母材为低碳钢，焊丝为 H08Mn2Si。由图可见，氧的体积分数为 15% 的 Ar + O_2 混合气体的氧化性与纯 CO_2 相当；在 O_2 和 CO_2 体积分数相同的情况下，Ar + O_2 的氧化性高于 Ar + CO_2 的氧化性。由图还可以看出，随 O_2 和 CO_2 含量的增加，所有混合气体的氧化性都增加。因此，采用含有氧化性气体的混合气体保护焊时，应根据其氧化能力的大小选择含有合适脱氧剂的焊丝。

2.3 焊接熔渣对金属的作用

2.3.1 焊接熔渣及其性质

焊接熔渣是药皮、药芯和焊剂受热熔化及化学反应生成的由多种物质组成的复杂体系，在焊接过程中起到极其重要的作用。了解和掌握熔渣的种类、结构及其性质，是调整和控制焊缝金属成分和性能的前提和基础。

1. 熔渣的作用

（1）机械保护作用　焊接熔渣覆盖在熔滴和熔池的表面上，将液态金属与空气隔开，能防止液态金属的氧化及氮化。熔渣凝固后形成的渣壳，完全覆盖在焊缝上，可进一步防止空气对处于高温状态的焊缝金属所造成的危害。

（2）冶金处理作用　通过熔渣与液态金属间的物理化学反应，可以去除焊缝中氢、氧、硫和磷等有害物质，还可向焊缝过渡合金元素，实现焊缝金属的净化与合金化，从而提高接头的性能。

（3）工艺性能改善作用　在熔渣中加入某些物质可使电弧易于引燃且稳定燃烧，使飞溅减小，保证焊缝成形美观，增强全位置焊接的适应性。

2. 熔渣的种类和成分

根据熔渣渣系的主要成分和特点，可将焊接熔渣分为三大类，即盐型熔渣、盐-氧化物型熔渣及氧化物型熔渣。

（1）盐型熔渣　主要由金属的卤化物和不含氧的化合物组成，其典型渣系有 CaF_2-NaF、CaF_2-$BaCl_2$-NaF、KCl-NaCl-Na_3AlF_6 和 BaF_2-MgF_2-CaF_2-LiF 等。此类渣系的特点是氧化性很小，主要用于焊接铝、钛等活性金属及其合金，也可用于焊接含活性元素的高合金钢。

（2）盐-氧化物型熔渣　主要由金属的氟化物和氧化物组成，其常用渣系有 CaF_2-CaO-Al_2O_3、CaF_2-CaO-SiO_2 和 CaF_2-CaO-Al_2O_3-SiO_2 等。此类渣系的氧化性较小，有较好的除氢作用，主要用于焊接合金钢及低碳钢的重要结构件。

（3）氧化物型熔渣　主要由各种金属的氧化物组成，其广泛应用的渣系有 MnO-SiO_2、FeO-MnO-SiO_2 和 CaO-TiO_2-SiO_2 等。此类渣系一般含有较多的 MnO 和 SiO_2，具有较强的氧化性，主要用于焊接低碳钢和低合金钢的一般结构件。

表 2-10 给出了一些典型焊条和焊剂的熔渣成分。由表可见，焊接熔渣实质上是由多种成分组成的复杂渣系。但为了研究方便，往往将这种复杂渣系简化为由含量高、影响大的成分组成的简单渣系，从而突出重点，解决关键问题。例如，低氢型焊条的熔渣可以看作是由 CaO-SiO_2-CaF_2 组成的三元简化渣系。

表 2-10　典型焊接熔渣的种类和成分

焊条和焊剂	熔渣类型	熔渣组成物的质量分数（%）										熔渣碱度①	
		SiO_2	TiO_2	Al_2O_3	FeO	MnO	CaO	MgO	Na_2O	K_2O	CaF_2	B_1	B_2
钛型焊条	氧化物型	23.4	37.7	10.0	6.9	11.7	3.7	0.5	2.2	2.9	—	0.43	-2.0
钛钙型焊条	氧化物型	25.1	30.2	3.5	9.5	13.7	8.8	5.2	1.7	2.3	—	0.76	-0.9
钛铁矿型焊条	氧化物型	29.2	14.0	1.1	15.6	26.5	8.7	1.3	1.4	1.1	—	0.88	-0.1
氧化铁型焊条	氧化物型	40.4	1.3	4.5	22.7	19.3	1.3	4.6	1.8	1.5	—	0.60	-0.7

（续）

焊条和焊剂	熔渣类型	熔渣组成物的质量分数（%）										熔渣碱度①	
		SiO_2	TiO_2	Al_2O_3	FeO	MnO	CaO	MgO	Na_2O	K_2O	CaF_2	B_1	B_2
纤维素型焊条	氧化物型	34.7	17.5	5.5	11.9	14.4	2.1	5.8	3.8	4.3	—	0.60	-1.3
低氢型焊条	盐-氧化物型	24.1	7.0	1.5	4.0	3.5	35.8	—	0.8	0.8	20.3	1.86	0.9
HJ251	盐-氧化物型	18.2~22	—	18~23	≤1.0	7~10	3~6	14~17	—	—	23~30	1.15~1.44	0.048~0.49
HJ430	氧化物型	38.5	—	1.3	4.7	43.0	1.7	0.45	—	—	6.0	0.62	-0.33

① B_1 和 B_2 分别按式(2-31)和式(2-32)计算。

3. 熔渣的微观结构

熔渣的微观结构决定熔渣的物化性质及其与金属的作用。目前，已有多种理论描述熔渣的微观结构，主要表现为分子理论、离子理论及分子-离子共存理论。

（1）分子理论　熔渣的分子理论是在凝固熔渣的相分析和成分分析结果的基础上提出的，能定性地解释熔渣与金属之间的冶金反应，但对熔渣的某些性质还无法给出合理的解释。其主要观点如下：

1）液态熔渣是由化合物分子组成的理想溶液。化合物分子包括自由氧化物（如 SiO_2、CaO 及 Al_2O_3 等）的分子、复合氧化物（如 $CaO\cdot SiO_2$、$MnO\cdot SiO_2$ 等）的分子、氟化物及硫化物的分子等，而自由氧化物分为酸性氧化物（如 SiO_2、TiO_2 等）、碱性氧化物（如 CaO、MnO 等）和中性氧化物（如 Al_2O_3、Fe_2O_3 等）。

2）自由氧化物与其复合氧化物处于化合与分解的平衡状态。例如，自由氧化物 SiO_2 和 CaO 与其复合氧化物 $CaO\cdot SiO_2$ 的平衡反应为

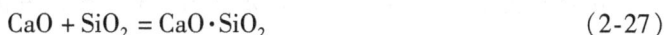

$$CaO + SiO_2 = CaO\cdot SiO_2 \tag{2-27}$$

温度升高有利于反应向左进行，使渣中自由氧化物的含量增高；反之，温度降低会使渣中复合氧化物增多。一般而言，当强酸氧化物与强碱氧化物相遇时，易于形成稳定的复合氧化物。

3）只有自由氧化物才能参与冶金反应。例如，只有渣中自由的 FeO 才能参与式(2-28)的冶金反应，而复合氧化物 $(FeO)_2\cdot SiO_2$ 中的 FeO 不能参与该冶金反应。

$$(FeO) + [C] = [Fe] + CO \tag{2-28}$$

（2）离子理论　熔渣的离子理论是在研究熔渣电化学性质的基础上提出的。与分子理论相比，更接近于熔渣的实际情况，能够解释分子理论无法解释的某些现象。完全离子理论的主要观点如下：

1）液态熔渣是由阴阳离子组成的电中性溶液。阴阳离子包括简单阴离子、简单阳离子以及复合离子等。简单阴离子有 F^-、O^{2-} 和 S^{2-} 等，由负电性大的元素得到电子而形成。简单阳离子有 K^+、Na^+、Ca^{2+}、Mg^{2+}、Mn^{2+} 和 Fe^{2+} 等，由负电性小的元素失去电子

而形成。复合离子有 SiO_4^{4-}、PO_4^{3-} 和 $Al_3O_7^{5-}$ 等，是由负电性较大、但其阳离子往往不能独立存在的元素与氧离子结合而成的复合阴离子。

2）离子的分布和相互作用由离子的综合矩所决定。离子的综合矩可用离子所带的电荷和离子半径来描述，即综合矩 = 离子的电荷/离子的半径。离子的综合矩越大，其静电场越强，与异号离子的结合力越大。例如，对常用的焊接熔渣而言，阳离子中 Si^{4+} 的综合矩最大，而阴离子中 O^{2-} 的综合矩最大，因而二者能结合形成复杂的硅氧阴离子。

离子综合矩的大小也影响离子在渣中的分布。相互作用力大的阴阳离子彼此接近能形成离子团，相互作用力小的阴阳离子也能形成离子团。因此，当离子的综合矩相差较大时，熔渣的化学成分在微观上是不均匀的，离子的分布是近程有序的。

3）熔渣与金属的作用过程是离子与原子交换电荷的过程。例如，硅被还原而铁被氧化的过程是硅离子和铁原子在两相界面上交换电荷的过程，即

$$(Si^{4+}) + 2[Fe] = 2(Fe^{2+}) + [Si] \tag{2-29}$$

（3）分子-离子共存理论　如上所述，分子理论认为液态熔渣是由分子组成的，而完全离子理论认为液态熔渣是由离子组成的。但在实际上，焊接熔渣是十分复杂的体系，熔渣中不但有离子，而且还有分子。正因为这样，提出了分子-离子共存理论。

分子-离子共存理论认为，复合离子 SiO_4^{4-}、PO_4^{3-} 等是不稳定的，可分解成 SiO_2、P_2O_5 和 O^{2-}。例如，SiO_4^{4-} 的分解反应为

$$SiO_4^{4-} = SiO_2 + 2O^{2-} \tag{2-30}$$

因此，熔渣是由金属离子 Me^{2+} 和 Me^{+}，非金属离子 O^{2-}、F^{-} 和 S^{2-}，SiO_2 及硅酸盐和磷酸盐等具有共价键的化合物分子共同组成的。

4. 熔渣的性质

（1）熔渣的酸碱度　碱度是评价焊接熔渣碱性强弱的指标，它对熔渣的焊接冶金行为有直接影响。而酸度是衡量焊接熔渣酸性强弱的指标，并被定义为碱度的倒数。应当指出，在不同的熔渣结构理论中，对碱度的定义和计算方法是不同的，对此应给予充分注意。

在分子理论中，将熔渣的碱度定义为熔渣中碱性氧化物的含量与酸性氧化物的含量之比。其精确计算公式为

$$B_1 = \frac{\sum_{i=1}^{m} a_i w_i}{\sum_{j=1}^{n} a_j w_j} \tag{2-31}$$

式中　w_i——熔渣中第 i 种碱性氧化物（包括氟化物）的质量分数；

a_i——熔渣中第 i 种碱性氧化物（包括氟化物）的碱度系数；

w_j——熔渣中第 j 种酸性氧化物（包括中性氧化物）的质量分数；

a_j——熔渣中第 j 种酸性氧化物（包括中性氧化物）的碱度系数。

当 $B_1 > 1$ 时，熔渣为碱性渣；当 $B_1 = 1$ 时，熔渣为中性渣；当 $B_1 < 1$ 时，熔渣为酸性渣。各种氧化物（包括氟化物）的碱度系数如表 2-11 所示，按式（2-31）计算的典型焊接熔渣的碱度见表 2-10。

表 2-11　与分子理论对应的各氧化物（包括氟化物）的碱度系数

分类	碱性氧化物						酸性氧化物			中性氧化物	氟化物
	CaO	MgO	K_2O	Na_2O	MnO	FeO	SiO_2	TiO_2	ZrO_2	Al_2O_3	CaF_2
a_i 或 a_j	0.018	0.015	0.014	0.014	0.007	0.007	0.017	0.005	0.005	0.005	0.006

在离子理论中，将熔渣的碱度定义为熔渣中自由氧离子的活度。自由氧离子的活度越大，熔渣的碱度越高。常用的碱度计算公式为

$$B_2 = \sum_{k=1}^{n} a_k x_k \tag{2-32}$$

式中　x_k——熔渣中第 k 种氧化物的摩尔分数；

a_k——熔渣中第 k 种氧化物的碱度系数。

当 $B_2>0$ 时，熔渣为碱性渣；当 $B_2=0$ 时，熔渣为中性渣；当 $B_2<0$ 时，熔渣为酸性渣。各种氧化物的碱度系数如表 2-12 所示，按式(2-32)计算的典型焊接熔渣的碱度见表 2-10。由此表可见，按式(2-31)和式(2-32)计算的结果，对于熔渣酸碱性的判定是一致的。

表 2-12　与离子理论对应的各氧化物的碱度系数

分类	碱性氧化物						酸性氧化物			中性氧化物	
	K_2O	Na_2O	CaO	MnO	MgO	FeO	SiO_2	TiO_2	ZrO_2	Al_2O_3	Fe_2O_3
a_k	9.0	8.5	6.05	4.8	4.0	3.4	-6.31	-4.97	-0.2	-0.2	0

（2）熔渣的粘度　熔渣的粘度是指熔渣内部各层之间相对运动时的内摩擦力，它对熔渣的保护效果、焊接操作性、焊缝成形、熔池中气体的逸出、合金元素在渣中的残留、化学反应的活性等焊接工艺性能和冶金性能都有重要影响。粘度大时，保护效果差，冶金处理作用小；粘度过小时，保护作用也差，对焊缝成形也不利。

影响熔渣粘度的因素有熔渣的成分和所处的温度，而最本质的因素则是熔渣的内部结构。一般而言，熔渣结构越复杂，阴离子的尺寸越大，熔渣质点的运动越困难，熔渣的粘度越大。当然，若熔渣中含有固态颗粒，使熔渣流动受阻，也会造成熔渣粘度增大。

1）熔渣成分对粘度的影响。在酸性渣中，SiO_2 可与 O^{2-} 生成 SiO_4^{4-}、$Si_2O_7^{6-}$、$Si_3O_9^{6-}$、$Si_6O_{16}^{6-}$ 和 $Si_9O_{21}^{6-}$ 等复杂程度逐渐升高的 Si-O 阴离子。SiO_2 越多，Si-O 阴离子的结构越复杂，尺寸也越大，熔渣的粘度越高；而 O^{2-} 离子越多，Si-O 阴离子的结构越趋于简单，尺寸也越小，熔渣的粘度越小。因此，酸性渣中加入 SiO_2，会使熔渣粘度增大；而加入碱性氧化物时，可提供较多的 O^{2-} 离子，从而使熔渣粘度降低。

在碱性渣中加入高熔点的碱性氧化物(如 CaO 等)时，熔渣中可能出现未熔化的固体颗粒，从而使熔渣粘度增加。若此时加入适量的 SiO_2，它会与碱性氧化物形成低熔点的硅酸盐(如 $CaO\cdot SiO_2$ 等)，使固体颗粒不复存在，有效降低了熔渣的粘度。

此外，无论是酸性渣还是碱性渣，其内加入 CaF_2 均可降低熔渣的粘度。这是因为，在酸性渣中，F^- 离子能破坏 Si-O 键，降低 Si-O 阴离子的尺寸；而在碱性渣中，CaF_2 能促使高熔点碱性氧化物(如 CaO 等)的熔化，可降低非均匀相碱性渣的粘度。

2）温度对粘度的影响　熔渣的粘度随温度的升高而降低，但不同的渣系有不同的变

化特征，如图 2-18 所示。其中，粘度随温度的降低而缓慢增大的熔渣称为长渣，它不适于仰焊；粘度随温度的降低而急剧增大的熔渣称为短渣，它适于全位置焊接。

含 SiO_2 较多的酸性渣属于长渣，因为在这种渣系中含有较多尺寸较大的 Si-O 阴离子。温度升高时，离子的热振动能增加，使尺寸较大的 Si-O 阴离子的极性键局部断开，形成尺寸较小的 Si-O 阴离子，因而熔渣的粘度下降。但尺寸较大而复杂的 Si-O 阴离子的解体是随温度的升高而逐渐进行的，因而熔渣的粘度是缓慢下降的。

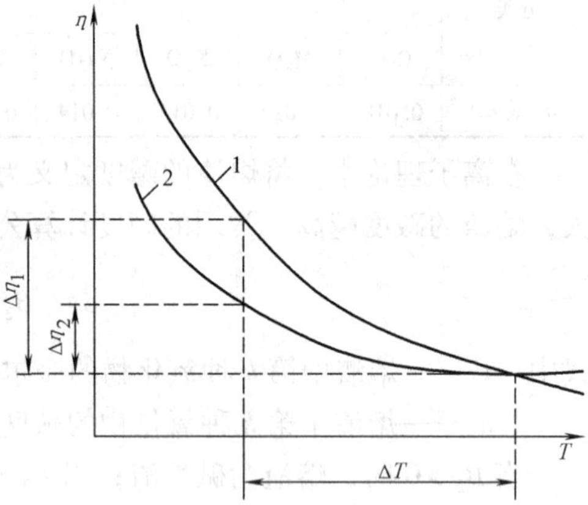

图 2-18　不同渣系的粘度与温度的关系
1—短渣　2—长渣

低氢型焊条的熔渣属于短渣，因为该渣系主要由尺寸较小的离子所构成。当实际温度高于液相线温度时，由于离子尺寸较小，易于移动，故熔渣的粘度迅速降低；当实际温度低于液相线温度时，渣中出现细小晶体，故熔渣粘度迅速增大。此外，温度升高可减少没有熔化的固体颗粒，也使熔渣的粘度下降。

（3）熔渣的表面张力　熔渣的表面张力实际上是熔渣与气相之间的界面张力或相互接触的比表面能，它对熔滴过渡、焊缝成形、脱渣性能以及许多冶金反应都有重要影响。决定熔渣表面张力大小的因素有熔渣的成分和温度，其中熔渣的成分是最本质的因素。

各种氧化物的表面张力与其本身的化学键能有关。一般而言，化学键能越大，表面张力越大，如表 2-13 所示。像 MnO、CaO、FeO、Al_2O_3 和 MgO 等具有离子键的氧化物，其键能较大，表面张力也较大；而像 SiO_2、TiO_2、B_2O_3 和 P_2O_5 等具有共价键的氧化物，其键能较小，表面张力也较小。

表 2-13　各种氧化物的化学键能与表面张力

氧化物	MnO	CaO	FeO	Al_2O_3	MgO	Na_2O	SiO_2	TiO_2	B_2O_3
化学键能/(kJ/mol)	1130	1200	1180	1170	1180	710	995	1040	710
表面张力/(10^{-3}N/m)	653	614	590	580	512	297	400	380	100

熔渣是由各种氧化物及氟化物组成的，不同的组分具有不同的表面张力。在溶渣中加入 SiO_2、TiO_2、B_2O_3 及 CaF_2 等表面张力小的酸性氧化物及氟化物时，它们将被排挤到熔渣的表面层中，从而使熔渣的表面张力减小；反之，在熔渣中加入 CaO、MgO 和 MnO 等表面张力大的碱性氧化物时，它们将使熔渣的表面张力增加。

此外，温度升高时，组成熔渣的离子之间的距离增大，相互作用减弱，熔渣的表面张力降低。

（4）熔渣的熔点　焊接熔渣是由多种化合物混合而成的多组元体系，其固液转变温度是一个区间，而不是固定的数值，因此常将固态熔渣开始熔化的温度称为熔渣的熔点。

影响熔渣熔点的本质因素是熔渣的成分及颗粒度，熔渣中所含的难熔物质越多，颗粒度越大，熔渣的熔点越高。通过调整熔渣组成物的种类和配比，可以有效调整熔渣的熔点。典型的钛钙型渣系（$CaO-TiO_2-SiO_2$）和低氢型渣系（$CaF_2-CaO-SiO_2$）的熔点与熔渣成分

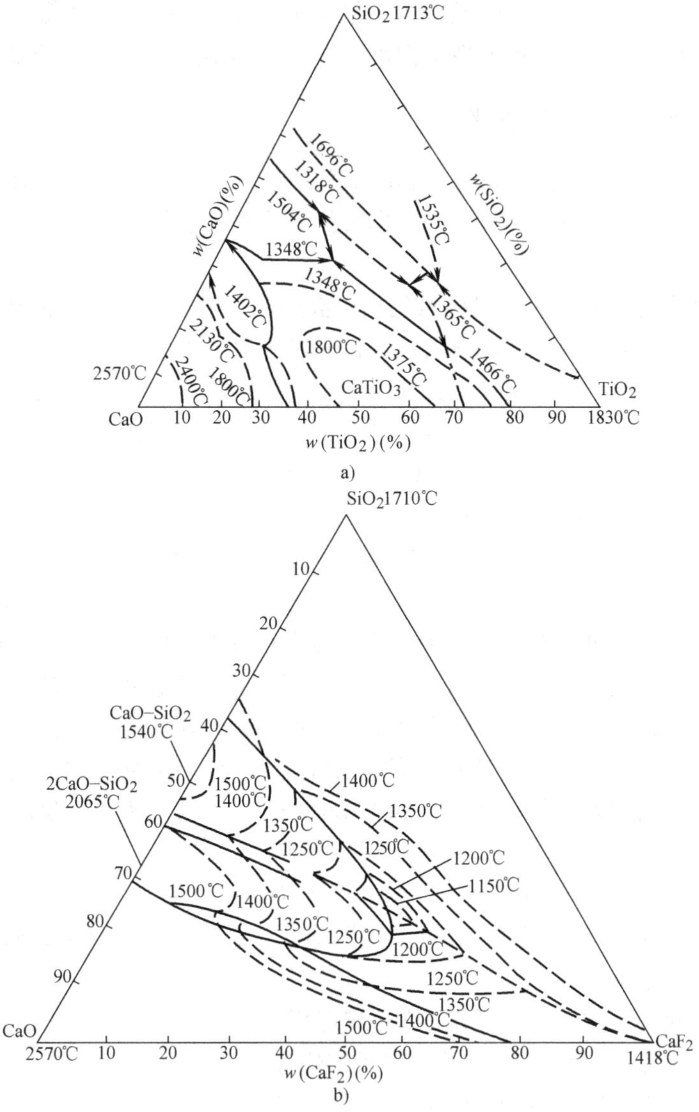

图 2-19　典型熔渣的熔点与熔渣成分的关系

a) CaO-TiO_2-SiO_2　b) CaF_2-CaO-SiO_2

的关系如图 2-19 所示。

一般要求熔渣的熔点要与被焊的母材以及所用的焊丝或焊芯的熔点相匹配，以满足焊接工艺性能和焊接质量的要求。焊接熔渣的熔点过高会造成熔渣与液态金属之间的反应不充分，易形成夹渣缺陷，并对液态金属产生压迫作用，使焊缝成形变差；反之，熔渣的熔点过低会使熔渣的覆盖性能变差，导致焊缝表面粗糙不平，并增加了全位置施焊的难度。因此，焊接熔渣的熔点一般应比焊缝金属的熔点低 200～450℃。

对于焊条而言，熔渣是由药皮熔化而形成的，因此将药皮开始熔化的温度称为造渣温度。造渣温度越高，熔渣的熔点越高，一般造渣温度比熔渣的熔点高 100～200℃。造渣温度过高会使焊条药皮套筒过长，电弧不稳，药皮成块脱落，造成冶金反应波动，焊缝成分不匀；反之，造渣温度过低会使焊条药皮过早熔化，导致保护作用降低，并使电弧挺度和熔滴过渡特性变差。因此，药皮的造渣温度应比焊芯的熔点低100～250℃。

2.3.2 焊接熔渣对金属的氧化

除2.2.2中讨论的氧化性气体对金属的氧化之外，活性的焊接熔渣对金属也起氧化作用。这种氧化作用主要表现为两种形式，即置换氧化和扩散氧化。

1. 置换氧化

(1) 置换氧化的冶金反应　置换氧化是指被焊金属与其他金属或非金属的氧化物发生置换反应而导致的氧化。对于钢铁材料的焊接来讲，当熔渣中含有较多的易分解的氧化物时，这些氧化物就可能与液态铁发生置换反应，使铁被氧化，而氧化物中的合金元素被还原。例如，用低碳钢焊丝配合高硅高锰焊剂进行埋弧焊时，将会发生如下的冶金反应

$$(MnO)+[Fe]=[(FeO)]+[Mn] \tag{2-33}$$

$$\lg K[Mn]=\lg\{w[(FeO)]w[Mn]/w(MnO)\}=-6600/T+3.16 \tag{2-34}$$

$$(SiO_2)+2[Fe]=2[(FeO)]+[Si] \tag{2-35}$$

$$\lg K[Si]=\lg\{w^2[(FeO)]w[Si]/w(SiO_2)\}=-13460/T+6.04 \tag{2-36}$$

反应生成的FeO既可存在于熔渣中，也可存在于液态铁中，故用[(FeO)]来表示。但实际上，生成的FeO大部分进入熔渣，而只有小部分进入液态铁中，从而使焊缝增氧。与此同时，反应生成的Si和Mn进入液态铁中，增加了它们在焊缝中的含量。

当焊接区中存在与氧亲和力比铁大的元素时，如Al、Ti及Cr等，它们将与SiO_2和MnO发生更为激烈的置换反应。例如，Al与SiO_2和MnO可发生如下反应

$$3(SiO_2)+4[Al]=2(Al_2O_3)+3[Si] \tag{2-37}$$

$$3(MnO)+2[Al]=(Al_2O_3)+3[Mn] \tag{2-38}$$

反应结果是Al被氧化生成了Al_2O_3，使焊缝中非金属夹杂物增多，焊缝含氧量提高，同时硅和锰的含量也显著提高。

(2) 置换氧化的影响因素　活性熔渣(或焊剂)对金属的氧化能力与其活性系数A_F有关。对于熔炼焊剂而言，其活性系数A_F与焊剂组成物的质量分数w和焊剂的碱度B_1有关，即

$$A_F=[w(SiO_2)+0.5w(TiO_2)+0.4w(ZrO_2)+0.4w(Al_2O_3)+0.42B_1^2w(MnO)]/B_1 \tag{2-39}$$

A_F越大，氧化性越强，熔敷金属中的氧含量越高，如图2-20所示。因此，按A_F的大小，可将熔炼焊剂分为高活性($A_F>0.6$)、活性($A_F=0.3\sim0.6$)、低活性($A_F=0.1\sim0.3$)和惰性($A_F<0.1$)四种类型。

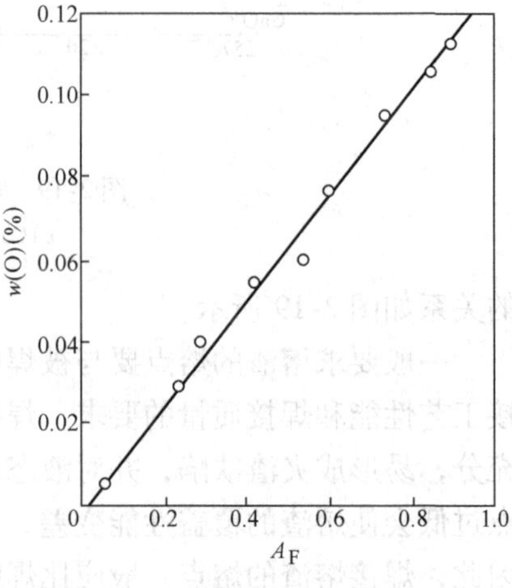

图2-20　熔敷金属中的氧含量与活性系数A_F的关系

以上反应除了与熔渣的活性系数有关外，还与焊接温度有关。由反应平衡常数的表达式(2-34)和式(2-36)可以看出，温度升高，平衡常数增大，反应向右

进行，这说明置换氧化反应主要发生在熔滴阶段和熔池前部的高温区内。而在熔池的后部，由于温度降低将使反应向左进行，此时液态铁不再被氧化，而是 FeO 被还原，这便是焊缝金属的脱氧问题，有关内容将在下一节中论述。

应当指出，焊接低碳钢和低合金钢时，虽然通过置换氧化使焊缝增氧，但因硅和锰含量同时增加，焊缝性能仍能满足使用要求，故高硅高锰焊剂配合低碳钢焊丝的埋弧焊得到了广泛应用。然而，焊接中、高合金钢和合金时，必须尽量减少焊剂或药皮中的 SiO_2，且不能采用含硅酸盐的粘结剂。否则，因焊缝中氧和硅的增加会使抗裂性和力学性能显著降低，尤其是低温韧性。

2. 扩散氧化

（1）扩散氧化的分配系数　扩散氧化是指熔渣中的氧化物通过扩散进入被焊金属而使焊缝增氧。对于钢铁材料的焊接来讲，铁的氧化物 FeO 既能溶于渣中，又能溶于液态铁中。在一定温度下平衡时，FeO 在这两相中的含量由分配定律所决定，即

$$L = w(\mathrm{FeO})/w[\mathrm{FeO}] \tag{2-40}$$

式中　L——FeO 在熔渣和液态铁中的分配系数；

$w(\mathrm{FeO})$——FeO 在熔渣中的质量分数；

$w[\mathrm{FeO}]$——FeO 在液态铁中的质量分数。

由式(2-40)可见，在一定温度下，增加熔渣中 FeO 的含量，FeO 将向钢液中扩散，从而使焊缝中的含氧量增加，如图 2-21 所示。

（2）分配系数的影响因素　影响 FeO 分配系数 L 的主要因素有温度和熔渣的性质。一般而言，分配系数 L 与温度 T 成指数关系，但具体的数量关系由溶渣的性质所决定。

在 SiO_2 饱和的酸性渣中

$$\lg L = 4906/T - 1.877 \tag{2-41}$$

在 CaO 饱和的碱性渣中

$$\lg L = 5014/T - 1.980 \tag{2-42}$$

由式(2-41)和式(2-42)可见，温度越高，L 越小，说明 FeO 在高温时易向钢液中分配。因此，扩散氧化主要发生在熔滴阶段和熔池的高温区。然而，在焊接温度下，$L>1$，故 FeO 在熔渣中的分配量总是大于液态溶池。

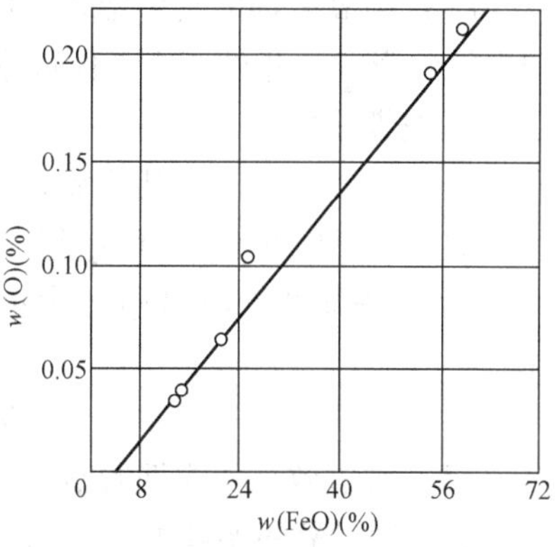

图 2-21　焊缝含氧量与熔渣中 FeO 含量的关系

对式(2-41)和式(2-42)进行对比可以看出，在相同温度下，碱性渣比酸性渣易使 FeO 向钢液中分配。也就是说，在 FeO 总量相同的情况下，采用碱性渣的焊缝要比采用酸性渣的焊缝具有更高的含氧量。因此，从焊缝含氧量的角度来看，碱性焊条对药皮所含的 FeO 以及工件表面上的氧化皮和铁锈更为敏感。正因为这样，在碱性焊条药皮中一般不加入含 FeO 的物质，并要在焊前清除工件表面上的氧化皮和铁锈，否则会使焊缝增氧并产生气孔等缺陷。

但应指出，不能由此认为碱性焊条的焊缝含氧量比酸性焊条高。而实际上，碱性焊条的焊缝含氧量较酸性焊条低，这是因为碱性焊条的药皮一般不含 FeO，而且加入了多种脱

氧剂，药皮的氧化性很小。

2.3.3 焊缝金属的脱氧

焊缝金属的脱氧是指通过焊丝、焊剂或药皮向焊接区加入某些物质，减弱被焊金属及其合金元素的氧化程度或使被氧化的焊缝金属及其合金元素从其氧化物中还原出来，从而降低焊缝金属中总的含氧量。其中，用于脱氧而加入的物质称为脱氧剂，而使焊缝金属发生氧化的物质称为氧化剂。由于脱氧反应是分区域连续进行的，因而可将脱氧分为先期脱氧、沉淀脱氧和扩散脱氧三种类型，其脱氧效果取决于脱氧剂的种类和数量、氧化剂的种类和数量、熔渣的成分和性质、母材和焊丝的成分以及焊接工艺等具体条件。

1. 脱氧剂的选择原则

（1）脱氧剂对氧的亲和力　脱氧剂在焊接温度下应比被焊金属对氧具有更强的亲和力。脱氧剂对氧的亲和力越大，脱氧能力越强。在1800℃的温度下，各种元素对氧的亲和力由小到大的排列顺序为 Ni、Cu、W、Mo、Fe、Cr、Nb、Mn、V、Si、B、Ti、Mg、C、Al 和 Ce。对于钢铁材料的焊接来讲，常用的脱氧剂有锰、硅、钛和铝，且以锰铁、硅铁、钛铁和铝粉的形式加入到焊接材料中。

（2）脱氧产物的物理性质　脱氧产物应不溶于液态金属，其密度应小于液态金属，同时熔点要低，在焊接温度下最好为液态。这样的物理性质有利于脱氧产物在液态金属中聚合成大的质点，快速上浮到熔渣中，以减少夹杂物的数量，提高脱氧效果。

（3）脱氧产物的其他影响　应考虑脱氧产物对熔渣性质、焊接工艺性能以及焊缝成分和性能的影响，此外还应考虑成本因素，通过综合分析最后确定选用何种脱氧剂。

2. 先期脱氧

（1）脱氧反应　先期脱氧是指在焊条电弧焊中，药皮反应区内的脱氧剂与高价氧化物和碳酸盐分解出的 O_2 和 CO_2 起反应，从而降低电弧气氛氧化性的脱氧方式。若脱氧剂用 Me 表示，脱氧产物用 Me_nO_m 表示，则先期脱氧的冶金反应为

$$2n\text{Me} + m\text{O}_2 = 2\text{Me}_n\text{O}_m \tag{2-43}$$

$$n\text{Me} + m\text{CO}_2 = \text{Me}_n\text{O}_m + m\text{CO} \tag{2-44}$$

（2）脱氧效果　先期脱氧的效果与脱氧剂的种类、数量、粒度以及焊接参数有关，尤其是脱氧剂对氧的亲和力。例如，Mn、Si、Al 和 Ti 都是常用的脱氧剂，但由于 Al 和 Ti 对氧的亲和力很大，在先期脱氧中绝大部分被消耗掉，因而起到了较大的脱氧作用。也正因为这样，Al 和 Ti 在后续的沉淀脱氧过程中因所剩数量很少而起不到多大的作用。

应当指出，先期脱氧的过程和脱氧产物与熔滴不发生直接关系，而且由于反应温度低、传质条件差，故先期脱氧的效果是不充分的，仍需进一步脱氧。

3. 沉淀脱氧

沉淀脱氧主要是指利用溶解在液态金属中的脱氧剂将被焊金属及其合金从其氧化物中还原出来，并使脱氧产物浮到熔渣中去的脱氧方式。这种脱氧方式是在熔滴和熔池内进行的，是减少焊缝金属含氧量最主要的方法。对于低碳钢及低合金钢的焊接来讲，常用锰和硅作为沉淀脱氧的脱氧剂，因而表现为锰的脱氧、硅的脱氧和锰硅联合脱氧三种类型。

（1）锰的脱氧　在焊条药皮中加入适量的锰铁或在焊丝中加入较多的锰作为脱氧剂，可与 FeO 进行如下的脱氧反应

$$[FeO] + [Mn] = (MnO) + [Fe] \quad (2-45)$$

该反应实质上是式(2-33)所示置换氧化反应的逆反应，故温度降低有利于反应向右进行，表明锰的脱氧反应主要发生在熔池尾部的低温区内。同时，增加钢液中锰的含量，减少渣中 MnO 的含量，均可提高锰的脱氧效果。

值得说明的是，熔渣性质对锰的脱氧效果有很大影响。酸性渣中含有较多的 SiO_2 和 TiO_2，它们能与脱氧产物 MnO 生成复合物 $MnO \cdot SiO_2$ 和 $MnO \cdot TiO_2$，降低了渣中 MnO 的活度，故脱氧效果较好，如图2-22所示；而碱性渣正好相反，碱度越大，渣中 MnO 的活度越高，锰的脱氧效果越差。因此，酸性焊条或药芯焊丝常用锰铁作为脱氧剂，而碱性焊条一般不单独用之。

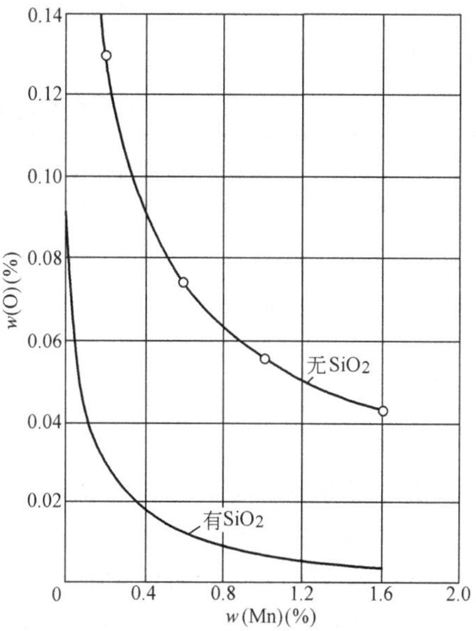

图2-22 SiO_2 对锰脱氧效果的影响

此外，脱氧产物 MnO 和 FeO 呈现液态还是固态，取决于钢液的温度和含锰量。在一定的温度下，含锰量过多时会形成固态产物，从而造成焊缝的夹杂。

（2）硅的脱氧 在焊条药皮或焊丝中加入适量的硅铁或硅作为脱氧剂，可与 FeO 进行如下的沉淀脱氧反应

$$2[FeO] + [Si] = (SiO_2) + 2[Fe] \quad (2-46)$$

该反应实质上是式(2-35)所示置换氧化反应的逆反应，温度降低有利于反应向右进行，表明硅的脱氧反应也主要发生在熔池尾部的低温区内。由式(2-46)可以看出，增加钢液中硅的含量，减少渣中 SiO_2 的含量，均可提高硅的脱氧效果。而且，由于硅的脱氧产物 SiO_2 为酸性氧化物，故提高熔渣的碱度有利于脱氧。

应当指出，硅的脱氧能力比锰强，但脱氧产物 SiO_2 的熔点高(见表2-14)，一般处于固态，难于聚合为大的质点，不利于上浮，而且 SiO_2 与钢液的界面张力小，润湿性好，难于从钢液中分离出来，容易形成夹杂。因此，一般不单独用硅进行脱氧。

表2-14 几种典型氧化物的熔点和密度

氧化物	FeO	MnO	SiO_2	TiO_2	Al_2O_3	$(FeO)_2 \cdot SiO_2$	$MnO \cdot SiO_2$
熔点/℃	1370	1580	1713	1825	2050	1205	1270
密度/(g/cm³)	5.80	5.11	2.26	4.07	3.95	4.30	3.60

（3）锰硅联合脱氧 锰硅联合脱氧是指将锰和硅按适当比例加入到焊接材料中进行共同脱氧的方法。当所加入的锰硅质量比介于3～7之间时，脱氧产物 MnO 和 SiO_2 能够复合生成硅酸盐 $MnO \cdot SiO_2$，有利于脱氧反应的进行。而且，$MnO \cdot SiO_2$ 的密度小、熔点低(见表2-14)，在钢液中处于液态，易于聚合成大的质点而浮到熔渣中，使焊缝夹杂物减少，进一步降低焊缝的含氧量。

正是依据此理，在碱性焊条药皮设计中，常常加入锰铁和硅铁作为联合脱氧剂，同时

还采用钛铁进行先期脱氧，取得了较好的脱氧效果。

此外，在 CO_2 气体保护焊中，也是根据锰硅联合脱氧的原则，在焊丝中加入适当比例的锰和硅(如 H08Mn2SiA 等)，从而达到降低焊缝含氧量的目的。如表 2-15 所示，用含有锰和硅的低碳钢焊丝进行 CO_2 焊时，所形成的熔渣主要由 MnO 和 SiO_2 所组成。当锰和硅的比例不同时，焊缝中的夹杂物含量是不同的。适当增加锰和硅的比例，可有效减少焊缝中夹杂物的含量。

表 2-15　低碳钢 CO_2 焊时焊缝夹杂物含量与焊缝成分的关系

焊丝牌号	焊缝组元的质量分数（%）			熔渣组成物的质量分数（%）				焊缝夹杂物的质量分数（%）
	C	Mn	Si	MnO	SiO_2	FeO	S	
H08MnSiA	0.13	0.78	0.29	38.7	48.2	10.6	0.016	0.014
H08Mn2SiA	0.12	0.85	0.31	47.6	41.9	8.5	0.050	0.009

4. 扩散脱氧

扩散脱氧是指被焊金属的氧化物通过扩散从液态金属进入熔渣，从而降低焊缝含氧量的一种脱氧方式。从本质上讲，扩散脱氧是扩散氧化的逆过程，发生在液态金属与熔渣的界面上，脱氧的程度由分配定律所决定。

（1）影响因素　扩散脱氧的效果主要与温度和熔渣性质有关。对于钢铁材料的焊接来讲，由式(2-41)和式(2-42)可以看出，温度越低，L 越大，说明 FeO 在低温时易向熔渣中分配。因此，扩散脱氧主要发生在熔池后部的低温区。

比较式(2-41)和式(2-42)可以看出，在相同温度下，酸性渣比碱性渣易使 FeO 向熔渣中分配。也就是说，酸性渣比碱性渣有利于扩散脱氧。这是因为，酸性渣中的 SiO_2 和 TiO_2 可与 FeO 生成复合物 $FeO·SiO_2$ 和 $FeO·TiO_2$，使 FeO 的活度减小，有利于扩散脱氧的进行；而碱性渣中 FeO 的活度大，降低了扩散脱氧的能力。

（2）脱氧特点　如上所述，扩散脱氧是在熔池尾部的低温区进行的，低温下氧的扩散速度慢，再加上焊接冷速大，氧的扩散时间短，因而导致扩散脱氧的不充分。但由于扩散脱氧是在液态金属与熔渣的界面上进行的，因而不会造成夹杂问题。

2.4　焊缝金属的净化与合金化

焊缝成分取决于被焊的母材、所用的焊接材料和采取的焊接工艺，它对接头的组织和性能有决定性的影响。因此，在焊缝成分中必须尽量降低氮、氢、氧、硫和磷等有害元素的含量，同时向焊缝添加有益的合金元素，实现焊缝金属的净化和合金化，达到提高接头性能的目的。

2.4.1　氮对焊接质量的影响及控制

在焊接过程中，氮总会或多或少地侵入焊接区而残留到焊缝中，从而造成对焊缝性能的影响。因此，在焊接过程中必须采取各种有效的控制措施，以减小氮对焊缝金属的危害作用。

1. 氮对焊接质量的影响

（1）促进焊接气孔的形成　气孔是残留在凝固金属中的充满气体的形腔。参见图2-7，氮在液态金属中具有很高的溶解度，而在液态金属凝固时溶解度显著降低，这时过饱和的氮因脱溶析出而在液态金属中形成气泡。当气泡从液态金属中逸出的速度小于熔池的结晶速度时，气泡将残留在焊缝金属中形成所谓的氮气孔。一般来讲，氮气孔的形成往往与保护不良有关，易发生在焊缝的起弧和收弧位置。

（2）改变焊缝的力学性能　如图2-23所示，对于低碳钢和低合金钢的焊接来讲，氮能提高焊缝的强度和硬度，但会使焊缝的塑性和韧性降低，尤其是低温韧性显著降低。这是因为，室温下氮在铁中的溶解度很小（仅为0.001%），当液态溶池快速凝固时，所溶解的一部分氮将以过饱和的形式存在于固溶体中，而另一部分氮会与铁结合成针状的氮化物Fe_4N，它分布于晶界或晶内，起到阻碍位错运动的作用。

（3）引起焊缝的时效脆化　焊缝金属中以过饱和形式存在的氮是不稳定的，它将随时间的延长逐渐析出，形成稳定的针状氮化物Fe_4N，造成焊缝的强度和硬度提高，而塑性和韧性下降，即所谓的时效脆化。当焊缝中加入像钛、铝及锆之类的能形成稳定氮化物的元素时，能抑制或消除这种时效脆化现象。

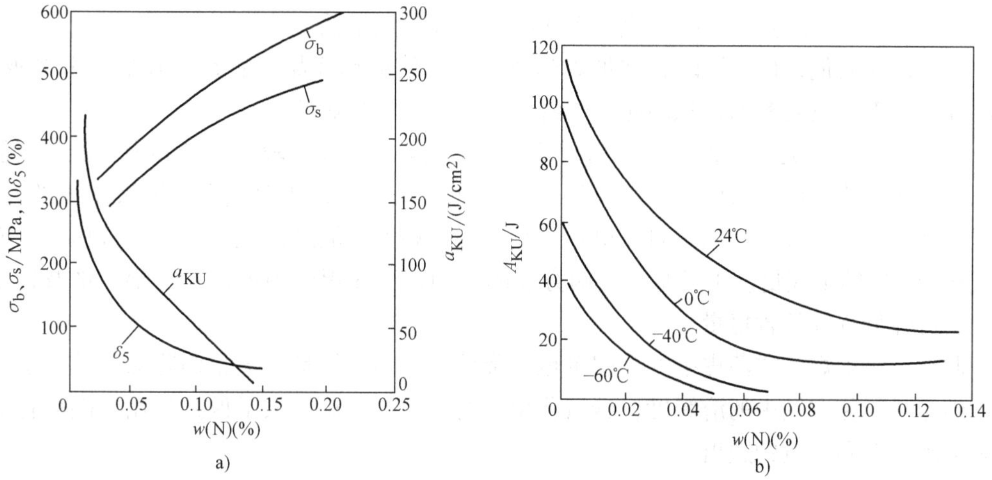

图2-23　氮对焊缝金属力学性能的影响
a）常温性能　b）低温韧性

2. 氮的控制

（1）加强焊接区的保护。焊接区周围的空气是氮的主要来源，而且氮一旦进入液态金属就很难用冶金的方法加以去除，因此加强焊接区的保护，防止空气与液态金属接触，是控制氮的最有效的措施。

不同的焊接方法具有不同的保护效果，如表2-16所示。可以看出，在各种方法中，埋弧焊的保护效果最好，其次是氩弧焊和CO_2焊。

表 2-16 不同焊接方法焊接的低碳钢焊缝的含氮量

焊接方法		氮的质量分数(%)	焊接方法	氮的质量分数(%)
焊条电弧焊	光焊丝	0.080~0.228	埋弧焊	0.002~0.007
	钛型焊条	0.015	熔化极氩弧焊	0.0068
	钛铁矿型焊条	0.014	CO_2 焊	0.008~0.015
	纤维素型焊条	0.013	药芯焊丝明弧焊	0.015~0.040
	低氢型焊条	0.010	气焊	0.015~0.020

在焊条电弧焊中，保护效果在很大程度上取决于药皮的成分和数量。一般来讲，造渣型焊条的药皮重量系数越大，保护效果越好，焊缝含氮量越低。当药皮中含有造气剂时，可形成渣-气联合保护，保护效果更好，能使焊缝中氮的质量分数降至0.02%以下。

在采用药芯焊丝的自保护焊中，保护效果取决于药芯焊丝中保护组分的含量和焊丝横截面的形状系数(单位长度焊丝腔体内部金属带的质量与外壳金属带的质量之比)。一般来讲，适当增加保护组分的含量和焊丝横截面的形状系数，能提高保护效果，降低焊缝金属的含氮量。

(2) 合理确定焊接参数　降低电弧电压，即减小电弧长度，能增强保护，并使氮与熔滴的作用时间减少，从而降低焊缝含氮量，故应尽量采用短弧焊。增加焊接电流，使熔滴过渡频率增加，氮与熔滴作用时间缩短，有利于降低焊缝含氮量。直流反接时，能减少氮在熔池中的溶解，故直流反接比直流正接时的焊缝含氮量低。

此外，在其他条件相同时，增加焊丝直径，可使熔滴变粗，有利于降低焊缝含氮量。单层焊时，由于没有氮的累积问题，焊缝含氮量也比多层焊低。

(3) 利用合金元素脱氮　钛、铝、锆及稀土元素对氮具有较大的亲和力，能与氮能形成稳定的氮化物，而且这些氮化物不溶于钢液而进入熔渣，从而减少了钢液中氮的含量；同时，钛、铝、锆及稀土元素对氧也具有较大的亲和力，能降低气相中氧的分压，从而减少气相中 NO 的生成量。正是基于这两方面的作用，当在焊丝中加入钛、铝、锆及稀土元素时，可降低焊缝的含氮量。

此外，增加焊丝或药皮中的含碳量也可降低焊缝的含氮量，甚至消除氮气孔。这是因为，碳能降低氮在铁中的溶解度，碳氧化生成的 CO 和 CO_2 加强了保护作用，碳氧化引起的熔池沸腾有利于氮的逸出。

2.4.2 氢对焊接质量的影响及控制

大量研究表明，氢对许多金属及合金的性能都有不良的影响。对于焊接接头来讲，这种危害作用会更大。因此，应从多方面采取有效的控制措施，尽量降低焊缝中氢的含量，以改善接头的性能。

1. 氢对焊接质量的影响

就结构钢的焊接而言，氢对焊接质量的影响涉及两个方面，即暂态影响和永久影响。暂态影响包括氢脆和白点，可通过焊后脱氢处理予以消除。永久影响包括气孔和冷裂纹，这种影响一旦出现就无法消除。

(1) 氢脆　氢脆是指氢在室温附近使钢的塑性严重下降的现象。对含氢量高的铁素体焊缝而言，氢脆现象非常明显，但焊缝强度几乎不受影响。

显然，氢脆现象是由氢的行为引起的。在试样拉伸变形过程中，金属中的位错发生运动堆积，形成显微空腔；而溶解在金属晶格中的原子氢沿位错运动方向扩散，聚集到显微空腔内形成分子氢。这个过程的不断发展，必然造成显微空腔内产生很高的压力，最后导致金属变脆。

一般来讲，焊缝含氢量越高，金属晶格缺陷越多，脆化倾向越大。因此，若对焊缝进行焊后脱氢处理，可明显减小脆化倾向。

(2) 白点　白点又称鱼眼，是指含氢量高的碳钢或低合金钢焊缝在其拉伸或弯曲试样的断面上出现的银白色圆形局部脆断点。在多数情况下，白点的中心有小夹杂物或气孔，其周围为韧性断口，白点直径一般为0.5～3mm。

与氢脆现象相似，白点的产生也是由氢的行为引起的。在金属的塑性变形过程中，小夹杂物边缘的空隙和气孔像“陷阱”一样可以捕捉原子氢，并使原子氢在其内结合为分子氢，造成“陷阱”内的压力不断升高，最后导致局部发生脆断。

一般来讲，焊缝含氢量越高，出现白点的倾向越大。因此，若对焊缝进行焊后脱氢处理，可消除白点倾向。

应当指出，氢在铁素体中溶解度小，扩散速度快，易于逸出，因而铁素体钢不出现白点；而氢在奥氏体中的溶解度大，扩散很慢，难于聚集，因而奥氏体钢焊缝也不出现白点；但碳钢和用较多Cr、Ni和Mo合金化的焊缝，对白点很敏感。

(3) 形成气孔　参见图2-9，氢在液态金属中的溶解度远高于它在固态金属中的溶解度，当液态金属凝固时，氢因脱溶析出而形成不溶于液态金属的分子氢，从而在液态金属中形成气泡。当气泡从液态金属中逸出的速度小于熔池的结晶速度时，气泡将残留在焊缝金属中形成氢气孔。关于气孔的形成机理、影响因素以及预防措施等详细内容，将在本书第4章中进行专门讨论。

(4) 产生延迟裂纹　延迟裂纹是焊接过程结束之后经过一段时间才出现的一种危害性很大的裂纹，而氢是促使产生这种裂纹的主要因素之一。关于延迟裂纹的形成机理、影响因素以及预防措施等详细内容，将在本书第4章中加以专门论述。

2. 氢的控制

从广义上讲，氢的控制措施主要包括三个方面：首先是控制氢的来源，其次是采取冶金措施，最后是采取工艺措施。

(1) 控制氢的来源

1) 限制焊接材料的含氢量。某些焊接材料的组成物，如有机物、天然云母、白泥、长石和水玻璃等，都不同程度地含有吸附水、结晶水、化合水或溶解氢。因此，在制造低氢型焊条、焊剂和药芯焊丝时，应尽量少选这些含氢物质，或者适当提高烘焙温度以降低焊接材料的含水量。

焊条和焊剂等焊接材料在大气中长期放置会吸潮，从而使焊缝的含氢量增加，也会使焊接工艺性能变差。因此，在使用这些焊接材料前应再进行烘干处理，烘干后应立即使用或放于低温(100℃)烘箱中，以防再次受潮。这是生产中最有效的去氢方法，尤其适用于低氢型焊条。烘干温度越高，去除水分的效果越好，但烘干温度不可过高，否则焊条药皮的冶金作用就会丧失。

此外，采用气体保护焊时，应选用低露点的保护气体。当保护气体中的水分超标时，应采取去水及干燥等措施。

2）清除焊丝和焊件表面上的杂质。焊丝和焊件坡口附近的油污、铁锈和吸附水也是氢的主要来源之一。为减少焊缝金属的含氢量，焊前应认真清除这些有害杂质。

特别是焊接铝及铝合金、钛及钛合金时，在其表层常常形成含水的氧化膜，如 $Al(OH)_3$、$Mg(OH)_2$ 等。焊前应采用机械或化学方法清除这些氧化膜，以防止由于水或氢的作用而对焊缝产生危害。

（2）采取冶金措施脱氢　冶金脱氢主要是指通过调整焊接材料的成分，降低焊接气氛中氢的分压，使氢在焊接过程中生成比较稳定且不溶于液态金属的含氢产物（如 HF 和 OH 等），从而降低焊缝金属的含氢量。

1）在焊接材料中加入氟化物。在焊条药皮中加入氟石，可在焊接气氛下直接与氢原子和水分子发生冶金反应

$$CaF_2 + 2H = Ca + 2HF \tag{2-47}$$

$$CaF_2 + H_2O = CaO + 2HF \tag{2-48}$$

反应生成的 HF 是比较稳定的气态产物，它在高温下既不发生分解，也不溶于液态金属，而是随焊接烟尘一起散发到大气中，因而起到了脱氢的作用。

在高硅焊剂或酸性焊条中加入氟石，它可与 SiO_2 共同作用，发生如下冶金反应

$$2CaF_2 + 3SiO_2 = SiF_4 + 2CaSiO_3 \tag{2-49}$$

$$SiF_4 + 3H = SiF + 3HF \tag{2-50}$$

$$SiF_4 + 2H_2O = SiO_2 + 4HF \tag{2-51}$$

其中，反应的中间产物 SiF_4 是沸点很低的气体，它与气相中的氢原子和水蒸气反应生成 HF 而散发到大气中，从而起到了脱氢的作用。

在碱性焊条中加入氟石，它可与水玻璃共同作用，发生如下冶金反应

$$Na_2O \cdot nSiO_2 + H_2O = 2NaOH + nSiO_2 \tag{2-52}$$

$$2NaOH + CaF_2 = Ca(OH)_2 + 2NaF \tag{2-53}$$

$$2NaF + H_2O + CO_2 = Na_2CO_3 + 2HF \tag{2-54}$$

反应的结果也是生成了不溶于液态金属而能散发到大气中的 HF 气体，从而达到了脱氢的目的。

2）增加焊接材料的氧化性。焊条药皮中碳酸盐受热分解形成的 CO_2 以及气体保护焊中所用的 CO_2，可与氢发生如下冶金反应

$$CO_2 + H = CO + OH \tag{2-55}$$

反应的结果是生成了较为稳定的 OH，减小了气相中的氢分压，从而降低了焊缝金属的含氢量。

同样，焊条药皮中的 Fe_2O_3 以及其他物质分解出的氧，也可与氢发生冶金反应

$$O + H = OH \tag{2-56}$$

$$O_2 + H_2 = 2OH \tag{2-57}$$

反应的结果也是生成了较为稳定的 OH，降低了气相中氢的分压，对降低焊缝金属的含氢量起到了有利的作用。

相反，在焊条药皮中加入诸如钛铁等脱氧剂时，由于降低了气氛的氧化性，导致焊缝

含氢量增加。因此，要获得含氧量和含氢量都低的焊缝金属，在加强脱氧的同时，必须采取其他有效的去氢措施。

3）在焊接材料中加入稀土元素。如图 2-24 所示，在药皮或焊芯中加入微量的稀土元素钇(Y)或氧族元素碲(Te)，能大幅度降低熔敷金属中扩散氢的含量。由于我国稀土资源丰富，因而推广利用这种去氢方法具有广阔的前途。

应该指出的是，加入碲的效果更为明显，但碲的加入会带来焊接工艺性能变差的问题，尚需进一步解决；而钇的加入不但能降低扩散氢的含量，而且能提高焊缝的韧性。

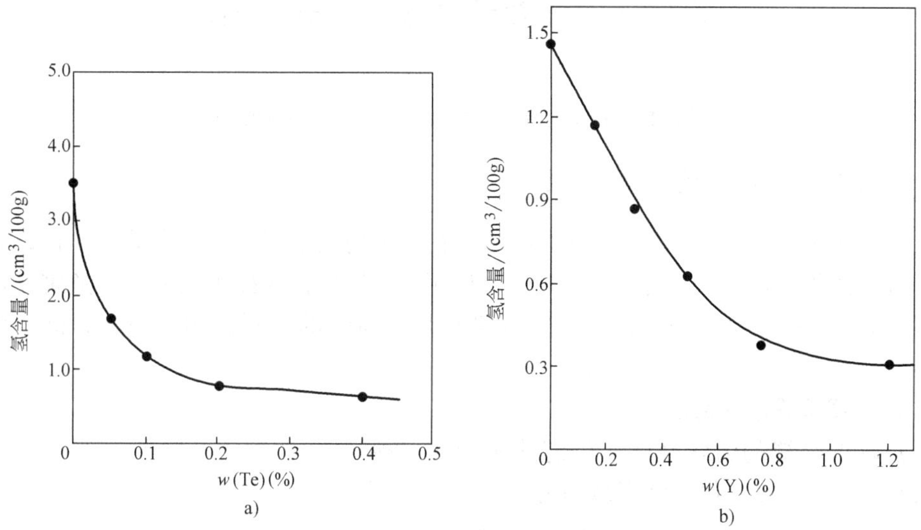

图 2-24　药皮中碲或钇含量对熔敷金属中扩散氢含量的影响

a) 碲的影响　b) 钇的影响

（3）采取工艺措施减氢

1）控制焊接参数。在焊条电弧焊时，适当降低焊接电流，可使熔滴变粗，比表面积减小，导致熔滴的吸氢量减少，从而降低焊缝金属的含氢量。电流的种类和极性对焊缝含氢量也有影响，如图 2-25 所示。一般来讲，交流焊的焊缝含氢量比直流焊高，而直流反接的焊缝含氢量比直流正接低。因此，在可能的情况下，尽量选择直流且反接。

应当指出，尽管焊接参数对焊缝含氢量有一定的影响，但通过控制焊接参数来控制焊缝含氢量的方法是很有限的。

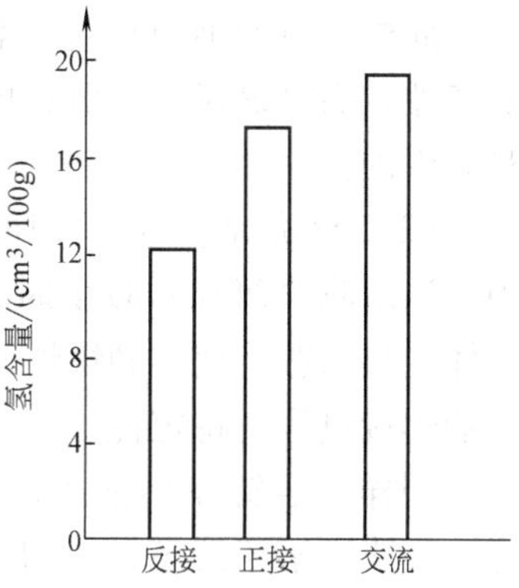

图 2-25　电流种类和极性对焊缝含氢量的影响

2）进行焊后脱氢处理。焊后脱氢处理是指焊后将焊件加热到一定的温度并保持一定的时间，使氢通过扩散从焊件中逸出，最终达到降低焊缝含氢量的一种工艺。一般来讲，加热温度越高，保温时间越长，脱氢效果越明显，如图 2-26 所示。在焊接生产中，对氢致裂纹倾向大的焊件常常要求焊后及时进行脱氢处理，因为这对防止氢致裂纹的产生非常有效。

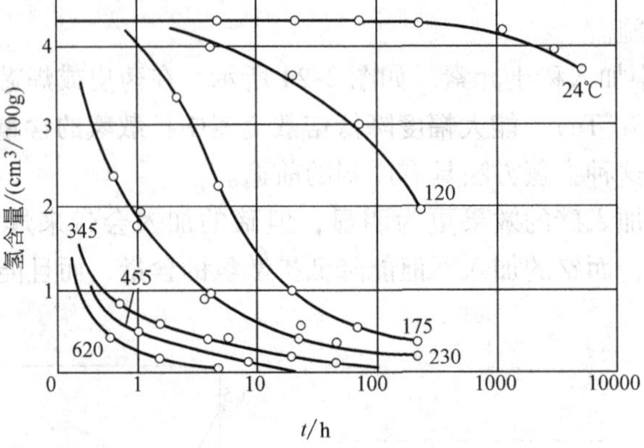

图 2-26 脱氢处理工艺参数对焊缝含氢量的影响

2.4.3 氧对焊接质量的影响及控制

在焊接过程中，由于焊接气氛和焊接熔渣在一般情况下都具有一定的氧化性，导致焊接区内的金属必然会受到不同程度的氧化，从而对焊接过程和接头性能产生危害作用。因此，必须采取各种有效的控制措施，降低氧对焊接质量的不利影响，提高焊接接头的性能。

1. 氧对焊接质量的影响

（1）降低焊缝的力学性能　焊缝中的氧无论以何种形式存在，都会使焊缝的力学性能降低。如图 2-27 所示，随焊缝含氧量的增加，焊缝强度、塑性和韧性显著降低，尤其是后者更为突出。

此外，氧使钢中有益元素烧损也使焊缝性能变差，而且氧还可能引起焊缝的热脆、冷脆和时效硬化。

（2）影响焊接过程和质量　在钢材焊接中，当熔滴含氧和碳较多时，反应生成的 CO 气体受热膨胀，使熔滴爆炸，造成飞溅，从而影响焊接过程的稳定性。

同样，溶解在熔池中的氧与碳可发生反应，生成不溶于液态金属的 CO 气体，当液态金属凝固速度较快而 CO 来不及逸出时，将会在焊缝中形成 CO 气孔。

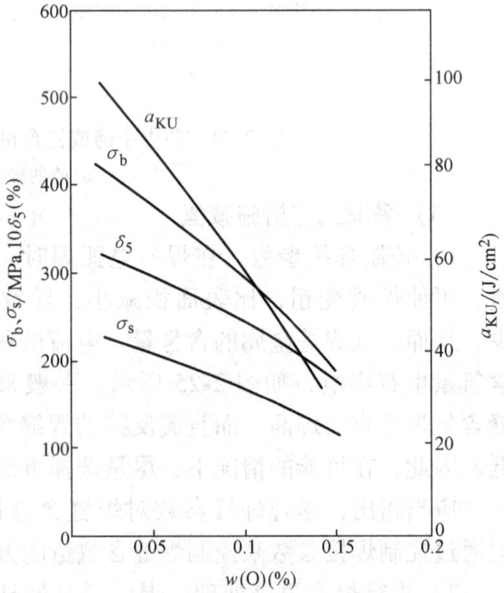

图 2-27 氧对低碳钢焊缝力学性能的影响

2. 氧的控制

（1）限制焊接材料的含氧量　在焊接活性金属、合金以及合金钢时，应尽量选用不含氧或含氧量少的焊接材料，包括高纯度的惰性保护气体、低氧甚至无氧的焊条及焊剂等。

（2）选择合适的焊接方法及参数　由于各种焊接方法的保护效果和冶金作用不同，因而所形成的焊缝的含氧量也不同，如表2-17所示。可以看出，对焊条电弧焊而言，采用低氢型焊条时焊缝的含氧量最低。而在所有焊接方法中，氩弧焊的焊缝含氧量最低。

表2-17 不同焊接方法焊接的低碳钢及其焊缝的含氧量

焊接方法及焊接材料		氧的质量分数(%)	焊接方法及焊接材料	氧的质量分数(%)
焊条电弧焊	光焊丝	0.15~0.30	H08焊丝	0.01~0.02
	钛型焊条	0.065	低碳钢母材	0.01~0.02
	钛钙型焊条	0.05~0.07	气焊	0.045~0.050
	钛铁矿型焊条	0.101	埋弧焊	0.03~0.05
	氧化铁型焊条	0.122	CO_2焊	0.02~0.07
	纤维素型焊条	0.090	电渣焊	0.01~0.02
	低氢型焊条	0.02~0.03	氩弧焊	0.0017

在焊接方法一定时，焊接参数对焊缝含氧量也有影响。一般来讲，电弧电压增加时，电弧长度增大，空气易于侵入，同时也增加了氧对熔滴的作用时间，从而使焊缝含氧量增加。因此，宜采用短弧进行焊接。

此外，电流种类、极性以及熔滴过渡特性等也都对焊缝含氧量有影响，但影响效果较为复杂，应根据具体情况具体分析。

（3）采取冶金措施脱氧　实际上，通过控制焊接参数来降低焊缝含氧量的方法是很有限的。除了对焊接材料的含氧量加以限制外，控制焊缝含氧量的最有效措施就是冶金脱氧，具体内容参见2.3.3节。

2.4.4 硫的危害及控制

1. 硫的危害

硫是焊接材料和焊缝金属中的杂质，其对焊缝的危害主要表现在使焊缝产生硫化物夹杂，增大焊缝金属产生结晶裂纹倾向，降低焊缝冲击韧度和耐蚀性能。造成这些危害的主要原因如下：

1）在钢铁材料的焊接中，硫与铁可结合成FeS，成为焊缝金属的夹杂物之一。FeS与液态铁无限互溶，而在固态铁中溶解度很小，能与Fe形成熔点为988℃的低熔共晶Fe+FeS，或与FeO形成熔点为940℃的低熔共晶FeO+FeS。因此，当焊接熔池结晶时，在晶界处将形成这两种低熔共晶薄膜，增大了焊缝的结晶裂纹倾向，而且低熔共晶以片状或链状的形态分布于晶界，严重降低了焊缝的冲击韧度和耐蚀性能。

2）当焊接合金钢，尤其是含镍量高的合金钢时，由于硫与镍能结合成NiS，而NiS与镍能形成熔点只有637℃的低熔共晶NiS+Ni，显著增大了产生结晶裂纹的倾向。

3）当钢中含碳量增加时，更加重了硫在晶界处的偏析行为，使其危害程度进一步加大。因此，减少焊缝含硫量的同时，也应合理控制焊缝的含碳量。

2. 硫的控制

（1）限制焊接材料的含硫量　焊接材料是焊缝金属中硫的主要来源，严格控制焊接材料的含硫量是控制焊缝含硫量的关键。因此，在制造各种焊接材料时，应严格按照有关标准选择原材料。

焊丝的含硫量应根据焊丝的类别加以限定。一般来讲，低碳钢及低合金钢焊丝中硫的质量分数应小于0.03% ~0.04%，合金钢焊丝应小于0.025% ~0.03%，不锈钢焊丝应小于0.02%。

制造药皮、焊剂和药芯所用的原材料一般都含有一定量的硫，而且有的含硫量波动范围较大，故需严格加以控制。当某些原材料含硫量超标时，应采取预先处理措施，使含硫量降到所要求的限度内。

（2）采用冶金方法脱硫

1）用锰脱硫。在钢铁材料的焊接中，选用对硫亲和力比铁大的元素可以实现脱硫，但要避免脱硫元素对氧亲和力过大而首先被氧化的问题。因此，在实际焊接中常用锰进行脱硫，其冶金反应为

$$[FeS]+[Mn]=(MnS)+[Fe] \tag{2-58}$$

$$\lg K=8220/T-1.86 \tag{2-59}$$

反应产物MnS不溶于钢液，大部分进入熔渣而被脱除。只有少量残留在焊缝中形成硫化物夹杂，但因其熔点较高(1610℃)且以点状弥散分布，因而对焊缝不会造成危害。

由式(2-59)可以看出，温度降低，平衡常数增大，应该有利于脱硫。但由于温度低的熔池后部冷却速度快，反应时间短，实际上对脱硫不利。因此，要得到较好的脱硫效果，必须增加熔池的含锰量，其质量分数一般应大于1%。

2）利用碱性氧化物脱硫　熔渣中的碱性氧化物MnO、CaO和MgO等也能起到脱硫作用，其冶金反应为

$$[FeS]+(MnO)=(MnS)+(FeO) \tag{2-60}$$

$$[FeS]+(CaO)=(CaS)+(FeO) \tag{2-61}$$

$$[FeS]+(MgO)=(MgS)+(FeO) \tag{2-62}$$

反应生成的CaS和MgS也像MnS一样不溶于钢液，它们都进入熔渣而被脱除。显然，增加渣中MnO、CaO和MgO的含量，减少渣中FeO的含量，均会增强脱硫效果。

由于MnO、CaO和MgO均为碱性氧化物，因而提高熔渣的碱度有利于脱硫。此外，渣中加入CaF_2，可降低熔渣的粘度，提高S^{2-}的扩散能力，同时能形成易挥发的SF_6，因而也有利于脱硫。因此，采用钛作脱氧剂的$CaCO_3$-MgO-CaF_2系高碱度粘结焊剂，可得到硫的质量分数低于0.01%的焊缝金属。而采用强碱性无氧药皮或焊剂时，焊缝金属的含硫量更低，其质量分数达到0.006%以下。

3）采用稀土元素脱硫。由于常用的焊条药皮和焊剂的碱度都不高，脱硫能力有限，因而还需寻求其他的脱硫途径。研究发现，当焊接区氧的活度很低时，稀土元素不仅能够脱硫，而且可改变硫化物夹杂的尺寸、形态和分布，还可提高焊缝的韧性。因此，采用稀土元素进行脱硫很有发展前途，可用于对焊缝含硫量要求很高的场合。

2.4.5　磷的危害及控制

1. 磷的危害

磷也是焊接材料和焊缝金属中的杂质，它对焊缝有两大危害，即增大焊缝金属的结晶裂纹倾向和冷脆性，其主要原因如下：

1）磷在液态铁中具有较高的溶解度，而在固态铁中溶解度很小，故多以Fe_2P和Fe_3P

的形式存在。当熔池快速凝固时，磷易发生偏析，在晶界处形成熔点为1048℃的低熔共晶Fe_3P+Fe，从而使结晶裂纹倾向增大。同时，Fe_3P本身又脆又硬，而且常分布于晶界，削弱了晶粒之间的结合力，因而增加了焊缝金属的冷脆性，即冲击韧度降低，脆性转变温度升高。

2）在含Ni多的钢中，磷与镍能结合成Ni_3P，而Ni_3P与镍能形成熔点为870℃的低熔共晶Ni_3P+Ni，使结晶裂纹倾向进一步加大。

3）当钢中含碳量增加时，会加重磷在晶界处的偏析行为及其危害程度。因此，控制焊缝含磷量的同时，也应合理控制焊缝的含碳量。

2. 磷的控制

（1）限制焊接材料的含磷量　除被焊的母材之外，焊接材料是焊缝金属中磷的主要来源。特别是制造焊条药皮和焊剂的组成物（如锰矿等），其含磷量过高是导致焊缝金属增磷的直接原因。因此，在制造焊接材料时，应按照有关标准选择原材料，尽量降低原材料的含磷量。

（2）采用冶金方法脱磷　冶金脱磷是通过渣中的FeO和碱性氧化物与液态铁中的Fe_3P相作用实现的。具体分为两步进行：一是渣中的FeO与液态铁中的Fe_3P作用生成P_2O_5，二是渣中的CaO与前一步形成的P_2O_5作用生成稳定的磷酸盐，从而进入渣中被除去。两步合并的反应为

$$2[Fe_3P]+5(FeO)+3(CaO)=((CaO)_3\cdot P_2O_5)+11[Fe] \tag{2-63}$$

$$2[Fe_3P]+5(FeO)+4(CaO)=((CaO)_4\cdot P_2O_5)+11[Fe] \tag{2-64}$$

由此可见，增加熔渣的碱度有利于脱磷，从而使焊缝含磷量降低。此外，碱性渣中加入CaF_2，可降低熔渣的粘度而有利于物质扩散，同时增加了渣中Ca^{2+}的含量而使P_2O_5的活度降低，从而增强了脱磷的作用。

但应指出，无论碱性渣还是酸性渣，其碱度由于受到焊接工艺性能的制约而不可能过分增大。碱性渣中不允许含有较多的FeO，否则会使焊缝增氧，故碱性渣脱磷效果不好；酸性渣虽然含有较多的FeO而有利于脱磷，但因碱度很低而使脱磷效果更差。因此，焊缝含磷量的控制，实际上还得依靠限制焊接材料的含磷量来实现。

2.4.6 焊缝金属的合金化

焊缝金属的合金化是指将焊缝所需要的合金元素通过焊接材料过渡到焊缝金属之中的过程。其中，焊缝所需要的合金元素被称为合金化元素或合金剂，它们可以以纯金属、合金以及氧化物的形式被预先加入到焊接材料中。

1. 合金化的目的和方式

（1）合金化的目的　总的来看，合金化的目的有三。首先，可以补偿焊接中由于蒸发、氧化以及残留等原因造成的合金元素的损失；其次，有利于消除焊接缺陷、改善焊缝的组织和性能；再次，可以获得特殊性能的堆焊层以及实现异种金属的焊接。

（2）合金化的方式

1）应用合金带极或焊丝。这种方式是将合金化元素加入到带极、实芯焊丝或药芯焊丝外皮内，配合低氧及无氧焊剂、碱性药皮或药芯进行焊接，通过带极或焊丝的熔化将合金化元素过渡到焊缝之中。其优点是焊缝成分均匀、稳定，合金损失少；缺点是合金成分

不易调整，制造工艺复杂，生产成本较高。对于脆性材料，难以轧制及拔丝，因而应用受到限制。

2）应用合金药皮或焊剂。这种方式是将合金化元素以纯金属或合金的形式加入到药皮或焊剂中，配合普通焊丝进行焊接，通过药皮或焊剂的熔化以及扩散作用将合金化元素过渡到焊缝之中。其优点是制造工艺简单，生产成本较低；缺点是合金成分不够均匀、稳定，合金利用率较低。

3）应用合金粉末或药芯。这种方式是将合金化元素按比例配制成具有一定粒度的合金粉末，并对其直接使用或制成药芯使用。直接使用是指采用气体将合金粉末送至焊接区，或将合金粉末涂敷在被焊部位上；而制成药芯使用是指用合金粉末制成金属型药芯焊丝，再采用埋弧焊或气体保护焊进行焊接。显然，该种合金化方式的优点是可以得到任意成分的焊缝金属，合金损失少；其缺点是合金成分的均匀性较差，制粉工艺复杂，制造药芯焊丝的工艺也复杂。

应当指出，在药皮、药芯和焊剂中的某些合金元素的氧化物，也可以通过还原反应对焊缝金属起到合金化的作用，如 SiO_2 和 MnO 的还原反应可使焊缝增硅和增锰。但这种合金化的程度是有限的，而且易造成焊缝增氧，也难以保证焊缝成分的均匀性和稳定性。

2. 合金过渡系数及其影响因素

（1）过渡系数的概念　在对焊缝金属的合金化过程中，焊接材料中的合金化元素会因蒸发、氧化及残留而发生损失，不可能完全过渡到焊缝之中。为衡量合金化元素的利用率，引入了过渡系数的概念。

所谓的过渡系数是指某合金化元素在熔敷金属中的实际质量分数与其在焊接材料中的原始质量分数之比，即

$$\eta = w(M_d)/w(M_e) \tag{2-65}$$

式中 η——合金化元素的过渡系数；

$w(M_d)$——合金化元素在熔敷金属中的实际质量分数；

$w(M_e)$——合金化元素在焊接材料中的原始质量分数。

通过焊接试验和检测分析，可以确定合金化元素在熔敷金属中的实际质量分数 $w(M_d)$，再根据已知的合金化元素在焊接材料中的原始质量分数 $w(M_e)$，由式(2-65)计算出合金化元素的过渡系数 η，如表 2-18 所示。

在已知合金化元素的过渡系数 η 的条件下，可根据它在焊接材料中的原始质量分数 $w(M_e)$，计算出该合金化元素在熔敷金属中的实际质量分数 $w(M_d)$；反之，可根据所要求的合金化元素在熔敷金属中的质量分数 $w(M_d)$，计算出该合金化元素在焊接材料中应具有的质量分数 $w(M_e)$。

（2）过渡系数的影响因素

1）合金化元素的物化性质。一般来讲，合金化元素的沸点越低，饱和蒸气压越大，蒸发损失越大，其过渡系数越小；合金化元素对氧的亲和力越大，氧化损失越大，其过渡系数越小。

当不同的合金化元素同时存在时，对氧亲和力小的元素由于受到对氧亲和力大的元素的保护而使过渡系数提高。例如，碱性药皮中加入的钛和铝，明显提高了锰和硅的过渡系数。

表2-18　各种合金化元素的过渡系数

焊接方法	焊丝或焊芯	焊剂或药皮	过渡系数 η									
			C	Si	Mn	Cr	W	V	Nb	Mo	Ni	Ti
无保护焊	H70W10 Cr3Mn2V	—	0.54	0.75	0.67	0.99	0.94	0.85	—	—	—	—
氩弧焊		—	0.80	0.79	0.88	0.99	0.99	0.98	—	—	—	—
埋弧焊		HJ251	0.53	2.03	0.59	0.83	0.83	0.78	—	—	—	—
		HJ431	0.33	2.25	1.13	0.70	0.89	0.77	—	—	—	—
CO_2 焊		—	0.29	0.72	0.60	0.94	0.96	0.68	—	—	—	—
	H18Cr MnSi	—	0.60	0.71	0.69	0.92	—	—	—	—	—	—
焊条电弧焊		赤铁矿	0.22	0.02	0.05	0.25	—	—	—	—	—	—
		大理石	0.28	0.10	0.14	0.43	—	—	—	—	—	—
		石英	0.20	0.75	0.18	0.80	—	—	—	—	—	—
		氟石	0.67	0.88	0.38	0.89	—	—	—	—	—	—
	H08A	钛钙型	—	0.71	0.38	0.77	—	0.52	0.80	0.60	0.96	0.13
		氧化铁型	—	0.14 ~ 0.27	0.08 ~ 0.12	0.64	—	—	—	0.71	—	—
		低氢型	—	0.14 ~ 0.27	0.45 ~ 0.55	0.72 ~ 0.82	—	0.59 ~ 0.64	—	0.83 ~ 0.86	—	—

在钢材的焊接中，对氧亲和力比铁小的元素，如铜和镍等，几乎无氧化损失，过渡系数较大；而对氧亲和力比铁大的元素，尤其是大得多的元素，如钛和铝等，其氧化损失较大，过渡系数较小。为使这类难于过渡的元素能顺利过渡到焊缝中去，必须创造低氧甚至无氧的焊接环境，如采用无氧焊剂或惰性气体保护等。

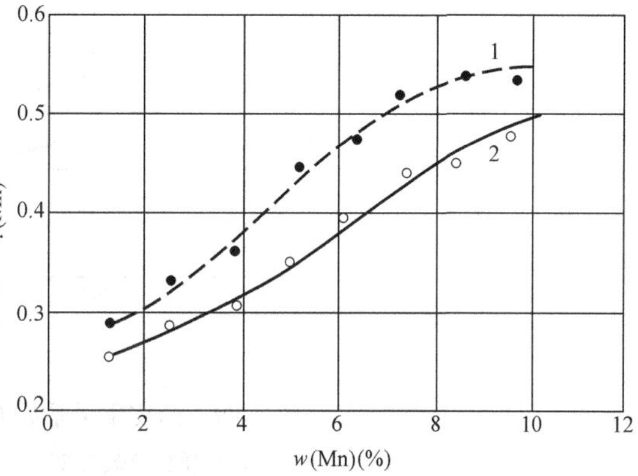

图2-28　焊剂含锰量对锰过渡系数的影响
1—正极性　2—反极性

2）合金化元素的含量和合金剂的粒度。随焊接材料中合金化元素含量的增加，其过渡系数逐渐增大，并最后趋于稳定值。图2-28所示为焊剂含锰量对锰过渡系数的影响。这是因为，合金化元素的含量初始增加时，氧化损失减小，故过渡系数增加；但合金化元素的含量增加到一定值时，会使渣中的残留损失增加，氧化损失和残留损失的总和不再变化，故过渡系数基本维持不变。

合金剂的粒度增加，其比表面积减小，氧化损失减小，过渡系数提高，如表2-19所示；但如果粒度过大，则颗粒难于熔化，渣中残留损失增加，故过渡系数反而降低。

3）药皮和焊剂的物化性质。药皮和焊剂的氧化性越大，氧化损失越大，合金过渡系数越小。因此，要过渡大量合金化元素时，宜采用低氧甚至无氧药皮或焊剂。

表 2-19 合金剂粒度对合金过渡系数的影响

粒度/μm	过渡系数 η			
	Mn	Si	Cr	C
<56	0.37	0.44	0.59	0.49
56~125	0.40	0.51	0.62	0.57
125~200	0.47	0.51	0.64	0.57
200~250	0.53	0.58	0.67	0.61
250~355	0.54	0.64	0.71	0.62
355~500	0.57	0.66	0.82	0.68
500~700	0.71	0.70	—	0.74

当合金化元素与其氧化物在药皮或焊剂中共存时，合金过渡系数提高。因此，在药皮或焊剂中添加合金化元素的氧化物，可以提高其过渡系数。

在其他条件相同时，当合金化元素的氧化物与熔渣的酸碱性相同时，合金过渡系数提高。例如，硅的氧化物 SiO_2 是酸性的，所以硅的过渡系数随熔渣酸性的提高而提高；锰的氧化物 MnO 是碱性的，故锰的过渡系数随熔渣碱度的提高而提高。

4）药皮的重量系数和焊剂的熔化率。当合金化元素在药皮中的含量一定时，增加药皮的重量系数，会使氧化损失和残留损失均增加，故合金过渡系数降低，如图 2-29 所示。

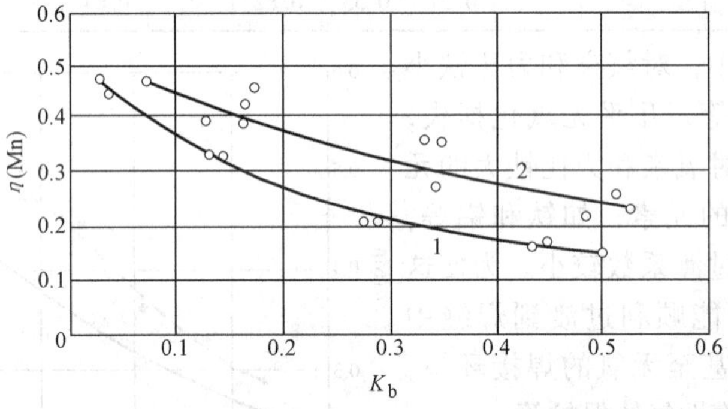

图 2-29 药皮重量系数 K_b 对锰过渡系数的影响

1—锰铁的质量分数为 20% 2—锰铁的质量分数为 50%

同样，当采用粘结焊剂进行埋弧焊时，增加焊剂的熔化率（熔化的焊剂质量与熔化的焊丝质量之比），一般会导致残留损失增加，故合金过渡系数减小。

5）焊接方法及工艺参数。焊接方法及工艺参数直接影响焊接区的氧化性、焊接材料的熔化情况以及各种冶金反应，从而对合金过渡系数产生显著影响。焊接方法及工艺参数不同，合金过渡系数也不同。从表 2-18 可知，在各种焊接方法中，氩弧焊时合金的过渡系数最大。

3. 熔合比及焊缝成分的控制

如前所述，通过合金化可以调整焊缝的成分以及组织和性能。但焊缝的成分不仅取决于所用的焊接材料，而且也取决于被焊母材本身。为衡量二者的共同影响，引入了熔合比的概念。

所谓熔合比是指焊缝金属中局部熔化的母材所占的比例，即

$$\theta = m_b/(m_b + m_d) \tag{2-66}$$

式中 θ——焊缝的熔合比；

m_b——焊缝中熔化母材所占的质量；

m_d——焊缝中熔敷金属所占的质量。

熔合比受焊接方法、焊接材料、焊接工艺及接头类型等诸多因素的影响，需通过具体试验加以确定。对于常见的低碳钢焊缝来讲，焊接工艺条件对熔合比的影响如表2-20所示。

表2-20 焊接工艺条件对低碳钢焊缝熔合比的影响

焊接方法	接头形式	母材厚度/mm	熔合比
焊条电弧焊	I形坡口对接	2～4	0.4～0.5
		10	0.5～0.6
	V形坡口对接	4	0.25～0.5
		6	0.2～0.4
		10～20	0.2～0.3
	角接或搭接	2～4	0.3～0.4
		5～20	0.2～0.3
	堆焊	—	0.1～0.14
埋弧焊	对接	10～30	0.45～0.75

依据熔合比的定义，可以计算出焊缝金属中任意合金化元素的质量分数，即

$$w(M_w) = \theta w(M_b) + (1-\theta)w(M_d) \tag{2-67}$$

式中 $w(M_w)$——焊缝中某合金化元素的质量分数；

$w(M_b)$——母材中该合金化元素的质量分数；

$w(M_d)$——熔敷金属中该合金化元素的质量分数。

将式(2-65)代入式(2-67)，消去 $w(M_d)$ 得

$$w(M_w) = \theta w(M_b) + \eta(1-\theta)w(M_e) \tag{2-68}$$

式中 θ——焊缝的熔合比；

η——合金化元素的过渡系数；

$w(M_e)$——焊接材料中合金化元素的质量分数。

由式(2-68)可以看出，若已知焊缝的熔合比 θ、合金化元素的过渡系数 η 及其在母材和焊接材料中的质量分数 $w(M_b)$ 和 $w(M_e)$，则可计算出该合金化元素在焊缝金属中的质量分数 $w(M_w)$。也就是说，可以计算出焊缝金属的化学成分，而计算的准确程度取决于所选取的已知数据的准确程度。

由式(2-68)还可以看出，在母材成分一定时，焊缝成分的控制主要有两个途径。一个是调整焊接材料的成分，另一个是控制焊接工艺来改变熔合比及过渡系数。其中，调整焊接材料的成分是控制焊缝金属成分的最主要手段，而改变熔合比可进一步控制焊缝的成分。例如，在堆焊时，应尽量降低熔合比，以减小母材对堆焊层成分及性能的影响；而在异种钢焊接时，由于熔合比对焊缝成分的影响很大，应根据确定的熔合比来选择焊接材料。

思 考 题

1. 为什么要对焊接区进行保护？可采用的保护方式及其效果怎样？
2. 焊接化学冶金分为哪几个反应区，各区有何特点？
3. 焊接区内有哪些气体？它们从何而来？
4. 说明氢在焊缝及热影响区中的溶解及扩散行为。
5. 论述氧化性气体对金属的氧化作用。
6. 说明熔渣的种类、性质及其作用。
7. 什么是长渣和短渣？其适用性有何不同？
8. 熔渣的分子理论、离子理论及分子-离子共存理论的基本内容是什么？
9. 论述焊接熔渣对金属的氧化途径及影响因素。
10. 焊缝金属脱氧的途径有哪些？脱氧效果如何？
11. 氢对焊接质量有哪些影响？如何加以控制？
12. 论述氧对焊接接头的危害及控制措施。
13. 在 TIG 焊、CO_2 焊和埋弧焊的三种焊缝中，氢、氧和氮的含量有何区别？为什么？
14. 论述硫和磷对焊接接头的危害及控制措施。
15. 焊缝金属合金化的目的是什么？如何实现？
16. 什么是合金过渡系数和熔合比？它们对焊缝成分有何影响？如何加以控制？

第 3 章　焊接接头的组织和性能

在焊接热源的高温作用下，被焊的局部母材和填加材料经过熔化和凝固形成焊缝；未发生熔化但受到焊接热影响的母材形成热影响区；而介于焊缝与热影响区之间的过渡区为熔合区。由于焊接接头各组成区域所经历的焊接热作用不同，因而会形成不同的微观组织，甚至产生焊接缺陷，从而影响整个接头的力学性能。因此，研究接头各区的组织特征及其形成机制，对于提高接头性能具有重要的指导意义。

本章重点阐述焊缝金属的结晶形态和相变组织、热影响区的组织特征和性能以及熔合区的特性，以便为控制接头性能奠定理论基础。而对于接头中可能产生的各种焊接缺陷问题这里并不详论，因为该内容将在“焊接缺陷及其控制”一章中进行专门分析。

3.1　焊接熔池和焊缝

焊接熔池是指由熔化的局部母材和填加材料所组成的具有一定几何形状的液态区域，而焊缝是指熔池凝固后所形成的固态区域。因此，焊接熔池和焊缝之间存在着内在的、必然的联系。也就是说，焊缝金属的组织和性能不仅取决于焊缝的相变行为，而且受到焊接熔池结晶行为的直接影响。正因为这样，有必要对焊接熔池的结晶过程和焊缝的相变过程进行深入分析和讨论。

3.1.1　焊接熔池的结晶特点

同一般的铸造凝固过程一样，焊接熔池的结晶过程也是晶核的形成和晶核的长大过程。但由于凝固条件的巨大差异，使得焊接熔池的结晶过程表现出非平衡结晶、联生结晶和竞争成长以及成长速度动态变化的特征。

1. 非平衡的动态结晶

（1）熔池体积小、冷却速度大　焊接熔池体积小，其周围被体积很大的母材金属所包围，熔池界面导热条件很好，故熔池冷却速度很快，其平均值可达到 100℃/s，约为铸造时的 10^4 倍。因此，高碳钢及多数高合金钢焊接时易产生淬硬组织，甚至产生冷裂纹。

（2）熔池过热、温度梯度大　焊接熔池中的液态金属处于过热状态，如低碳钢的焊接熔池平均温度可达到 1870℃，远高于铸造时的最高平均温度 1550℃。同时，由于熔池体积小且温度高，使得熔池边界的温度梯度很大，可比铸造时大 10^4 倍。正是由于熔池的过热度和温度梯度大，使非自发晶核质点大为减少，柱状晶得到显著发展。

（3）熔池在动态下结晶　焊接熔池中金属的结晶和熔化是同时进行的，结晶前沿随焊接热源而移动，而且焊接条件下各种力的作用会使正在结晶中的熔池受到激烈的搅拌。因此，这有利于气体的排除、夹杂物的浮出以及焊缝的致密化。

2. 联生结晶和竞争成长

（1）联生结晶　焊接熔池的结晶过程一般是从熔池边界开始的，非自发晶核就依附在半熔化的母材晶粒表面上。一般情况下，以柱状晶的形式由半熔化的母材晶粒向焊缝中心成长，而且成长的取向与母材晶粒相同，从而形成所谓的联生结晶，如图 3-1 所示。

由于焊缝的柱状晶是从半熔化的母材晶粒开始成长的，其初始尺寸等于焊缝边界母材晶粒的尺寸，因而可以预料，在焊接热循环的作用下，晶粒易过热粗化的母材，其焊缝柱状晶也会发生粗化。

（2）竞争成长　结晶理论告诉我们，每一种晶体点阵都存在一个结晶速度最快的最优结晶取向，而且温度梯度的方向对结晶速度也有极为重要的影响。在熔池结晶过程中，尽管结晶总是从半熔化的母材晶粒开始联生成长，但不同方向上的成长趋势各不相同。只有最优结晶取向与温度梯度最大的方向（即散热最快的方向，亦即熔池边界的垂直方向）相一致的晶粒才有可能持续成长，并一直长到熔池中心；反之，只能长到一定尺寸而终止（参见图 3-1）。因此，每个晶粒都是在不断的竞争中成长的，只有竞争优势明显的晶粒才能得到不断的成长，而竞争优势较弱的晶粒将在成长的中途夭折。

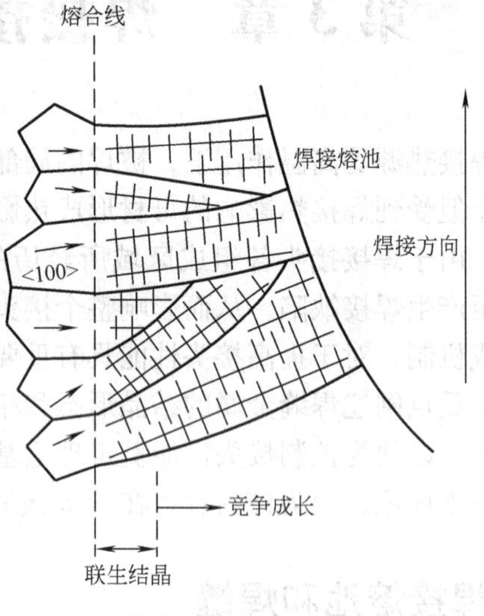

a)

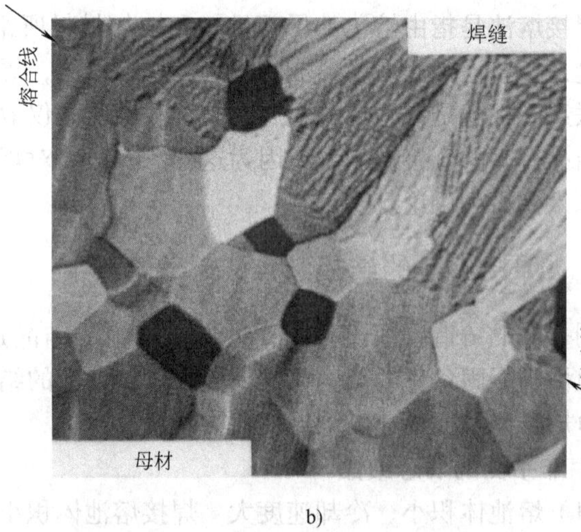

b)

图 3-1　联生结晶及竞争成长
a）示意图　b）微观照片

3. 结晶速度和方向动态变化

（1）结晶速度的表达式　如上所述，熔池结晶总是从熔池边界处半熔化的母材晶粒上开始形核并向焊缝中心成长的。设任意晶粒主轴、任意点的结晶等温面法线方向与焊接方向的夹角为 α，晶粒成长方向与焊接方向之间的夹角为 β，在 $\mathrm{d}t$ 时间内熔池边界的结晶等温面从 t 时刻的位置移到 $t+\mathrm{d}t$ 时刻的位置，如图 3-2 所示。若晶粒的成长速度（即结晶速度）为 R，焊接速度为 v，则 R 与 v 存在下列关系

$$R\mathrm{d}t\cos(\alpha-\beta)=v\mathrm{d}t\cos\alpha$$

将上式化简得到

$$R=v\cos\alpha/\cos(\alpha-\beta) \tag{3-1}$$

当 α 与 β 的差别较小时，$\cos(\alpha-\beta)\approx1$，$\cos\alpha\approx\cos\beta$，于是

$$R \approx v\cos\alpha \approx v\cos\beta \tag{3-2}$$

式中　R——晶粒成长速度或结晶速度；

v——焊接速度；

α——结晶等温面法线方向与焊接方向之间的夹角；

β——晶粒成长方向与焊接方向的夹角，取决于被焊材料物理性质和焊接参数。

（2）成长速度和方向的变化　由式(3-2)可以看出，在焊接速度 v 一定的条件下，晶粒成长速度 R 仅取决于结晶等温面法线方向与焊接方向的夹角 α 或晶粒成长方向与焊接方向的夹角 β。因此，将 α 和 β 统称为晶粒成长的方向角。由于熔池边界上不同位置处的等温面法线方向不同，因而晶粒成长过程中其成长方向在不断发生变化，其成长速度也在发生变化。

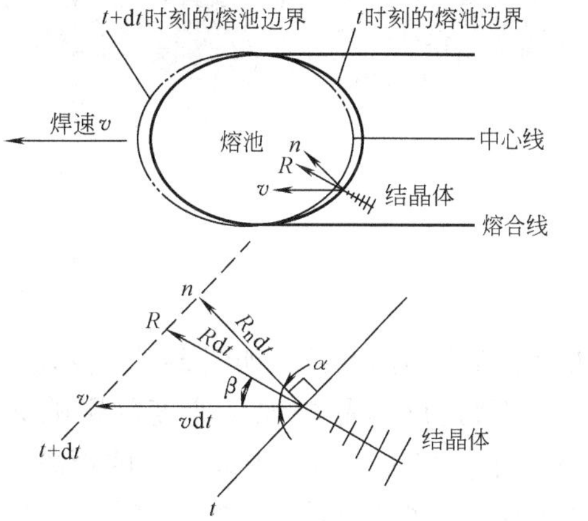

图 3-2　晶粒成长速度与焊接速度的关系

如图 3-3 所示，在开始结晶的熔池两侧，$\alpha = 90°$，$\cos\alpha = 0$，$R \approx 0$，说明晶粒在开始成长时，其成长方向与焊接方向垂直，成长速度最小，接近于零；当晶粒成长到熔池中心时，$\alpha = 0$，$\cos\alpha = 1$，$R \approx v$，说明晶粒成长到最后时，其成长方向与焊接方向一致，成长速度最大，接近于焊接速度。这就是说，当晶粒由熔池两侧开始结晶一直成长到最后的过程中，晶粒成长的方向和速度均随结晶进程而动态变化，其成长方向由垂直于焊接方向逐渐转向焊接方向，而成长速度由零逐渐增大到焊接速度。

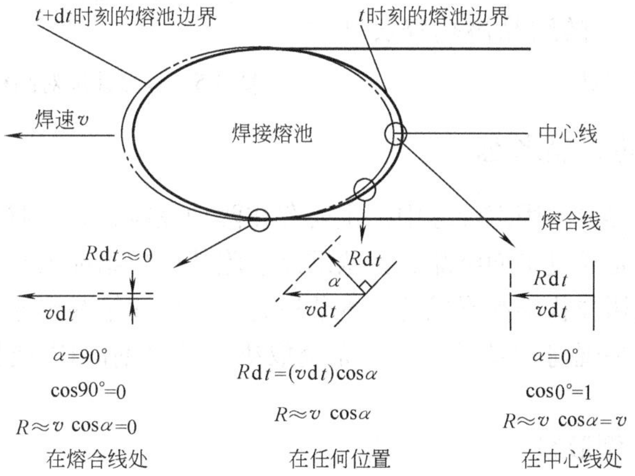

图 3-3　晶粒成长速度和方向的变化

（3）焊接速度对成长速度和方向的影响　如绪论中所述，焊接速度增加时，焊接温度场的范围变小，熔池形状变得细长。因此，焊接速度越大，晶粒成长的方向角越大，晶粒越向垂直于熔池中心线的方向成长，从而形成垂直于焊缝中心线的柱状晶，如图 3-4a 所示；反之，焊接速度较小时，晶粒的成长方向角可以由 90°逐渐变小，并达到很小的数值，

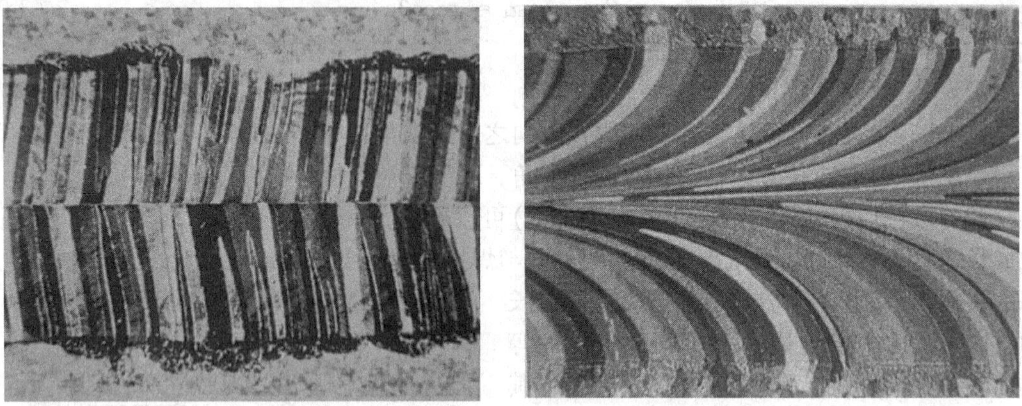

a) b)

图 3-4 焊接速度对晶粒成长方向的影响

a）高速焊 b）低速焊

从而形成弯曲的晶粒，如图 3-4b 所示。

焊接速度对晶粒成长速度的影响如图 3-5 所示，其中 y 为到焊缝中心的距离。总的来看，在焊接热源功率一定的情况下，焊接速度增大时，晶粒的成长速度增大，而且成长速度的增长率也增大。

应当指出，以上讨论的晶粒成长速度只是晶粒成长过程中晶粒主轴的平均成长速度。而实际上，由于熔池结晶过程的复杂性，晶粒成长速度会随结晶潜热释放和热源作用的周期性而波动。

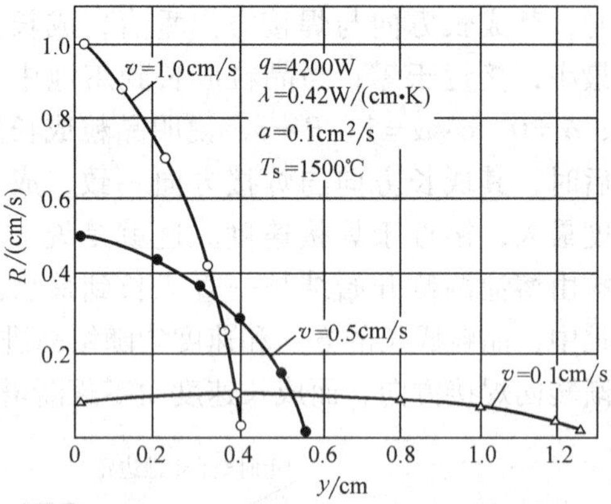

图 3-5 焊接速度对晶粒成长速度的影响

3.1.2 焊接熔池的结晶形态

在熔池结晶后所形成的固态焊缝中，主要存在两种晶粒，即柱状晶粒和少量的等轴晶粒。其中，柱状晶粒是通过平面结晶、胞状结晶、胞状树枝结晶或树枝状结晶所形成，而等轴晶粒一般是通过树枝状结晶形成的。本节所讨论的熔池结晶形态主要是指晶粒内部的亚晶形态，至于具体呈现何种结晶形态，完全取决于结晶期间固-液界面前沿成分过冷的程度。

1. 熔池结晶的典型形态

（1）平面结晶 当固-液界面前方液相中的温度梯度 G（即温度曲线的斜率 dT/dx）很大时，液相温度曲线 T 不与结晶温度曲线 T_L 相交，因而液相中不存在成分过冷区，如图 3-6a 所示。由于固-液界面前方温度较高，一旦有向前凸出生长的晶芽，就将被较热的液态金属所熔化。因此，结晶过程只能以平面形式向前推进，从而形成平滑的结晶界面，如图 3-6b 所示。这种平面结晶形态多发生在高纯度金属的焊缝中，或位于温度梯度很高而结晶速度很小的焊缝边界层内，如图 3-6c 所示。

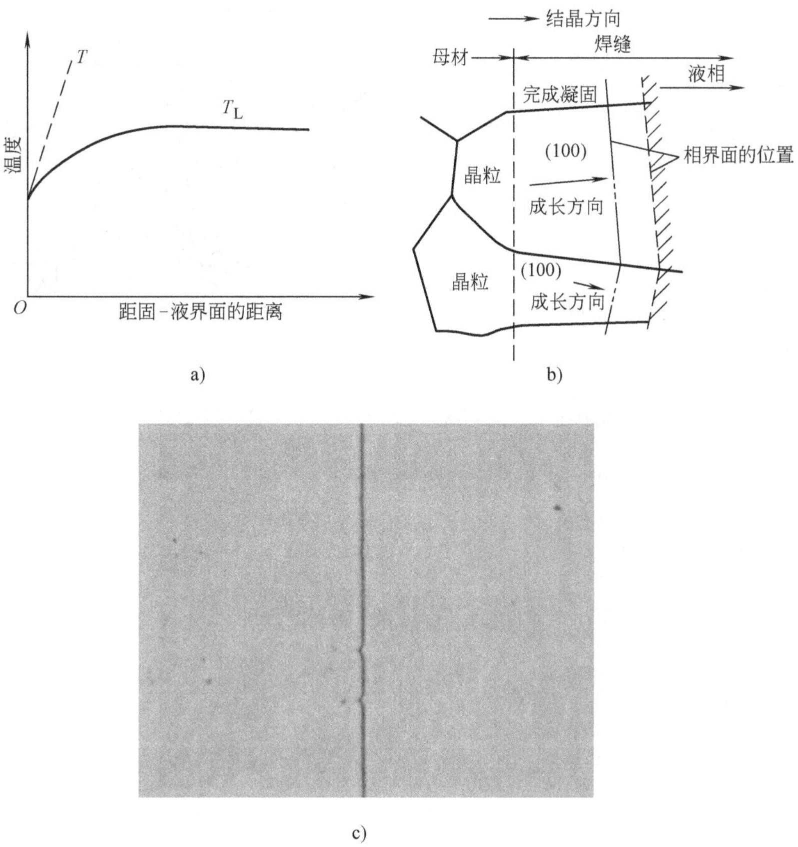

图 3-6　平面结晶形态
a）成分过冷条件　b）形成机理示意图　c）平面晶微观照片

（2）胞状结晶　当固-液界面前方液相中的温度梯度 G 较大时，液相温度曲线 T 与结晶温度曲线 T_L 在短距离 x 内相交，形成较小的成分过冷区，如图 3-7a 所示。在此条件下，平面结晶界面处于不稳定状态，其上长出许多平行束状芽胞，凸入过冷的液相，并向前生长，于是在晶粒内部形成了相互平行的胞状亚晶，其断面呈现六角形的胞状形态，如图 3-7b、c 所示。

（3）胞状树枝结晶　随固-液界面前方液相中的温度梯度 G 的减小，液相温度曲线 T 与结晶温度曲线 T_L 相交的距离 x 增大，所形成的成分过冷区增大，如图 3-8a 所示。在此条件下，晶体成长加快，胞状晶前沿更向液相中凸出，并深入液相内部较长的距离，如图 3-8b。与此同时，凸出部分也向周围排除溶质，使其横向也产生成分过冷，并在主干的横向上长出短小的二次分枝。但由于主干的间距较小，因而二次分枝较短，从而形成了特殊的胞状树枝晶，如图 3-8c 所示。

（4）树枝状结晶　当固-液界面前方液相中的温度梯度 G 进一步减小时，液相温度曲线 T 与结晶温度曲线 T_L 相交的距离 x 进一步增大，从而形成较大的成分过冷区，如图 3-9a 所示。此时晶体成长速度更快，在一个晶粒内部除产生一个很长的主干外，还向四周长出很多二次横枝，甚至在二次横枝上还长出三次横枝。这些横枝不断长大，直至邻近横枝

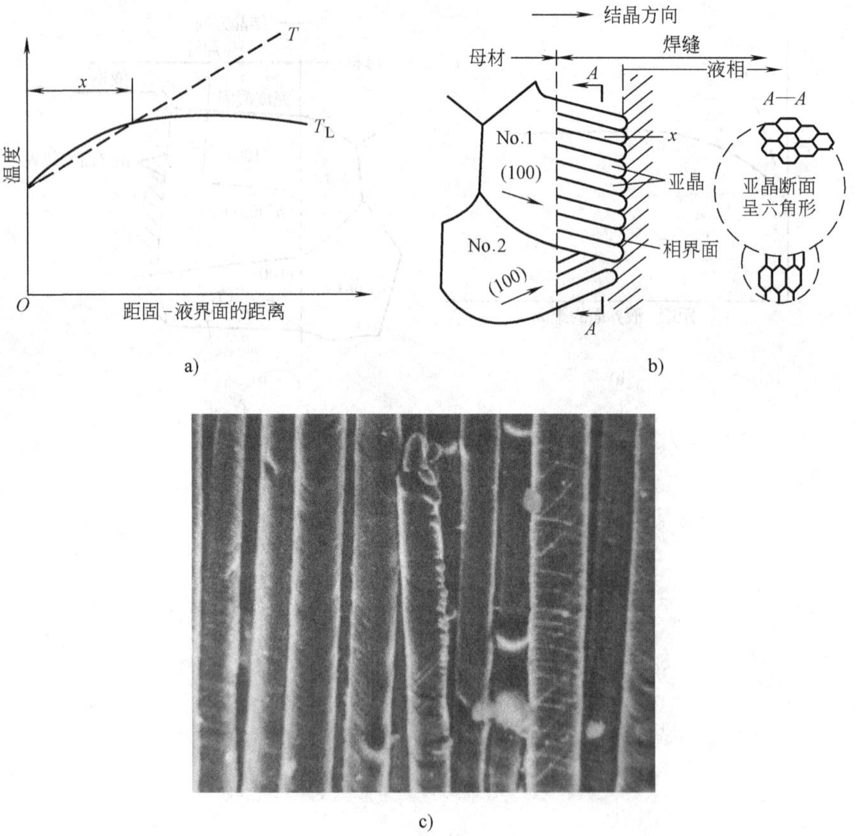

图 3-7 胞状结晶形态

a）成分过冷条件 b）形成机理示意图 c）胞状晶微观照片

接触为止，从而形成典型的树枝晶，如图 3-9b、c 所示。

（5）等轴结晶 当固-液界面前方液相中的温度梯度 G 很小时，液相温度曲线 T 与结晶温度曲线 T_L 在很远处相交，从而在液相中形成很大的成分过冷区，如图 3-10a 所示。此时不但在结晶前沿出现树枝状结晶，而且在液相内部也能产生新的晶核。由于这些晶核周围所处状态相同，可以自由成长，因而形成了几何形状几乎对称的等轴晶粒，如图 3-10b、c 所示。

总之，焊接熔池的结晶形态主要取决于液相的成分过冷程度。随成分过冷程度的增大，依次出现平面晶、胞状晶、胞状树枝晶、树枝晶和等轴晶等结晶形态。由于成分过冷主要受熔池金属中溶质含量 W、熔池结晶速度 R 和液相温度梯度 G 的影响，因而可直接从 W、R 和 G 的综合作用来考察熔池结晶形态的变化规律，如图 3-11 所示。

在结晶速度 R 和温度梯度 G 一定的情况下，随溶质含量 W 的增加，成分过冷程度增大，结晶形态将由平面晶依次过渡到胞状晶、胞状树枝晶、树枝晶和等轴晶。

同样，当溶质含量 W 和温度梯度 G 一定时，结晶速度 R 越快，成分过冷程度越大，结晶形态也将由平面晶依次过渡到胞状晶、胞状树枝晶、树枝晶和等轴晶。

然而，当溶质含量 W 和结晶速度 R 不变时，温度梯度 G 越大，成分过冷程度越小，结晶形态演变方向将变为由等轴晶依次过渡到树枝晶、胞状树枝晶、胞状晶和平面晶。

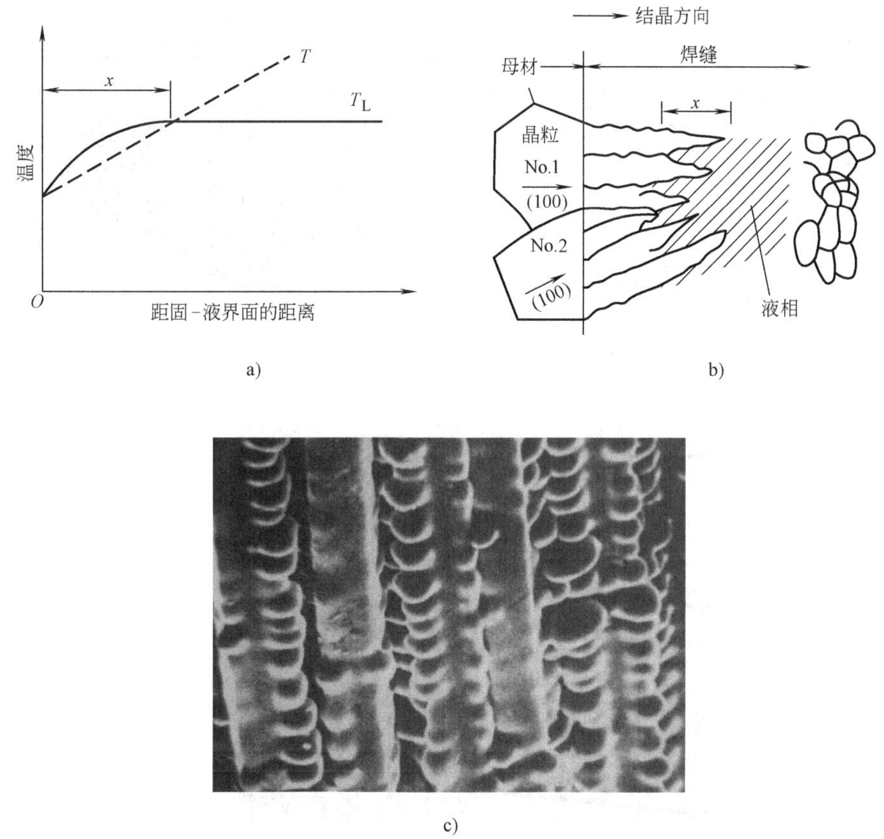

图 3-8 胞状树枝结晶形态

a）成分过冷条件 b）形成机理示意图 c）胞状树枝晶微观照片

2. 焊缝中的结晶组织

（1）结晶组织的分布 在焊接熔池中，不同部位具有不同的温度梯度 G 和结晶速度 R，因而具有不同的成分过冷，出现不同的结晶形态，从而在焊缝中形成分布不同的结晶组织，如图 3-12 所示。

在焊缝或熔池的边界，亦即焊接熔池结晶的开始位置，由于温度梯度 G 大，结晶速度 R 小，难于形成成分过冷，故多以平面结晶形态成长。随晶体逐渐远离焊缝边界而向焊缝中心生长，温度梯度 G 逐渐减小，结晶速度 R 逐渐增大，溶质含量逐渐增加，成分过冷区也逐渐加大，因而结晶形态将依次向胞状晶、胞状树枝晶及树枝晶发展。在焊缝或熔池中心附近，温度梯度 G 变得最小，结晶速度 R 达到最大，溶质含量最高，成分过冷显著，所以可能导致等轴晶粒的形成。

（2）焊接条件对结晶组织的影响 如前所述，对结晶组织起控制作用的成分过冷主要受到熔池金属中溶质含量 W、熔池结晶速度 R 和液相温度梯度 G 的影响。但仔细分析可以发现，溶质含量 W、结晶速度 R 和温度梯度 G 只是影响成分过冷的中间参量。实质上，它们都是由焊接条件决定的，如焊接材料、焊接方法、焊接工艺以及焊接结构等。因此，不同的焊缝会有不同的结晶组织，同一焊缝也不一定包含上述所有的结晶组织。

不同的母材类型具有不同的焊缝结晶组织及其分布，如图 3-13 所示。在用 4047 铝焊

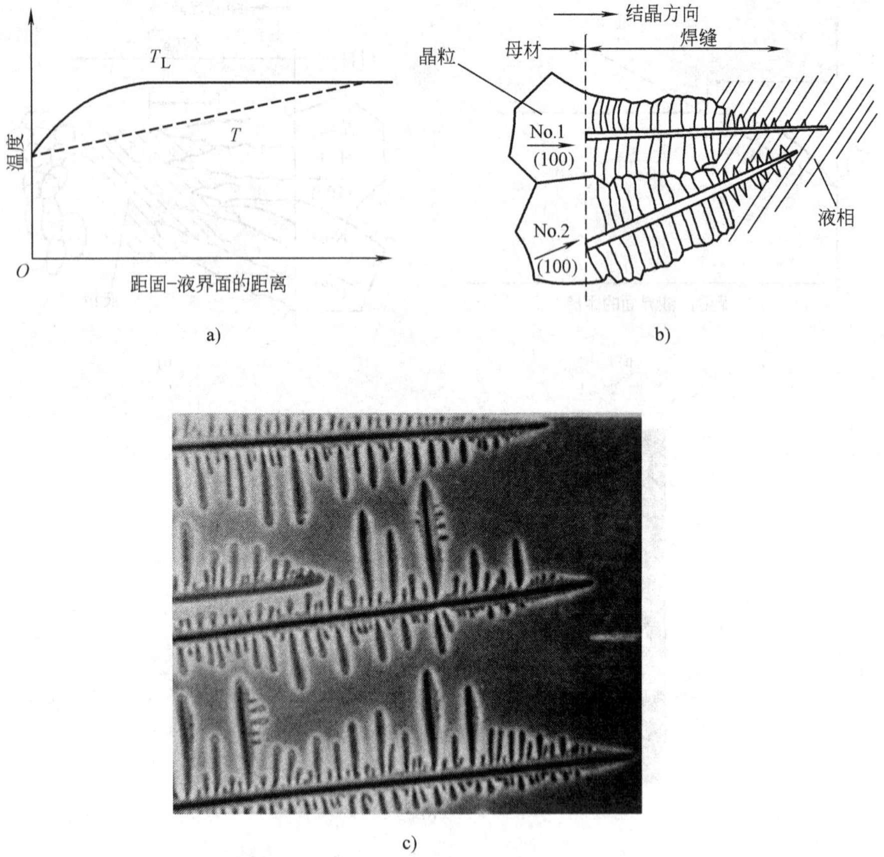

图 3-9 树枝状结晶形态

a）成分过冷条件 b）形成机理示意图 c）树枝晶微观照片

丝焊接 1100 纯铝时，得到的焊缝结晶组织有平面晶、胞状晶和树枝晶，并按由焊缝边界到焊缝中心的方向分布，如图 3-13a 所示；采用电子束对 Fe-15Cr-15Ni 单晶进行焊接，得到由柱状树枝晶和等轴晶组成的焊缝结晶组织，其中焊缝中心为等轴晶，如图 3-13b 所示；而对 ZM6 铸造镁合金进行 TIG 焊时，焊缝结晶组织均为等轴晶，如图 3-13c 所示。

焊接参数对焊缝的结晶组织有显著影响，如表 3-1 所示。若焊接速度为 50mm/min，当焊接电流由 150A 增加到 300A 直至 450A 时，焊缝的结晶组织将由胞状晶变成胞状树枝晶直至粗大的胞状树枝晶。若焊接电流为 300A，当焊接速度由 50mm/min 增加到 100mm/min 时，焊缝的结晶组织将由胞状树枝晶变成细小的胞状树枝晶。

表 3-1 焊接参数对 HY-80 钢焊缝结晶组织的影响

焊接速度/(mm/min)	焊接电流/A		
	150	300	450
50	胞状晶	胞状树枝晶	粗大的胞状树枝晶
100	胞状晶	细小的胞状树枝晶	粗大的胞状树枝晶

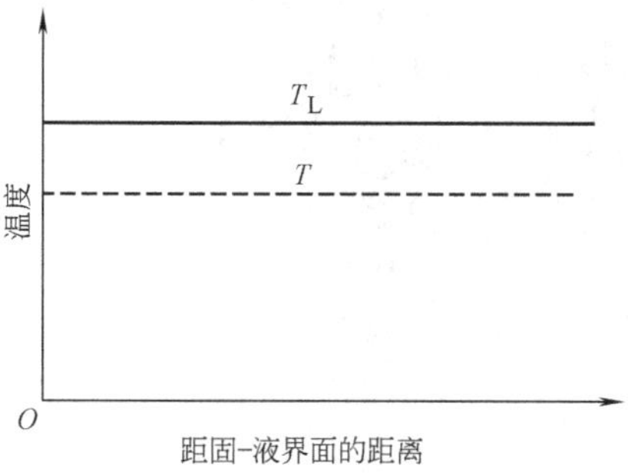

a)

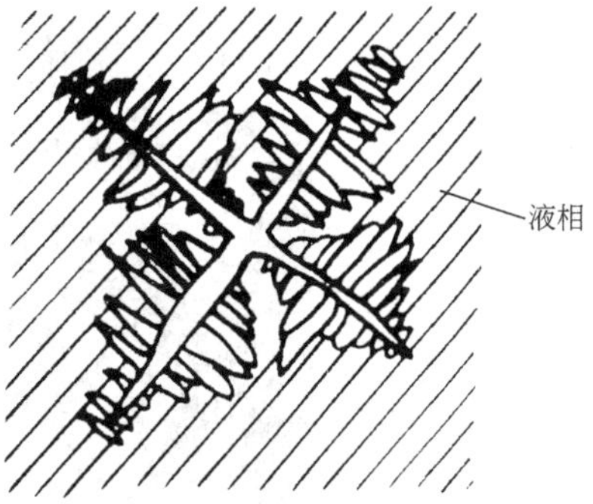

b)

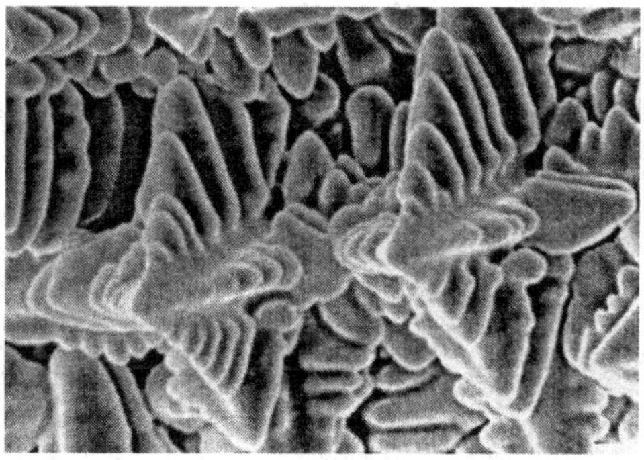

c)

图 3-10　等轴结晶形态
a）成分过冷条件　b）形成机理示意图　c）等轴晶微观照片

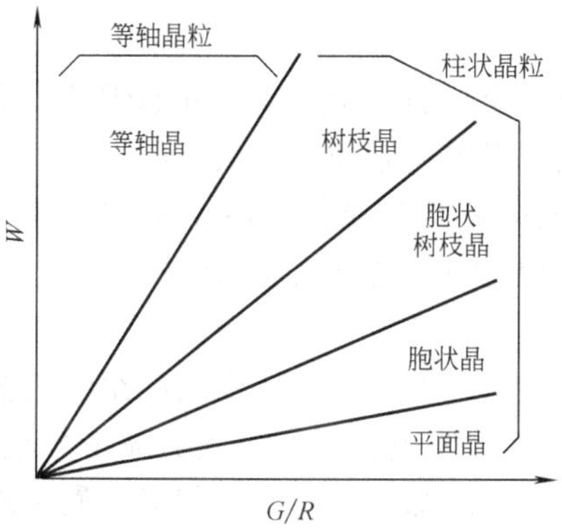

图 3-11　*W*、*R* 和 *G* 对结晶形态的影响

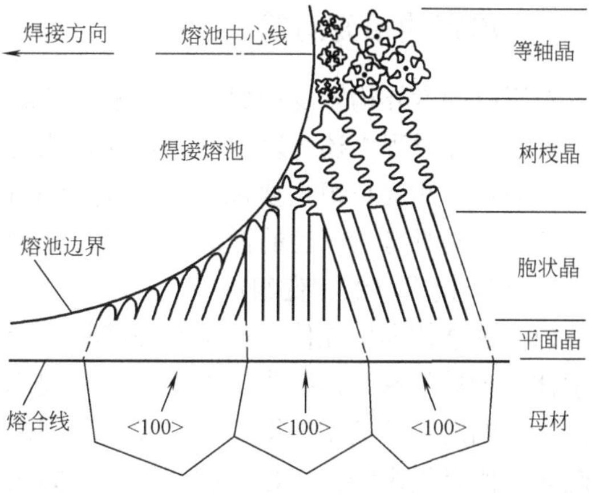

图 3-12　焊缝中结晶组织的分布

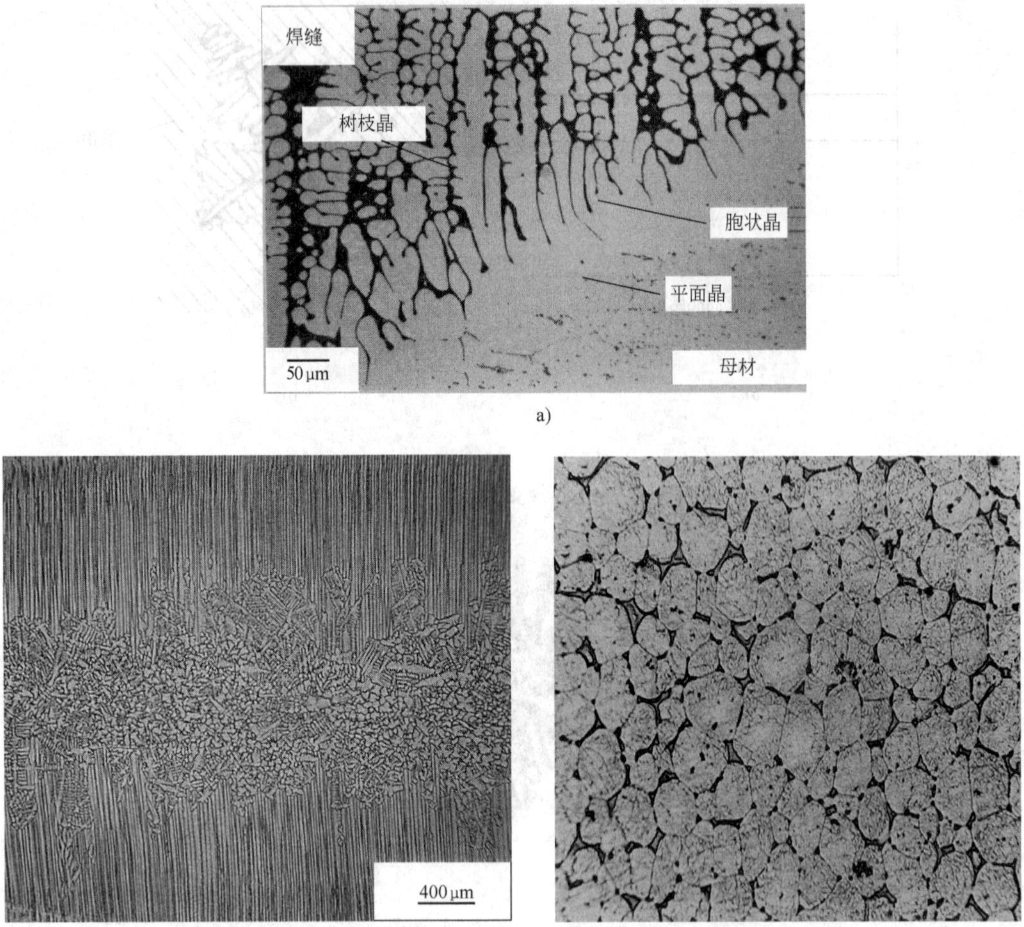

a)　　　b)　　　c)

图 3-13　不同母材的焊缝组织

a）1100Al　b）Fe-15Cr-15Ni　c）ZM6

3.1.3　焊缝的相变组织

对于有同素异构转变的焊缝金属来讲，焊接熔池完全结晶后所形成的固态焊缝，在随后的连续冷却过程中还将发生相的转变，从而形成相变组织，亦即焊缝最终的组织。就钢铁材料而言，相变组织主要取决于焊缝金属的化学成分和冷却条件。由于钢材的种类很多，这里仅对具有代表性的低碳钢和低合金钢的焊缝相变组织进行论述和分析。

1. 低碳钢焊缝的相变组织

（1）铁素体和珠光体　低碳钢焊缝具有较低的含碳量，发生固态相变后的组织主要由铁素体和少量的珠光体组成。铁素体一般是首先在原奥氏体边界析出，其晶粒十分粗大。然而，不同的冷却速度会得到晶粒尺寸不同的相变组织。冷却速度越快，焊缝金属中珠光体越多，而且组织细化，显微硬度增高，如表 3-2 所示。

此外，采用多层焊或对焊缝进行焊后热处理，也可破坏焊缝的柱状晶，得到细小的铁素体和少量珠光体，从而起到改善焊缝组织的作用。

表 3-2 冷却速度对低碳钢焊缝组织和硬度的影响

冷却速度/(℃/s)	焊缝组织的体积分数(%)		焊缝硬度 HV
	铁素体	珠光体	
1	82	18	165
5	79	21	167
10	65	35	185
35	61	39	195
50	40	60	205
110	38	62	228

(2) 魏氏组织 在发生过热的低碳钢焊缝中，还可能出现塑性和韧性很差的魏氏组织，如图 3-14 所示。它是焊缝含碳量和冷却速度处在一定范围内时产生的，更易在粗晶奥氏体内形成。

魏氏组织的特征是铁素体在原奥氏体晶界呈网状析出，或从原奥氏体晶粒内部沿一定方向呈长短不一的针状或片条状析出，直接插入珠光体晶粒之中。因此，一般认为魏氏组织是由先共析铁素体、侧板条铁素体和珠光体混合而成的多相组织。

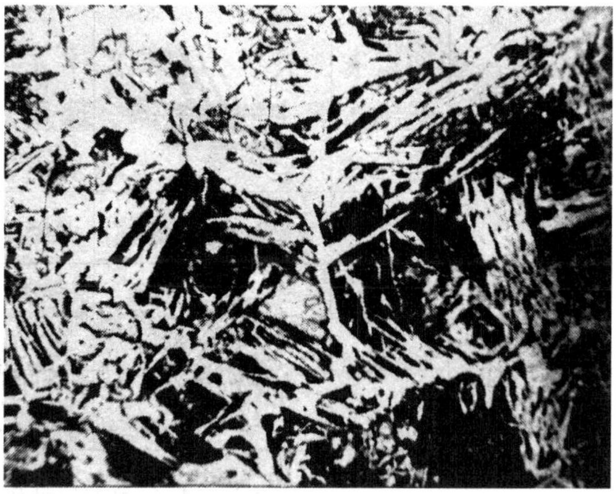

图 3-14 低碳钢焊缝中的魏氏组织

2. 低合金钢焊缝的相变组织

低合金钢焊缝相变组织的分类及具体形态如图 3-15 所示。随焊缝化学成分和冷却条件的变化，低合金钢焊缝中可能形成铁素体 F、珠光体 P、贝氏体 B 及马氏体 M 等相变组织，而且它们还会呈现出多种形态，从而具有不同的性能。

(1) 铁素体 F 低合金钢焊缝中的铁素体，具有比较复杂的形态。按其形态特征和出现的部位可以分为先共析铁素体 GBF、侧板条铁素体 FSP、针状铁素体 AF 和细晶铁素体 FGF，典型形态如图 3-16 所示。

1) 先共析铁素体 GBF。先共析铁素体也称晶界铁素体，是焊缝冷却到 770 ~ 680℃的较高温区内，沿奥氏体晶界首先析出的铁素体。其形态可以是沿晶扩展的长条形，也可以是沿晶分布的块状多边形。一般来讲，合金含量越低，高温停留时间越长，冷却速度越慢，先共析铁素体的数量越多。由于先共析铁素体为低屈服点的脆性相，因而使焊缝金属的韧性降低。

2) 侧板条铁素体 FSP。侧板条铁素体也称无碳贝氏体，其形成温度比先共析铁素体稍低，是焊缝冷却到 700 ~ 550℃的较宽温区内，从先共析铁素体的侧面以板条状向原奥氏体晶内生长的铁素体。其形态如镐牙，长宽比在 20 以上。由于侧板条铁素体内部的位错密度比先共析铁素体高，因而使焊缝金属的韧性显著降低。

3) 针状铁素体 AF。针状铁素体的形成温度比侧板条铁素体还低，是在 500℃附近的

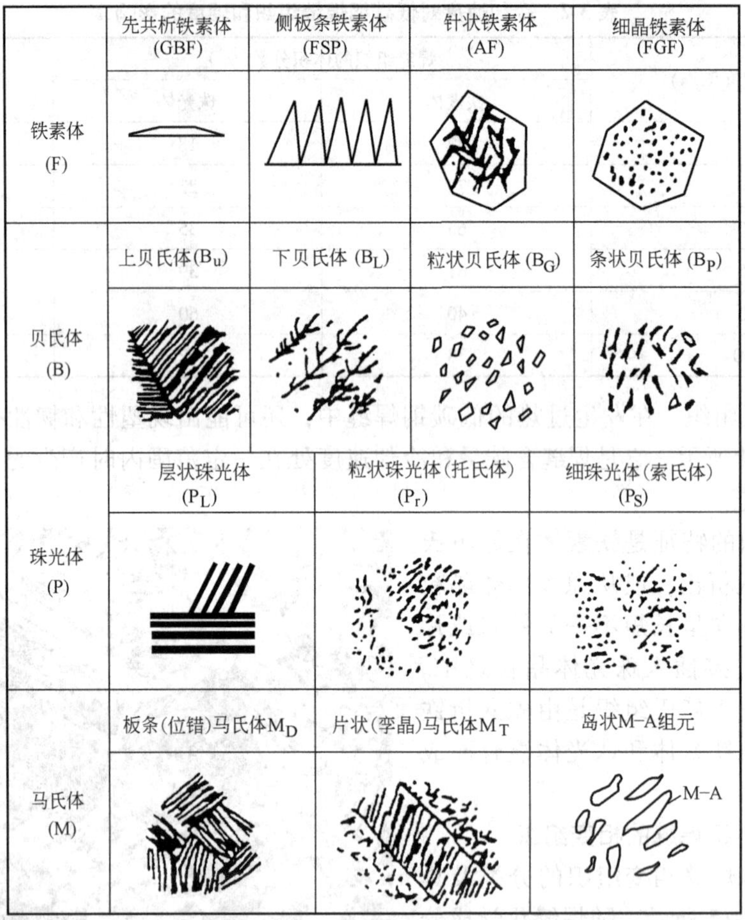

先共析铁素体
(GBF)
侧板条铁素体
(FSP)
针状铁素体
(AF)
细晶铁素体
(FGF)
铁素体
(F)
上贝氏体(B_u)
下贝氏体 (B_L)
粒状贝氏体 (B_G)
条状贝氏体 (B_P)
贝氏体
(B)
层状珠光体
(P_L)
粒状珠光体(托氏体)
(P_r)
细珠光体(索氏体)
(P_S)
珠光体
(P)
板条(位错)马氏体M_D
片状(孪晶)马氏体M_T
岛状M-A组元
M-A
马氏体
(M)

图 3-15 低合金钢焊缝相变组织的分类及形态

中等冷却速度下，在原奥氏体晶内以针状生长的铁素体。其宽度约为 2μm，长宽比在 3～5 之间，常以某些弥散氧化物或氮化物质点为核心呈放射性成长，使形成的针状铁素体相互制约而不能自由成长。虽然针状铁素体内部的位错密度更高，位错之间相互缠结，分布也不均匀，但对于屈服强度低于 550MPa、硬度在 175～225HV 之间的焊缝来讲，针状铁素体的增加可显著改善焊缝金属的韧性。

4）细晶铁素体 FGF。细晶铁素体也称贝氏铁素体，是介于铁素体与贝氏体之间的转变产物。它是在有细化晶粒的元素（如钛、硼等）存在且在稍低于 500℃ 的温度下，在原奥氏体晶内形成的晶粒尺寸较小的铁素体，而且在细晶之间有珠光体和渗碳体析出。

（2）珠光体 P 珠光体是铁素体和渗碳体的层状混合物，是低合金钢在接近平衡状态下（如热处理时的连续冷却过程），在 Ac_1～550℃ 温区内发生扩散相变的产物。根据珠光体中层片的细密程度，可将珠光体分为层状珠光体 P_L、粒状珠光体 P_r 和细珠光体 P_S，典型形态如图 3-17 所示。其中，粒状珠光体 P_r 又称托氏体，而细珠光体 P_S 又称索氏体。

在焊接的非平衡状态下，原子不能充分扩散，抑制了珠光体的转变，扩大了铁素体和贝氏体的转变区域。特别是焊缝中含有硼、钛等细化晶粒的元素时，可完全抑制珠光体的转变，致使低合金焊缝中很少产生珠光体组织。只有在预热、缓冷及后热等使冷却速度变

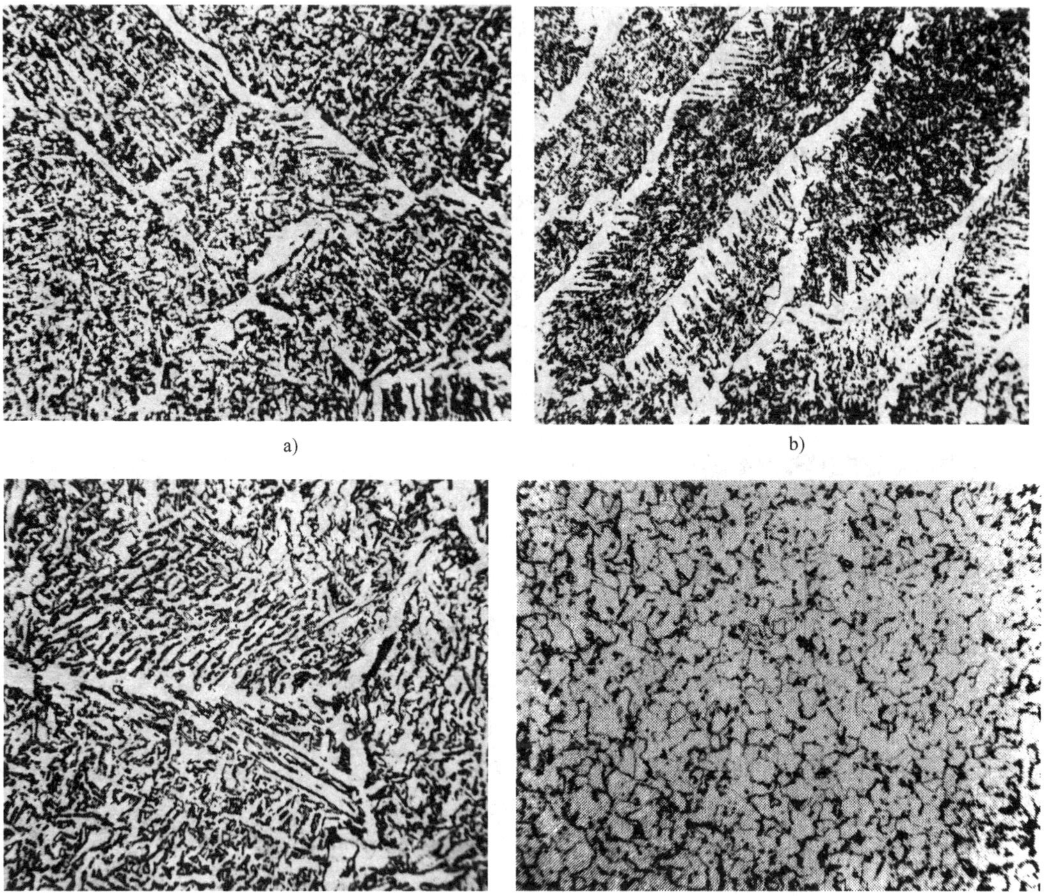

a)　b)　c)　d)

图3-16　含有不同铁素体的低合金钢焊缝组织

a) GBF　b) FSP　c) AF　d) FGF

得极其缓慢的情况下，才能在焊缝中形成少量的珠光体，见图3-17。焊缝中的珠光体能增加焊缝的强度，但使其韧性降低。

（3）贝氏体B　贝氏体是在550℃～Ms温区内发生的扩散-切变型相变的产物。在焊接热循环条件下，易于发生贝氏体转变。根据贝氏体的形成温区及其特征，可将贝氏体分为上贝氏体B_u和下贝氏体B_L以及粒状贝氏体B_G和条状贝氏体B_P等，典型形态如图3-18所示。

1）上贝氏体B_u。上贝氏体是在550～450℃左右的温区内形成的，其特征是呈羽毛状沿原奥氏体晶界析出，其内平行的条状铁素体间分布有渗碳体。由于这些渗碳体断续地分布于铁素体条之间，使得裂纹易沿铁素体条间扩展，因而上贝氏体是各种贝氏体中韧性最差的一种。

2）下贝氏体B_L。下贝氏体是在450℃～Ms左右的温区内形成的，其特征是内部许多针状铁素体和针状渗碳体机械混合，针与针之间成一定的角度，铁素体内还分布有碳化物颗粒。正是由于下贝氏体中铁素体针成一定交角，且碳化物弥散析出于铁素体内，使得裂纹不易穿过，因而具有良好的强度和韧性。

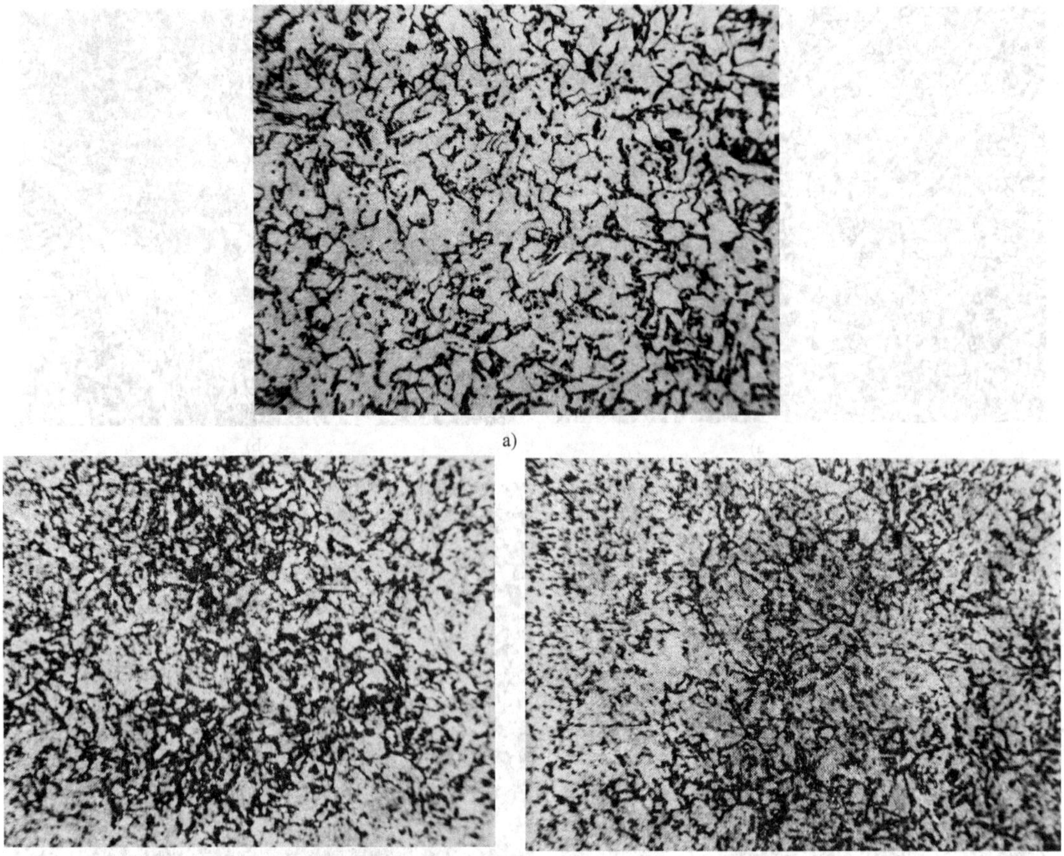

a) b) c)

图3-17 含有不同珠光体的低合金钢焊缝组织

a) P_L b) P_r c) P_S

3）粒状贝氏体 B_G 或条状贝氏体 B_P。粒状或条状贝氏体是在稍高于上贝氏体转变温度且中等冷却速度条件下形成的，其特征是块状铁素体上分布有富碳的马氏体和残余奥氏体，即M-A组元。它是在块状铁素体形成之后，由岛状分布其上的待转变的富碳奥氏体，在一定的合金成分和冷却速度下转变而成的。当M-A组元以粒状分布在块状铁素体上时，对应的组织称为粒状贝氏体；而当M-A组元以条状分布在块状铁素体上时，对应的组织则称为条状贝氏体。粒状贝氏体中的M-A组元也称为岛状马氏体，其硬度高，在载荷下可能开裂或在相邻铁素体薄层中引起裂纹而使焊缝韧性下降。

（4）马氏体M 马氏体是在Ms点以下温区内发生的切变型相变的产物。在快速冷却条件下，当焊缝金属的含碳量较高或所含合金元素较多时，将会发生由过冷奥氏体向马氏体的转变，从而形成不同形态的条状马氏体 M_D 和片状马氏体 M_T，如图3-19所示。

1）板条马氏体 M_D。板条马氏体是低碳低合金焊缝在连续快冷条件下常出现的组织形态，其特征是在原奥氏体晶粒内部形成具有一定交角的马氏体板条，每个马氏体板条内部是平行生长的束状细条，如图3-19a所示。由于条状马氏体含碳量低，其板条内存在许多位错，因而板条马氏体又称低碳马氏体或位错马氏体。板条马氏体不但具有较高的强度，而且具有良好的韧性，因而是综合性能最好的一种马氏体。

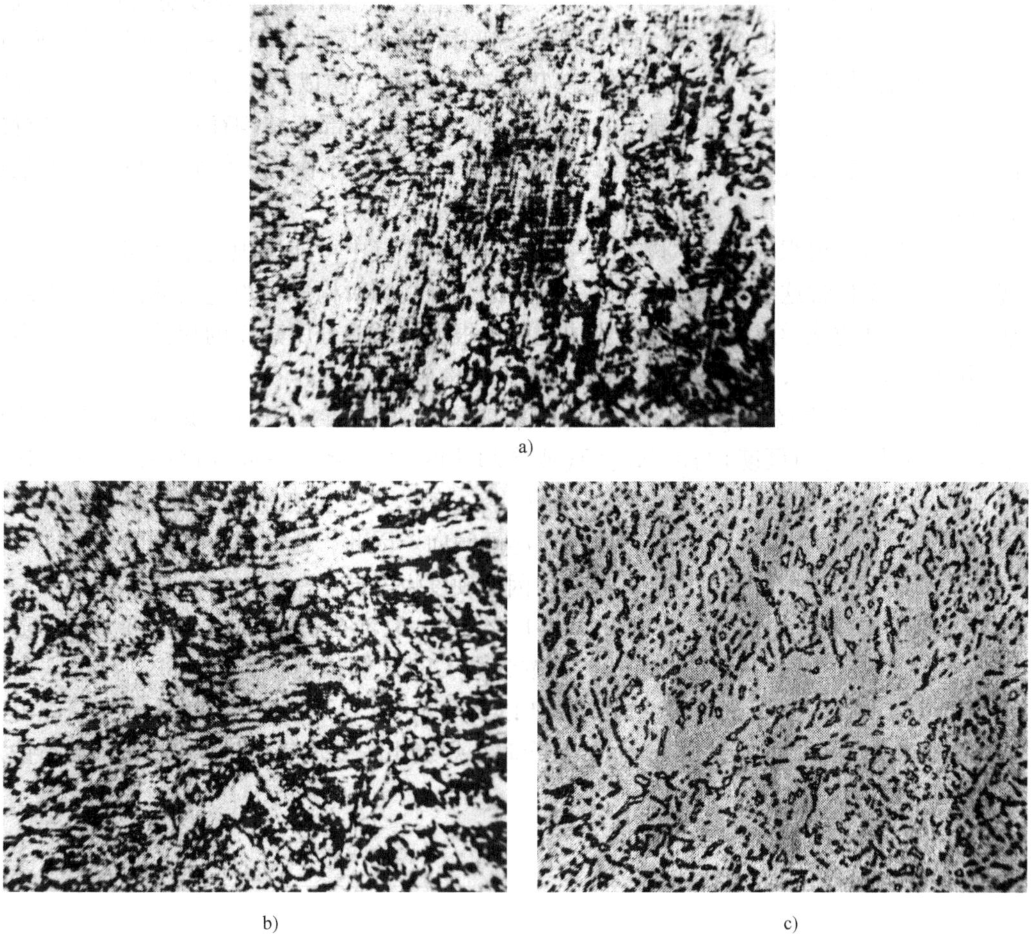

图3-18 含有不同贝氏体的低合金钢焊缝组织

a) B_u b) B_L c) B_G

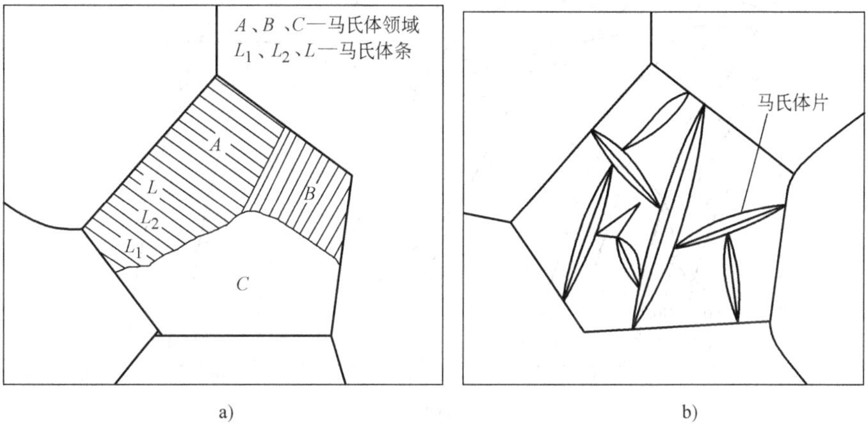

图3-19 马氏体形态示意图

a) M_D b) M_T

2）片状马氏体 M_T。片状马氏体是在焊缝含碳量较高（碳的质量分数超过 0.4%）且在连续快冷条件下形成的组织形态，它与条状马氏体的主要区别在于：马氏体片互不平行，初始形成的马氏体较粗大，往往贯穿原奥氏体整个晶粒，使以后形成的马氏体片受到阻碍，如图 3-19b 所示。由于片状马氏体的含碳量较高，其内部亚结构存在许多细小平行的孪晶带，因而片状马氏体又称高碳马氏体或孪晶马氏体。片状马氏体硬度很高，而且很脆，容易产生冷裂纹，在焊缝中应尽量避免它的形成。

（5）焊缝最终组织的构成　以上介绍了低合金钢焊缝中可能出现的全部组织，但每个焊缝不可能完全包含这些组织，而只是由其中的几种组织所构成。焊缝具体由哪些组织所构成，是由焊缝的化学成分和冷却条件决定的。根据化学成分所建立的焊接连续冷却组织转变图（焊接 CCT 图），可以确定焊缝最终组织的构成。

焊接 CCT 图是焊接条件下连续冷却组织转变图的简称，它给出了一定成分的焊缝或热影响区组织（有时还有硬度）与冷却时间（或冷却速度）的关系。不同的钢种，由于其化学成分不同，其焊接 CCT 曲线的形状是不同的。除了钴之外，所有固溶于奥氏体的合金元素都使 CCT 曲线右移并使 Ms 点降低，即增加淬硬倾向。因此，化学成分不同的钢种，即使在同一冷却速度下，也会形成不同的组织，因而硬度也不同。

如图 3-20 所示，对于成分为 Fe-0.11C-1.44Mn-0.31Si-0.071O 的焊缝金属来讲，随着冷却条件的变化，焊缝组织主要有先共析铁素体 GBF、侧板条铁素体 FSP、针状铁素体 AF、细晶铁素体 FGF、贝氏体 B、马氏体 M 以及珠光体 P。当缓慢冷却时，焊缝组织由先共析铁素体 GBF 和珠光体 P 构成；而当快冷时，焊缝组织变成针状铁素体 AF、细晶铁素体 FGF 和马氏体 M。

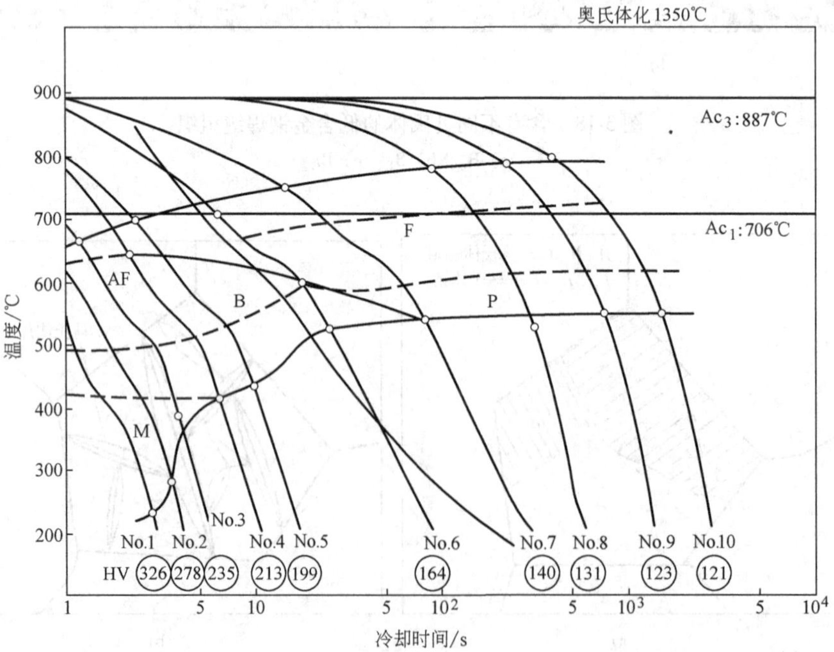

图 3-20　典型低合金钢焊缝的 CCT 图

3.1.4　焊缝组织和性能的控制

焊缝性能控制是焊接质量控制的主要目标，而焊缝性能是由焊缝组织决定的，因此焊缝性能控制的任务必然落在焊缝组织的控制上。在焊接生产中，通过控制焊缝组织，不但要保证焊缝具有足够高的强度，而且还要保证焊缝具有足够高的韧性，亦即使焊缝具有良好的综合力学性能。总的来看，焊缝组织的控制主要通过冶金方面和工艺方面的控制来实现。

1. 冶金方面的控制

冶金方面的控制是指通过向焊缝中添加合金化元素来改善焊缝金属的组织和性能，而这些合金化元素主要包括锰、硅、钛、硼、钼、铌、钒、锆、铝以及稀土等。为突出重点，本节仅介绍其中的几种元素，主要分析它们在改善焊缝组织和韧性方面所起的作用。

（1）锰和硅的作用　锰和硅是焊缝中最常用的合金化元素，它们不仅能脱氧而使焊缝得到强化，还能改变焊缝组织形态而影响焊缝的韧性。当其含量合适时，可使焊缝的韧性得到提高。

对锰-硅系焊缝金属来讲，当焊缝中锰和硅的含量较低时，焊缝组织为粗大的先共析铁素体，其韧性较低；而当焊缝中锰和硅的含量较高时，焊缝组织为侧板条铁素体，其韧性也较低；只有当锰和硅的含量处于适中范围时，才能得到由细晶铁素体和针状铁素体组成的焊缝组织，从而具有较高的韧性。

图3-21给出了锰和硅的含量对$w(C)=0.1\%\sim0.13\%$的低合金钢低强焊缝金属韧性的影响。可以看出，当焊缝中锰和硅的含量适中，即$w(Mn)=0.8\%\sim1.0\%$、$w(Si)=0.1\%\sim0.25\%$及$w(Mn)/w(Si)=3\sim6$时，焊缝具有较好的韧性，在$-20℃$的夏比冲击吸收功能达到100J以上；而当锰和硅的含量超出这个范围时，无论较高还是较低，焊缝的韧性均下降。

但应指出，单纯采用锰和硅来提高焊缝的韧性是有限的，特别是在采用大热输入进行焊接时，难以避免焊缝产生粗大的先共析铁素体和侧板条铁素体，此时必须向焊缝中加入其他晶粒细化元素，以进一步改善焊缝的组织和韧性。

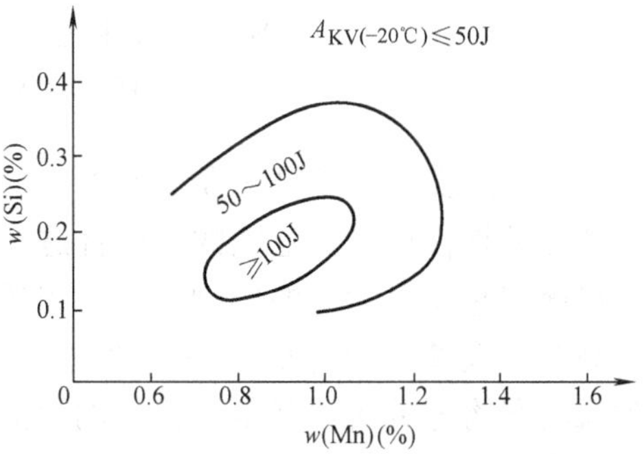

图3-21　锰和硅的含量对低强焊缝金属韧性的影响

（2）钛和硼的作用　在焊缝中加入微量的钛和硼等活性元素，能明显起到细化焊缝组织的作用，从而显著提高焊缝的韧性。这种活性元素对焊缝组织的细化作用不但体现在熔池结晶过程中，而且体现在焊缝相变过程中。

钛能与硼、氮和氧形成TiB_2、TiN和TiO等微小颗粒，在焊接熔池结晶过程中作为非自发形核的质点而细化结晶组织；在结晶后由δ铁素体向γ奥氏体转变过程中，这些微小颗粒作为位于晶粒边界的“钉子”而阻碍奥氏体晶粒的长大；在此转变之后由γ奥氏体向α铁素体转变过程中，这些微小颗粒能促进针状铁素体的大量形核，从而形成细小均匀的针状铁素体。因此，改善了焊缝的韧性。

硼是表面活性元素，而且原子半径很小，在钛的保护作用下得以自由存在，高温下极易向奥氏体晶界扩散。随着硼在奥氏体晶界的聚集，晶界能不断降低，奥氏体的稳定性增强，于是抑制了先共析铁素体和条状铁素体的形核与长大，使奥氏体向铁素体转变的开始温度向低温方向推移，促进了针状铁素体的生成，因而改善了焊缝的韧性。

图3-22给出了钛和硼的含量对成分为Fe-(0.11~0.14)C-(1.2~1.5)Mn-(0.2~0.35)Si-(0.027~0.032)O-(0.0028~0.0055)N的低合金钢焊缝金属韧性的影响。可以看出，当焊缝中钛和硼的含量适中时，即$w(Ti)=0.01\%\sim0.02\%$、$w(B)=0.002\%\sim0.006\%$时，焊缝具有很高的韧性。

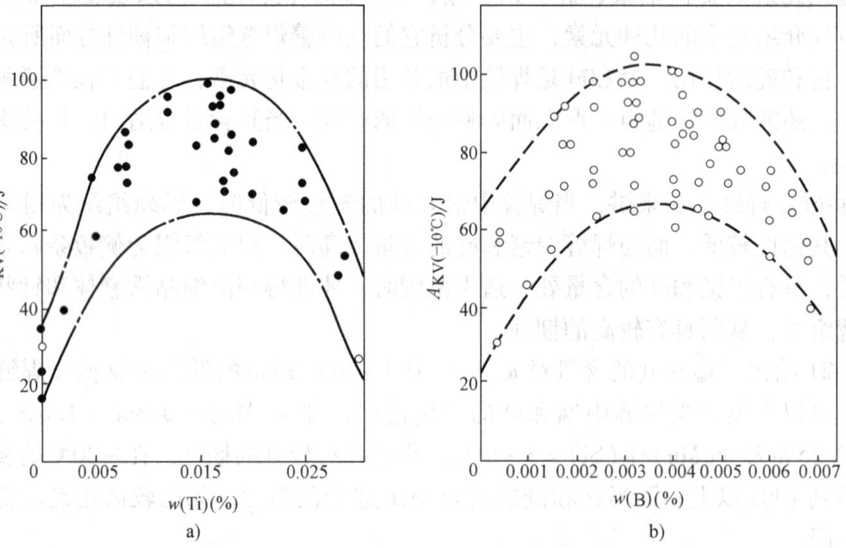

图3-22 钛和硼的含量对焊缝金属韧性的影响

a）钛含量的影响 b）硼含量的影响

因此，为改善焊缝组织和性能加入的钛和硼，其含量是存在最佳范围的，而且这个范围受到焊缝其它元素含量的影响。当钛和硼的含量过高时，会使奥氏体的分解温度过分降低，导致低温产物上贝氏体甚至马氏体的生成，从而使焊缝韧性降低。

（3）钼的作用 在低合金钢焊缝中只要加入少量的钼，就能降低奥氏体的分解温度，抑制先共析铁素体的形成，从而提高焊缝的强度和韧性。但其含量也有一个最佳的范围，只有在这个范围内，其作用效果才最佳。

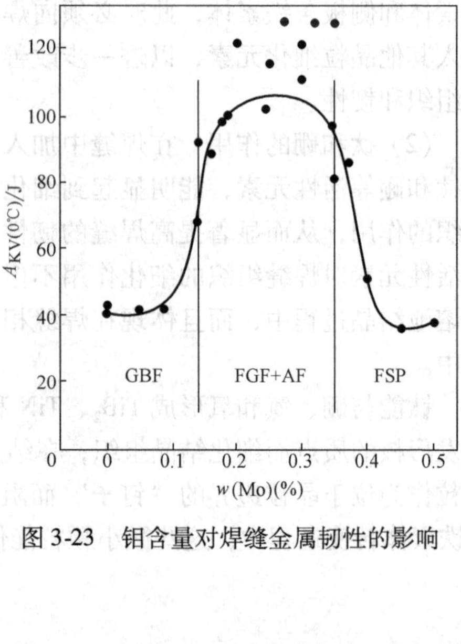

图3-23 钼含量对焊缝金属韧性的影响

如图3-23所示，当焊缝中钼的含量过少时[$w(Mo)<0.2\%$]，奥氏体向铁素体的转变温度

提高，焊缝组织为粗大的先共析铁素体，其韧性较低；而当焊缝中钼的含量过高时[w(Mo)>0.5%]，转变温度过分降低，形成板条状的无碳贝氏体组织，导致韧性降低；只有当钼的含量处于最佳范围，即w(Mo)=0.2%~0.35%时，才能得到细晶铁素体和针状铁素体组织，从而使焊缝具有较高的韧性。

应当指出，在向焊缝加入适量钼的同时，若再加入微量的钛[w(Ti)=0.03%~0.05%]，更能发挥钼的有益作用。此时，可使奥氏体在中等温度分解，缩小整个分解温度区间，得到均一的细晶铁素体组织，显著提高焊缝的韧性。即使热输入大的埋弧焊焊缝，在0℃时的夏比冲击吸收功也能达到100J以上。

(4) 稀土元素的作用　稀土是化学活性极强的元素，能与钢中的合金元素发生相互作用，改善焊缝的组织以及夹杂物的形态和分布，从而提高焊缝的韧性。我国稀土资源丰富，而且在这方面进行了大量研究工作，取得了很好的效果。

如图3-24所示，通过焊条药皮向焊缝中过渡一定量的重稀土元素钇(Y)，能明显提高焊缝的韧性。但钇的加入量存在一个最佳的范围，否则焊缝韧性的改善效果降低，而且这个范围会受到焊条渣系、钇的加入形态以及试验条件等影响。

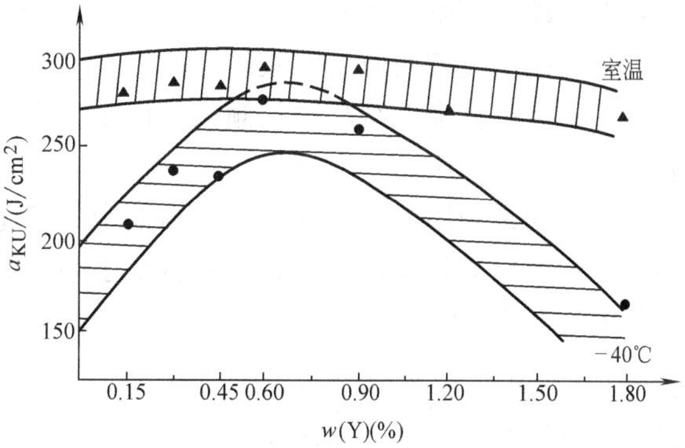

图3-24　药皮中钇的加入量对焊缝韧性的影响

在焊缝中加入的轻稀土元素铈(Ce)，可以富集在硅酸盐夹杂物中而使其球化，并弥散分布，从而促进针状铁素体的形核，抑制先共析铁素体的生成，细化了焊缝组织，提高了焊缝金属的韧性。

向焊缝中过渡微量的元素碲(Te)或硒(Se)，再配合少量的钇或铈，可使钢液表面活化，降低焊缝含氢量，在使夹杂物球化并弥散分布的同时，进一步细化晶粒，改善焊缝组织，提高焊缝金属的韧性。

2. 工艺方面的控制

除了冶金方面的控制之外，工艺方面的控制也是焊接生产中行之有效的控制方法。所谓工艺方面的控制，主要是指通过焊接工艺优化和采取辅助工艺措施来改善焊缝金属的组织和性能。

(1) 焊接工艺优化

1) 工艺参数调整。在焊接结构和材料一定的情况下，工艺参数调整是控制焊缝组织和性能惟一可行的方法。首先，通过调整焊接参数，可以控制焊接热输入，防止半熔化母材晶粒的过分粗化，控制熔池的尺寸及温度梯度，进而控制熔池的结晶形态、晶粒的大小及成长方向，以期获得晶粒细小的结晶组织，提高焊缝的强度和韧性。

其次，通过调整焊接工艺参数，能够控制冷却速度，进而控制焊缝的固态相变过程及其相变组织。对于低合金高强度钢的焊缝来讲，通过控制冷却速度，可以抑制先共析铁素体的形核与长大，增加针状铁素体的含量，同时避免M-A组元及马氏体的形成，达到提高焊缝强韧性的目的。

2）采用多层焊接。在板材厚度和坡口形式一定的条件下，采用小截面焊道的多层焊能显著提高焊缝金属的性能。这是因为，采用多层焊工艺后，由于每层焊缝截面变小而降低了所需的焊接热输入，减小了熔池的过热，改善了结晶条件，细化了晶粒；同时，每个后一层焊缝对前一层焊缝都具有附加的热处理作用，改善了焊缝的相变组织。

（2）振动结晶与锤击处理

1）振动结晶。振动结晶是指采用采用机械振动、超声振动或电磁振动等方法，破坏正在成长的晶粒，增加非自发形核的质点，从而获得细小的结晶组织。

机械振动的频率一般在10kHz以下，振幅小于2mm，可使熔池中正在成长的晶粒遭到破碎，并产生强烈的搅拌作用，促进夹杂物的上浮及成分的均匀化，改善熔池的结晶组织，提高了焊缝的性能。

超声振动的频率在20kHz以上，振幅只有0.1μm左右，但可有足够能量使正在成长的晶粒受到拉压交替的应力而破碎，增加结晶的核心，细化焊缝的晶粒。同时也有消除气孔、减少夹杂以及降低结晶裂纹倾向的作用，而且效果好于机械振动，但由于成本较高而限制了它的工程应用。

电磁振动是利用外加的强磁场使熔池中的液态金属发生强烈的搅拌，使正在成长的晶粒不断受到剪应力作用而破碎，从而打乱了结晶方向，改善了结晶形态，细化了晶粒，其效果如图3-25所示。

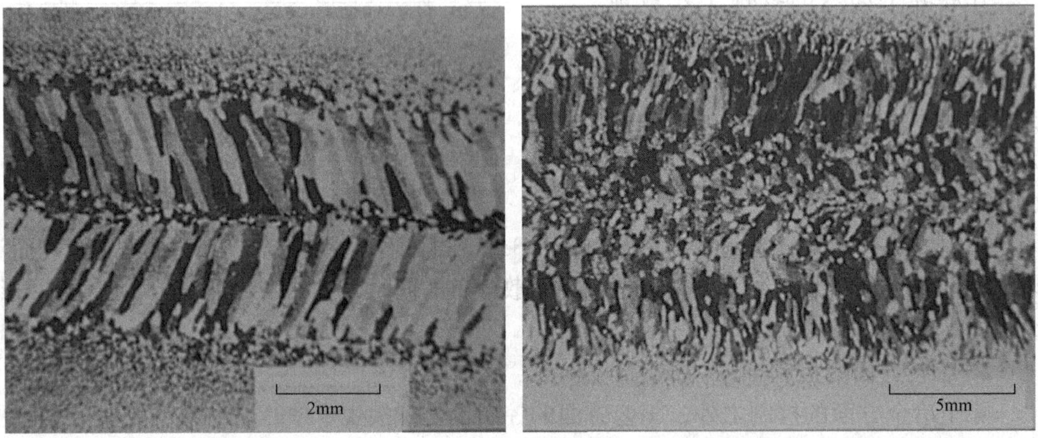

a) b)

图3-25 电磁振动对铁素体不锈钢焊缝组织的影响

a）无电磁振动 b）有电磁振动

2）锤击处理。锤击处理是指通过锤击焊缝表面来改善焊缝的组织和性能。在多层焊中，锤击每一层焊缝（或坡口）表面，都可以使表面晶粒破碎。这在细化本层晶粒的同时，还使其后层焊缝在结晶时发生细化。因此，逐层锤击每层焊缝就能改善整个焊缝的组织和性能。此外，锤击产生的塑性变形还可降低残余应力，从而提高焊缝的韧性及疲劳性能。

（3）焊后热处理

1）跟踪热处理。跟踪热处理是指每焊完一道焊缝后立即用火焰加热焊道表面而进行的热处理，所用的处理温度一般控制在900～1000℃之间。对于多层焊来讲，如果每层焊缝的平均厚度为3mm左右，则每次跟踪热处理可对三层焊缝产生不同的热处理作用。上层焊缝相当于受到了正火处理，中层焊缝则是750℃左右的高温回火，而下层焊缝受到600℃左右的中温回火。因此，通过跟踪热处理，改善了焊缝的组织，提高了整个接头的性能。

2）整体或局部热处理。焊后采用整体或局部热处理，不但可以消除残余应力，而且能改善焊缝和整个接头的组织和性能。因此，对于重要的焊接结构，如珠光体耐热钢电站设备和中碳调质钢飞机起落架等，焊后都采用了回火、正火或调质等整体热处理。对于难于采用整体热处理的大型复杂焊接结构，如电站锅炉的过热器等，焊后可以采用局部热处理来改善焊缝的性能。

3.2　焊接热影响区

焊接热影响区是焊接接头的重要组成部分，是焊缝两侧未经过熔化但组织和性能发生变化的区域。由于焊接热影响区不同部位所受热作用的不一致性，造成其内部组织和性能的分布极不均匀，以致可能使其成为焊接接头的最薄弱环节。因此，研究热影响区在焊接热循环作用下组织和性能的变化规律，对于解决焊接问题、提高焊接质量具有十分重要的意义。由于学时和篇幅所限，本节主要以具有代表性的低合金高强度钢的焊接接头为例进行分析，重点论述在快速加热和冷却条件下组织转变的特点、热影响区组织和性能的变化，以便为制定合理的焊接工艺奠定基础。

3.2.1　焊接热影响区的组织转变特点

由于焊接热影响区受热的瞬时性，即升温速度快、高温停留时间短及冷却速度快，使得与扩散有关的过程都难于进行，从而影响到组织转变的过程及其进行的程度，由此出现了与等温过程和热处理过程的组织转变明显不同的特点。

1. 焊接加热过程的组织转变特点

（1）组织转变向高温推移　由于焊接加热速度快，导致钢铁材料的相变温度 Ac_1 和 Ac_3 升高。这就是说，焊接加热过程中的组织转变不同于平衡状态的组织转变，转变过程已向高温推移。

由表3-3可以看出，加热速度越快，Ac_1 和 Ac_3 越高，二者之差也越大。当钢中含有较多的碳化物形成元素时，Ac_1 和 Ac_3 升高得更显著。

焊接加热过程中组织转变向高温推移是由奥氏体化过程的性质决定的。由铁素体或珠光体向奥氏体转变的过程是扩散重结晶过程，需要有孕育期。在快速加热的条件下，来不及完成扩散过程所需的孕育期，势必造成相变温度提高。当钢中含有碳化物形成元素时，由于它们的扩散速度慢，而且本身还阻止碳的扩散，因而明显减慢了奥氏体化的进程，促使转变温度升得更高。

（2）奥氏体均质化程度降低、部分晶粒严重长大　奥氏体均质化过程也是扩散过程，由于焊接加热速度快，高温停留时间短，不利于扩散过程的进行，因而使奥氏体均质化程度降低。同时，熔合线附近的热影响区峰值温度很高（T_m = 1300 ~ 1350℃），接近于焊缝金属的熔点，因而造成晶粒过热而严重长大。

表 3-3 加热速度 v_H 对相变温度 Ac_1 和 Ac_3 的影响

钢材牌号	相变温度/℃	加热速度 v_H/(℃/s)				
		平衡状态	6 ~ 8	40 ~ 50	250 ~ 300	1400 ~ 1700
45 钢	Ac_1	730	770	775	790	840
	Ac_3	770	820	835	860	950
	$Ac_3 - Ac_1$	40	50	60	70	110
40Cr	Ac_1	740	735	750	770	840
	Ac_3	780	775	800	850	940
	$Ac_3 - Ac_1$	40	40	50	80	100
23Mn	Ac_1	735	750	770	785	830
	Ac_3	830	810	850	890	940
	$Ac_3 - Ac_1$	95	60	80	105	110
30CrMnSi	Ac_1	740	740	775	825	920
	Ac_3	820	790	835	890	980
	$Ac_3 - Ac_1$	80	50	60	65	60
18Cr2WV	Ac_1	710	800	860	930	1000
	Ac_3	810	860	930	1020	1120
	$Ac_3 - Ac_1$	100	60	70	90	120

2. 焊接冷却过程的组织转变特点

（1）组织转变向低温推移、可形成非平衡组织　在奥氏体均质化程度相同的情况下，随着焊接冷却速度的加快，钢铁材料的相变温度 Ac_1、Ac_3 以及 A_{cm} 均降低。这就是说，焊接冷却过程中的组织转变也不同于平衡状态的组织转变，转变过程已向低温推移。同时，在快冷的条件下，共析成分也发生变化，甚至得到非平衡状态的伪共析组织。

这种组织转变特点也是因为奥氏体向铁素体或珠光体的转变是由扩散过程控制的结果。但应指出，由于奥氏体均质化程度受到焊接加热过程的影响，因而加热过程也会对冷却过程的组织转变产生影响，对此必须给予充分注意。否则，在分析具体问题时，可能得出不当的结论。

（2）马氏体转变临界冷速发生变化　在焊接热循环的作用下，熔合线附近的晶粒因过热而粗化，增加了奥氏体的稳定性，使淬硬倾向增大；另一方面，钢中的碳化物由于加热速度快、高温停留时间短而不能充分溶解在奥氏体中，降低了奥氏体的稳定性，使淬硬倾向降低。正是由于这两方面的共同作用，使冷却过程中马氏体转变临界冷速发生变化，亦即使焊接连续冷却组织转变图（焊接 CCT 图）上 Ms 点附近的曲线右移或左移。

3. 热影响区组织的确定方法

由上述分析可知，由于焊接加热的高温性、瞬时性以及冷却的快速性，使焊接条件下的组织转变不仅与等温转变不同，而且与热处理条件下的连续冷却转变也不同。因此，必须采用焊接 CCT 图来分析和确定焊接热影响区的组织和性能。

由于焊接热循环参数不同会导致奥氏体均质化程度以及晶粒粗化程度的不同，因而焊接 CCT 曲线的形状也会发生变化。一般来讲，热循环的峰值温度提高，奥氏体晶粒粗化，晶界总面积减小，形核机会减少，奥氏体的稳定性增强，因而淬硬倾向增大，CCT 曲线右移，如图 3-26a 所示；加热速度越快，高温停留时间越短，碳化物在奥氏体中的溶解越不充分，奥氏体的稳定性越弱，因而淬硬倾向降低，CCT 曲线左移，如图 3-26b 所示。因此，在分析焊接热影响区的组织和性能时，应尽量选择与实际情况相近的 CCT 图。

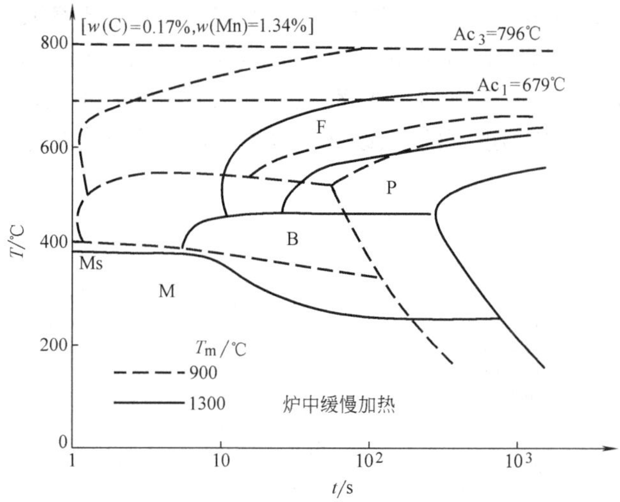

a)

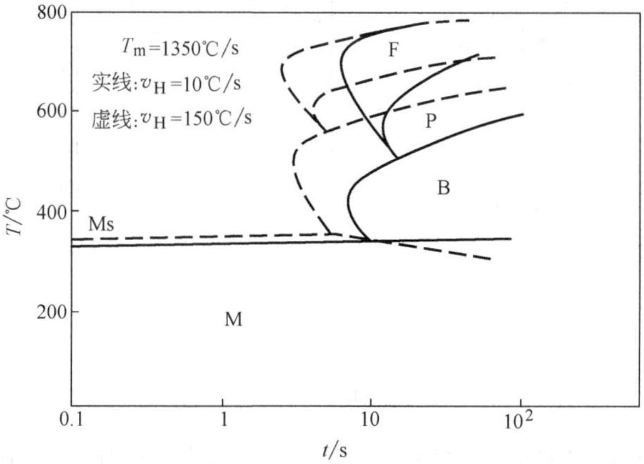

b)

图 3-26　热循环参数对 CCT 曲线的影响

a）T_m 的影响　b）v_H 的影响

焊接 CCT 图描述的是组织随冷却时间的变化，而冷却时间是由焊接工艺参数（如焊接热输入及预热温度等）决定的。因此，在应用焊接 CCT 图时，需要通过冷却时间这个媒介，建立起组织与焊接工艺参数的联系，从而进行组织预测或制定焊接工艺。具体应用包括两个方面：一是预测给定工艺条件下接头的组织和性能；二是根据接头组织和性能的要求制定相应的焊接工艺。此外，也可判定钢种的淬硬倾向及产生冷裂纹的可能性。

一般来讲，对组织起主要作用的冷却时间是从某一特定温度冷却到另一特定温度所经历的时间。对于低合金钢来讲，这个特定的冷却时间往往选定相变温度范围内的冷却时间，亦即从800℃冷却到500℃所经历的时间 $t_{8/5}$。采用解析或作图方法可以确定 $t_{8/5}$ 与焊接参数的关系，其中作图法简便易行。

图 3-27 给出了焊条电弧焊时 $t_{8/5}$ 与焊接工艺参数关系的线算图，据此可以确定给定焊接工艺参数下的 $t_{8/5}$，也可以按照 $t_{8/5}$ 的要求确定所需焊接工艺参数。例如，在板厚 $\delta=10\text{mm}$、焊接热输入 $E=18000\text{J/cm}$ 和预热温度 $T_0=200℃$ 时，确定 $t_{8/5}$ 的步骤是：根据 $\delta=10\text{mm}$ 和 $E=18000\text{J/cm}$ 连接直线（1）与室温下的 $t_{8/5}$ 线交于 A 点，再根据 A 点和 $T_0=200℃$ 连接直线（2）与预热温度下的 $t_{8/5}$ 线交于 B 点，B 点的数值就是所求的 $t_{8/5}$，即 $t_{8/5}=36\text{s}$。

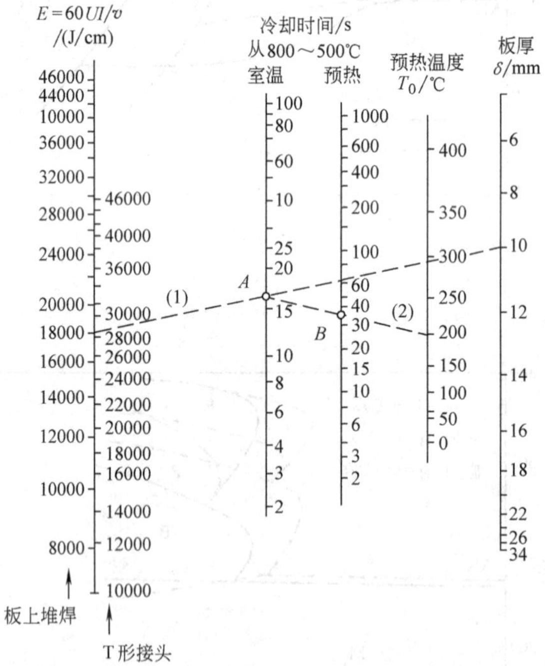

图 3-27 焊条电弧焊的 $t_{8/5}$ 线算图

图 3-28 给出了 Q345(16Mn)钢的 CCT 图及 $t_{8/5}$ 对组织和硬度的影响，据此可以确定给定 $t_{8/5}$ 时热影响区的组织及硬度，也可以按照热影响区组织及硬度的要求确定所需的 $t_{8/5}$。例如，根据上例，若 $t_{8/5}=36\text{s}$，可以确定热影响区的组织组成约为 10%F+5%P+85%B，HV_5 硬度值为 240。

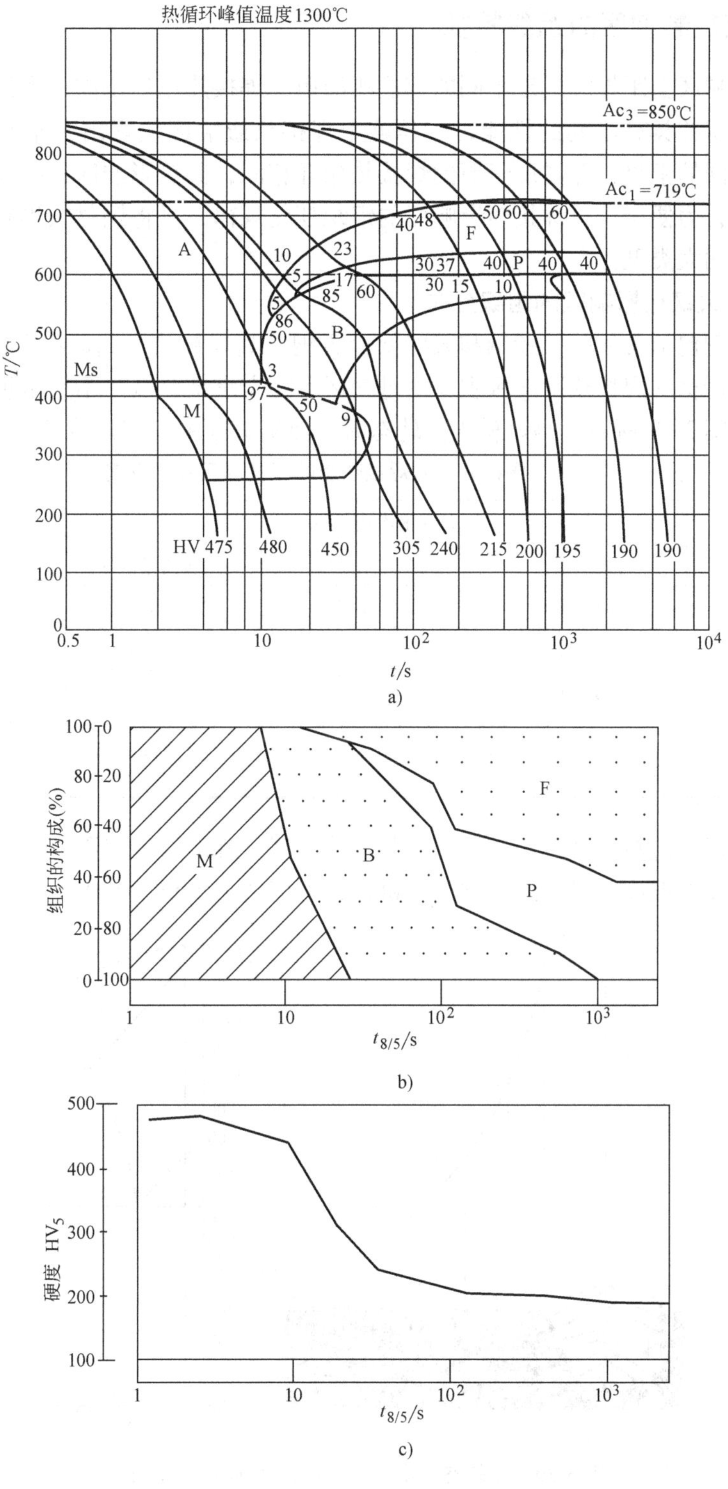

图 3-28　Q345(16Mn)钢的 CCT 图及 $t_{8/5}$ 对组织和硬度的影响

a) CCT 图　b) $t_{8/5}$ 对组织的影响　c) $t_{8/5}$ 对硬度的影响

3.2.2 焊接热影响区的组织特征

焊接热影响区上距焊缝远近不同的部位所经历的焊接热循环不同，因而不同部位就会产生不同的组织并具有不同的性能，于是整个焊接热影响区呈现出分布不均的组织和性能。同时，不同的钢材，即使所经历的焊接热循环相同，其热影响区组织和性能的分布也会不同。因此，为便于分析焊接热影响区的组织变化规律，可将钢材按淬硬倾向分为不易淬火和易淬火两大类型。

1. 不易淬火钢热影响区的组织分布

不易淬火钢包括常用的低碳钢和某些低合金钢，其焊接热影响区各区的尺寸如表3-4所示。冷轧态母材的焊接热影响区主要由过热区、完全重结晶区、不完全重结晶区及再结晶区组成，如图3-29所示。当母材为热轧态时，热影响区中没有再结晶区。

表3-4 焊接方法对焊接热影响区各区尺寸的影响

焊接方法	各区平均宽度/mm			热影响区总宽/mm
	过热区	完全重结晶区	不完全重结晶区	
焊条电弧焊	2.2~3.0	1.5~2.5	2.2~3.0	6.0~8.5
埋弧自动焊	0.8~1.2	0.8~1.7	0.7~1.0	2.3~4.0
电渣焊	18~20	5~7	2~3	25~30
氧乙炔焊	21	4	2	27
电子束焊	—	—	—	0.05~0.75

（1）过热区　过热区又称粗晶区，其紧邻熔合区，峰值温度范围从晶粒急剧长大的温度一直到固相线的温度。对普通低碳钢来讲，该温区约为1100~1490℃。由于加热温度很

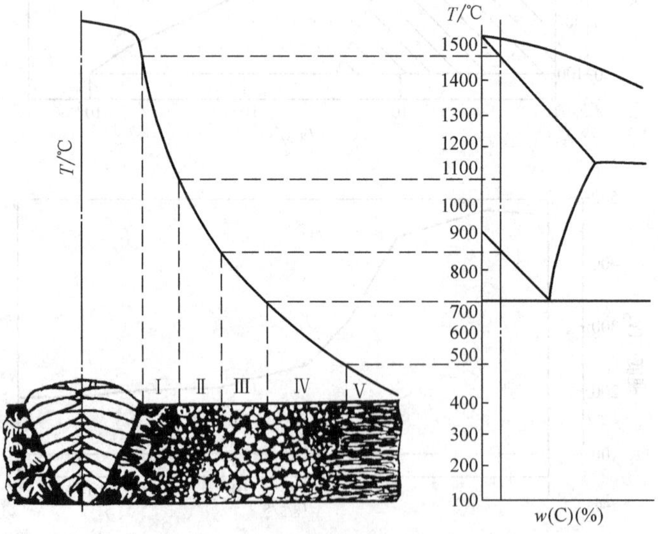

图3-29 冷轧态不易淬火钢焊接热影响区的组织分布及其温度区间

Ⅰ—过热区 Ⅱ—完全重结晶区 Ⅲ—不完全重结晶区

Ⅳ—再结晶区 Ⅴ—母材

高，金属处于过热状态，特别是在固相线附近，一些难溶的碳化物和氮化物质点也都溶入奥氏体，因此奥氏体晶粒发生严重长大，冷却后主要得到粗大的铁素体和珠光体，甚至在热输入大或高温停留时间长时出现魏氏组织。因此，该区的组织特征是晶粒粗大的铁素体和珠光体，甚至形成魏氏组织，如图3-30a所示。

过热区的组织特征决定了该区脆性大，韧性低，甚至产生裂纹，因而成为焊接接头的薄弱环节。但应指出，过热区的组织及过热区的大小与焊接方法和焊接热输入密切相关。一般来讲，气焊和电渣焊时晶粒粗大、过热区较宽，焊条电弧焊和埋弧焊时晶粒粗大并不严重、过热区较窄，而激光束和电子束焊时几乎没有过热区，参见表3-4。

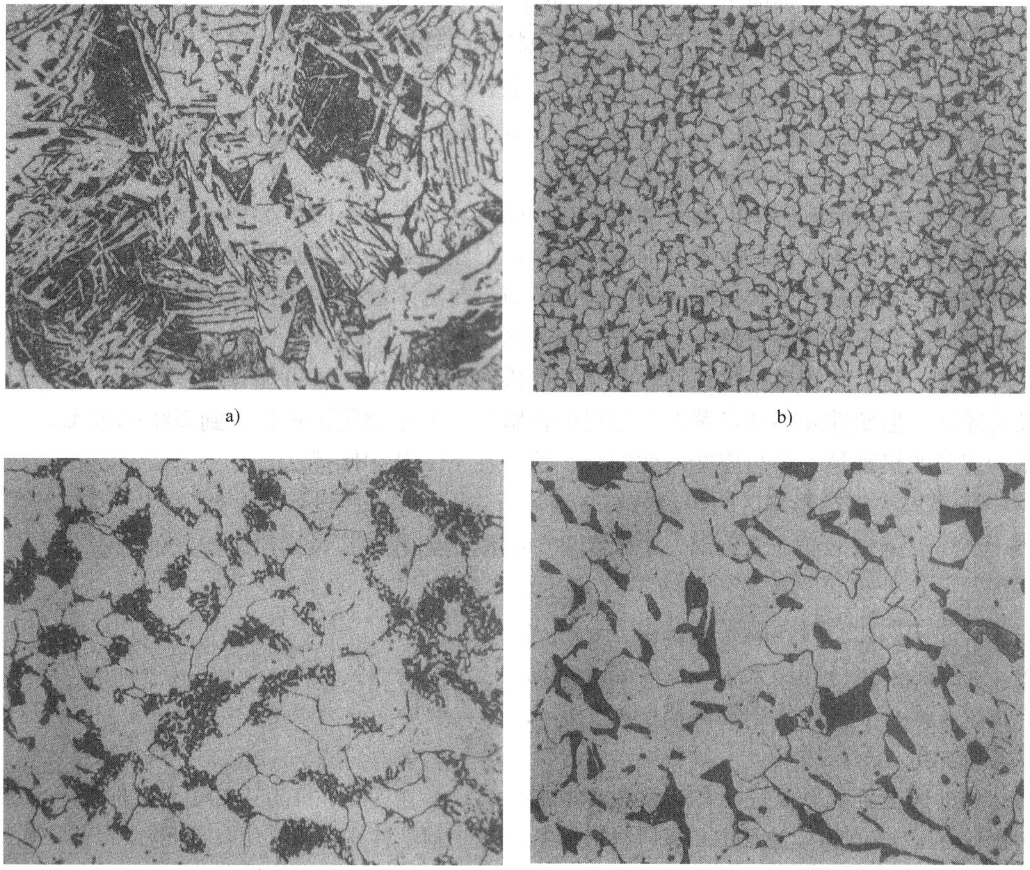

a)　b)　c)　d)

图3-30　Q235A钢焊接热影响区及母材的组织特征

a）过热区　b）完全重结晶区　c）不完全重结晶区　d）母材

（2）完全重结晶区　完全重结晶区又称正火区或细晶区，其峰值温度范围从Ac_3一直到晶粒急剧长大的温度。对普通低碳钢来讲，该温区约为900～1100℃。该区金属在加热过程中全部经历了由铁素体和珠光体到奥氏体的相变重结晶，而冷却过程又经历了由奥氏体到铁素体和珠光体的相变重结晶。正是这两次相变重结晶的作用，使晶粒得到了显著的细化，而且大小均匀。因此，该区的组织特征是晶粒细小而均匀的铁素体和珠光体，如图3-30b所示。

这种组织相当于热处理时的正火组织，由于其晶粒细小、均匀，因而完全重结晶区的塑性和韧性都比较好，具有较高的力学性能，甚至优于母材本身。

(3) 不完全重结晶区　不完全重结晶区又称部分相变区或不完全正火区，其峰值温度介于 $Ac_1 \sim Ac_3$ 之间。对普通低碳钢来讲，该温区约为 750 ~ 900℃。该区金属只有一部分经历了两次相变重结晶，从而形成细小的铁素体和珠光体；而另一部分为始终未能发生重结晶的原始铁素体，其晶粒较为粗大。因此，该区的组织特征是晶粒大小不一的铁素体和细小的珠光体，而且分布不均，如图 3-30c 所示。

由于不完全重结晶区的晶粒大小不一、分布不均，使得该区的力学性能也不均匀，其冲击韧度低于完全重结晶区。

(4) 再结晶区　焊前经过冷作硬化的钢板，在峰值温度介于 500℃ ~ Ac_1 之间的热影响区中会出现一个明显的再结晶区，其组织特征为等轴晶粒。再结晶不同于重结晶，其发生温度低于重结晶的相变温度。重结晶时，晶粒的晶体结构要发生变化，即从一种晶体结构转变为另一种晶体结构；而再结晶时，没有晶粒内部晶体结构的变化，只有晶粒外形发生变化，由冷作变形后拉长的晶粒变为再结晶后的等轴晶粒。

低碳钢再结晶区的组织为等轴的铁素体晶粒，它明显不同于母材冷作变形后的拉长晶粒，因而再结晶区的强度和硬度都低于母材，但塑性和韧性都得到改善。因此，再结晶区在整个接头中也是一个软化的区域。如果焊前母材为未经过冷作变形的热轧态或退火态的钢板，那么在热影响区中就不会出现再结晶区。

此外，在低碳钢或碳锰系低合金钢的焊接热影响区内，还可能存在一个组织上与母材没有差别，但塑性和韧性显著低于母材的蓝脆区，其温度范围可扩大到 200 ~ 750℃。一般认为蓝脆的机理是一种热应变时效脆化，这将在下一节中阐述。

2. 易淬火钢热影响区的组织分布

易淬火钢包括低碳调质钢、中碳钢和中碳调质钢等，其焊接热影响区的组织分布与母材焊前的热处理状态有关，如图 3-31 所示。当母材为调质状态时，热影响区由完全淬火区、不完全淬火区和回火区组成；当母材为退火或正火状态时，热影响区只由完全淬火区和不完全淬火区组成。

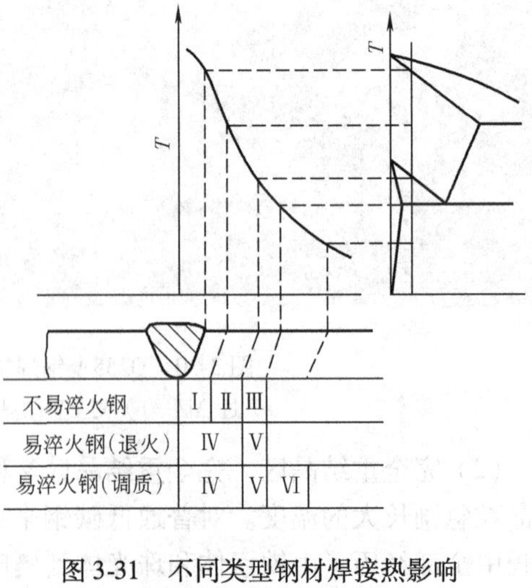

图 3-31　不同类型钢材焊接热影响区的组织分布

Ⅰ—过热区　Ⅱ—完全重结晶区　Ⅲ—不完全重结晶区　Ⅳ—完全淬火区　Ⅴ—不完全淬火区　Ⅵ—回火区

(1) 完全淬火区　完全淬火区是指焊接热影响区中峰值温度达到 Ac_3 以上的区域，它包括了相当于不易淬火钢的过热区和正火区两部分。由于该区内所有金属在加热过程中都经历了奥氏体化，因而在焊接快冷后将形成淬火组织。其中，相当于过热区的部分，由于晶粒严重长大以及奥氏体均质化程度高而增大了淬火倾向，易于形成粗大的马氏体，如图 3-32a 所示；而相当于正火区的部分，由于淬火倾向降低而能形成细小的马氏体，如图 3-32b 所示。此外，由于热输入和冷却速度的不同，还可能得到少量的贝氏体。因此，完全淬火区的组织特征是粗细不同的马氏体与少量贝氏体的混合组织，它们同属于马氏体类型。

在完全淬火区内，过热区部分的粗大马氏体组织决定了该区具有较高的硬度、较低的塑性和韧性，并使该区成为易淬火钢焊接接头中性能较差、易于出现焊接缺陷的一个薄弱环节。因此，在分析焊接热影响区淬硬倾向和脆化倾向时，通常都以过热区部分为具体的研究对象。

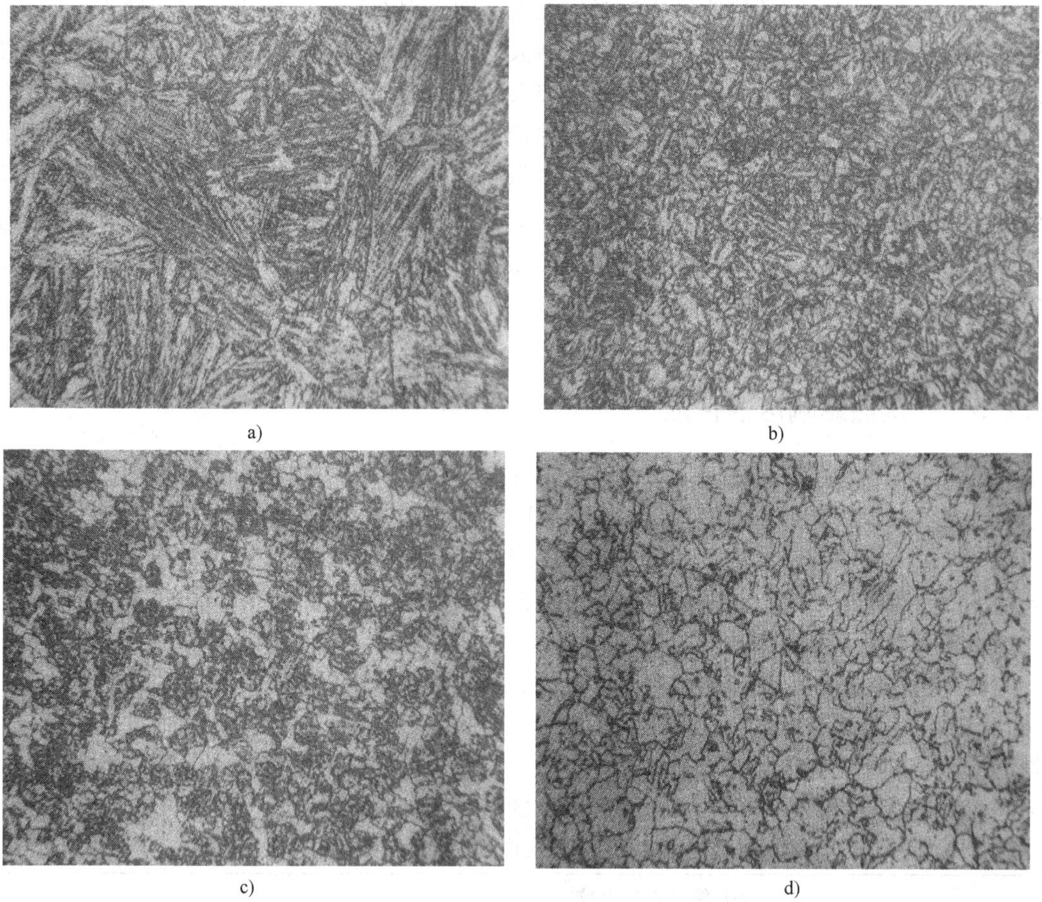

a)　b)

c)　d)

图 3-32　12Cr2MoWVTiB 钢焊接热影响区及母材的组织特征

a) 过热区(粗大马氏体)　b) 正火区(细小马氏体 + 少量粒状贝氏体)

c) 不完全淬火区(铁素体 + 马氏体 + 粒状贝氏体 + 少量铁素体-碳化物)

d) 母材(铁素体-碳化物)

(2) 不完全淬火区　不完全淬火区是指焊接热影响区中峰值温度处于 $Ac_1 \sim Ac_3$ 之间的区域，它相当于不易淬火钢的不完全重结晶区。在焊接加热时，铁素体基本不发生变化，只有珠光体及贝氏体等转变为含碳量较高的奥氏体。在随后的快冷过程中，奥氏体转变为马氏体，而铁素体形态基本不变，但有所长大；当冷却速度较慢时，也可能形成铁素体与碳化物构成的中间体。因此，该区的组织特征是马氏体、铁素体以及中间体构成的混合组织，如图 3-32c 所示。

在这种混合组织中，由于马氏体是由含碳量较高的奥氏体转变而来，因而它属于高碳马氏体，具有又脆又硬的性质。因此，不完全淬火区的脆性也较大，韧性也较低，仅次于完全淬火区中的过热区。

(3) 回火区 焊前处于调质状态的母材，热影响区中除了具有以上两个特征区外，还明显存在一个回火区，其峰值温度低于 Ac_1 但高于原来调质处理的回火温度。回火区内组织和性能的变化程度取决于焊前调质状态的回火温度，该回火温度越低，热影响区中的回火区越大，组织和性能变化越大。

由于回火区中不同部位所经历的峰值温度不同，因而它们的回火软化程度也不同。随着峰值温度的提高，回火软化程度提高，回火区内峰值温度接近于 Ac_1 的部位软化程度最大，其强度最低，从而成为易淬火钢焊接接头的又一薄弱环节。

综上所述，在焊接热循环的作用下，焊接热影响区具有不均匀的组织分布，其组织特征随钢材种类及焊接工艺而变化。但由于实际问题的复杂性，热影响区可能出现特殊的组织转变特征，这就要根据母材和具体情况进行具体分析。否则，可能会得出不当的结论。例如，淬火倾向小的低碳钢，在焊接快速加热和冷却条件下也会形成又脆又硬的高碳马氏体；而淬火倾向大的高碳钢，经低温短时奥氏体化后淬火，可形成塑性和韧性良好的板条马氏体。

3.2.3 焊接热影响区的性能

由前述可知，在焊接热循环的作用下，焊接热影响区的组织分布是不均匀的，因而其性能的分布也必然是不均匀的。特别是热影响区的某些部位，由于组织和性能的变化而成为整个焊接接头的薄弱部位。本节主要论述焊接热影响区的性能分布以及脆化问题，并从焊接工艺的角度探讨其控制方法及途径，以便提高焊接质量。

1. 焊接热影响区的性能分布

(1) 硬度的分布 焊接热影响区的硬度实质是焊接影响区微观组织的反映，是评价钢种淬硬倾向的重要指标。由于热影响区上微观组织的分布是不均匀的，因而硬度的分布也是不均匀的。即使是热影响区上的同一部位，也会因被焊母材的种类以及采用的焊接工艺不同而得到不同的微观组织，从而引起硬度的变化，如表 3-5 所示。

表 3-5 低合金钢焊接热影响区中过热区微观组织对硬度的影响

微观组织的体积分数(%)				硬度 HV
铁素体	珠光体	贝氏体	马氏体	
10	7	83	0	212
1	0	70	29	298
0	0	19	81	384
0	0	0	100	393

1) 最高硬度。图 3-33 给出了易淬火和不易淬火两类钢种焊接热影响区的硬度分布情况。由图可见，无论是易淬火钢，还是不易淬火钢，其焊接热影响区的硬度分布都是不均匀的，而且在熔合线附近的过热区中出现了比母材还高的最高硬度 H_{max}，这正是前面所述的过热区发生淬硬及晶粒严重粗化造成的结果。最高硬度 H_{max} 的出现，必然造成热影响区脆性及冷裂敏感性的增大，因此常用热影响区的最高硬度 H_{max} 来间接判断热影响区的性

能，甚至一些国家还制定了参考标准，规定了不同强度级别的低合金高强度钢所允许的最高硬度 H_{max}，如表 3-6 所示。

热影响区最高硬度 H_{max} 与钢种的化学成分和冷却条件有关。因此，可将 H_{max} 写成碳当量 C_{eq} 和冷却时间 $t_{8/5}$ 的函数，即

$$H_{max}=f(C_{eq},t_{8/5}) \quad (3\text{-}3)$$

碳当量 C_{eq} 是将钢中包含碳在内的所有合金元素按其对淬硬倾向的影响程度，人为折算成相当于碳的影响而得到的一个量值，即

$$C_{eq}=\sum_{i=1}^{n} c_i w_i \quad (3\text{-}4)$$

其中，w_i 和 c_i 分别是某合金元素的质量分数和碳当量系数。由于各个国家采用的合金体系以及试验方法不同，因此给出了不同系列的碳当量系数 c_i，使用时应根据具体情况加以合理选择。

一般来讲，碳当量 C_{eq} 越大，冷却时间 $t_{8/5}$ 越短，最高硬度 H_{max} 越大，热影响区的淬硬倾向（如脆化、冷裂等）越大。因此，在被焊母材成分一定的情况下，只能通过增加冷却时间 $t_{8/5}$ 来降低最高硬度 H_{max} 的数值，从而达到减小淬硬倾向的目的。而增加冷却时间 $t_{8/5}$ 需要通过调整焊接工艺参数来实现，如加强预热和缓冷，但同时要降低焊接热输入，以减小晶粒的粗化倾向。

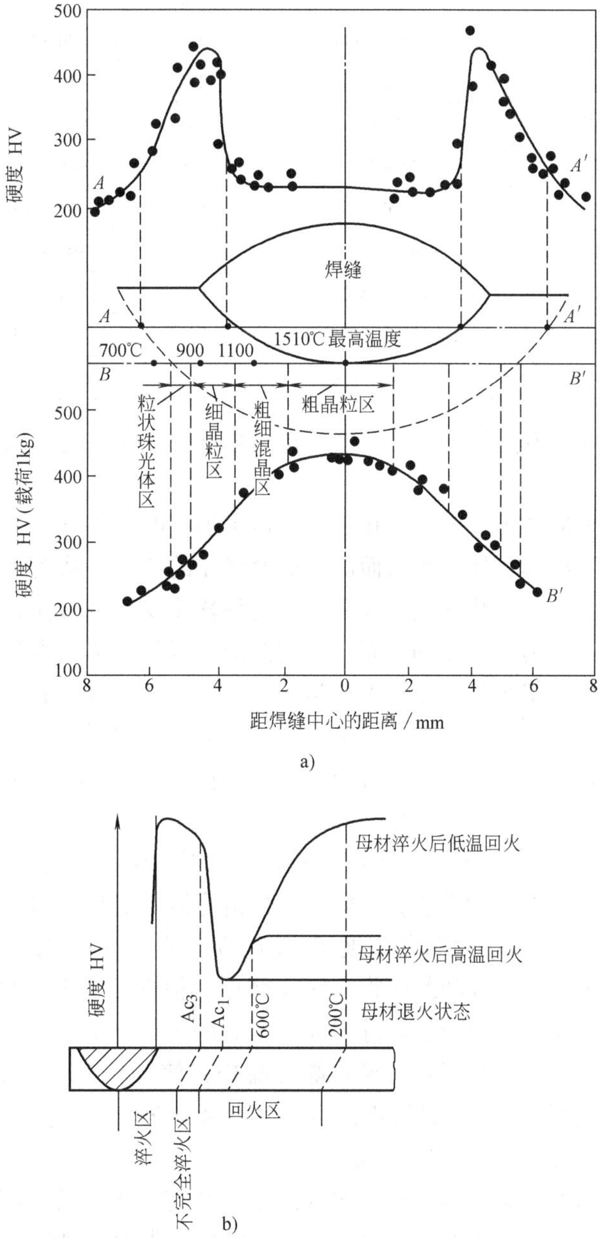

图 3-33　不同钢种焊接热影响区的硬度分布

a) 不易淬火的 20Mn 钢　b) 易淬火的调质钢

2）最低硬度。由图 3-33 还可以看出，对于不易淬火的 20Mn 钢来讲，随着距熔合线距离的增加，热影响区的硬度单调降低，直至达到母材的水平。然而，对于易淬火的调质钢来讲，在峰值温度为 Ac_1 附近的热影响区上存在一个硬度最低的部位，而且母材焊前调质处理的回火温度越低，热影响区最低硬度与母材本身硬度的差异越大。这就是说，焊接

表 3-6 不同强度级别的钢种所允许的最高硬度 H_{max}

日本钢种	相当于国产钢种	强度/MPa		最高硬度 H_{max} HV		
		σ_b	σ_s	调质	非调质	正火
HW36	Q345(16Mn)	353	520~637	—	390	—
HW40	Q390(15MnV)	392	559~676	—	400	—
HW45	Q420(15MnVN)	441	588~706	—	410	380
HW50	14MnMoV	490	608~725	—	420	390
HW56	18MnMoNb	549	668~804	—	—	420
HW63	12Ni3CrMoV	617	706~843	435	—	—
HW70	14MnMoNbB	686	784~931	450	—	—
HW80	14Ni2CrMoMnVCuB	784	862~1030	470	—	—
HW90	14Ni2CrMoMnVCuN	882	961~1127	480	—	—

热影响区发生了软化，造成了接头强度的损失，而且软化程度随着母材焊前强化程度的增大而增大。

但应指出，由于软化区只是接头很窄的一部分，并处在相邻的强体之间，承载变形时会受到相邻强体的约束而产生应变强化的效果，从而在一定程度上补偿了接头强度的部分损失。此外，从理论角度来看，这种软化现象也可在焊后采取重新调质的方法加以消除。

（2）力学性能的分布　焊接热影响区最基本的力学性能就是强度和塑性，由于热影响区上微观组织的分布是不均匀的，因而强度和塑性的分布也是不均匀的，甚至在某些部位出现远低于被焊母材的情况，从而使焊接热影响区成为整个接头的一个薄弱环节。因此，如何保证热影响区的综合力学性能，在提高强度的同时，也能获得良好的塑性，这一直是焊接工作者追求的目标。

1）不易淬火钢热影响区的力学性能。图 3-34 给出了不易淬火的 Q345(16Mn) 钢焊接热影响区的力学性能，由此可以分析峰值温度和冷却速度对力学性能的影响规律。由图 3-34a 可以看出，当峰值温度 T_m 超过 Ac_1 时，随 T_m 的提高，抗拉强度 σ_b 和屈服强度 σ_s 提高，而伸长率 δ 和断面收缩率 ψ 降低，但在不完全重结晶的部位，由于晶粒的大小不均，σ_s 反而最低；当 T_m 达到 1300℃左右的过热区时，σ_b 和 σ_s 达到最高；当 T_m 超过 1300℃后，由于晶粒过于粗大导致晶界疏松，使 σ_b 和 σ_s 开始降低，同时 δ 和 ψ 继续降低。同时，由图 3-34b 可以看出，冷却速度对力学性能也有明显的影响，随冷却速度的增加，σ_b 和 σ_s 提高，而 δ 和 ψ 降低。

这些结果说明，热影响区的力学性能不但分布不均，而且强度和塑性的变化方向相反。因此，从工艺角度出发，应采取能量集中的热源，并降低焊接热输入，必要时还可采取适当的预热措施，这样既能减小热影响区的宽度以及晶粒的粗化程度，也能降低冷却速度的影响，从而达到提高综合力学性能的目的。

2）易淬火钢热影响区的力学性能。图 3-35 给出了易淬火的 30CrMnSiA 钢焊接热影响区的强度分布。由图可以看出，焊接热影响区中抗拉强度 σ_b 的变化范围很大，特别是在峰值温度接近于 Ac_1 的回火区内，达到了最低的数值，亦即发生了明显的软化现象，这与前面对硬度的分析结果相一致。特别是随着钢材强度级别的提高，回火软化问题变得越来

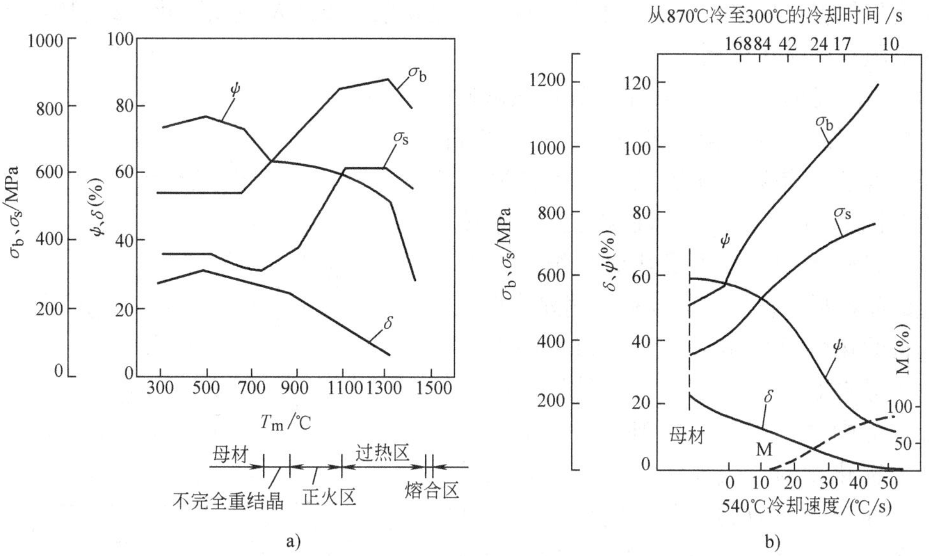

图 3-34　Q345(16Mn)钢焊接热影响区的力学性能
a) 各区力学性能的分布　b) 冷却速度对过热区性能的影响

越突出，应该给予足够重视。

实际上，除了母材的化学成分之外，焊接方法和焊接工艺参数对易淬火钢热影响区的软化程度及软化区宽度也有一定的影响。焊接热源的能量密度越小，焊接热输入越大，软化区的宽度越大，软化的程度也越大。因此，为降低焊接热影响区的软化程度，应采用能量密度高的焊接方法，同时尽量降低焊接热输入。

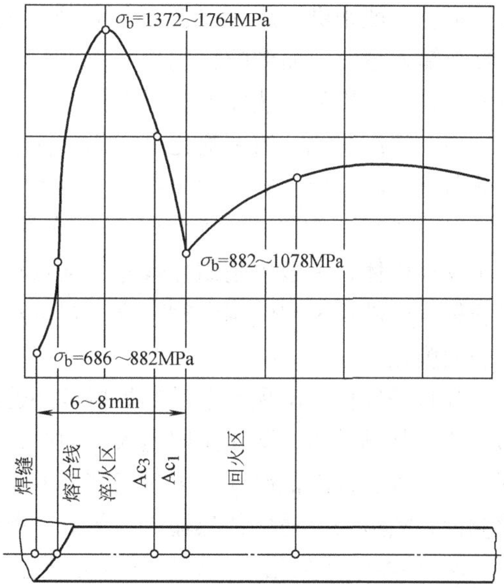

图 3-35　30CrMnSiA 钢焊接热影响区的强度分布

2. 焊接热影响区的脆化

焊接热影响区的脆化是指脆性升高或韧性降低的现象。脆性和韧性是衡量材料在冲击载荷作用下抵抗破断的能力，是材料强度和塑性的综合体现。材料的脆性越高，意味着材料的韧性越低，抵抗冲击破断的能力越差。由于热影响区上微观组织分布是不均匀的，其韧性分布也是不均匀的，甚至在某些部位出现远低于被焊母材的情况，亦即发生了严重的脆化，因而使焊接热影响区成为整个接头的一个薄弱环节。因此，研究焊接热影响区的脆化问题进而提高其韧性，对于提高整个接头的性能是非常重要的。

图 3-36 给出了碳锰钢焊接热影响区的韧性分布。可以看出，完全重结晶区的韧性高于母材，而过热区和蓝脆区的韧性均低于母材。这就说，在热影响区的过热区和蓝脆区上

发生了明显的脆化现象。从本质上讲，这些脆化现象主要涉及粗晶脆化、组织脆化以及热应变时效脆化等脆化机制。

(1) 粗晶脆化　粗晶脆化是指焊接热影响区因晶粒粗大而发生韧性降低的现象。一般来讲，晶粒尺寸越大，晶界结构越疏松，抵抗冲击能力越差，因而脆性越大，韧性越低。在焊接热影响区的过热区中，由于受热温度很高而发生了严重的晶粒粗化，从而造成韧性明显降低。

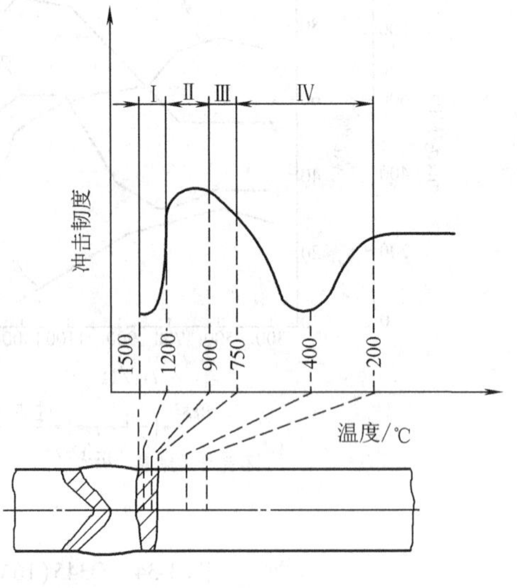

图 3-36　碳锰钢焊接热影响区的韧性分布

Ⅰ—过热区　Ⅱ—完全重结晶区

Ⅲ—不完全重结晶区

Ⅳ—蓝脆区

母材的化学成分是影响晶粒粗化的本质因素。由于晶粒长大是相互吞并、晶界迁移的过程，如果钢中含有 Nb、Ti、Mo、V、W、Cr 等氮化物或碳化物的形成元素，就会阻碍晶界的迁移，从而防止晶粒的粗化。例如，不含这些元素的23Mn 钢，在加热超过 1000℃时晶粒就显著长大；含有 V、W 和 Cr 的 18Cr2WV 钢，在加热到 1140℃之后才开始长大，晶粒粗化受到明显限制。

焊接热源和热输入也是影响晶粒粗化的主要因素。一般来讲，焊接热源的能量密度越大，焊接热输入越小，晶粒的粗化程度越小。因此，为减小粗晶脆化倾向，应采用能量集中的热源，并尽量以低的热输入进行焊接。

(2) 组织脆化　组织脆化是指焊接热影响区因形成脆硬组织而引起韧性降低的现象，具体包括片状马氏体脆化和 M-A 组元脆化。

1) 片状马氏体脆化。对于不易淬火的低碳钢和某些低合金钢来讲，焊接热影响区即使出现马氏体，一般也是韧性较好的条状马氏体，不会使脆性增加；而对于易淬火的低碳调质钢、中碳钢和中碳调质钢来讲，焊接热影响区很容易出现又脆又硬的片状马氏体，从而引起脆化。

片状马氏体的出现与采用的焊接冷却速度密切相关。一般来讲，冷却速度越大，越容易形成片状马氏体，脆化倾向越大。因此，单纯从减小这种脆化倾向出发，应采用较高的焊接热输入，以降低冷却速度过高带来的不利影响；但焊接热输入较高时，会增大粗晶脆化倾向，故应采用适中的热输入，最好是配合预热及缓冷措施。

2) M-A 组元脆化。在焊接低碳低合金钢中，在热影响区处于中温上贝氏体的转变区间，先析出含碳很低的铁素体，随着铁素体区域的不断扩大，使碳大部分富集到被铁素体包围的岛状奥氏体中。当连续冷却到 400～350℃时，残余奥氏体中碳的质量分数可达到 0.5%～0.8%，在随后的一定冷却速度下，这些高度富碳的奥氏体可转变为高碳马氏体与残余奥氏体的混合物，即 M-A 组元。

由于 M-A 组元中的马氏体为高碳马氏体，并在界面上产生沿 M-A 组元边界扩展的显微裂纹，成为潜在的裂纹源，并起到吸氢和应力集中的作用，因而显著增加了脆性。随着 M-A 组元数量的增多，脆性转变温度显著升高，即焊接热影响区严重脆化，如图 3-37a 所

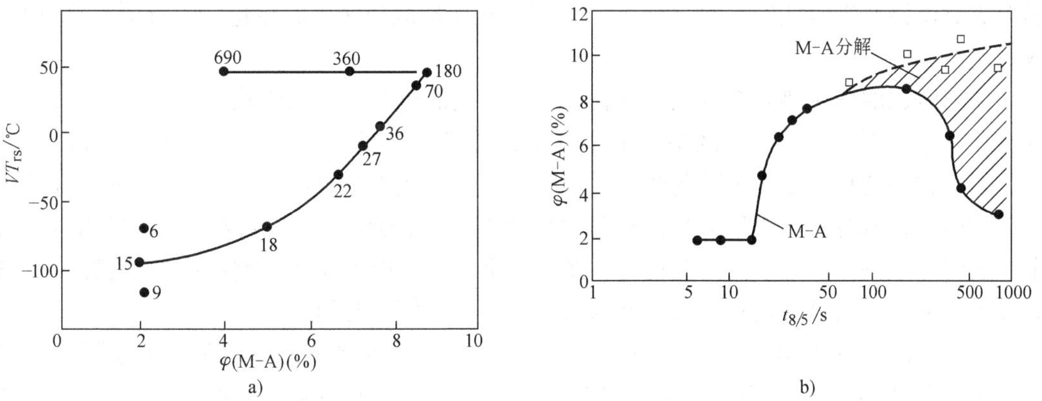

图 3-37 过热区脆性转变温度 VT_{rs}、M-A 组元数量与 $t_{8/5}$之间的关系

a) VT_{rs}与 M-A 组元数量的关系 b) M-A 组元数量与 $t_{8/5}$的关系

示。焊后通过低温(<250℃)或中温(450 ~500℃)回火，可使 M-A 组元分解而降低脆性。

M-A 组元的形成及数量与钢材的合金成分、合金化程度以及冷却速度有关。在合金成分简单、合金化程度较小的钢中，奥氏体的稳定性较小，不会形成 M-A 组元，而是分解为铁素体和碳化物；在含碳量和合金成分高的钢中，易于形成片状马氏体；只有在低碳低合金钢中，并且冷却速度在中等范围内，才能形成 M-A 组元。如图 3-37b 所示，当冷却速度较大或冷却时间较短时，主要形成片状马氏体；随着冷却速度的降低或冷却时间的增加，M-A 组元的数量不断增加；当冷却速度较小或冷却时间较长时，奥氏体会分解为铁素体和碳化物，因而 M-A 组元的数量反而减少。

应当指出，采用控制焊接热输入并配合预热和缓冷的方法才是提高焊接热影响区韧性最好的方法。如图 3-38 所示，当焊接热输入过大时，会使焊接热影响区晶粒粗化，形成粗大的铁素体，甚至出现魏氏组织，造成粗晶脆化；对某些低碳低合金钢还可能形成上贝氏体和 M-A 组元，造成 M-A 组元脆化；而当焊接热输入过小时，会在焊接热影响区产生大量的片状马氏体，从而引起片状马氏体脆化。因此，只有采用中等偏下的焊接热输入，才能获得大量的条状马氏体和下贝氏体，从而改善热影响区的韧性。如果再适当降低焊接热输入，并配合预热和缓冷措施，效果会更好。

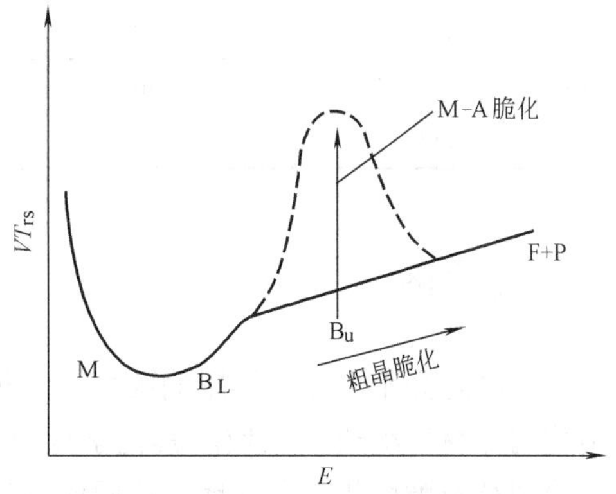

图 3-38 焊接热输入 E 对过热区组织及脆性转变温度 VT_{rs}的影响

(3) 时效脆化 时效脆化是指焊接热影响区在 Ac_1 以下的一定温度范围内经一定时间的时效后，因出现碳、氮原子的聚集或析出碳、氮的化合物沉淀相而发生的脆化现象，其具体包括热应变时效脆化和相析出时效脆化。

1) 热应变时效脆化。在钢材的焊接过程中，在热影响区上处于 200 ~400℃温度范围内的区域，由于承受热应变而引起碳、氮原子向位错移动，经一定时间的聚集，在位错周围形成对位错产生钉扎作用的“柯氏”气团，从而造成该区域的脆化，即所谓的热应变时效脆化。

如前所述的焊接热影响区上的蓝脆区，在脆化的机制上就属于热应变时效脆化，一般发生在 Ac_1 以下的亚热影响区中。由于低碳钢或碳锰系低合金钢中含有较多的自由氮原子，因而它们的热应变时效脆化倾向较大；当钢种含有较多的 Ti、Al 及 V 等强碳化物和氮化物形成元素时，可明显减小这种时效脆化倾向。因此，当焊接没有 Ti、Al 及 V 等合金元素的低碳钢或碳锰系低合金钢时，要特别重视 Ac_1 以下亚热影响区中的蓝脆问题，在焊接工艺上要设法降低蓝脆区的宽度以及这个温区的停留时间。

2）相析出时效脆化。在钢材的焊接过程中，在热影响区上温度处于一定范围(一般为400～600℃)内的区域，由于快速冷却造成了碳和氮的过饱和而处于不稳定状态，经一定时间的时效后，在晶界析出对位错运动产生阻碍作用的碳化物和氮化物沉淀相，从而造成热影响区的脆化，即所谓的析出相时效脆化。

对于低微合金化的低碳钢来讲，可能出现的碳化物和氮化物沉淀相及其析出难易程度如表3-7所示。一般来讲，热影响区中碳和氮的过饱和程度越大，析出相时效脆化越明显。但应指出，当沉淀相以弥散而细小的质点分布于晶内时，它们并不会增加脆性，反而对韧性有利；只有当沉淀相分布于晶界并发生聚集或以膜状分布时，才会成为脆化的源头。

表3-7 低合金钢中常见的沉淀相

类型	尺寸/nm	析出部位	析出难易
TiN	10	γ相内	难
NbC、TiC、BC	100	γ晶界及亚结构	易
NbC、TiC	100	形变诱发γ晶界	易
NbC、TiC、V(C·N)	10	γ/α相界	易
NbC、TiC、V(C·N)	<10	α相内	难

3.3 熔合区

熔合区是介于焊缝与热影响区之间的相当窄小的过渡区，是由部分熔化的母材和部分未熔化的母材所组成的区域。其化学成分、微观组织和力学性能极不均匀，常常是热裂纹、冷裂纹及脆性相的发源地，从而成为焊接接头的最薄弱环节。因此，研究这个区域的形成机理及其特性，对于解决焊接问题、提高焊接质量具有重要的实际意义。

3.3.1 熔合区的边界

熔合区的边界是指焊接接头横截面上熔合区与焊缝和热影响区的分界。显然，这不仅涉及到熔合区本身，而且也涉及到焊缝和热影响区。由于母材成分分布的不均匀性和焊接加热过程的复杂性，必然影响到母材熔化的不一致性，从而影响熔合区边界所在的位置。

1. 熔合区的理论边界

从理论上讲，在焊接热源的作用下，母材上峰值温度超过其液相线温度的区域将发生完全熔化，形成单一的液相区，冷却后得到所谓的焊缝；峰值温度介于母材固、液相线温度之间的区域将发生部分熔化，形成固、液共存的两相区，冷却后得到所谓的熔合区；而峰值温度低于母材固相线温度的区域，完全没有发生熔化，但其中部分区域组织及性能发生了变化，这部分区域就是所谓的热影响区。因此，在焊接接头的横截面上，熔合区的理论边界就是与液相线温度和固相线温度相对应的两条位置线。

为叙述方便，将与液相线温度相对应的位置线称为理论熔化线(用 TML 表示)，而将与固相线温度相对应的位置线称为理论不熔化线(用 TNL 表示)，并将它们统称为熔合区的理论边界线，如图 3-39a 所示。

2. 熔合区的实际边界

熔合区的实际边界由两条边界线构成，一条称为实际熔化线(用 PML 表示)，而另一条称为实际不熔化线(用 PNL 表示)，二者统称为熔合区的实际边界线，以便于与理论边界线相对应。在实际焊接条件下，有两方面的原因可使熔合区的实际边界围绕理论边界而变化，如图 3-39b 所示。

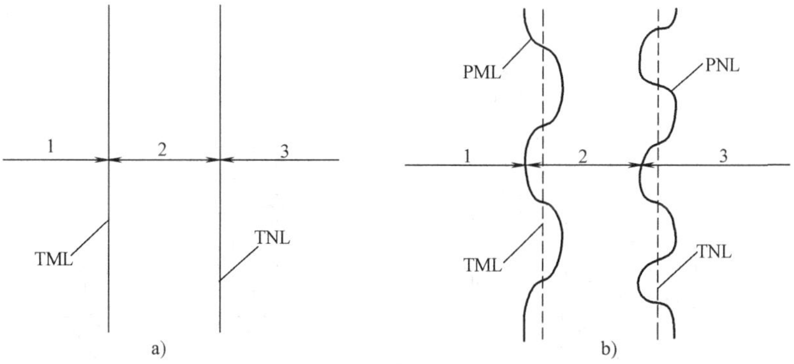

图 3-39　熔合区的边界示意图

a) 理论边界　b) 实际边界

1—焊缝　2—熔合区　3—热影响区　TML—理论熔化线　TNL—理论不熔化线

PML—实际熔化线　PNL—实际不熔化线

一方面，由于焊接热源加热的不均匀性和母材晶粒散热的不一致性，必然造成母材晶粒实际受热温度发生变化，从而导致母材晶粒的不均匀熔化。比如，在理论熔化线 TML 附近左侧的晶粒，可能因实际受热温度低于液相线温度而不发生熔化；而在理论熔化线 TML 附近右侧的晶粒，可能因实际受热温度高于液相线温度而发生熔化。因此，母材的实际熔化线 PML 将围绕理论熔化线 TML 而变化。同理可知，母材的实际不熔化线 PNL 将围绕理论不熔化线 TNL 而变化。

另一方面，由于母材局部区域化学成分的不均匀性，使其局部熔化温度发生变化，从而造成局部区域的不均匀熔化。比如，在理论不熔化线 TNL 附近左侧的局部区域，可能因实际熔化温度高于固相线温度而不发生熔化；而在理论不熔化线 TNL 附近右侧的局部区域，可能因实际熔化温度低于固相线温度而发生熔化。因此，母材的实际不熔化线 PNL 将围绕理论不熔化线 TNL 而变化。同理可知，母材的实际熔化线 PML 将围绕理论熔化线 TML 而变化。

正是由于这两方面的综合作用，使得熔合区两侧的实际边界变得参差不齐。其中，由实际熔化线所构成的熔合区边界就是熔合区与焊缝的交界，也就是所说的熔合线。由此看来，将熔合区视为焊接接头的一个独立区域而不是一条熔合线后，并没有对原有焊缝的划分产生任何影响，只是将熔合线附近原属于热影响区的最高受热部分划成了现在所指的熔合区。

3.3.2 熔合区的形成机理

熔合区的形成过程包括焊接加热条件下固、液两相区的形成过程及其它们在焊接冷却条件下的转变过程。实际上，熔合区中液相的形成往往伴随低熔共晶转变的发生。因此，这里选择具有代表性的共晶型合金进行分析，如图 3-40 所示。其中，A 为基体元素（或合金元素），B 为合金元素（或杂质元素），α 为 B 溶解于 A 形成的固溶体，A_xB_y 为 A 与 B 之间形成的中间相，α 与 A_xB_y 可形成 $\alpha+A_xB_y$ 共晶；C_{SM}为 B 在 α 相中的最大溶解度，C_1 和 C_2 为两种不同的合金成分（或杂质成分）且 $C_1<C_{SM}<C_2$，C_E 为共晶成分，T_E 为共晶温度。

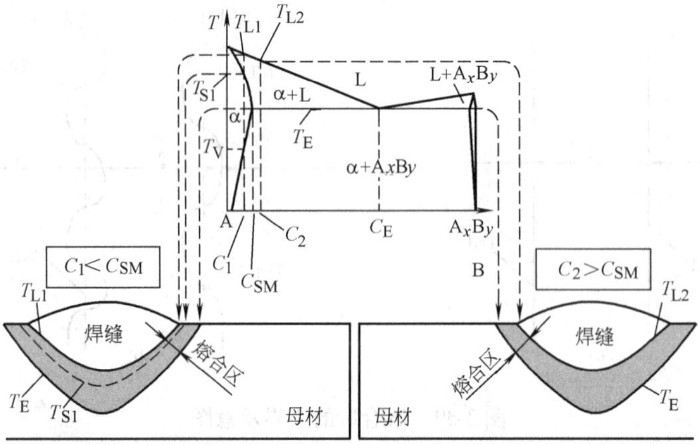

图 3-40 用于说明液相形成机理的共晶合金相图

1. 液相的形成方式

（1）$\alpha+A_xB_y$ 共晶的直接熔化　对于成分为 C_1 的合金来讲，在其原始的 α 相晶界处可能含有 $\alpha+A_xB_y$ 离异共晶；而成分为 C_2 的合金，其主要组成物为 α 相和 $\alpha+A_xB_y$ 共晶。在焊接热源的作用下，当合金被快速加热到共晶温度 T_E 时，这些共晶将首先熔化，从而形成成分为 C_E 的液相；当加热温度超过 T_E 时，液相周围的 α 相向液相中溶解，使液相的体积增加，同时也使液相的成分小于 C_E。

在随后的焊接冷却过程中，这种成分小于 C_E 的液相，首先析出成分小于 C_{SM}的 α 相；当温度降到共晶温度 T_E 时，再从液相中析出 $\alpha+A_xB_y$ 共晶。因此，熔合区的组织应包括新形成的 α 固溶体和 $\alpha+A_xB_y$ 共晶。

应当指出，成分为 C_1 的合金内含有的 $\alpha+A_xB_y$ 离异共晶，如果在缓慢的加热条件下，会在达到共晶温度 T_E 之前的固溶温度 T_V 时，完全通过固态扩散而溶解在 α 相中，因而也就不会出现在 T_E 时的共晶熔化现象。但由于焊接加热的速度很快，在温度上升到 T_E 之前，离异共晶 $\alpha+A_xB_y$ 没有足够时间通过固态扩散而完全溶解在 α 相中，这才使残余下来

的共晶能在加热到 T_E 时发生熔化。

（2）α 与 A_xB_y 发生共晶反应而熔化　无论是成分为 C_1 的合金，还是成分为 C_2 的合金，其内一般都含有大量的 α 相和一定量的 A_xB_y 中间相。在焊接的加热条件下，当温度达到共晶温度 T_E 时，α 与 A_xB_y 发生共晶反应，生成具有共晶成分为 C_E 的液相。当加热温度超过 T_E 时，液相周围的 α 相向液相中溶解，使液相的体积增加，并使液相的成分小于 C_E；而液相周围的 A_xB_y 也向液相中溶解，使液相的体积增加，但使液相的成分大于 C_E。由于合金中的 α 相远多于 A_xB_y 中间相，因而液相成分的总体变化趋势还是向着小于 C_E 的方向发展。

因此，在随后的焊接冷却过程中，首先析出的是成分小于 C_{SM} 的 α 相；当温度降到共晶温度 T_E 时，再从液相中析出 $\alpha + A_xB_y$ 共晶，从而在熔合区中形成了新的 α 固溶体和 $\alpha + A_xB_y$ 共晶。

应当指出，成分为 C_1 的合金内含有的 A_xB_y 中间相，在缓慢的加热条件下，会在达到共晶温度 T_E 之前的固溶温度 T_V 时，完全通过固态扩散而溶解在 α 相中，因而也就不会出现此后的共晶反应现象。但由于焊接加热的速度很快，在温度上升到 T_E 之前，A_xB_y 没有足够时间通过固态扩散而完全溶解在 α 相中，这才使残余下来的 A_xB_y 能在加热到 T_E 时与 α 相发生共晶反应而熔化。

（3）α 相的直接熔化　对于成分为 C_1 的合金来讲，当焊前处于固溶加淬火的状态时，其内既没有 A_xB_y 中间相，也没有 $\alpha + A_xB_y$ 共晶。在快速加热的焊接条件下，即使温度达到了共晶温度 T_E，合金内部也没有机会生成 A_xB_y 中间相和 $\alpha + A_xB_y$ 共晶，因而不会发生 α 与 A_xB_y 通过共晶反应而熔化的现象，也不会发生 $\alpha + A_xB_y$ 共晶的直接熔化现象。在这种情况下，只有合金被加热到固相线温度 T_{S1} 和液相线温度 T_{L1} 之间时，才能发生直接熔化，形成由名义成分 C_1 决定的固、液两相区。

在随后的焊接冷却过程中，由于冷却速度较快，固、液两相区中的液相首先向 α 相转变；当温度降到共晶温度 T_E 及其以下时，再从液相中析出 $\alpha + A_xB_y$ 共晶，从而在熔合区中形成新的组织 α 固溶体和 $\alpha + A_xB_y$ 共晶。

（4）偏析引起的直接熔化　在一些合金材料中，由于杂质的存在以及选择结晶的结果，导致化学成分在宏观和微观上的不均匀分布。尤其是在晶界附近，当低熔点组元较多时，会造成晶界熔化温度的明显降低。如果这样的晶界出现在熔合区所在的位置时，极易发生熔化，冷却后也易产生裂纹等缺陷。

2. 熔合区的组织转变

综上所述，在焊接接头的熔合区中，液相的形成主要有四种方式，即 $\alpha + A_xB_y$ 共晶的直接熔化、α 与 A_xB_y 发生共晶反应而熔化、α 相的直接熔化和偏析引起的直接熔化。不同成分、不同状态的母材，熔合区内液相的形成方式及最终组织是有差异的，同时还受到焊接工艺的影响。

（1）成分略高于 α 相最大溶解度的合金　对于成分略高于 α 相最大溶解度的合金（如成分为 C_2 的合金）来讲，其焊前的组织组成物包括 α 相、$\alpha + A_xB_y$ 共晶以及少量的 A_xB_y 中间相，焊接加热时在熔合区的不同部位既会出现 $\alpha + A_xB_y$ 共晶的直接熔化，也会出现 α 与 A_xB_y 进行共晶反应而发生的熔化，同时伴随 α 相在液相中的溶解，冷却后在不同部位得到新的 α 相和 $\alpha + A_xB_y$ 共晶，如图 3-41 所示。

（2）成分略低于α相最大溶解度的合金　对于成分略低于α相最大溶解度的合金（如成分为C_1的合金）来讲，其熔合区中液相的形成方式以及焊后的组织与母材焊前所处的状态有关。当母材处于铸态时，其组织组成物包括α相、$\alpha + A_xB_y$离异共晶以及少量的A_xB_y中间相，熔合区中液相的形成方式以及焊后得到的新的组织将与成分为C_2的合金基本相同；当母材处于固溶加时效的状态时，其组织组成物主要包括α相和大量而细小的A_xB_y中间相，焊接加热时在熔合区的不同部位既会出现α与A_xB_y进行共晶反应而发生的熔化，也会出现α相的直接熔化，冷却后在不同部位得到新的α相和$\alpha + A_xB_y$共晶；当母材处于固溶加淬火的状态时，其组织组成物只有过饱和的α相，焊接加热时在熔合区只能出现α相的直接熔化，冷却后得到新的α相和少量的$\alpha + A_xB_y$共晶，如图3-42所示。

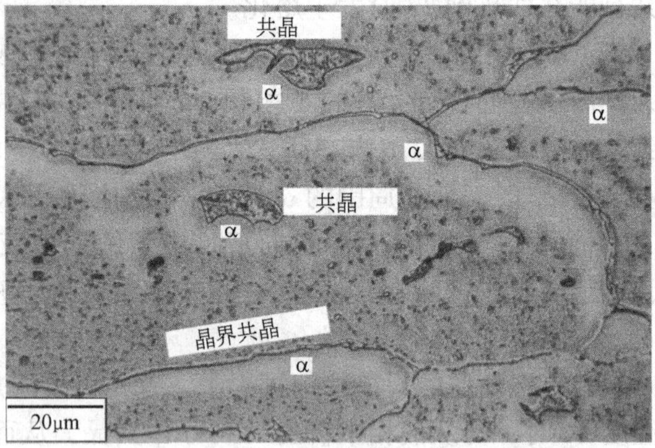

图3-41　2219铝合金熔合区的微观组织

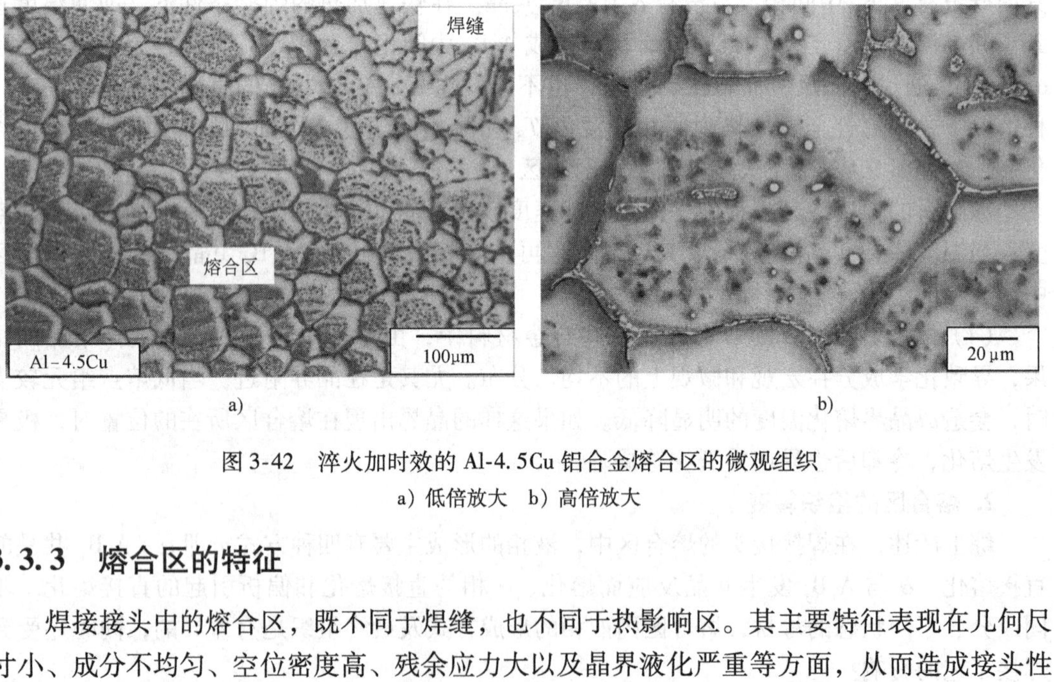

图3-42　淬火加时效的Al-4.5Cu铝合金熔合区的微观组织

a）低倍放大　b）高倍放大

3.3.3　熔合区的特征

焊接接头中的熔合区，既不同于焊缝，也不同于热影响区。其主要特征表现在几何尺寸小、成分不均匀、空位密度高、残余应力大以及晶界液化严重等方面，从而造成接头性能的降低，并使熔合区成为接头的薄弱环节。

1. 几何尺寸小

熔合区的几何尺寸与被焊材料的液、固相线温度范围、热物理性质及焊接热源的类型有关，并可用式(3-5)进行估算

$$D = (T_L - T_S)/G \tag{3-5}$$

式中　D——熔合区的宽度；

G——熔合区的温度梯度；

T_L——母材的液相线温度；

T_S——母材的固相线温度。

由式(3-5)可以看出，从母材液、固相线的温度范围来考虑，该范围越小，熔化区的宽度越小；从温度梯度来考虑，母材导热性越差，焊接热源的能量密度越高，温度梯度就越大，因而熔合区的宽度就越小。

根据式(3-5)进行估算可以得到，采用一般电弧焊时，碳钢和低合金钢接头的熔合区宽度为0.13～0.50mm，而奥氏体钢接头的熔合区宽度只有0.06～0.12mm。总的来看，熔合区的宽度较小，与焊缝和热影响区相比，它是焊接接头的一个较为窄小的区域。

2. 成分不均匀

熔合区化学成分的不均匀与焊接溶池的结晶过程有关。根据结晶过程的固-液界面理论可知，固-液界面处溶质(即合金元素或杂质元素)在固相中的质量分数可表示为

$$w_s = w_0[1 + (k-1)\exp(-kRd/D)] \quad (3\text{-}6)$$

式中　w_s——固-液界面处溶质在固相中的质量分数；

w_0——溶质在合金材料中的初始质量分数；

d——固-液界面到开始结晶位置的距离；

R——液相的结晶速度(即凝固速度)；

k——溶质在固、液两相中的分配系数；

D——溶质的扩散系数。

由式(3-6)可以看出，在结晶开始时，即 $d=0$ 时，溶质在固相中的质量分数为 kw_0。由于 k 一般都小于1，因而液相开始结晶时所形成的固相的溶质质量分数 kw_0，必然小于原始合金材料中的初始质量分数 w_0。这就是说，液相开始结晶时所形成的固相与原始合金材料在化学成分上存在较大的差异。

由于熔合区与焊缝的交界(即熔合线)就是处于完全熔化状态的焊接溶池开始结晶的位置，因此熔合线及其附近微小区域的化学成分将与母材和焊缝显著不同，再加上熔合线本身的参差不齐，必然造成其附近微小区域化学成分的剧烈波动，促使化学成分的分布严重不匀。尤其是在异种材料焊接或同种材料焊接但采用不同填充材料时，这种现象可能会更加明显。因此，化学成分严重不均匀是熔合区最大的特征，从而引起熔合区组织和性能的不均匀，甚至导致焊接缺陷的产生。

3. 空位密度高

在不平衡的加热和冷却条件下，熔合区及其附近的热影响区会发生空位及位错的聚集或重新分布。焊接加热时，原子振动加强，键合力减弱，易于离开静态的平衡位置而使空位密度增大，而且加热的温度越高，空位的密度越大。焊接冷却时，空位密度应该降低，但由于冷却速度很快，空位来不及迁移而处于过饱和状态。特别是在熔合区，加热时所受的温度高，空位密度大，因而冷却时空位的过饱和程度大，亦即残余的空位密度高，从而对接头的性能产生重要的影响。

4. 残余应力大

熔合区残余应力大是由熔合区在焊接接头中所处的位置决定的。如前所述，在焊接接

头中，熔合区两侧分别是焊缝和热影响区，它们之间的分界就是熔合区的边界。一方面，这三个区域的线膨胀系数不同，因而由加热和冷却引起的胀缩程度不同；另一方面，这三个区域的屈服强度和弹性模量不同，因而由胀缩引起的应力不同。因此，在焊接热循环的作用下，由于热变形而产生热应力时，在熔合区的两个边界上将产生应力集中，再加上熔合区本身较窄，而且成分和组织的分布也不均匀，更加重了应力集中的程度，最终在熔合区内形成了较大的残余应力，从而造成接头性能的降低。

5. 晶界液化严重

对于共晶型合金或含有能与基体形成共晶的元素的合金而言，在熔合区的加热过程中，往往伴随共晶液相的产生，这些共晶液相除了少量之外，大多数都分布在晶界附近，而晶粒本体还处于固态，即晶界发生了严重的液化。此外，在一些合金材料的晶界附近也可能富集较多的低熔点杂质，造成晶界熔化温度的降低，当对这样的材料进行焊接时，熔合区中也会出现晶界液化现象。

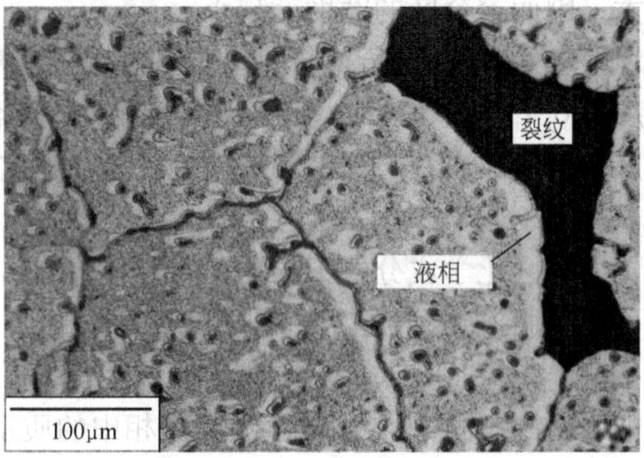

图 3-43 熔合区晶间液化引起的液化裂纹

当液化的晶界冷却结晶时，由于受到周围晶粒因收缩产生的拉应力的作用，容易形成沿晶界扩展的液化裂纹，如图 3-43 所示。在高强度钢的焊接中，晶间液化也会造成氢的大量扩散和聚集，导致氢致裂纹的产生。此外，由液化的晶界冷却形成的组织，一般偏析严重，而且脆硬，难于变形，显著降低接头的塑性和韧性。

思 考 题

1. 焊接熔池结晶有哪些特点？为什么？焊接速度对熔池结晶有何影响？
2. 焊接熔池结晶的形态有哪几种类型？是由哪些因素决定的？
3. 说明焊缝结晶组织的一般分布规律及其影响因素。
4. 低合金钢的焊缝相变组织有哪些类型？其形成条件是什么？
5. 论述焊缝组织和性能的控制方法和途径。
6. 焊接热影响区加热和冷却过程中的组织转变特点是什么？
7. 如何根据焊接 CCT 图来确定焊接热影响区的组织构成？
8. 论述不易淬火钢热影响区的组织分布特征。
9. 论述易淬火钢热影响区的组织分布特征。
10. 低合金高强度钢焊接热影响区存在哪些脆化？如何防止？
11. 何谓熔合区的理论边界和实际边界？二者有何区别和联系？
12. 论述熔合区中液相的形成机理。
13. 熔合区的主要特征是什么？
14. 熔合区易发生哪些焊接问题？

第 4 章　焊接缺陷及其控制

焊接缺陷的存在，是焊接结构失效的重要原因之一。按照 GB/T 6417—1986《金属熔化焊焊缝缺陷分类及说明》的分类方法，焊接缺陷分为六类：裂纹、孔穴、固体夹杂、未熔合和未焊透、形状缺陷、其他缺陷。有些缺陷只要焊接工艺合理、操作规范是可以避免的，有些焊接缺陷即使存在也不影响焊接结构的正常使用。对焊接结构至关重要而又在焊接过程中非常容易出现的缺陷主要是裂纹、气孔和夹杂。本章主要针对这几种焊接缺陷，从分析缺陷产生的机理着手，讨论影响缺陷产生的主要因素，进而提出相应的防止措施。偏析本身并没有被列为焊接缺陷的一种，但却和焊接热裂纹的产生密切相关，因此本章对偏析的产生和控制也进行相应的讨论。

4.1　焊缝中的偏析和夹杂

4.1.1　偏析的形成及控制

焊缝结晶过程是一个不平衡的过程，快速冷却造成了各合金元素的分布是不均匀的。焊缝及熔合区中出现的这种合金元素分布不均匀的现象称为偏析，它是焊接热裂纹形成的重要原因之一。

1. 偏析的种类及形成原因

按照偏析分布的特点，可将焊缝中的偏析分为三种类型，即显微偏析、区域偏析和层状偏析。

（1）显微偏析　根据金属学平衡结晶过程的理论可以知道，合金在结晶过程中，液、固两相的合金成分是在不断变化的。在熔池结晶的过程中，当温度降到液相线后，首先结晶形成的晶体含有的高熔点成分较多，随着温度的不断下降和结晶过程的继续进行，剩余液相中的低熔点成分越来越多。焊缝完全结晶后，由于冷却速度很快，焊缝金属中的合金元素来不及扩散，合金元素的分布是不均匀的，很大程度上保持着由于结晶有先后之分造成的偏析。这种在晶粒尺度上发生的化学成分不均匀的现象称为显微偏析，如图 4-1 所示。

当焊缝的结晶固相呈胞状晶长大时，在胞状晶体的中心，含低熔点溶质的浓度最低，而在胞状晶体相邻的边界上，低熔点溶质的浓度最高。当固相呈树枝晶长大时，先结晶的树干含低熔点溶质的浓度最低，后结晶的树枝含低熔点溶质浓度略高，最后结晶的部分，即填充树枝间的残液，也就是树枝晶和相邻树枝晶之间的晶界上，低熔点溶质的浓度是最高的。

（2）区域偏析　在焊缝结晶时，柱状晶的生长方向是从熔合线指向焊缝中心的，由于柱状晶体不断长大和推移，会把低熔点溶质“赶”向熔池的中心，致使最后结晶的部位低熔点溶质的浓度最高。这种焊缝边缘到焊缝中心存在的化学成分不均匀的现象，称为区域

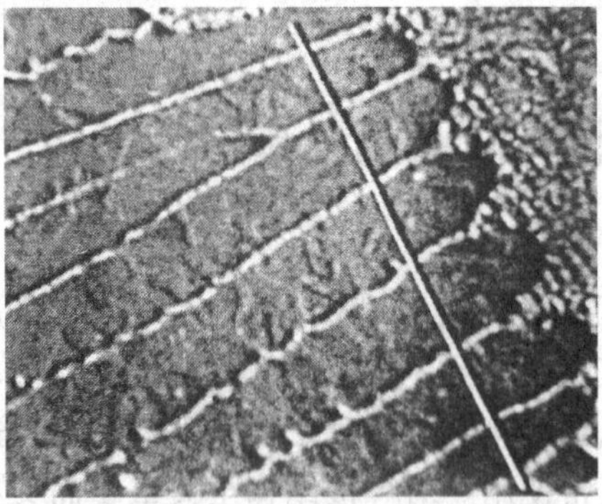

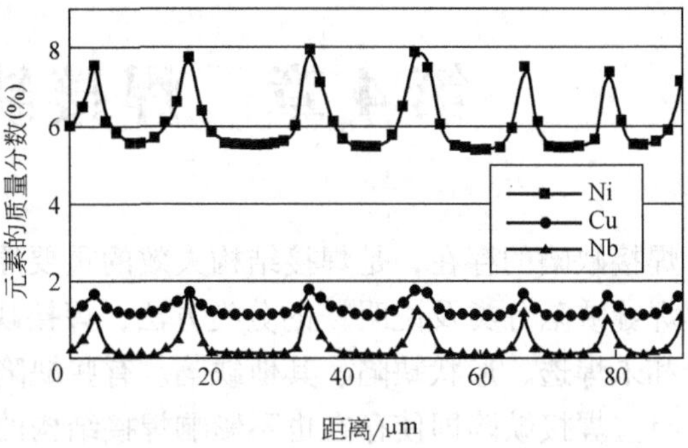

a) b)

图 4-1 马氏体不锈钢焊缝中的显微偏析

a）焊缝晶粒的形态 b）合金元素的分布

偏析。

当焊接速度较大时，成长的柱状晶最后都会在焊缝中心附近相遇，使低熔点溶质都聚集在那里，结晶后在焊缝中心附近出现严重偏析，在应力作用下，容易产生焊缝纵向裂纹。

（3）层状偏析 有时焊缝断面经浸蚀后，可以明显地看出有层状分布的轮廓。这种由于结晶过程周期性变化导致化学成分呈层状分布的不均匀现象，称为层状偏析。

熔池金属结晶时，在结晶前沿的液态金属中，低熔点溶质的浓度较高。当冷却速度较低时，这一层浓度较高的低熔点溶质可以通过扩散来减轻偏析的程度。但冷却速度很快时，还没有来得及均匀化就已结晶，形成了低熔点溶质较多的结晶层。由于结晶过程放出结晶潜热和熔滴过渡时热能输入周期性变化，致使结晶界面的液态金属成分也发生周期性的变化。根据采用放射性同位素进行焊缝中元素分布规律的研究证明，层状偏析是由于热的周期性作用而引起的。

2. 偏析的控制措施

（1）细化焊缝晶粒 细晶粒的焊缝金属，由于晶界的增多，偏析分散，偏析的程度将会减弱。

（2）适当降低焊接速度 高速焊接时，熔池呈泪滴形，柱状晶近乎垂直地向焊缝轴线方向生长，在会合面处形成显著的区域偏析。而低速焊接时，熔池常成为椭圆形，柱状晶呈人字纹路向焊缝中部生长，区域偏析程度相应降低。

4.1.2 夹杂的形成及控制

夹杂是指焊缝中存在固体异物的现象，而这种固体异物被称为夹杂物。焊缝中有夹杂物存在时，不仅降低焊缝金属的韧性，增加低温脆性，还会增加裂纹倾向。

1. 夹杂的形成

根据夹杂物的属性，一般可分为非金属夹杂和金属夹杂两大类。非金属夹杂物主要包括氧化物、氮化物和硫化物；而金属夹杂物主要包括金属钨及铜等。

（1）夹渣 由于焊接操作不良而在熔化金属内混入熔渣，使其残留下来，或者在多层焊时前一层焊道的焊渣清理不干净而残留到下层焊缝中，这种在焊缝中的渣的残留物称为夹渣。夹渣一般是由焊接操作失误或者设计的接头形式不合理造成的。正常情况下，熔融的熔渣可以浮到焊缝顶部而被排除，但较深的凹陷沟槽内的焊渣如果清理不干净，就很有可能在后熔敷的焊道内产生夹渣。

影响夹渣的主要因素包括温度、熔体粘度、冷却速度和搅拌作用等。温度越高，熔渣越易于流动，易于上升排除；熔体越粘稠，熔渣聚集上升至表面越慢，越易于形成夹渣；冷却速度越快，熔渣残留到焊缝中的可能性越大；熔池搅拌强烈，残留熔渣的可能性增大，易于形成夹渣。

（2）反应生成新相　空气、弧柱气氛中的氧化性气体以及熔池中的硫可以和熔化金属中的铁、锰、硅、铝等反应生成微小的氧化物、氮化物和硫化物颗粒，它们一般弥散分布在焊缝金属内。

1）氧化物。焊接金属材料时，氧化物是普遍存在的。在低碳钢焊条电弧焊和埋弧焊中，氧化物主要是 SiO_2，其次是 MnO、TiO_2 和 Al_2O_3 等。这些氧化物主要是在熔池进行冶金反应时产生的，只有少量是由于操作不当而混入焊缝中的。

2）氮化物。焊接低碳钢和低合金钢时，氮化物主要是 Fe_4N。在一般的焊接条件下，焊缝很少存在氮化物，只有在保护不良时才会出现。

3）硫化物。硫化物主要来源于焊条药皮和焊剂，经冶金反应进入熔池。有时也可能由于母材和焊丝中含硫量偏高而形成硫化物。

（3）异种金属进入焊缝　TIG 焊时，如果钨极浸入熔融金属或焊接电流过大致使钨极熔化进入焊缝金属时就会产生夹钨。使用铜垫板不慎局部熔化而使铜进入焊缝金属即为夹铜，常见于焊缝背部表面。

2. 夹杂的危害

1）对接头的力学性能来说，如果从断裂力学的角度考虑，可以将夹杂物作为一个裂纹源处理，确定出特定焊缝的临界缺陷尺寸。小于这个临界尺寸的夹杂物可以不考虑；而大于临界尺寸的夹杂物将使接头的力学性能下降。

2）以硅酸盐形式存在的氧化物数量的增加，将使焊缝总的含氧量增加，焊缝强度、塑性、韧性明显下降，尤其是低温冲击韧度急剧下降。

3）当焊缝中存在氮化物时，由于 Fe_4N 是一种脆硬的化合物，会使焊缝的硬度增高，塑性、韧性急剧下降。

4）焊缝中的硫化物主要有两种，即 MnS 和 FeS。MnS 的影响较小，而 FeS 的影响较大，是形成热裂纹及层状撕裂的重要原因之一。

5）较大尺寸的金属夹杂物对接头的性能也是有害的。但铝及铝合金的静载拉伸和疲劳试验证实，小尺寸的夹钨对接头性能没有影响。

3. 夹杂的防止措施

1）合理选用焊接材料，充分脱氧、脱硫。

2）选用合适的焊接参数，以利于熔渣的浮出。

3）多层焊时，注意清除前一层焊缝的焊渣。

4）焊条要适当摆动，以利于熔渣的浮出。

5）注意保护熔池，防止空气侵入。

4.2 焊缝中的气孔

出现在焊缝中的气孔是一种典型的焊接缺陷。碳钢、合金钢和有色金属焊接时都存在出现气孔的可能。气孔的存在，不仅减小了焊缝的有效承载面积，而且会形成应力集中，使得焊缝的强度、韧性、疲劳强度下降，有时气孔还会成为裂纹源。因此，气孔的防止是焊接中一个十分重要的问题。

4.2.1 气孔的分类及形成机理

按照气孔的形状，焊缝中的气孔可分为球形气孔、条形气孔和虫形气孔等；按照气孔的聚集形态，可分为均布气孔、局部密集气孔和链状气孔等；按照产生气孔的气体来源，可分为析出型气孔和反应型气孔；按照产生气孔的气体种类，可分为氢气孔、氮气孔和一氧化碳气孔等。

焊缝中产生气孔的根本原因是，高温的液态熔池金属溶解了较多气体(如氢气和氮气)，焊接冶金反应也会产生气体(如一氧化碳和水蒸气)，这些气体在焊缝结晶过程中来不及逸出而残留在焊缝中，就会形成气孔。

1. 析出型气孔

因溶解度差而造成过饱和状态的气体的析出所形成的气孔，称为析出型气孔。这类气体主要是由外部侵入熔池的氢和氮。在焊接化学冶金一章中已经讲过，氢和氮在液态铁中的溶解度随着温度的升高而增大。高温熔池和熔滴中均溶解了大量的氢、氮，当熔池冷却时，氢、氮在金属中的溶解度急剧下降，当液态铁结晶时，氢、氮的溶解度下降至1/4左右。于是，过饱和状态的气体需要大量析出，但因为焊接熔池冷却非常快，析出的气体来不及逸出，就会在焊缝中形成气孔。

对于大多数金属来说，易于溶解的氢最容易在焊缝中形成气孔。氮的惟一来源是空气，只要采取正确的防护措施，氮气孔是比较容易避免的。

2. 反应型气孔

熔池中除外部入侵而溶入的气体氢或氮之外，还会由于冶金反应而生成所谓反应性气体，这类气体主要是一氧化碳、水蒸气，均为根本不溶于金属的气体。由这类反应性气体所造成的气孔，称为反应型气孔。

各种结构钢中总是含有一定量的碳，在焊接过程中，通过冶金反应会生成大量的一氧化碳。一氧化碳不溶于金属，在高温阶段产生的一氧化碳会以气泡的形式从熔池中高速逸出，并不会形成气孔。当熔池开始结晶时，将发生合金元素的偏析，对结构钢来说，熔池中的氧化物和碳的浓度在熔池尾部偏高，有利于进行下述反应

$$[FeO]+[C]=CO\uparrow+[Fe] \tag{4-1}$$

使冷却过程中产生的一氧化碳气体增多。随着结晶过程的进行，熔池温度不断降低，熔池金属的粘度不断增大，此时产生的一氧化碳不易逸出。特别是在树枝状晶体凹陷最低处产生的一氧化碳，更不容易逸出，从而形成一氧化碳气孔。由于一氧化碳气孔是在结晶过程中产生的，因此气孔沿结晶方向分布，并呈现条虫形。

4.2.2　气孔形成的影响因素

影响焊缝中气孔形成的因素很多，主要涉及气体的来源、母材的种类、焊接材料及焊接工艺等几个方面。

1. 气体的来源

（1）焊接区周围的空气侵入熔池　如果焊接区没有受到很好的保护，周围的空气就会侵入熔池。空气的侵入是焊缝产生气孔的重要原因之一，特别是氮气孔的产生。低氢焊条引弧时容易产生气孔，就是因为药皮中的造气物质 $CaCO_3$ 在引弧时未能及时分解而产生足够的 CO_2 造成保护不良所致。

（2）焊接材料吸潮　空气中的水分非常容易吸附在焊接材料上，特别是焊条和焊剂。焊接材料吸潮是氢气孔产生的重要原因之一。

（3）工件及焊丝表面物质的作用　工件及焊丝表面的氧化膜、铁锈及油污等，均可在焊接过程中向熔池提供氢和氧，是焊缝产生气孔的重要原因。

铁锈（$m\mathrm{Fe_2O_3}\cdot n\mathrm{H_2O}$）是氧化铁的水合物，不仅可以提供氧化物，促进形成一氧化碳的反应，而且可以提供水分，成为氢的来源。铁锈比不含水分的氧化铁皮更容易促使产生气孔。

有色金属焊接时，工件及焊丝表面的氧化膜对气孔的影响更为显著。例如铝表面形成的 Al_2O_3 氧化膜，与金属基体结合非常牢固，而且非常易于吸潮，是形成氢气孔的重要原因。

此外，由于油污通常含有大量的碳氢化合物，因而也是氢的重要来源。

2. 母材对气孔的敏感性

产生气孔的过程，是由三个相互联系而又彼此不同的阶段所组成的，即气泡的生核、长大和上浮。

（1）气泡的生核　气泡的生核需要两个方面的条件：首先液态金属中要有过饱和气体，其次要能满足气泡生核的能量条件。焊接过程中从外界侵入熔池的氢、氮以及反应生成的一氧化碳，满足了气泡生核的物质条件。能量条件计算结果表明，在纯液态金属中气泡是很难生核的，但焊接熔池中存在大量现成表面，如高熔点的固态质点表面、熔渣与液态金属的接触表面、熔池底部正在生长的树枝状晶粒表面等，气泡在这些现成表面上生核所消耗的能量远远低于自发生核所消耗的能量，因此气泡很容易在这些部位生核。特别是相邻树枝晶之间的凹陷处，是气泡最容易生核的地方。

（2）气泡的长大　气泡生核后，要想长大，必须克服外界压力。自发生核的气泡，由于体积小，表面曲率半径小，需要克服的外界压力非常大，所以很难长大。而在熔池现成表面上生核的气泡，由于现成表面的存在，使气泡的形状呈椭圆形，增大了曲率半径，降低了外界附加压力，所以比较容易长大。

（3）气泡的上浮　生核、长大后的气泡是否会在焊缝中形成气孔，决定于气泡上浮逸出速度和熔池金属结晶速度的对比关系。产生气孔的条件为

$$v_e \leqslant R \tag{4-2}$$

式中　v_e——气泡浮出速度；

R——熔池结晶速度。

气泡浮出速度可以用Stocks公式表达，即

$$v_e = \frac{2(\rho_L - \rho_G)gr^2}{9\eta} \tag{4-3}$$

式中 v_e——气泡浮出速度(cm/s)；

g——重力加速度(980cm/s²)；

η——液态金属的粘度(Pa·s)；

r——气泡的半径(cm)；

ρ_L——液态金属的密度(g/cm³)；

ρ_G——气体的密度(g/cm³)。

由式(4-2)可知，熔池结晶速度R对气孔的产生有很大的影响。在其他条件一定的情况下，结晶速度越大，越不利于气泡的浮出，因而越易于形成气孔。金属导热性好，会造成接头具有较大的冷却速度，于是提高了熔池的结晶速度，从而增大了气孔的敏感性。

液态金属的粘度η对气孔影响也很大。液态金属迅速进入结晶阶段后，由于粘度急剧增大，气泡浮出困难，易于形成气孔。有的合金，如镍及其合金在液态时的流动性较差，即具有较大的粘度值，所以具有较大的气孔敏感性。

由于气体密度ρ_G远小于液态金属的密度ρ_L，因而气泡的浮出速度主要取决于液态金属的密度ρ_L，其值越小，气泡浮出速度v_e越小。因此，低密度金属(如铝、镁等)焊接时易于产生气孔。

3. 焊接材料对气孔的影响

焊接材料的选用必须考虑与母材的匹配要求。从冶金性能来看，焊接材料的氧化性与还原性的平衡情况，对焊缝气孔有很显著的影响。

(1) 熔渣氧化性的影响　熔渣氧化性的大小对焊缝的气孔敏感性具有很大的影响。当熔渣的氧化性增大时，则由一氧化碳引起气孔的倾向增加；相反，当熔渣的还原性增大时，则氢气孔的倾向增加。因此，适当调整熔渣的氧化性，可以有效地防止焊缝中的这两类气孔。

(2) 焊条药皮和焊剂的影响　一般碱性焊条药皮中均含有一定量的氟石(CaF_2)，焊接时它直接与氢发生反应，产生大量的HF，这是一种稳定的气体化合物，即使高温也不易分解。由于大量的氢被HF占据，因此可以有效地降低氢气孔的倾向。

在低碳钢及一些低合金钢埋弧焊用的焊剂中，也含有一定量的氟石和较多的SiO_2。当熔渣中SiO_2和CaF_2同时存在时，对消除氢气孔最有效。

另外，药皮和焊剂中适当增加氧化性组成物，如SiO_2、MnO和FeO等，对消除氢气孔也是有效的，因为这些氧化物在高温时能与氢化合生成稳定性仅次于HF的OH，而OH也不溶于液态金属，可以占据大量的氢而消除氢气孔。

(3) 保护气体的影响　钢材焊接时，可选用的保护气体包括CO_2和CO_2+Ar混合气。有色金属焊接时，保护气体主要采用惰性气体Ar或He，有时会在Ar中添加少量活性气体CO_2或O_2。从防止气孔产生的角度考虑，活性气体优于惰性气体。因为活性气体可以促使降低氢的分压和限制溶氢，同时还能降低液态金属的表面张力，增大其活性，有利于气体的排除。

（4）焊丝成分的影响　焊丝与焊剂或保护气体可以有各种各样的组合，因而会有不同的冶金反应，从而造成不同的熔池和焊缝金属成分。在许多情况下，希望形成充分脱氧的条件，以抑制反应性气体的生成。

采用 MAG 焊方法焊接钢时，气氛中的 CO_2 在电弧作用下会发生分解反应

$$2CO_2 = 2CO + O_2 \tag{4-4}$$

具有强烈的氧化性。如果焊丝中没有足够的脱氧元素，则必然发生铁的氧化

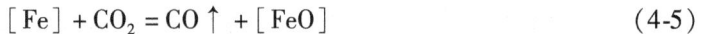

$$[Fe] + CO_2 = CO\uparrow + [FeO] \tag{4-5}$$

熔滴金属与熔池金属中由于增加了 FeO，将发生如式(4-1)给出的反应，于是创造了形成一氧化碳气孔的条件。

4. 焊接工艺对气孔的影响

1）焊接工艺是通过影响电弧周围气体向熔融金属中的溶入及熔池中气体的逸出而对气孔的形成产生影响的。焊接工艺条件不正常，以致电弧不稳定或失去正常保护作用，均促使增大外在气体的溶入，从而增大气孔的倾向。

2）电源的种类、极性和所用焊接参数对气孔的形成也有重要作用。一般来讲，交流焊接时的气孔倾向大于直流焊，直流正接时的气孔倾向大于直流反接，降低电弧电压可以减小气孔倾向。

3）熔池存在时间对气体的溶入与排出有明显的影响。存在时间长有利于气体排出，但也会增加气体的溶入。对于反应性气体而言，显然应着眼于创造有利的排除条件，即应适当增大熔池的存在时间。因此，增大热输入是有利的，适当预热也是有利的。对于氢和氮等析出性气体而言，既要考虑气体的溶入，也要考虑气体的逸出。因此，焊接参数的影响存在最佳值，而不是简单地增大或减小。

4.2.3　气孔的防止措施

针对上面分析的影响气孔形成的诸多因素，在焊接中可以采取如下措施来防止气孔的产生。

1. 消除气体来源

1）加强焊接区保护，焊接过程中不能破坏正常的防护条件。如药皮不得脱落；焊剂或保护气体不能中断送给；气体保护焊时，必须防风，气体的成分也必须控制。

2）对焊接材料进行防潮与烘干。焊条与焊剂必须防潮，使用前进行烘干并应放在专用烘箱或保温桶中保管，做到随用随取。

3）采取适当的表面清理方法，清除工件及焊丝表面的氧化膜、铁锈及油污等。对于铁锈一般采用机械清理方法，对于有色金属的氧化膜常采用化学清洗与机械清理并用的方法。

2. 正确选用焊接材料

1）适当调整熔渣的氧化性。如为减小 CO 气孔的倾向，可适当降低熔渣的氧化性；而为减小氢气孔的倾向，可适当增加熔渣的氧化性。

2）焊接有色金属时，在 Ar 中添加氧化性气体 CO_2 或 O_2。但 CO_2 或 O_2 的数量必须严格控制，数量少时不会有效果，数量多时会使焊缝明显氧化。

3）CO_2 焊时，必须充分脱氧。即使是焊接低碳钢，也必须采用合金钢焊丝。

4）有色金属焊接时，脱氧更是最基本的要求。因此，焊接纯镍时不能用纯镍焊丝和焊条，而应采用含有铝和钛的焊丝和焊条；纯铜氩弧焊时，同样也不能用纯铜焊丝，而必须用合金焊丝，如硅青铜和磷青铜焊丝等。

3. 控制焊接工艺条件

1）焊接时规范要保持稳定，防止焊接工艺条件不正常而导致电弧不稳定或失去正常保护作用，从而减少外界气体的侵入。

2）尽量采用短弧焊接，能采用直流焊就不采用交流焊，能采用直流反接就不采用直流正接。

3）铝合金 TIG 焊时，一方面应尽量采用小的热输入以减少熔池存在的时间，从而减少氢的溶入，同时又要能充分保证根部的熔化，以利于根部氧化膜上的气泡浮出。

4）铝合金 MIG 焊时，由于焊丝氧化膜的影响更为重要，减少熔池存在时间难以有效地防止焊丝氧化膜分解出来的氢向熔池侵入，因此一般希望增大熔池存在时间，以利气泡逸出。

4.3 焊接裂纹

在焊接应力及其他致脆因素共同作用下，材料的原子结合遭到破坏，形成新界面而产生的缝隙称为焊接裂纹。它是在焊接、消除应力退火、工厂和工地的耐压试验过程中以及结构的使用过程中，焊接区产生的各种裂纹的总称，具有尖锐的缺口和长宽比大的特征，是降低焊接结构使用性能最危险的焊接缺陷之一。裂纹的种类很多，不同的裂纹不仅外形、分布、产生条件不同，而且形成的机理与影响因素也大不一样。为了更好地防止焊接过程中产生裂纹，必须根据不同焊接裂纹的形成机理分门别类进行讨论。

4.3.1 焊接裂纹的种类和特征

裂纹的分类方法非常多，按照裂纹的走向可以分为纵向裂纹、横向裂纹和星形裂纹；按照裂纹产生的区域可以分为焊缝中裂纹、熔合区裂纹和热影响区裂纹；按照裂纹出现的位置可分为焊缝根部裂纹、热影响区根部裂纹、焊趾裂纹、焊道下裂纹及弧坑裂纹等，如图 4-2 所示。

按照裂纹的宏观形态及其分布对其进行分类，虽然可以从一定程度上反映裂纹的特点，但却不能作为判断裂纹性质的惟一依据。为了深入了解裂纹产生的本质，有利于针对不同裂纹采取有效的防止措施，最好是按焊接裂纹的产生条件进行分类。因此，焊接裂纹可以分为五大类，即热裂纹、冷裂纹、再热裂纹、层状撕裂和应力腐蚀裂纹，其主要特征如表 4-1 所示。

1. 焊接热裂纹

热裂纹一般是指在较高温度下产生的裂纹。大部分热裂纹是在固、液相线温度区间产生的结晶裂纹，也有少量是在稍低于固相线温度时产生的。热裂纹多数产生在焊缝中，有时候也产生于热影响区。热裂纹可分为三类，即结晶裂纹、高温液化裂纹和多边化裂纹。热裂纹大多数裂口是贯穿表面并且断口是被氧化的，裂口宽度约为 0.05 ~ 0.5mm，比冷裂纹的 0.001 ~ 0.01mm 要大几十倍，裂纹末端略呈圆形。

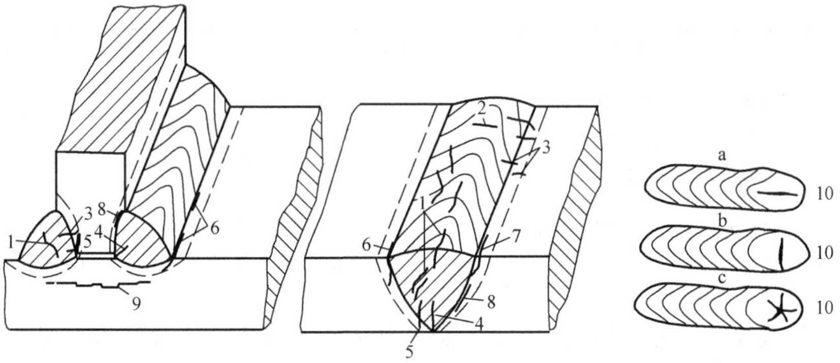

图4-2　焊接裂纹的宏观形态及其分布

1—焊缝中的纵向裂纹　2—焊缝中的横向裂纹　3—熔合区裂纹　4—焊缝根部裂纹　5—HAZ根部裂纹　6—焊趾纵向裂纹（延迟裂纹）　7—焊趾纵向裂纹（液化裂纹、再热裂纹）　8—焊道下裂纹（延迟裂纹、液化裂纹、多边化裂纹）　9—层状撕裂　10—弧坑裂纹（火口裂纹）　a—纵向裂纹　b—横向裂纹　c—星形裂纹

表4-1　裂纹的分类及特征

裂纹分类		形成原因	敏感温区	对应材料	出现位置	裂纹走向
热裂纹	结晶裂纹	在焊缝结晶后期，由于低熔共晶形成的液态薄膜削弱了晶粒间的联结，在拉应力作用下产生裂纹	在固相线以上稍高的温度	杂质较多的碳钢、低中合金钢、奥氏体钢、镍基合金及铝	焊缝	沿奥氏体晶界
	高温液化裂纹	在焊接热循环峰值温度的作用下，在热影响区和多层焊的层间发生重熔，在拉应力作用下产生裂纹	在固相线以下稍低的温度	含S、P、C较多的镍铬高强度钢、奥氏体钢、镍基合金	热影响区或多层焊的层间	沿晶
	多边化裂纹	已凝固的结晶前沿，在高温和应力的作用下，晶格缺陷发生移动和聚集，形成二次边界而呈现低塑性状态，在拉应力作用下产生裂纹	在固相线以下再结晶温度	纯金属及单相奥氏体合金	焊缝，少量在热影响区	沿奥氏体晶界
冷裂纹	延迟裂纹	在淬硬组织、氢和拘束应力的共同作用下而产生的具有延迟特征的裂纹	在Ms点以下	中、高碳钢，低、中合金钢，钛合金等	热影响区，少量在焊缝	沿晶或穿晶
	淬硬脆化裂纹	淬硬组织在焊接拉应力作用下产生的裂纹	在Ms点附近	含碳的Ni-Cr-Mo钢、马氏体不锈钢、工具钢	热影响区，少量在焊缝	沿晶或穿晶
	低塑性脆化裂纹	在较低温度下，由于被焊材料的收缩应变超过了材料本身的塑性储备而产生的裂纹	在400℃以下	铸铁、堆焊硬质合金	热影响区或焊缝	沿晶或穿晶
再热裂纹		焊后对接头再次加热，在粗晶区由于应力松弛产生的附加变形大于该部位的塑性储备所引起的裂纹	一般在600～700℃	含有沉淀强化元素的高强度钢、珠光体钢、奥氏体钢、镍基合金等	热影响区的粗晶区	沿晶

（续）

裂纹分类	形成原因	敏感温区	对应材料	出现位置	裂纹走向
层状撕裂	钢板内部存在沿轧制方向的夹杂物，在垂直于轧制方向的拉应力作用下产生台阶式层状开裂	400℃ 以下	含有杂质的低合金高强度钢厚板结构	热影响区附近	沿晶或穿晶
应力腐蚀裂纹	在腐蚀介质和拉应力的共同作用下产生的延迟开裂	任何温度	碳钢、低合金钢、不锈钢、铝合金等	焊缝或热影响区	沿晶或穿晶

（1）结晶裂纹　焊缝结晶过程中，在固相线附近，由于固态金属的收缩，残余液态金属不足，不能及时填充收缩留下的空间，在拉应力的作用下发生沿晶开裂，这种裂纹称为结晶裂纹。多数情况下，结晶裂纹断口上可以看到氧化的色彩，说明这种裂纹是在高温下产生的。结晶裂纹主要产生在含杂质较多的碳钢、低合金钢焊缝中，也出现在单相奥氏体钢、镍基合金以及某些铝合金的焊缝中，其典型照片如图 4-3 所示。

（2）高温液化裂纹　在熔合线附近的热影响区或多层焊的层间部位，如果被焊金属含有较多的低熔共晶，在焊接热循环峰值温度的作用下，低熔共晶被重新熔化，在拉应力的作用下会沿奥氏体晶界发生开裂，这种裂纹称为高温液化裂纹。它主要发生在含有铬和镍的高强度钢、奥氏体钢以及某些镍基合金的热影响区或多层焊的层间部位，在固相线以下稍低的温度开裂。当母材和焊丝中硫、磷、硅和碳的含量偏高时，其敏感性显著增大。

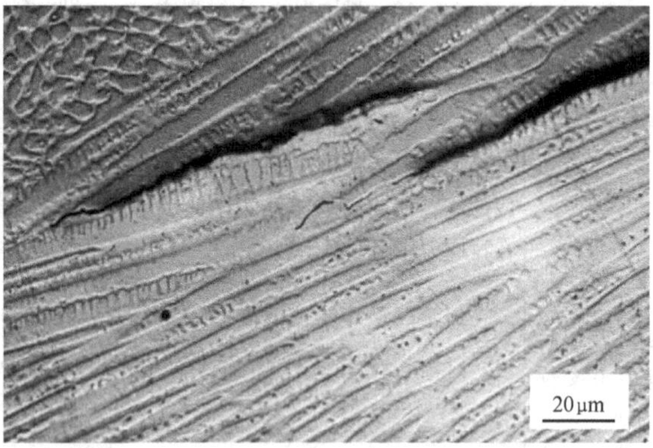

图 4-3　316L 不锈钢焊缝中的热裂纹

（3）多边化裂纹　焊接时，当焊缝或熔合区温度处在固相线稍下的高温区间时，刚结晶的金属中存在很多晶格缺陷，在一定的温度和应力作用下，这些晶格缺陷发生迁移和聚集，形成了二次边界，即多边化边界。多边化边界上堆积了大量的晶格缺陷，所以它的组织性能脆弱，高温时的强度和塑性都很差，只要有轻微的拉伸应力，就会沿多边化边界开裂，产生多边化裂纹。这种裂纹多数是在纯金属或单相奥氏体焊缝中产生，也可能产生在热影响区中。裂纹多发生在重复受热的多层焊层间焊缝金属中及热影响区，其部位并不都靠近熔合区，断口呈现出高温低塑性开裂特征，裂纹附近常伴随有再结晶晶粒出现。

2. 焊接冷裂纹

冷裂纹的提法是相对热裂纹而言的，一般是指在较低温度下产生的裂纹。对于低合金高强度钢来讲，大约在马氏体转变温度附近，由于拘束应力、淬硬组织和氢的共同作用，使焊接接头产生的开裂就属于冷裂纹。冷裂纹主要发生在中碳钢、高碳钢以及合金结构钢的焊接接头中，特别易于出现在焊接热影响区。个别情况下，如焊接超高强度钢和某些钛合金时，冷裂纹也出现在焊缝金属上。根据被焊钢种和结构的不同，冷裂纹可以进一步划分为延迟裂纹、淬硬脆化裂纹和低塑性脆化裂纹。

（1）延迟裂纹　延迟裂纹是冷裂纹中的一种普遍形态，它的主要特点是不在焊后立即出现，而是有一定的孕育期，具有延迟现象，故称延迟裂纹，如图4-4所示。产生这种裂纹主要决定于钢种的淬硬倾向、焊接接头的应力状态和熔敷金属中扩散氢的含量。

（2）淬硬脆化裂纹　一些淬硬倾向很大的钢种，即使没有氢的诱发，仅在拘束应力的作用下，也能导致开裂。这种开裂即称为淬硬脆化裂纹，也称淬火裂纹。焊接含碳较高的镍铬钼钢、马氏体不锈钢、工具钢以及异种钢时均有可能出现这种裂纹，它主要是由冷却时马氏体相变产生的脆性造成的，没有延迟现象，焊后立即发生，有时出现在热影响区，有时出现在焊缝中。

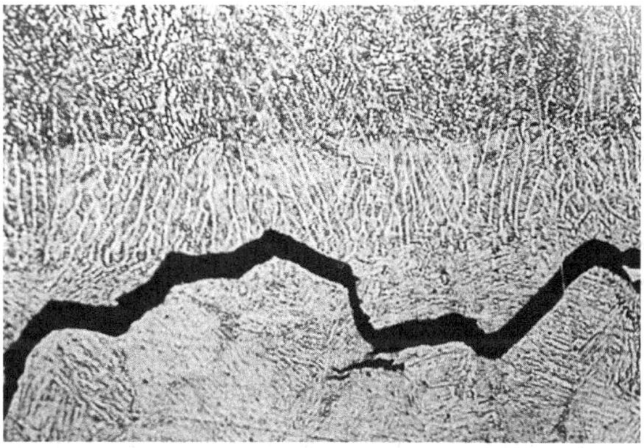

图4-4　HY-80钢焊接热影响区中的延迟裂纹

（3）低塑性脆化裂纹　某些塑性较低的材料，焊接后冷却至低温时，由于收缩应力而引起的应变超过了材质本身所具有的塑性储备，或材质变脆而产生的裂纹，称为低塑性脆化裂纹。例如铸铁补焊、堆焊硬质合金和焊接高铬合金时，就会出现这种裂纹。由于是在较低温度下产生的，所以也是属于冷裂纹的一种形态，但没有延迟现象。

3. 其他裂纹

（1）再热裂纹　某些合金钢焊后消除应力处理过程中产生的裂纹，称为消除应力处理裂纹；在高温合金焊后时效处理或高温使用过程中伴随时效沉淀硬化而出现的裂纹，称为应变时效裂纹。这种焊后对接头再次加热所引起的裂纹统称为再热裂纹。

再热裂纹对含有沉淀强化元素的材料最为敏感，产生部位均在熔合区附近的粗晶区域，属于典型的晶间断裂性质，裂纹不一定是连续的，而且至细晶区就会停止扩展；再热裂纹的产生必须有残余应力和应变为先决条件，因此在大拘束度的厚件中和应力集中部位最容易产生再热裂纹；再热裂纹的产生和加热温度及加热时间有密切关系，存在一个最容易产生再热裂纹的敏感温度范围，如低合金高强度钢和耐热钢一般在500～700℃之间容易产生再热裂纹，而高温合金在700～900℃之间容易产生再热裂纹。

（2）层状撕裂　含有杂质的大型厚壁高强度钢结构在焊接及使用过程中，因钢板的厚度方向承受较大的拉伸应力而沿钢板轧制方向出现一种台阶状的裂纹称为层状撕裂。它可能产生于热影响区，也可能产生于远离热影响区的母材中，但不会产生于焊缝之中。

层状撕裂的主要特征就是呈现阶梯状开裂，这是其他焊接裂纹所没有的。层状撕裂的全貌基本是由平行于轧制表面的平台与大体垂直于平台的剪切壁所组成的，在撕裂的平台部位常可发现不同类型的非金属夹杂物。几种典型的层状撕裂如图4-5所示。

（3）应力腐蚀裂纹　应力腐蚀裂纹是指金属在某种特定的腐蚀介质与相应水平的拉伸应力共同作用下产生的裂纹。它既可以产生在焊缝中，又可以产生在热影响区内。化工设备中的焊接结构破坏事故多数为应力腐蚀开裂所致。

从接头外观看，无明显的均匀腐蚀痕迹，所观察到的应力腐蚀裂纹一般呈龟裂形式，断断续续，而且在焊缝上横向裂纹占多数。从横断面的金相照片看，应力腐蚀裂纹的形态犹如干枯的树木根须，并且总是由表面沿纵深方向往里发展，其裂口的深宽比很大，细长而带有分支是其典型特征，即存在大量二次裂纹，如图 4-6 所示。从应力腐蚀裂纹断口看，仍保持金属光泽，为典型脆性断口。

一般情况下，低碳钢、低合金高强度钢、铝合金、α 黄铜以及镍基合金等，其应力腐蚀裂纹均属晶间断裂性质，裂纹大都沿垂直于拉应力的晶界向纵深发展。镁合金、β 黄铜以及在氯化物介质中的奥氏体不锈钢，应力腐蚀裂纹大多数情况下都具有穿晶断裂性质。对奥氏体不锈钢来讲，当腐蚀介质不同时，开裂的性质也不同，即可能出现沿晶开裂，也可能出现穿晶开裂，或者出现穿晶与沿晶的混合开裂。

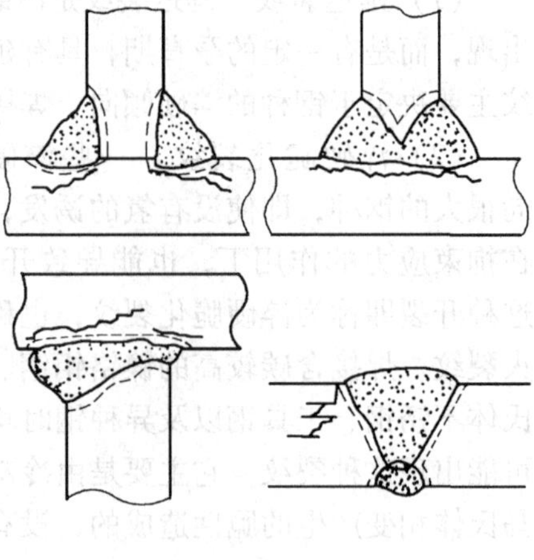

图 4-5 典型的层状撕裂

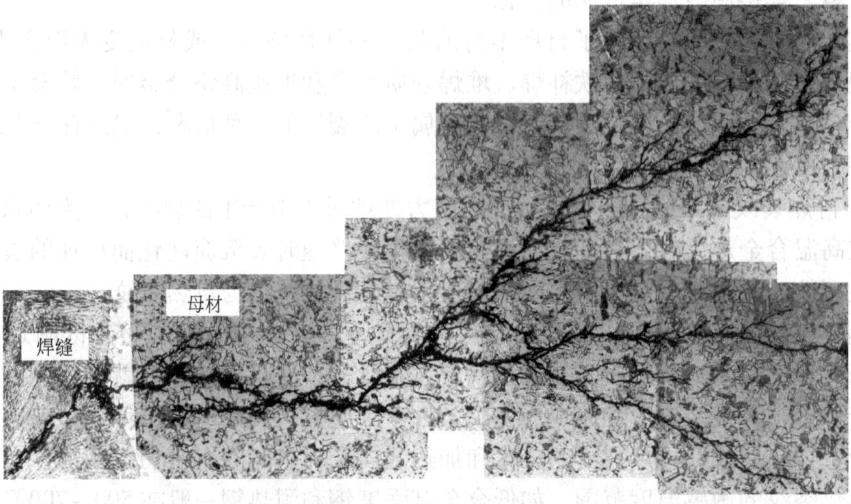

图 4-6 应力腐蚀裂纹

4.3.2 结晶裂纹的形成与控制

热裂纹是焊接过程中经常出现的一类裂纹，从常用的低碳钢、低合金高强度钢，到奥氏体不锈钢、铝合金和镍基合金等都有产生焊接热裂纹的可能。焊接热裂纹中最常见的是结晶裂纹，其形成过程主要与低熔共晶和拉应力的存在有关。

1. 结晶裂纹的形成机理

焊缝金属的结晶不是瞬时完成的，而是一个在液态金属中不断形核和长大的过程。对非共晶成分的共晶合金来说，没有一个单一的结晶温度，而是存在一个结晶温度区间。当液态金属温度降低到和固相线相交时，结晶开始。随着结晶过程的进行，液态金属逐渐向低熔点成分变化，直至达到共晶成分。焊缝金属在结晶过程中，随着温度的不断降低，要经历液态、液-固态(液相占主要部分)、固-液态(固相占主要部分)、固态四个阶段。在这四个阶段中，存在一个温度区间，使焊缝的塑性变得非常低，因而这个温度区间被称为脆性温度区间。

在脆性温度区间内，即熔池结晶的固-液阶段，已结晶的固相占主要部分，尚未结晶的液态金属被排挤在已结晶的固态晶粒之间，并呈薄膜状分布，即在晶粒之间形成液态薄膜。此时，如果受到拉伸应力的作用，由于液相本身的抗变形能力很小，变形必将集中于液态薄膜处，在晶粒尚未发生塑性变形时，就沿晶界发生开裂，即产生结晶裂纹。

应当指出，处于脆性温度区间的金属塑性低，只是结晶裂纹产生的一个条件，此时如果没有拉伸应力的作用，也不会产生结晶裂纹。但焊缝金属经历固-液阶段时是在冷却过程中，冷却造成的金属收缩必然在焊缝中产生拉应力。拉应力和液态薄膜的同时存在，为结晶裂纹的形成提供了充分的条件。

为了进一步明确产生结晶裂纹的条件，原苏联学者普洛霍洛夫提出了拉伸应变与脆性温度区间内被焊金属塑性变化之间的关系，如图4-7所示。其中e表示焊缝在拉伸应力作用下产生的应变，它随温度的变化而变化，其应变增长率为$\partial e/\partial T$。p表示在脆性温度区间焊缝金属的塑性，在液态薄膜形成的时刻，p存在一个最小值p_{min}，此时焊缝金属产生的应变为e_0。p_{min}和e_0的差值e_s称为塑性储备，即$e_s=p_{min}-e_0$。

当应变增长率较小时，应变随温度按图4-7中曲线1变化，此时$e_0<p_{min}$，$e_s>0$。焊缝具有一定的塑性储备量，不会产生结晶裂纹。

当应变增长率较大时，应变随温度按图4-7中曲线3变化，此时$e_0>p_{min}$，$e_s<0$。焊缝金属在拉伸应力作用下产生的应变量已经超过了塑性储备量，焊缝中必然产生结晶裂纹。

当应变随温度按图4-7中曲线2变化时，$e_0=p_{min}$，$e_s=0$。焊缝金属在拉伸应力作用下产生的应变量等于塑性储备量，处于产生结晶裂纹的临界状态。此时的应变增长率称为临界应变增长率，记作CST。

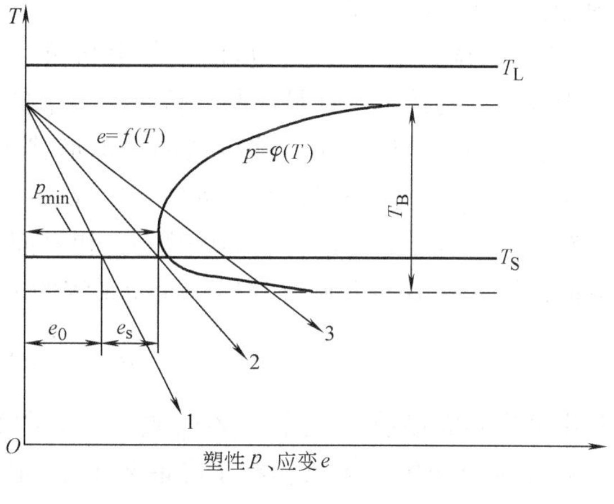

图4-7　焊接时产生结晶裂纹的条件

T_L—液相线　T_S—固相线　T_B—脆性温度区间

从上面的讨论可以知道，焊缝金属对结晶裂纹的敏感性与脆性温度区间及脆性温度区间内焊缝金属的塑性和应变增长率有关。一般来讲，脆性温度区间越大，在脆性温度区间内焊缝金属的塑性越小，在脆性温度区间内焊缝金属的应变增长率越大，产生结晶裂纹的倾向性越大。

可以通过对比实际应变增长率$\partial e/\partial T$和临界应变增长率CST来判断焊缝是否产生结晶裂纹。为防止结晶裂纹的产生，应满足如下条件

$$\frac{\partial e}{\partial T}<\mathrm{CST} \tag{4-6}$$

2. 结晶裂纹的影响因素

在实际焊接生产实践中，影响结晶裂纹的因素很多，而且这些影响因素又是相互关联

的，影响规律错综复杂。但从上面对结晶裂纹产生机理的分析中可以知道，影响结晶裂纹的本质因素只有两类，即冶金因素和应力因素。

（1）冶金因素 从材料的内因考虑，影响结晶裂纹的冶金因素主要是材料的化学成分，它直接影响结晶温度区间的大小、低熔共晶的形态以及一次结晶的组织。

1）结晶温度区间。图4-8给出了结晶温度区间对结晶裂纹倾向的影响。可以看出，随合金元素含量的增加，结晶温度区间增大，同时脆性温度区间增大，结晶裂纹倾向增加。直到S点时，结晶温度区间最大，脆性温度区间最大，结晶裂纹的倾向也最大。当合金元素含量进一步增加时，结晶温度区间和脆性温度区间减小，产生结晶裂纹的倾向降低。

以上只是根据平衡条件下的相图所进行的分析，而实际焊接条件下均属于不平衡结晶。实际固相线要比平衡条件下的固相线向左下方移动（见图4-8中的虚线），最大固溶点由S点移至S'。与此同时，结晶裂纹倾向的变化曲线也随之左移。

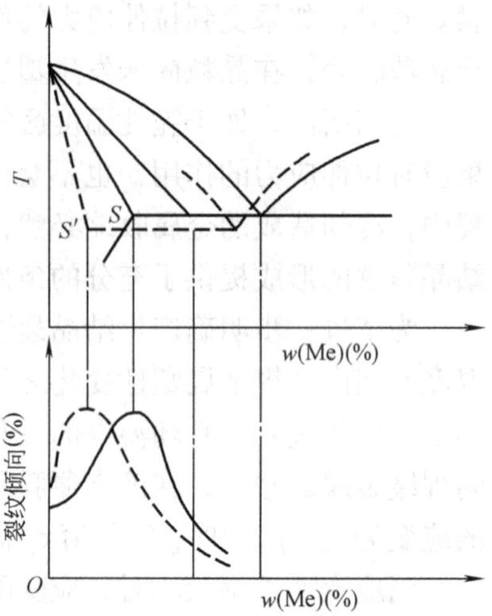

图4-8 结晶温度区间宽度与结晶裂纹倾向的关系

2）低熔共晶的形态。从前面的分析可以知道，结晶裂纹产生的冶金条件是在晶界位置产生了低熔共晶液态薄膜。而当最后结晶的低熔共晶以球形状态存在时，产生结晶裂纹的倾向将减小。如图4-9所示，当液态第二相β在固态基体相α的晶粒交界处存在时，其分布受晶界表面张力$\sigma_{\alpha\alpha}$和界面张力$\sigma_{\alpha\beta}$的平衡关系所支配。在高温下夹入晶间的第二相β总要调整其形状而使系统的表面能达到最低值，即存在下列关系

$$\sigma_{\alpha\alpha} = 2\sigma_{\alpha\beta}\cos\frac{\theta}{2} \tag{4-7}$$

其中θ为界面接触角，当$\sigma_{\alpha\alpha}/\sigma_{\alpha\beta}$具有不同数值时，$\theta$角可以从0°变化到180°。如果$2\sigma_{\alpha\beta}=\sigma_{\alpha\alpha}$，则$\theta=0°$，第二相易于在晶界的毛细间隙展开而形成连续薄膜；如果$2\sigma_{\alpha\beta}>\sigma_{\alpha\alpha}$，则$\theta\neq0°$，第二相难于进入晶界的毛细间隙，不易形成液态薄膜。$\sigma_{\alpha\beta}$越大，形成液态薄膜的可能性越小，故增大低熔共晶物的表面张力，有利于避免结晶裂纹的形成。

3）一次结晶的组织。焊缝结晶时，所形成晶粒的大小、形态和取向等对结晶裂纹的产生有很大的影响。晶粒越粗大，柱状晶的方向越明显，越容易在晶界形成连续的液态薄膜，产生结晶裂纹的倾向越大。例如，γ（奥氏体）-δ（铁素体）双相组织比单相奥氏体产生结晶裂纹的倾向小。

4）合金元素的种类。焊缝中的合金元素通过影响结晶温度区间大小、低熔共晶形态以及一次结晶的组织而影响结晶裂纹的形成。不同的合金元素所起的作用不同，相同的元素在不同的合金中所起的作用也不相同，必须具体情况具体分析。对于钢材的焊接来讲，合金元素对结晶裂纹的影响可以分为两种情况：一种是促进结晶裂纹形成的元素，如硫、磷、碳和镍等；另一种是抑制结晶裂纹形成的元素，如锰、硅、钛、锆和稀土元素等。

（2）应力因素 焊缝金属中存在低熔共晶，在结晶过程中的固-液阶段在晶界位置形成液态薄膜，造成焊缝金属塑性降低，但这只是产生结晶裂纹的一个条件。如果焊缝结晶

过程中没有应力的存在，即使晶界位置形成了液态薄膜，也不会产生热裂纹。只有焊接结构中存在一定水平的应力，才会促使处于脆性温度区间的焊缝金属产生结晶裂纹。

焊缝金属在结晶过程中所承受的应力主要是热应力。由于金属具有热胀冷缩的性质，当已结晶的焊缝金属冷却时，将会产生收缩，从而对邻近部位尚处于固-液两相中的晶间液膜产生拉伸作用。当产生的拉伸应变量超过焊缝的塑性储备量时，便在晶界形成裂纹。

3. 结晶裂纹的防止措施

根据结晶裂纹的形成机理和影响因素，可以从冶金和应力两个方面采取措施防止结晶裂纹的形成。

（1）冶金措施

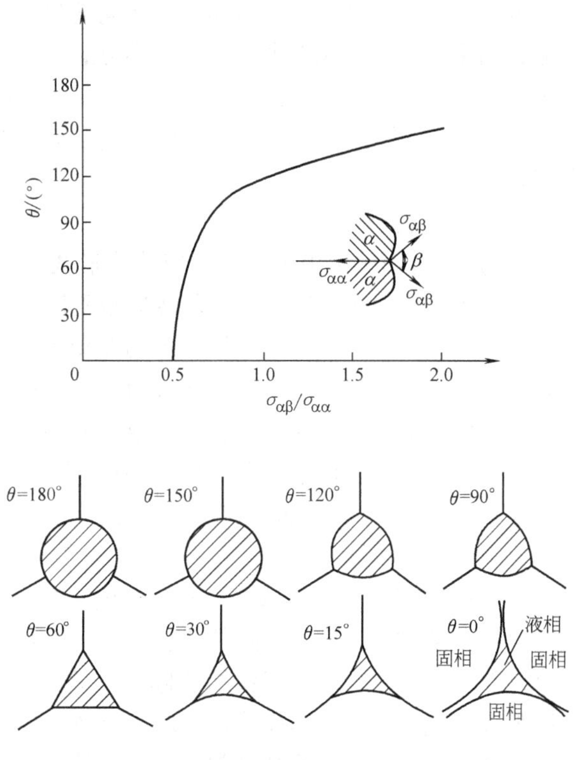

图 4-9　第二相形状与界面接触角的关系

1）控制焊缝中硫、磷和碳等有害杂质的含量。硫、磷是增大焊缝结晶裂纹倾向的最主要杂质，碳能促进硫和磷的偏析而增大结晶裂纹倾向。因此，为防止焊接过程中产生结晶裂纹，必须严格限制母材和焊接材料中这些有害杂质的含量。

2）改善焊缝的一次结晶组织。细化晶粒是防止结晶裂纹形成的重要途径，目前广泛采用的方法是向焊缝中加入某些合金元素，如 Mo、V、Ti、Nb、Zr、Al 及稀土元素等，以改变结晶组织的形态，细化晶粒，从而提高焊缝的抗裂性能。此外，焊接奥氏体不锈钢时，通过加入铬、钼和钒等铁素体形成元素，使焊缝成为 γ（奥氏体）-δ（铁素体）双相组织，这样可以减少硫、磷等有害元素在晶界上的分布，同时细化晶粒，割裂晶间液膜的连续性，从而可以有效防止结晶裂纹的产生。

3）限制熔合比。对于一些易于向焊缝转移某些有害杂质的母材，焊接时必须尽量减小熔合比，如开大坡口、减小熔深或堆焊隔离层等。尤其是焊接中碳钢、高碳钢以及异种金属时，限制熔合比具有极重要的意义。

4）利用“愈合作用”。晶间存在低熔共晶是产生结晶裂纹的重要原因之一。但结晶裂纹倾向并不随着低熔共晶数量的增多而一直增大，而是存在一个极值。一定量的低熔共晶存在于晶界，削弱晶粒间的联系，促使产生结晶裂纹。当晶间存在大量低熔共晶时，由于高熔点成分所形成的晶体数量相对减少，枝晶的支脉不能得到发展，其空间被低熔共晶填满，枝晶成长受到阻碍，液相在晶粒周围能比较自由地流动，即使已形成收缩孔隙，由于液相的毛细作用也可以使之填补“愈合”，结果反而可以减少结晶裂纹的产生。这种由于晶间低熔共晶数量增多而使结晶裂纹倾向降低的现象，被称为“愈合作用”。

“愈合作用”的实质是使合金成分超过最大结晶温度区间所对应的成分，从而减小结晶温度区间，达到降低产生结晶裂纹倾向的目的。例如，铝合金焊接时，常通过调整焊缝成分，利用“愈合作用”来防止产生结晶裂纹。对于一些结晶裂纹倾向大的硬铝之类的铝合金，在原合金系统中进行成分调整以改善抗结晶裂纹性能，往往不见成效。生产中常常采用 Al-Si 合金焊丝，因为可以形成大量低熔共晶，流动性好，具有很好的“愈合作用”，所以抗裂性能优异。

（2）应力控制

1）选择合理的接头形式。焊接接头形式不同，将影响接头的受力状态、结晶条件及温度分布等，因而产生结晶裂纹的倾向也不同。一般来说，表面堆焊和熔深较浅的对接焊缝不容易产生结晶裂纹，而熔深较大的对接和角接、搭接焊缝以及 T 形接头抗结晶裂纹性能较差。因为这些焊缝承受的横向应力正好作用在焊缝中心的最后结晶区域，这里是低熔共晶最后偏聚的地方，因此很容易形成结晶裂纹。

2）确定合理的焊接顺序。焊接顺序对焊缝的受力状态也有很大影响。确定焊接顺序总的原则是尽量使大多数焊缝在较小的刚度条件下焊接，避免焊接结构产生较大的拘束应力。

3）确定合理的焊接参数。一般说来，接头冷却速度越大，变形速度越大，越易于促使产生结晶裂纹。预热对于降低热裂倾向一般是比较有效的。企图用提高焊接热输入的办法来降低冷却速度，以便降低结晶倾向，效果不一定明显。因为热输入的影响是复杂的，从降低冷却速度考虑，提高热输入应当有效，但提高热输入对结晶组织形态不利。一般认为适当降低热输入对降低结晶裂纹倾向比较有利，但不宜采取提高焊接速度的办法来限制焊接热输入，而应适当降低焊接电流。因为高速焊接时，熔池常成为泪滴形，柱状晶近乎垂直地向焊缝轴线方向生长，在会合面处形成显著的偏析弱结合面，所以结晶裂纹倾向大。而低速焊接时，熔池常成为椭圆形，柱状晶呈人字纹路向焊缝中部生长，不易产生偏析弱结合面，故结晶裂纹倾向小。

4.3.3 延迟裂纹的形成与控制

延迟裂纹是焊接结构在焊接过程结束一段时间以后出现的一种冷裂纹。由于延迟裂纹的出现和氢的存在有密切关系，有时又把这种裂纹称为“氢致裂纹”。这种裂纹可能在焊接结束很长一段时间后出现，其威胁具有一定的隐蔽性，因此其危害更大。延迟裂纹主要出现在中碳钢、高碳钢及合金结构钢的焊接接头中，特别易于出现在焊接热影响区中。延迟裂纹的出现主要取决于三方面因素，即熔敷金属中氢的行为、材料的淬硬倾向和焊接接头的应力状态。只有深入了解和掌握它们对延迟裂纹的形成所起的作用，才能进一步提出延迟裂纹的防止措施。

1. 延迟裂纹的形成机理

（1）氢的行为及作用　如前所述，氢在焊接高温作用下，会大量溶解在焊接熔池中，在熔池随后的结晶过程中，氢的溶解度急剧下降，来不及逸出而呈现分子态的氢成为无法移动的残余氢；来不及析出而呈现过饱和状态的原子氢成为扩散氢。由于扩散氢能在固态金属中“自由移动”，因而扩散氢在焊接延迟裂纹的产生过程中起到了至关重要的作用。

1）氢致延迟开裂机理。金属内部的缺陷（包括微孔、微夹杂和晶格缺陷等）提供了潜在裂纹源，在应力的作用下，这些微观缺陷的前沿形成了三向应力区，诱使氢向该处扩散并聚集，应力也随之提高，如图4-10所示。当氢的浓度达到一定程度时，一方面产生较大的应力，另一方面阻碍位错移动而使该处变脆。此部位氢的浓度达到临界值时，就会发生启裂和裂纹扩展，扩展后的裂纹尖端又会形成新的三向应力区。氢又不断向新的三向应力区扩散，达到临界浓度时又发生了新的裂纹扩展。这种过程可以周而复始不断进行，直至成为宏观裂纹。由于启裂、裂纹扩展过程都伴随有氢的扩散，而氢的扩散是需要一定的时间的，因此这种冷裂纹具有延迟特征。

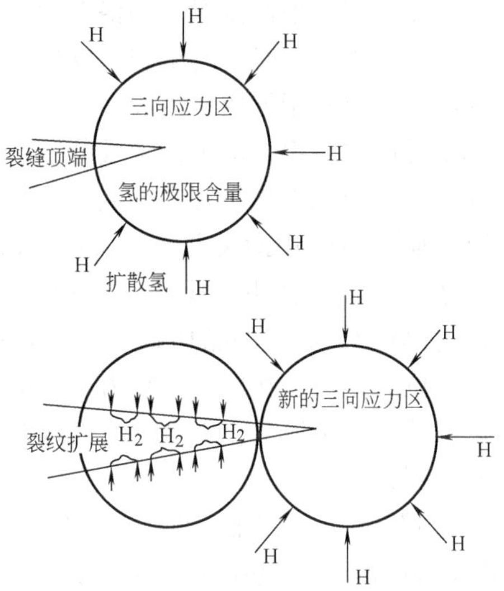

图4-10　氢致裂纹的扩展过程

2）氢的扩散行为对致裂部位的影响。含碳较高或合金元素较多的钢种对裂纹和氢脆有较大的敏感性，为了降低焊缝的冷裂倾向，焊缝金属的含碳量一般控制在低于母材的水平。在这种情况下，熔合线附近的焊接热影响区往往出现延迟裂纹，这主要是由氢的动态行为造成的。

在焊接冷却过程中，氢的扩散行为如图4-11所示。焊缝的含碳量低于母材，因此在较高的温度就发生相变，根据焊缝的化学成分和冷却速度不同，可能由奥氏体分解为铁素体、珠光体、贝氏体或马氏体。此时母材热影响区金属因含碳较高，相变滞后，尚未开始奥氏体分解，即焊缝相变温度界面 T_{AF} 导前于热影响区相变界面 T_{AM}。

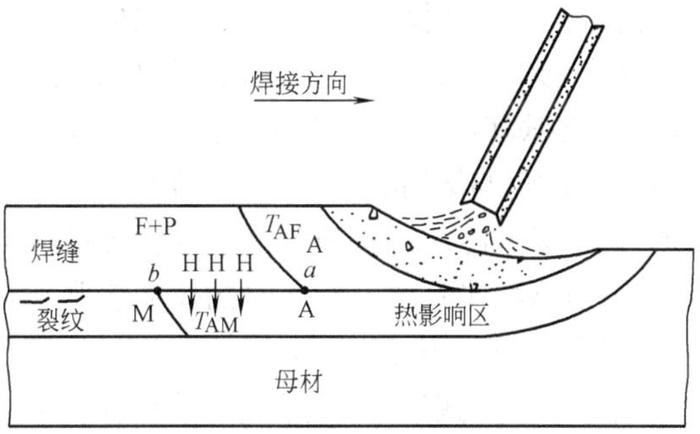

图4-11　氢的扩散行为对致裂部位的影响

当焊缝由奥氏体转变为铁素体、珠光体等组织时，氢的溶解度突然下降(参见图2-7)，而氢在铁素体、珠光体中的扩散速度很快(参见表2-8)，因此氢就很快地从焊缝越过熔合线 *ab* 向尚未发生分解的奥氏体热影响区扩散。由于氢在奥氏体中的扩散速度较小，不能很快把氢扩散到距熔合线较远的母材中去，因而在熔合线附近就形成了富氢地带。当滞后相变的热影响区由奥氏体向马氏体转变时，氢便以过饱和状态残留在马氏体中，促使这个地区进一步脆化，从而诱发延迟裂纹。

（2）材料淬硬倾向的影响　材料的淬硬倾向主要决定于材料的化学成分、所采用的焊接工艺和冷却条件以及板厚等因素。一般情况下，钢种的淬硬倾向越大，越易形成淬硬组织，因而促进延迟裂纹的形成。各种不同组织对冷裂纹的敏感性大致按下列顺序增大：铁素体或珠光体→下贝氏体→条状马氏体→上贝氏体→粒状贝氏体→岛状M-A组元→片状马氏体。

1）淬火形成脆硬的马氏体组织。在焊接条件下，熔合线附近区域的加热温度高达1350～1400℃，使奥氏体晶粒发生严重长大，当快速冷却时，粗大的奥氏体将转变为粗大的马氏体。马氏体是碳在 α-Fe 中的过饱和固溶体，碳原子以间隙原子形式存在于晶格之中，使铁原子偏离平衡位置，晶格发生较大的畸变，致使组织处于硬化状态。特别是片状马氏体，是一种非常脆硬的组织，发生断裂时将消耗较低的能量，当焊接接头有这种马氏体存在时，裂纹易于形成和扩展。

同属马氏体组织，由于化学成分和形态不同，对裂纹的敏感性也不同。马氏体的形态与碳含量和合金元素含量有关。低碳马氏体呈板条状，马氏体转变点较高，转变后有自回火作用，因此这种马氏体除具有较高的强度之外，尚有良好的韧性。当钢中的含碳量较高或冷却较快时，就会出现片状马氏体。这种片状马氏体的硬度很高，对裂纹的敏感性很强。

2）淬硬形成更多的晶格缺陷。金属在热力不平衡的条件下会形成大量的晶格缺陷，主要是空位和位错。在应力和热力不平衡的条件下，空位和位错会发生移动和聚集，当它们的浓度达到一定值后，就会形成裂纹源。在应力的继续作用下，就会不断发生扩展而形成宏观的裂纹。

（3）接头应力状态的影响　高强度钢焊接时产生延迟裂纹不仅决定于氢的有害作用和钢的淬硬倾向，而且还决定于焊接接头所处的应力状态。在某些情况下，应力状态甚至起到决定性的作用。

1）应力的种类。在焊接条件下主要存在三种应力，即不均匀加热及冷却过程中所产生的热应力、金属相变时产生的组织应力和结构自身拘束条件所造成的结构应力。

在焊接时，焊接区由于受热而发生膨胀，因而承受压应力，冷却时由于收缩又承受拉应力，一直到焊后将会产生不同程度的残余应力。热应力的大小与母材和填充金属的热物理性质有关，同时也与结构的刚度有关。在拉应力的作用下，会引起氢的聚集，诱发延迟裂纹。

在焊接区冷却过程中，高强度钢奥氏体分解会引起体积膨胀，而且转变后的组织都具有较小的热膨胀系数。相变时的体积膨胀和热膨胀系数降低，将会减轻焊后收缩时产生的拉伸应力，因此相变应力会降低接头产生延迟裂纹的倾向。

结构自身拘束条件所造成的结构应力是指构件的自重、负载及其他部位的冷却收缩，以及结构的刚度、焊接顺序、焊缝位置等给接头造成的应力。

以上焊接接头所承受的三种应力，都是钢结构焊接时不可避免的。由于应力都是在结构受到某种拘束作用时产生的，因此将上述三种应力的综合作用统称为拘束应力。

2）拘束度与拘束应力。焊接拘束应力的大小决定于受拘束的程度，可以采用拘束度 R 来表示，其定义为：单位长度焊缝在根部间隙产生单位长度的弹性位移所需要的力。具体的含义说明如图 4-12 所示。

如果两端不固定，即没有外拘束的条件下，焊后冷却过程中会产生 S 的热收缩。当两端被刚性固定时，冷却后就不可能产生横向变形，但在焊接接头中就引起了反作用力 F，此时反作用力应使接头的伸长量等于 S。S 包括了母材的伸长 λ_b 和焊缝的伸长 λ_w 两部分所组成，即 $S=\lambda_b+\lambda_w$。与母材的宽度 L 相比，焊缝的宽度是很小的，所能发生的弹性变形量也很小。当板厚 h 相对焊缝厚度 h_w 很大时，即便是焊缝的反作用应力已超过了它的屈服点，母材仍处于弹性范围。这时可以忽略焊缝的影响，即 $S\approx\lambda_b$。因此，拘束度 R 可用下式表示

$$R=\frac{F}{l\lambda_b}=\frac{F}{lh}\frac{hL}{L\lambda_b}=\sigma\frac{1}{\varepsilon}\frac{h}{L}=\frac{Eh}{L} \tag{4-8}$$

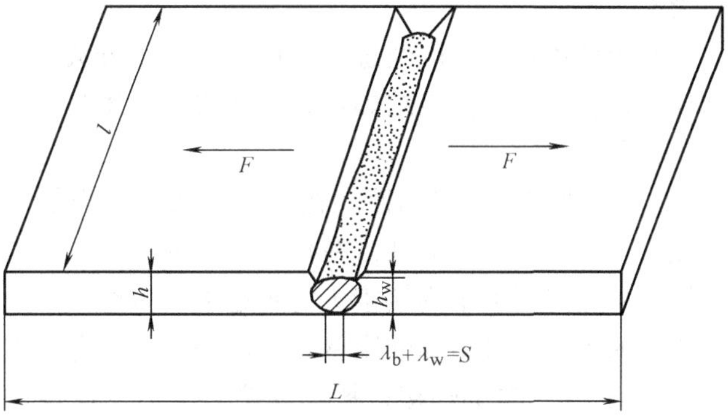

图4-12 拘束度的定义说明图

式中 E——母材金属的弹性模量（N/mm^2）；

L——拘束距离（mm）；

h——板厚（mm），这里是按板厚与焊缝厚度相等考虑的；

R——拘束度（N/mm·mm）；

l——焊缝长度（mm）；

σ——应力（N/mm^2）；

ε——应变。

从式(4-8)中可以看出，改变拘束距离 L 和板厚 h，可以调节拘束度 R 的大小。当 L 减小而 h 增大时，拘束度 R 增大。当 R 值大到一定程度时就产生裂纹，这时的 R 值称为临界拘束度 R_{cr}。焊接接头的临界拘束度 R_{cr} 越大，接头的抗裂性越强。因此，可用 R_{cr} 作为冷裂敏感性的判据，即产生冷裂纹的条件是

$$R > R_{cr} \tag{4-9}$$

式中 R——实际拘束度；

R_{cr}——临界拘束度。

实际上，拘束度 R 反映了不同焊接条件下焊接接头所承受拘束应力 σ 的大小。当焊接时产生的拘束应力不断增大，直至开始产生裂纹时，此时的应力称为临界拘束应力 σ_{cr}。它实际上反映了影响产生延迟裂纹的各个因素共同作用的结果，包括钢种的化学成分、接头的含氢量、冷却速度和应力状态等。焊接接头的临界拘束应力 σ_{cr} 越大，接头的抗裂性越强。因此，可以用 σ_{cr} 值作为评定冷裂敏感性的判据，即产生冷裂纹的条件是

$$\sigma > \sigma_{cr} \tag{4-10}$$

式中 σ——实际拘束应力；

σ_{cr}——临界拘束应力。

2. 延迟裂纹的防止措施

通过前面对延迟裂纹的形成机理和影响因素的分析，可以有针对性地采取适当措施，以防止延迟裂纹的产生。总的原则就是控制影响延迟裂纹的三大因素，即尽可能降低拘束应力，消除一切氢的来源，改善接头组织状态。具体措施可以分为两大方面，即冶金措施和工艺措施。

（1）冶金措施

1）改进母材的化学成分。从降低热影响区淬硬倾向的角度出发，主要是从冶炼技术上提高钢材的品质。一方面采用低碳多种微量合金元素的强化方式，在提高强度的同时，也保证具有足够的韧性；另一方面，采用精炼技术尽可能降低钢中的杂质，使硫、磷、氧和氮等元素控制在极低的水平。实践证明，这类钢具有良好的抗冷裂性能。

2）严格控制氢的来源。对焊丝与钢板坡口附近的铁锈和油污等应认真清理。对焊条、焊剂应仔细烘干，注意环境湿度，采取防潮措施。普通低氢焊条应在350℃、超低氢焊条应在400～450℃烘干2h，并应妥善保存，最好在保温箱或保温筒内存放，随用随取，以

防吸潮。

对于熔炼焊剂，因经过高温熔炼，含水分甚少，焊前一般250℃烘干保温2h即可。烧结焊剂，特别是低温烧结焊剂，制造之后要密封存放，开封之后应立即使用，不能存放过久，否则会吸潮。

3）适当提高焊缝韧性。在焊缝金属中适当加入钛、铌、钼、钒、硼、碲及稀土等微量元素可以提高焊缝韧性，在拘束应力的作用下，利用焊缝的塑性储备，减轻了热影响区负担，从而降低整个焊接接头的延迟裂纹敏感性。此外，采用奥氏体焊条焊接某些淬硬倾向较大的中、低合金高强度钢，也能很好地避免延迟裂纹的产生。

4）选用低氢的焊接材料和焊接方法。在焊接生产中，对于不同强度级别的钢种，都有相应配套的焊条、焊丝和焊剂，它们基本上可以满足要求。然而，对于某些重要的焊接结构，从防止延迟裂纹的角度出发，应采用超低氢、高强、高韧的焊接材料，或采用二氧化碳气体保护焊方法，以获得低氢焊缝。

（2）工艺措施　工艺措施包括正确选择预热温度，严格控制焊接热输入，进行紧急后热，采用多层焊接，合理安排焊缝及焊接次序等。

1）适当预热。预热可以减小焊接过程中产生的热应力，降低冷却速度，有效地防止延迟裂纹的产生，但必须合理地选择预热温度。预热温度过高，一方面恶化了劳动条件，另一方面在局部预热的条件下，可能产生附加应力，反而会促进裂纹的产生。因此，不是预热温度越高越好，而应合理地加以选择。

2）严格控制焊接热输入。从防止产生淬硬组织的角度考虑，应降低冷却速度或延长冷却时间。除了预热之外，适当增大热输入是有利的。但必须避免奥氏体晶粒过分粗化，以防形成有害的粗大马氏体。因此，对于一些重要的焊接结构，必须严格控制焊接热输入。既要防止热输入过大引起的晶粒粗化，又要防止热输入过小引起的热影响区淬硬，以降低延迟裂纹的产生倾向。

3）焊后低温热处理。延迟裂纹一般要在焊后几分钟或几个小时之后才产生，焊后在延迟裂纹产生以前进行加热处理，对防止延迟裂纹是有效的。焊后低温热处理可以使扩散氢充分逸出，并有一定的降低残余应力的作用。根据焊后低温热处理温度高低和加热时间长短，还可能有一定的组织改善作用，因此可以有效地防止延迟裂纹的产生。

4）采用多层焊。同单层焊相比，多层焊能够显著减少焊缝根部的延迟裂纹，但要求在第一层焊道尚未产生延迟裂纹的潜伏期内完成第二层焊道的焊接。这是因为，第二层焊道的焊接热可促使第一层焊道中的氢迅速逸出，并可使第一层焊道热影响区的淬硬层软化。在这样的情况下，预热温度可以降低一些。但多层焊时必须严格控制层间温度，以便使扩散氢逸出，否则氢会发生逐层积累，而且在多次加热的条件下可能产生较大的残余应力，反而增大延迟裂纹倾向。

5）合理安排焊缝及焊接次序。合理安排焊缝及焊接次序可以有效降低结构的拘束度，降低拘束应力，从而有效防止延迟裂纹的产生。

4.3.4　其他裂纹的形成与控制

1. 再热裂纹

（1）再热裂纹的形成机理　再热裂纹的产生是由晶界优先滑动导致微裂（形核）而发

生和扩展的。也就是说，在焊后再热处理时，残余应力松弛过程中，粗晶区应力集中部位的晶界滑动变形量超过了该部位的塑性变形能力，就会产生再热裂纹。理论上产生再热裂纹的条件可用下式表达

$$e > e_{cr} \tag{4-11}$$

式中　e——粗晶区局部晶界的实际塑性变形量；

e_{cr}——再热裂纹的临界塑性变形量。

上述理论条件虽然被普遍公认，但对产生再热裂纹的具体机制还存在不同的看法。目前，主要有晶内沉淀强化、晶界杂质析集弱化和蠕变断裂等三种理论来解释再热裂纹的形成机理。

晶内沉淀强化理论认为，沉淀强化元素的碳化物和氮化物在一次焊接热作用下因受热而固溶，在焊后冷却时不能充分析出，而在再热处理过程中，在晶内析出这些碳化物和氮化物，从而使晶内强化。这时，应力松弛所产生的变形就集中于晶界，当晶界的塑性不足时，就会产生再热裂纹。

晶界杂质析集弱化理论认为，钢中P、S、Sb、Sn、As等杂质元素在500～600℃再热处理过程中向晶界析集，因而大大降低了晶界的塑性变形能力。当由于应力松弛所产生的变形超过了晶界的塑性变形能力，就会产生再热裂纹。

蠕变断裂理论的“楔形开裂模型”认为，在发生应力松弛的三晶粒交界处产生应力集中，当此应力超过晶界的结合力时就会在此处产生裂纹。“空位模型开裂”认为，点阵空位在应力和温度的作用下，能够发生运动，当空位聚集到与应力方向垂直的晶界上达到足够的数目时，晶界的结合面就会遭到破坏，在应力继续作用下，就会扩大而成为裂纹。

（2）再热裂纹的防止措施　只有那些含有沉淀强化元素的钢和合金才有再热裂纹的问题，因此在可能的情况下，为防止再热裂纹的产生，可以优先选用含沉淀强化元素少的钢种。严格限制母材和焊缝中的杂质含量，也可以有效降低再热裂纹倾向。

选用焊接方法时应避免过大的热输入，以减小晶粒粗化。采用比防止延迟裂纹更高的预热温度并配合后热处理有利于防止再热裂纹。

选用低强匹配焊接材料，增大焊缝的塑性和韧性对防止再热裂纹也很有效。从应力的角度考虑，应尽量降低残余应力，避免应力集中。

2. 层状撕裂

层状撕裂也产生于较低温度，但通常情况下将层状撕裂与冷裂纹区别看待，这是因为层状撕裂的特征和其他冷裂纹有明显的区别，产生机理也完全不同。

（1）层状撕裂的形成机理　层状撕裂的形成过程如图4-13所示。钢材在轧制过程中，一些非金属夹杂物被轧成平行于轧制方向的带状夹杂物，这就造成了钢材力学性能的各向异性。在板厚方向（称为Z向）承受拉伸应力σ_Z时，钢板中存在的非金属夹杂物会与金属基体脱离结合，形成显微裂纹，而此裂纹尖端的缺口效应造成应力、应变的集中，迫使裂纹沿着自身所处的平面扩展，这样在同一平面相邻的一群夹杂物连成一片，从而形成了“平台”；不在同一轧层的邻近平台，在裂纹尖端处由于产生切应力的作用发生剪切断裂，从而形成了剪切“壁”。这些“平台”与“壁”就构成了层状撕裂所特有的阶梯状裂纹。

层状撕裂的影响因素主要包括夹杂物特性、母材性能和Z向应力。钢中存在着各种类型夹杂物，其成分不是影响层状撕裂的决定性因素，关键是夹杂物的形态、数量及其分布

特性。从夹杂物的大小来看，主要决定于它的平均长度，而不是单个夹杂物的最大长度；从夹杂物的形状来看，端部曲率半径小的薄片状夹杂物比端部钝而厚的夹杂物的影响要大。

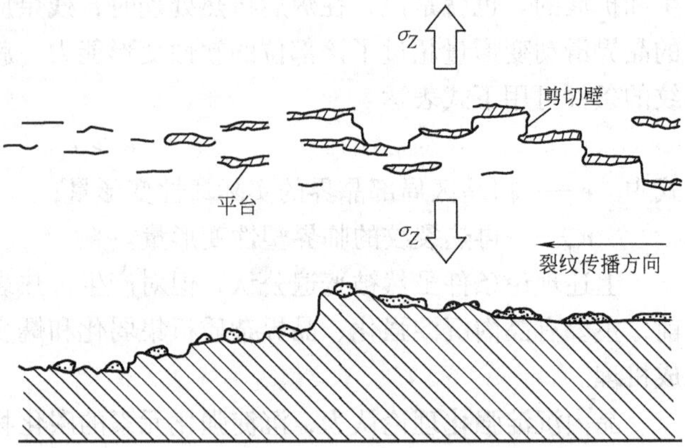

图 4-13　层状撕裂形成过程示意图

从层状撕裂的发展过程来看，层状撕裂敏感性不仅与夹杂物的特性有关，而且还与钢材本身的塑性、韧性有关。层状撕裂的“平台”是由同平面的许多分离的夹杂物开裂后，通过扩展相互连在一起形成的；而“壁”则是由相邻平面内的裂纹平台通过剪切而连通形成的。因此，不论是水平方向的扩展，还是垂直方向的剪切扩展，都直接与基体金属的性能有联系。特别是在夹杂物数量不多时，基体性能对层状撕裂的影响就更显得重要，组织硬脆和时效脆化会使层状撕裂敏感性增大。

厚壁焊接结构在焊接和使用过程中在板厚方向承受不同程度的拘束应力、焊后残余应力及载荷，它们是造成层状撕裂的力学条件。在一定的焊接条件下，对于某种钢存在一个 Z 向临界拘束应力，结构承受的 Z 向应力超过此值便会产生层状撕裂。

（2）层状撕裂的防止措施　防止层状撕裂可以从两个方面着手：一是选用抗层状撕裂的钢材；二是减小 Z 向应力和应力集中。降低钢中夹杂物的含量，控制夹杂物的形态，可以有效提高钢材的抗层状撕裂性能。已研制出许多抗层状撕裂的钢种，采用这类钢材制造大型厚壁焊接结构，可以完全解决层状撕裂问题。

从防止层状撕裂的角度出发，在设计和施焊工艺上主要是减小 Z 向应力和应力集中，具体措施示于图 4-14 中。应尽量避免单侧焊缝，改用双侧焊缝可以降低焊缝根部区的应力，防止应力集中（见图 4-14a）；采用焊接量少的对称角焊缝代替焊接量大的全焊透焊缝，以避免产生过大的应力（见图 4-14b）；应在承受 Z 向应力的一侧开坡口（见图 4-14c）；对于 T 形接头，可在横板上预先堆焊一层低强的焊接材料，以防止焊根裂纹（见图 4-14d）。

3. 应力腐蚀裂纹

（1）应力腐蚀裂纹的形成机理　关于应力腐蚀裂纹的形成机理，目前存在很多理论。例如，活化通路应力腐蚀、应变产生活性通道应力腐蚀及氢脆型应力腐蚀等理论。

活化通路应力腐蚀理论认为，当腐蚀电池是一个大阴极和小阳极时，阳极的溶解表现为集中性腐蚀损伤。只要在腐蚀过程中，阳极始终保持处于裂纹的最前沿，裂尖处于活化状态而不钝化，与此同时其他部位（包括裂纹断口两侧）发生钝化，则裂纹可以一直向前发展直至断裂。

应变产生活性通道应力腐蚀理论认为，钝化膜在应力作用下同金属基体一道变形时发生破裂，裂隙处暴露出的金属成为活化阳极，发生溶解。在腐蚀过程中，钝化膜破坏的同时又会发生破裂的钝化膜的修复，在连续发生应变的条件下修复的钝化膜又遭破坏。此过程周而复始不断发生，当应力超过修复后钝化膜的强度，应力腐蚀即可发生，直至脆断。

氢脆型应力腐蚀理论认为，腐蚀电池是一个由小阴极和大阳极组成，这时大阳极发生溶解，表现为均匀性腐蚀。小阴极区如果发生析氢，将发生阴极区金属的集中性渗氢，在持续载荷作用下导致脆断，应力腐蚀就会顺利发展。随着裂纹的出现，裂纹尖端应力、应变集中促进金属中氢向裂纹尖端聚集，最终导致应力腐蚀断裂。

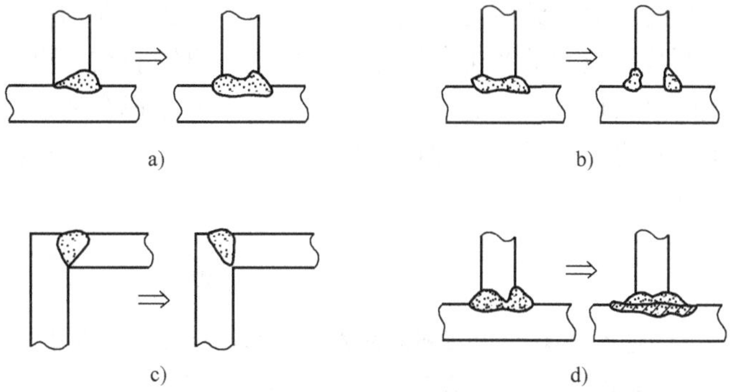

图4-14 改变接头形式防止层状撕裂

a）单侧焊缝改为双侧焊缝 b）全焊透焊缝改为对称角焊缝 c）在承受 Z 向应力侧开坡口 d）预先堆焊低强焊接材料

（2）应力腐蚀裂纹的防止措施 应力腐蚀裂纹的形成必须同时具有三个因素的综合作用，即材质、介质及拉应力。金属材料并不是在任何腐蚀介质中都产生应力腐蚀裂纹，材质与介质有一定的匹配性，也就是某种材料只有在某种介质中才产生应力腐蚀裂纹。纯金属不产生应力腐蚀裂纹，而即使含微量元素的合金，在特定的腐蚀环境中都具有一定的产生应力腐蚀裂纹的倾向，但并非在任何环境都会产生应力腐蚀裂纹。此外，产生应力腐蚀裂纹存在临界应力，当结构中应力水平低于临界应力时是不会产生应力腐蚀裂纹的。因此，防止应力腐蚀裂纹，主要从这三个方面的影响因素入手，从产品结构设计、安装施工到生产管理各个环节采取相应措施。

解决应力腐蚀裂纹的理想途径是从材料着手。研究表明，采用双相不锈钢代替奥氏体不锈钢可以有效提高结构的耐应力腐蚀能力。这是因为，与奥氏体不锈钢相比，双相不锈钢具有强度高、对晶间腐蚀不敏感、较好的耐点蚀和缝隙腐蚀的能力等特点。然而，即使采用了抗应力腐蚀能力很强的母材，但若选用的焊接材料不当，也会使构件过早破坏。一般来讲，焊接耐腐蚀结构，选择焊接材料时应遵循“等成分原则”，即焊缝的化学成分和组织应尽可能与母材保持一致。

从介质角度来看，应力腐蚀的最大特点之一是腐蚀介质与材料组合上有选择性，在此特定组合之外不会产生应力腐蚀。每种结构材料产生应力腐蚀所对应的介质体系是很复杂的问题，必须具体情况具体分析。例如，奥氏体不锈钢在含有氯离子的环境中是否产生应力腐蚀裂纹，不仅和溶液中氯离子的浓度有关，而且和溶液中氧的含量有关。当溶液中氯离子的浓度很高而氧的含量很低，或者氧的含量很高而氯离子的浓度很低时都不会产生应力腐蚀裂纹。为了减轻或消除特定环境中的应力腐蚀，可以在介质中添加缓蚀剂。此外，采用表面处理技术在容易产生应力腐蚀裂纹的构件表面制备牺牲阳极涂层或物理隔离涂层，如采用热喷涂的方法在不锈钢和腐蚀介质接触的一侧喷涂铝合金涂层，对防止应力腐蚀的发生也有很好的效果。

从应力角度来看，残余应力是引起应力腐蚀裂纹的重要原因之一。构件工作环境的腐蚀介质往往是不可选择的，而应力却在一定程度上是可以控制的。应力腐蚀对应力也具有选择性，通常压应力不会引起应力腐蚀裂纹，只有在拉应力作用下并且拉伸应力超过一定水平时才会导致应力腐蚀裂纹的产生。因此，在构件的生产、装配、使用过程中必须严格控制残余应力的产生，以防止产生应力腐蚀裂纹。更重要的是，在焊接过程中必须选择合理的接头形式、确定正确的焊接顺序以及选择合适的热输入，以降低焊接残余应力。对于工作在腐蚀介质中的焊接结构，当接头中存在较大焊接残余应力时，可以进行焊后消除应力处理。

思考题

1. 论述焊缝中产生偏析的种类、危害及成因，如何防止？
2. 论述焊缝中出现夹杂的种类、危害及成因，如何防止？
3. 焊缝中气孔的危害是什么？它是怎样形成的？如何防止？
4. 说明焊接裂纹的种类及其基本特征。
5. 焊接结晶裂纹的形成机理是什么？影响因素有哪些？防止措施是什么？
6. 焊接延迟裂纹产生的条件是什么？如何防止？
7. 焊接含碳量高或合金元素较多的钢种时，延迟裂纹会出现在接头的哪个部位？为什么？
8. 如何防止焊件出现再热裂纹、层状撕裂及应力腐蚀裂纹？

下篇　焊　接　性

第 5 章　焊接性及其试验方法

焊接工作者经常会遇到一些金属结构材料的焊接问题，在进行焊接工艺设计或焊接生产之前，必须首先了解该类材料的焊接性情况，以确保采用合适的焊接材料和焊接工艺方法来获得满足要求的焊接接头。焊接是一个快速加热和冷却的过程，焊缝和热影响区金属在很短的时间内要经历升温熔化、物理化学反应、冷却结晶、固态相变等过程。这些过程都是在温度分布和化学成分都处于极不平衡的特定条件下进行的，被焊金属经过这些过程后能否形成完整的焊接接头，能否保持特定的使用性能，这就是金属的焊接性问题。

5.1　焊接性及其分析方法

5.1.1　焊接性及其影响因素

1．焊接性的概念

焊接性是金属材料是否能适应焊接加工而形成完整的、具有一定使用性能的焊接接头的特性。焊接性的概念具有两个内涵：一是金属在进行焊接加工中是否容易产生缺陷；二是所形成的焊接接头在一定使用条件下的可靠运行的能力。通过焊接而成的接头存在一定的缺陷，意味着此材料焊接性较差；虽然所形成的焊接接头没有缺陷，但是接头很脆，又存在一定数量的有害元素，接头的力学性能指标低，达不到使用要求，此材料的焊接性同样较差。也就是说，焊接性不仅包括金属材料的结合性能，而且包括结合后的焊接接头的使用性能。

从理论上讲，凡是在熔化状态下相互能形成固溶体或共晶的两种金属合金，原则上都可以实现焊接，即具有所谓的物理焊接性。然而，这种物理焊接性仅仅为材料实现焊接提供了理论依据，但并不等于该材料用任何焊接方法都能获得满足使用要求的焊接接头。同种金属之间具有很好的物理焊接性，但是它们在不同的焊接工艺条件下的焊接性却表现出很大的差异。

焊接性可分为工艺焊接性和使用焊接性。工艺焊接性是指在一定焊接工艺条件下，获得优质、无缺陷的焊接接头的能力。它不是金属本身所固有的性能，而是根据某种焊接方法和所采用的具体工艺措施来评定的。一般的熔焊过程，要经历加热、冷却、相变、冶金反应及扩散过程。焊接热循环对焊接热影响区组织状态以及力学性能会产生影响，焊缝金属冶金过程中的合金元素的氧化、还原反应以及氢、氧、氮、硫、磷的溶解对形成气孔、夹渣、裂纹等缺陷同样也会产生影响。工艺焊接性是可以比较的，如果一种金属材料可以在很简单的工艺条件下焊接而获得完好的接头，能够满足使用要求，就可以说焊接性良好；反之，如果必须保证在很复杂的工艺条件下(如高温预热，采用高能量密度、高纯度保护气氛或高真空度的焊接方法，以及焊后热处理等)才能获得在性能上满足使用要求的接头，就可以说焊接性较差。随着新的焊接方法、焊接材料或焊接工艺的发展与完善，一些原来焊接性差的金属材料，其焊接性也会变好。使用焊接性是指焊接接头满足某种使用性能的能力，通常包括常规的力学性能、低温韧性、抗脆断性能、高温蠕变、疲劳性能、持久强度以及抗腐蚀性和耐磨性等指标。

2．焊接性的影响因素

焊接性是金属材料对焊接的适应能力，除了受材料本身的性质影响外，还受到焊接工艺条件和使用条件的影响。因此，影响焊接性的因素包括材料因素、工艺因素、结构因素和使用条件。

(1) 材料因素　材料因素不仅包括被焊母材本身而且包括所使用的焊接材料，如焊丝、焊条、焊剂及保护气体等。母材的材质对热影响区的性能起着决定性的影响，焊接材料对焊缝金属的成分和性能至关重要。如果焊接材料和母材匹配不当，则可能引起焊接区内的气孔、裂纹等缺陷，或者造成脆化、软化及耐蚀、耐磨等性能的变化。为了保证良好的焊接性，必须对材料因素予以充分重视。

(2) 工艺因素　工艺因素包括焊接方法、焊接工艺措施。焊接方法对工艺焊接性的影响主要有两个方面：一方面是焊接热源的特点，如能量密度大小等，它们可以直接改变焊接热循环的各项参数，如峰值温度、高温停留时间及相变温度区间的冷却速度等；另一方面是对熔池和接头附近区域的保护，如熔渣保护、气体保护、渣-气联合保护或真空保护，这些都将影响焊接冶金过程。焊接热过程和焊接冶金过程直接决定接头的质量和性能。

在各种工艺措施中，某些金属和构件采用焊前预热和焊后热处理，这些措施对降低焊接残余应力、减缓冷却速度以防止热影响区淬硬脆化，避免接头产生热裂纹或氢致冷裂纹等是比较有效的。

(3) 结构因素　结构因素主要是指焊接结构形状、尺寸、厚度以及接头坡口形式和焊缝布置等。不同板厚、不同接头形式或坡口形状的焊件传热方向和传热速度不一样，从而对熔池结晶方向和晶粒成长有影响。焊接结构的形状、板厚和焊缝的布置决定接头的刚度和拘束度，对接头的应力状态产生影响。设计焊接结构过程中，减小接头的刚度，减少交叉焊缝，可以达到降低应力集中的效果，这样就可以改善材料焊接性。

(4) 使用条件　使用条件指工件的工作温度、负载条件和工作介质等。一定的工作环境和运行条件要求焊接结构具有相应的使用性能。例如，在低温工作的焊接结构必须具备抗脆性断裂性能，在高温工作的焊接结构要具备抗蠕变性能，在交变载荷下工作的焊接结构具有良好的抗疲劳性能，在一定腐蚀介质中工作的焊接容器应具备抗腐蚀性能等。使用条件越苛刻，对接头质量的要求就越高，金属材料的焊接性就越复杂，越难以掌握。

5.1.2　焊接性分析方法

焊接性的分析就是对金属材料焊接的难易程度作出判断或预测，估计焊接过程可能出现的问题，分析产生问题的原因和寻求解决问题的办法。从工艺焊接性和使用焊接性两个方面去考察该材料对焊接的适应能力。前者解决该材料能不能焊接的问题；后者解决焊后能不能使用的问题。

从材料工艺焊接性分析的角度，主要是考察金属材料在一定的焊接工艺条件下，产生焊接缺陷的倾向性。

从焊接对象的材料本身化学成分入手，按材料中合金元素及其含量间接地评价其产生焊接缺陷的倾向性。例如，采用“碳当量法”分析钢材的化学成分对焊接热影响区的淬硬倾向和冷裂纹的敏感性；采用“焊接冷裂纹敏感系数”分析钢材的化学成分、焊缝含氢量和接头拘束度对产生冷裂纹的倾向；采用“共晶相图”分析结晶时的成分偏析、低熔共晶的数量及脆性温度区间的大小对焊接结晶裂纹产生的倾向。

金属材料的熔点、热导率、线膨胀系数、密度等物理性能参数也对焊接热循环、结晶、相变等过程产生影响，从而影响焊接性。金属材料的热导率高，焊接时散热快，工件不容易熔化；焊接热源能量不足时，会产生未焊透缺陷；熔池结晶快，易产生气孔；金属材料线膨胀系数大，接头变形和应力大，产生裂纹倾向大。

从焊接对象材料的化学性能出发，考虑焊缝金属被有害元素侵害的倾向性。例如，与氧的亲合力较强的金属材料在高温时极易氧化，必须采用惰性气体保护或真空环境进行焊接。

从焊接热源加热特点出发，分析在不同的焊接工艺条件下焊接缺陷的倾向性。各种焊接方法所采用的热源在功率、能量密度、最高加热温度、受热区域等方面存在较大差别。例如，电渣焊功率大，能量密度低，最高加热温度也不高，加热缓慢，高温停留时间长，导致焊接热影响区晶粒长大，接头冲击韧度显著降低，必须经过焊后正火处理加以改善；相反，电子束焊功率虽不大，但能量密度高，加热快，高温停留时间短，所以热影响区窄，晶粒长大倾向小，接头韧性受焊接影响很小。

对于使用焊接性方面的分析，主要考察金属材料在给定焊接条件下，获得的接头是否满足设计提出的性能指标要求，如强度、韧性、疲劳、蠕变、耐蚀性能等。如果以等性能为原则设计的焊接接头，则以母材的性能为依据，分别考察焊缝金属和热影响区金属的性能与母材性能的差别及产生的原因。

5.2 焊接性试验内容和方法

5.2.1 焊接性试验内容

按材料的不同性能和不同使用要求，评定焊接性的试验方法有很多种。每一种试验方法都是从某一特定的角度来考核焊接性的某一方面的要求。概括起来说，焊接性试验主要包括以下几个方面的内容。

1. 评价焊缝金属抵抗产生热裂纹的能力

热裂纹是一种常发生且危害严重的焊接缺陷，是在焊接熔池金属结晶过程中，由于存在一些有害元素或低熔点共晶体而在拉伸应力的作用下产生的。热裂纹产生的倾向既与母材、焊接材料有关，又与它们的匹配有关。因此，测定焊缝金属抵抗热裂纹的能力，可以有助于合理选择和确定焊接材料，是焊接性试验的一项重要内容。此内容既是对母材，又是对焊接材料及其匹配进行的试验。

2. 评价焊缝和热影响区金属抵抗产生冷裂纹的能力

冷裂纹是低合金高强度钢焊接中常出现的焊接缺陷。氢致延迟冷裂纹的发生具有延迟性，其危害更大，更应该引起充分的重视。冷裂纹是焊缝及热影响区金属在焊接热循环作用下，由于组织硬化倾向严重，又有拉伸应力和扩散氢共同作用下而产生的。测定焊缝和热影响区金属抵抗产生冷裂纹的能力，是焊接性试验中很重要而又是最常用到的一项试验内容。

3. 评价焊接接头抵抗脆性转变的能力

经过焊接冶金反应、结晶、固态相变等一系列过程，焊缝金属或热影响区会发生粗晶脆化、组织脆化、热应变时效脆化等，可能导致接头韧性严重下降。对于在低温下工作的焊接结构和承受冲击载荷的焊接结构，韧性损失是一个严重的问题。因此，测定焊接接头抵抗脆性转变的能力也是焊接性试验经常涉及的一项内容。

4. 评价焊接接头的使用性能

焊接结构的不同使用性能会对焊接性提出不同的要求，焊接性试验内容需要从使用角度出发来制定。这方面的试验内容包括焊接接头抗拉强度、蠕变强度、疲劳强度、抗腐蚀能力等试验。

5.2.2 焊接性试验方法

焊接性试验方法种类繁多，从不同的角度可以进行不同的分类。通常可以将其分为直接法和间接法两大类，具体的分类如图 5-1 所示，本章重点介绍碳当量法及裂纹试验法。

- 焊接性试验方法
  - 工艺焊接性
    - 直接法
      - 焊接热裂纹试验
      - 焊接冷裂纹试验
      - 再热裂纹试验
      - 层状撕裂试验
      - 热应变时效脆化试验
      - 焊接气孔敏感性试验
    - 间接法
      - 由碳当量推测焊接性
      - 裂纹敏感指数及临界应力
      - 裂纹敏感性的临界冷却时间
      - 连续冷却组织转变图
      - 断口分析、金相组织分析
      - 焊接热影响区最高硬度
      - 焊接热、力模拟试验
      - 焊接专家系统、仿真系统等
  - 使用焊接性
    - 直接法
      - 实际产品结构运行的服役试验
      - 压力容器的爆破试验
    - 间接法
      - 焊缝及接头的常规力学性能试验
      - 焊缝及接头的低温脆性试验
      - 焊缝及接头的断裂韧性试验
      - 焊缝及接头的高温性能试验
      - 焊缝及接头的疲劳、动载试验
      - 焊缝及接头的抗腐蚀性、耐磨性试验
      - 应力腐蚀开裂试验

图 5-1 焊接性试验方法分类

5.3 常用工艺焊接性试验方法

5.3.1 碳当量的间接估测法

由碳当量推测材料的焊接性是一种用于粗略估计低合金钢淬硬及冷裂敏感性的方法。由于焊接热影响区的淬硬及冷裂倾向与化学成分直接有关，所以可以用化学成分来估计冷裂敏感性的大小。在各种元素中，碳对淬硬及冷裂影响最显著，所以有人将各种元素的作用按照相当于若干含碳量的作用折合并叠加起来，求得所谓的“碳当量” C_{eq}。以 C_{eq} 值的大小作为估计淬硬及冷裂倾向大小的指标，认为 C_{eq} 越小焊接性越好。

国际焊接学会(IIW)推荐

$$C_{eq}=w(C)+\frac{w(Mn)}{6}+\frac{w(Cr)+w(Mo)+w(V)}{5}+\frac{w(Ni)+w(Cu)}{15} \tag{5-1}$$

此式可用于中等强度级别非调质态的低合金钢(σ_b 为 400 ~ 700MPa)。

美国焊接学会提出下式

$$C_{eq}=w(C)+\frac{w(Mn)}{6}+\frac{w(Si)}{24}+\frac{w(Ni)}{15}+\frac{w(Cr)}{5}+\frac{w(Mo)}{4}+\left(\frac{w(Cu)}{13}+\frac{w(P)}{2}\right) \tag{5-2}$$

此式可用于含碳量较高的低合金高强度钢。

日本的 JIS 和 WES 推荐

$$C_{eq}=w(C)+\frac{w(Mn)}{6}+\frac{w(Si)}{24}+\frac{w(Ni)}{40}+\frac{w(Cr)}{5}+\frac{w(Mo)}{4}+\frac{w(V)}{14} \tag{5-3}$$

此式主要适用于强度级别较高(σ_b 介于 500 ~ 1000MPa 之间）的调制态和非调制态的低合金高强度钢。

5.3.2 可调拘束裂纹试验法

此法主要用于研究各类型热裂纹(结晶裂纹、液化裂纹等)。它的基本原理是在焊缝凝固后期，施加不同的应变值，研究产生裂纹的规律。当外加应变值在某一温度区间超过焊缝金属或热影响区内塑性变形能力时，将产生裂纹，并以此来评定产生热裂纹的敏感性。

可调拘束裂纹试验装置简图如图 5-2 所示，可进行纵向试验，也可进行横向试验。对焊接区施加的应变值是由外加载荷 F 的作用下使试件弯曲变形而获得。为了保证试件变形速度均匀和试件承受应变量的准确，采用了旋转式加载机构，使加载压头始终垂直于试件表面。近代的可调拘束裂纹试验机具有快速和慢速的变形功能，采用气-液压联合作用的加载机构，加载能力约为 50 ~ 100kN。

慢速变形时，采用支点弯曲的方式，应变量由加载压头下降距离 S 任意调节，应变速度约为每秒 0.3% ~5.0%。

$$S=R_0\alpha\frac{\delta}{2R} \tag{5-4}$$

式中 S——加载压头下降的弧形位移(mm)；

R_0——加载压头的旋转半径(mm)；

α——试板的弯曲角(rad)；

δ——试板厚度(mm)；

R——弧形模块曲率半径(mm)。

快速变形时，应变量由弧形模块的曲率半径来控制，可用下式简化计算

$$\varepsilon = \frac{\delta}{2R} \times 100\% \tag{5-5}$$

式中 ε——应变量(%)；

δ——试板厚度(mm)；

R——弧形模块曲率半径(mm)。

试验装置上配备有各种记录装置，以记录温度、时间和应变量等。试件尺寸为(5～6)mm×(50～80)mm×(300～350)mm 的钢板，根据试验的要求选择不同曲率的模块。

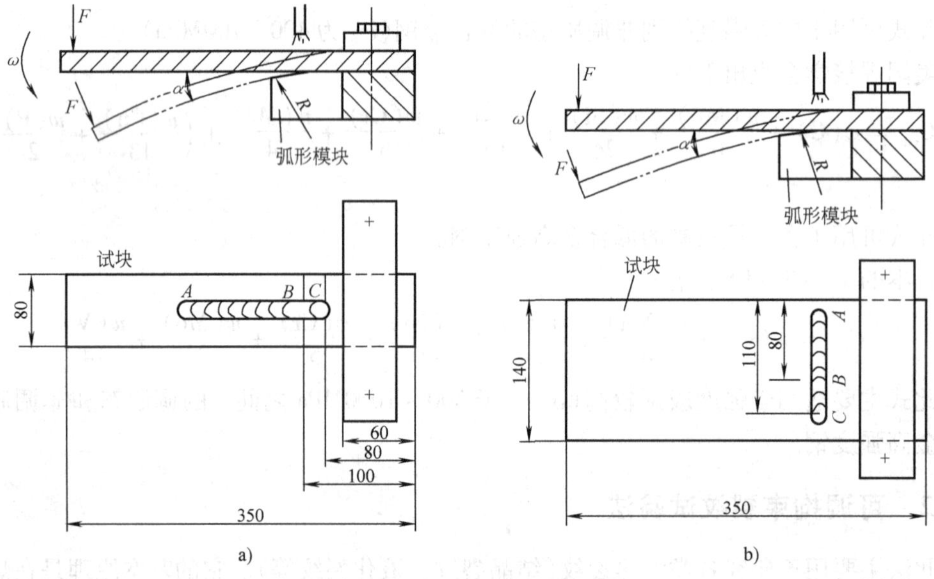

图 5-2 可调拘束裂纹试验装置简图

a）纵向试验法 b）横向试验法

用所选定的焊条，按指定的焊接参数(通常焊条直径为 4mm，焊接电流 170A，电弧电压 24～26V，焊接速度 150mm/min)施焊。如果只研究母材的热裂倾向，可采用 TIG 电弧重熔。按图 5-2 所示，焊接由 A 点开始到 C 点停止。当电弧达到 B 点时，由行程开关控制，使加载压头在试件压至与弧形模块紧贴，在试件上产生如式(5-5)所计算的应变值，这时电弧继续前进达 C 点停止。变换不同曲率的弧形模块，可以造成焊缝金属发生不同的应变量 ε。当 ε 值达到某一临界值时，在焊缝或热影响区就会出现裂纹。随着 ε 的增大，出现裂纹的数量和长度均会增加，从而可以得到一系列相应的定量数据。

根据试验目的不同，可确定进行横向或纵向可调拘束裂纹试验，两者可在同一台试验机上进行，试验过程基本相同，仅焊缝所承受的应变方向及试件尺寸不同。试验时，只需

将焊接方向改变90°即可。可用工具显微镜检测裂纹的总长度和裂纹的数量。

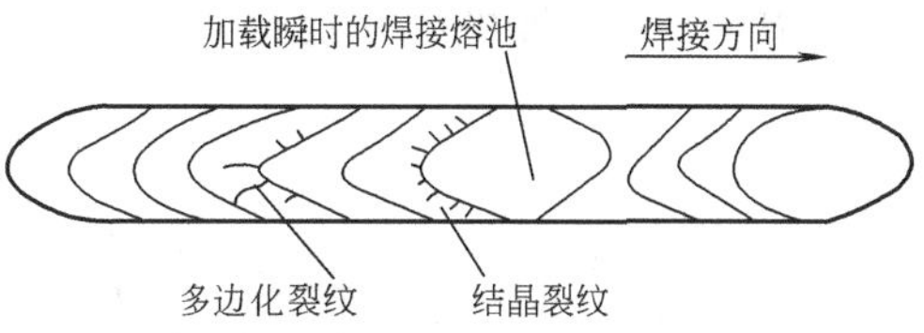

图5-3　横向可调拘束试验裂纹的分布

横向可调拘束裂纹试验主要用于测试焊缝中的结晶裂纹和多边化裂纹，如图5-3所示。直接可测得下列数据，并以这些数据作为结晶裂纹的评定指标。

1）材料不产生结晶裂纹所能承受的最大应变量（临界应变量）ε_{cr}。

2）某应变下的最大裂纹长度 L_{max}。

3）某应变下的裂纹总长度 L_t。

4）某应变下的裂纹总条数 N_t。

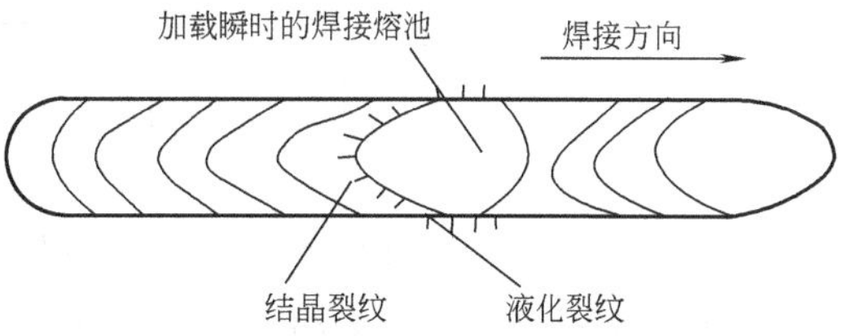

图5-4　纵向可调拘束试验裂纹的分布

纵向可调拘束裂纹试验主要用于反映结晶裂纹和液化裂纹，如图5-4所示。可直接测得下列数据，并以这些数据作为结晶（或液化）裂纹的评定指标。

1）不产生结晶（或液化）裂纹的最大应变量（临界应变量）ε_{cr}。

2）某应变下结晶（或液化）裂纹的最大长度 L_{max}。

3）某应变下结晶（或液化）裂纹的总长度 L_t。

4）某应变下结晶（或液化）裂纹的总条数 N_t。

5.3.3　斜Y形坡口裂纹试验法

这一方法广泛用于评价打底焊缝及其热影响区冷裂倾向，所用试样如图5-5所示。试样用被焊材料制成，两端各60mm范围内先用焊缝固定，试板中间预留间隙2～3mm。中间80mm段为试验焊缝的位置。试验焊缝引弧、熄弧都应离开拘束焊缝2～3mm，收弧时应填满弧坑。

通常以标准焊接参数（焊条直径4mm，焊接电流170A，焊接速度150mm/min，电弧电压24V，焊条焊前烘干）在三个试件上重复试验。焊后经不少于24h的时效后再做裂纹检查。首先用放大镜目测或磁性荧光粉检查焊缝表面裂纹，然后沿焊缝长度方向均匀截成六段，检查五个断面的裂纹情况。各类裂纹率可根据下列各式计算求得

$$根部裂纹率=\frac{\sum l_{CR}}{l_C}\times 100\% \tag{5-6}$$

$$表面裂纹率=\frac{\sum l_{CF}}{l_C}\times 100\% \tag{5-7}$$

$$断面裂纹率=\frac{\sum h}{5H}\times 100\% \tag{5-8}$$

式中　$\sum l_{CR}$——纵断面上根部裂纹长度总和（mm）；

l_C——试验焊缝长度（mm）；

$\sum l_{CF}$——表面裂纹长度总和（mm）；

$\sum h$——横断面上裂纹深度总和(mm)；

H——焊缝厚度(mm)。

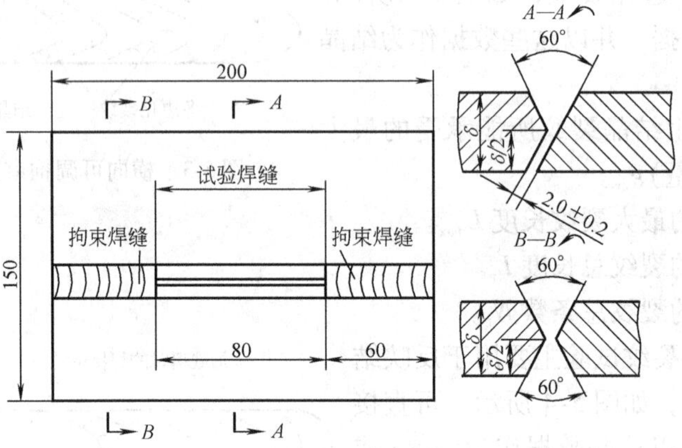

图 5-5　斜 Y 形坡口对接裂纹试验的试样及尺寸

由于斜 Y 形坡口对接裂纹试验的接头所受拘束度很大，根部尖角又有应力集中，试验条件比较苛刻，所以一般认为在这种试验中若裂纹率不超过 20%，则在实际结构焊接时就不会产生裂纹。

5.3.4　插销试验法

插销试验主要用于考核焊接热影响区的氢致延迟裂纹敏感性，也可以用于考核再热裂纹及层状撕裂等的敏感性。

如图 5-6 所示，插销试验是将被焊钢材加工成圆柱形的插销试棒，试棒插入底板上的孔中，试棒上端与底板表面平齐，且试棒上端附近有环形或螺形缺口。试验时在底板上以规定的热输入熔敷一条焊道，其熔深应使缺口尖端位于热影响区的粗晶区内。

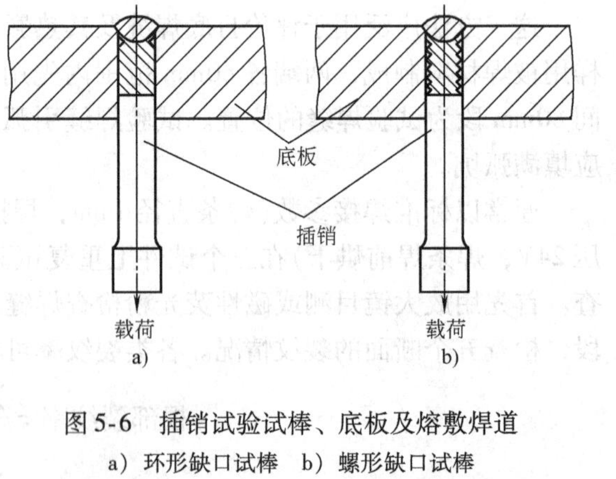

图 5-6　插销试验试棒、底板及熔敷焊道

a）环形缺口试棒　b）螺形缺口试棒

底板材料应与被试验材料相同或热物理常数基本一致。施焊时应测定 $t_{8/5}$ 值。如不预热，焊后冷却至 100 ~ 150℃时加载。如有预热，应在高于预热温度 50 ~ 70℃时加载。载荷应在 1min 之内，且在冷却至 100℃或高于预热温度 50 ~ 70℃之前加载完毕。如有后热，应在后热之前加载。

在无预热条件下，载荷保持 16h 而试棒未断裂即可卸载。有预热条件下，载荷保持至少 24h 才可卸载。经多次改变载荷，即可求出在试验条件下不出现断裂的临界应力 σ_{cr}。临界应力 σ_{cr}可用于启裂准则，也可以用于断裂准则，但应加以注明。通过比较 σ_{cr}的大小，即可比较材料抵抗产生冷裂纹的能力。

5.3.5 其他试验法

1. 鱼骨状裂纹试验法

鱼骨状裂纹试验是焊接热裂纹敏感性试验方法的一种，主要用于评定铝合金、镁合金和钛合金薄板(1~3mm)焊缝及热影响区的热裂纹敏感性。

鱼骨状裂纹试验试件的形状和尺寸如图5-7所示。由图可见，试件上每10mm加工一个不同深度的槽，造成该试件长度方向上的不同拘束度。显然，沟槽的深度越大，拘束度就越小。试验采用钨极氩弧焊，电流为70~80A，焊速为150~180mm/min，在带有铜垫板的专用夹具上施焊，焊接方向由A至B。裂纹产生后，随着拘束度的降低而停止裂纹的扩展。测量焊缝或热影响区的裂纹长度(以5个试件的裂纹长度平均值确定)，即可评定裂纹敏感性的大小。

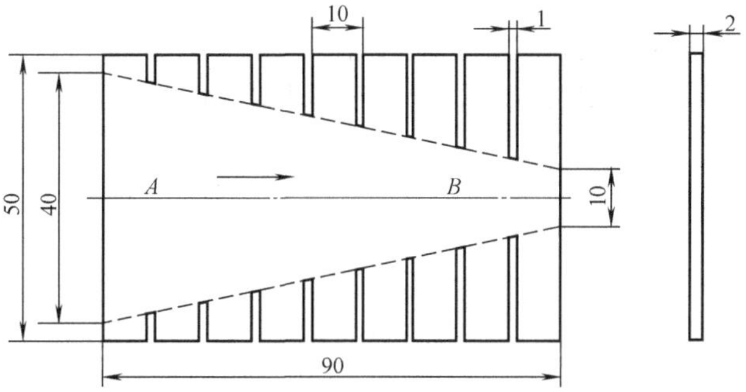

图5-7 鱼骨状裂纹试验的试样尺寸

2. 刚性固定对接裂纹试验法

此法按国家标准GB/T 13817—1992《对接接头刚性拘束焊接裂纹试验方法》的规定施行。适用于碳钢、低合金钢焊条电弧焊、埋弧焊和气体保护焊工艺方法，可用于钢材及焊接材料对接接头的抗裂性对比及焊接工艺性试验。

(1) 试件制备 图5-8为试件的形状和尺寸。试板长$l \geqslant 300$mm，宽$b \geqslant 100$mm，厚度应等于待焊产品厚度，但试板厚度≥25mm时，其适用厚度不限。刚性底板长$L = l + 100$mm，宽$B = 2b + 100$mm，厚度δ_2在焊条电弧焊和气体保护焊时≥40mm，埋弧焊时≥60mm。用于工艺适用性试验时，坡口按产品首道焊缝时的坡口设计；用于焊接对比试验时，试件厚度≤10mm时用I形坡口，厚度>10mm时用V形坡口。钝边厚度应使试验焊缝保留未焊透，钝边间隙(2±0.2)mm，坡口角度α为60°，推荐用机械加工坡口。

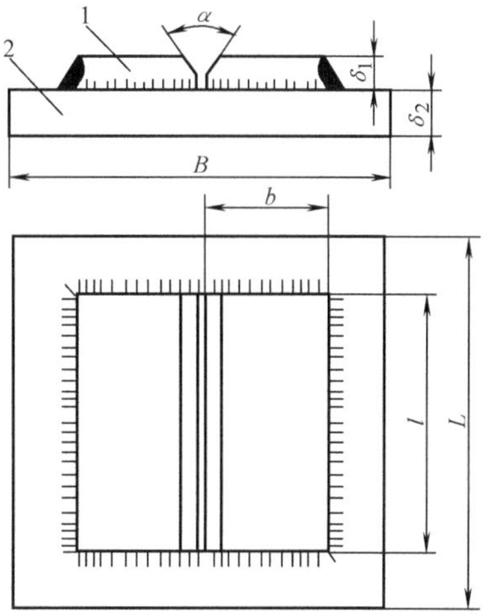

图5-8 刚性拘束焊接裂纹试验的试件形状及尺寸

1—试件 2—刚性底板

(2) 组装 先将试板点固在刚性底板上，然后焊拘束焊缝，先焊两端的再焊两侧的。拘束焊缝焊脚应与试板厚度等齐或大于试验焊缝的三倍。

（3）试验焊缝焊接　用于验证抗裂性能时，只需焊一道试验焊缝，按要求在室温或预热条件下焊接。进行工艺适应性试验时，工艺参数按不出现裂纹进行调整；进行裂纹倾向性对比试验时，应选定基础参数，作裂纹率对比或作零裂纹率的预热温度及热输入量的对比，焊后按预定工艺冷却。

（4）取样与检验　试验焊缝冷却放置48h进行切割取样。表面裂纹的正面裂纹可在切割拘束焊缝前进行检测，背面裂纹在切下试件后检测。然后沿试验焊缝长度方向至少作六等分截取试样，检测其断面裂纹，最后根据检测结果计算出表面裂纹率和断面裂纹率。

思 考 题

1. 焊接性的含义及影响因素是什么？
2. 简述焊接性分析的主要方法。
3. 焊接性试验的主要内容和方法有哪些？
4. 描述一种具体的焊接热裂纹试验方法、评价指标及其适应性。
5. 描述一种具体的焊接冷裂纹试验方法、评价指标及其适应性。

第 6 章　低合金高强度钢的焊接

现代工业的发展，对钢材性能提出了更高的要求，如汽轮机和锅炉上工作在高温、高压及高应力下的零部件，不仅要强度高，耐蚀性好，而且在高温下要保持足够高的强度。显然，普通碳素钢已经无法满足上述要求，因此，在碳素钢的基础上，通过加入质量分数在 5% 以下的一种或几种合金元素而形成低合金钢，从而提高了钢的淬透性，并保证钢经过热处理后能获得良好的综合力学性能，同时具有较高的强度和足够的韧性。

低合金钢主要分为强度用低合金钢和专用低合金钢两大类。其中，强度用低合金钢的屈服强度均超过了 294MPa 的级别，所以被称为低合金高强度钢。按屈服强度及使用时的热处理状态，低合金高强度钢又可分为屈服强度为 294 ~ 490MPa 的热轧钢和正火钢、在调质状态下焊接和使用的屈服强度分别为 490 ~ 980MPa 的低碳调质钢和 880 ~ 1176MPa 的中碳调质钢。本章将重点介绍这三类钢种的化学成分、焊接性和焊接工艺要点。

6.1　低合金高强度钢的种类和性能

6.1.1　热轧钢和正火钢

热轧钢基本上属于 C-Mn 和 C-Mn-Si 系的钢种，其强度主要是通过合金元素的固溶强化提高的。Mn 是一种固溶强化效果显著而又比较便宜的元素，除增加强度外，还能改善塑性和韧性，一般加入的质量分数不超过 1.8%。Si 的固溶强化效果也较好，但质量分数高于 0.6% 时对冲击韧度不利。我国广泛使用的焊接性良好的 Q345(16Mn)、德国的 St52 以及日本的 SM50 均属此类钢，以其替代普通的低碳钢，可节约 20% ~ 30% 的钢材。在 Mn 的固溶强化基础上，利用 V、Nb 的碳化物和氮化物的沉淀析出进一步细化晶粒，提高钢的强度、塑性和韧性，从而形成 C-Mn-V、C-Mn-Nb 和 C-Mn-V-Nb 系钢种，如 Q345(12MnV、14MnNb) 和 Q390(15MnV、16MnNb) 等。

随着对强度级别需求的不断提高，单纯利用合金元素的固溶强化和少量的碳化物或氮化物的沉淀析出强化已经难以满足使用要求。因此，在固溶强化的同时，必须同时加入其他合金元素(如 Ni、Mo、Nb 和 Ti 等)，通过正火处理后，使这些元素的化合物以细小的质点从固溶体中沉淀析出，弥散分布在晶内和晶界，并细化晶粒，有效地提高强度，改善塑性和韧性，从而形成了所谓的正火钢。一般来讲，正火钢的组织为细晶粒的铁素体和珠光体，其内含有一定数量呈弥散分布的碳化物和氮化物质点，其代表性钢种有 Q390(15MnTi)、Q420(15MnVN) 和 18MnMoNi 等。

常用热轧钢和正火钢的成分及性能如表 6-1 和表 6-2 所示。按屈服强度，这类钢分为五个强度等级，即 295MPa、345MPa、390MPa、420MPa 及 460MPa。每个强度等级又分成 A、B、C、D、E 五个质量等级，分别代表不同的冲击韧度要求。

表 6-1 常用热轧钢和正火钢的化学成分(GB/T 1591—1994)

牌号	质量等级	化学成分(质量分数)(%)										
		C	Mn	Si	P	S	V	Nb	Ti	Al	Cr	Ni
Q295	A	≤0.16	0.80~1.50	≤0.55	≤0.045	≤0.045	0.02~0.15	0.015~0.06	0.02~0.20	—	—	—
Q345	A	≤0.20	1.00~1.60	≤0.55	≤0.045	≤0.045	0.02~0.15	0.015~0.06	0.02~0.20	—	—	—
Q390	A	≤0.20	1.00~1.60	≤0.55	≤0.045	≤0.045	0.02~0.20	0.015~0.06	0.02~0.20	—	≤0.30	≤0.70
Q420	A	≤0.20	1.00~1.70	≤0.55	≤0.045	≤0.045	0.02~0.20	0.015~0.06	0.02~0.20	—	≤0.40	≤0.70
Q460	C	≤0.20	1.00~1.70	≤0.55	≤0.035	≤0.035	0.02~0.20	0.015~0.06	0.02~0.20	≥0.015	≤0.70	≤0.70

表 6-2 常用热轧钢和正火钢的力学性能(GB/T 1591—1994)

牌号	质量等级	σ_s/MPa				σ_b/MPa	δ_5(%)	A_{KV}(纵向)/J		180°弯曲试验 d=弯心直径 a=试样厚度(直径)	
		厚度(直径)/mm								钢材厚度(直径)/mm	
		≤16	16~35	35~50	50~100			+20℃	0℃		
		不小于								≤16	16~100
Q295	A	295	275	255	235	390~570	23	34	—	$d=2a$	$d=3a$
Q345	A	345	325	295	275	470~630	21	—	—	$d=2a$	$d=3a$
Q390	A	390	370	350	330	490~650	19	—	—	$d=2a$	$d=3a$
Q420	A	420	400	380	360	520~680	18	—	—	$d=2a$	$d=3a$
Q460	C	460	440	420	400	550~720	17	—	34	$d=2a$	$d=3a$

6.1.2 低碳调质钢

当合金元素的含量超出一定范围后，在正火条件下会出现韧性大幅度下降的现象，为此，σ_s≥490MPa 的高强度钢需要调质。屈服强度在 490~980MPa 的低合金高强度钢，因在调质状态下供货使用，所以称为低碳调质钢。低碳调质钢是一种热处理强化钢，含碳量较低(质量分数一般低于 0.25%，实际低于 0.18%)，此外添加一些合金元素，如 Mn、Cr、Ni、Mo、V、Nb、B、Cu 等，以便提高钢的淬透性和回火稳定性。同时，这些元素可以推迟珠光体和贝氏体的转变，使马氏体转变的临界冷却速度降低。低碳调质钢具有较高的强度和良好的塑性和韧性，采用不同的成分和热处理工艺，可以获得具有不同综合性能的低碳调质钢。典型低碳调质钢的化学成分和力学性能如表 6-3 和表 6-4 所示。

14MnMoVN 和 14MnMoNbB 钢是根据国内资源条件开发的钢种，主要用于制造中温压力容器。由于钢中不含有 Ni 和 Cr，所以价格较低。Ni 是低碳调质钢的重要元素之一，可提高钢的塑性及韧性，降低脆性转变温度，与 Cr 共同使用可以显著提高钢的淬透性。WCF62、HQ70A 和 HQ80C 等同国外开发的低碳调质钢一样，都是含 Cr、Ni 的低碳调质钢。

表 6-3 典型低碳调质钢的化学成分

钢材牌号	化学成分(质量分数)(%)										C_{eq}(%)
	C	Mn	Si	S	P	Ni	Cr	Mo	V	其他	
14MnMoVN	0.14	1.41	0.30	0.035	0.012	—	—	0.17	0.13	N:0.0155	0.50
14MnMoNbB	0.12 ~ 0.18	1.30 ~ 1.80	0.15 ~ 0.35	≤0.03	≤0.03	—	—	—	—	Nb:0.02 ~ 0.06 B:0.0005 ~ 0.003	0.56
WCF60	≤0.09	1.10 ~ 1.50	0.15 ~ 0.35	≤0.02	≤0.03	≤0.50	≤0.30	≤0.30	0.02 ~ 0.06	B≤0.003	0.47
HQ70A	0.09 ~ 0.16	0.60 ~ 1.20	0.15 ~ 0.40	≤0.03	≤0.03	0.30 ~ 1.00	0.30 ~ 0.60	—	—	Cu:0.15 ~ 0.50 B:0.0005 ~ 0.003	0.52
HQ80C	0.10 ~ 0.16	0.60 ~ 1.20	0.15 ~ 0.35	≤0.015	≤0.025	—	0.60 ~ 1.20	0.30 ~ 0.60	0.03 ~ 0.08	Cu:0.15 ~ 0.50 B:0.0005 ~ 0.005	0.58

表 6-4 典型低碳调质钢的力学性能

钢材牌号	板厚 h/mm	σ_s/MPa	σ_b/MPa	δ(%)	A_{KV}(横向)/J
14MnMoVN	36	598	701	20	20℃:77J/cm²(a_{KU}) -40℃:56J/cm²(a_{KU})
14MnMoNbB	≤50	≥686	≥755	≥14	-40℃:≥39J/cm²(a_{KU})
WCF60	16 ~ 50	≥490	610 ~ 725	≥18	-40℃:≥40
HQ60A	≤50	≥450	≥590	≥16	—
HQ70A	≥18	≥590	≥680	≥17	-20℃:≥39 -40℃:≥29
HQ80C	—	≥685	≥785	≥16	-20℃:≥47 -40℃:≥29
HQ100	—	≥880	≥950	≥10	-25℃:≥27

6.1.3 中碳调质钢

低碳调质钢由于受到含碳量的限制，其屈服强度一般低于 880MPa。为了进一步提高钢的强度，保证钢的塑性和韧性不至于过低，开发了碳的质量分数限制在 0.25% ~0.45% 的中碳调质钢，其屈服强度介于 880 ~ 1176MPa 之间。一般来讲，中碳调质钢强度和硬度高，而塑性和韧性则较差。中碳调质钢主要有 Cr 钢、Cr-Mo 钢、Cr-Mn-Si 钢及 Cr-Ni-Mo 钢，如 40Cr、35CrMoA、30CrMnSiA 及 40CrNiMoA 等。表 6-5 和表 6-6 为常用中碳调质钢的化学成分和力学性能。

表 6-5 常用中碳调质钢的化学成分(质量分数)(%)

钢材牌号	C	Mn	Si	Cr	Ni	Mo	V	S	P
40Cr	0.37 ~ 0.45	0.5 ~ 0.8	0.2 ~ 0.4	0.8 ~ 1.1	—	—	—	—	—
35CrMoA	0.30 ~ 0.40	0.4 ~ 0.7	0.17 ~ 0.35	0.9 ~ 1.3	—	0.2 ~ 0.3	—	≤0.030	≤0.035
30CrMnSiA	0.28 ~ 0.35	0.8 ~ 1.1	0.9 ~ 1.2	0.8 ~ 1.1	≤0.30	—	—	≤0.030	≤0.035
30CrMnSiNi2A	0.27 ~ 0.34	1.0 ~ 1.3	0.9 ~ 1.2	0.9 ~ 1.2	1.4 ~ 1.8	—	—	≤0.025	≤0.025
40CrNiMoA	0.36 ~ 0.44	0.5 ~ 0.8	0.17 ~ 0.37	0.6 ~ 0.9	1.25 ~ 1.75	0.15 ~ 0.25	—	≤0.030	≤0.030
40CrMnSiMoVA	0.37 ~ 0.42	0.8 ~ 1.2	1.2 ~ 1.6	1.2 ~ 1.5	≤0.25	0.45 ~ 0.60	0.07 ~ 0.12	≤0.030	≤0.030

表 6-6 常用中碳调质钢的力学性能

钢材牌号	热处理	σ_b/MPa	σ_s/MPa	δ_5(%)	ψ(%)	A_{KV}/J
40Cr	850℃淬火(水) 520℃回火(水或油)	≥980	≥785	≥9	45	≥47
35CrMoA	850℃淬火(水) 550℃回火(水或油)	≥980	≥835	≥12	45	≥63
30CrMnSiA	锻件880℃淬火(油) 540℃回火(水或油)	≥1080	≥835	≥10	45	≥49J/cm^2(a_{KV})
30CrMnSiNi2A	890℃淬火(水) 200 ~ 300℃回火(空)	≥1570	—	≥9	45	≥59J/cm^2(a_{KV})
40CrNiMoA	850℃淬火(油) 600℃回火(水或油)	≥980	≥835	≥12	55	≥78
40CrMnSiMoVA	890 ~ 970℃淬火(油) 250 ~ 270℃回火(空)	—	≥1862	≥8	35	≥49

6.2 低合金高强度钢的焊接性分析

6.2.1 热裂纹

热裂纹是低合金高强度钢焊接中比较常见的焊接缺陷，它不但可以出现在焊缝中，也可出现在熔合区及其附近的热影响区中，具体表现为焊缝金属的结晶裂纹和熔合区附近的液化裂纹，其敏感性随钢种的不同而变化。

1. 热裂纹的敏感性

（1）热轧钢及正火钢的热裂纹敏感性　对于热轧钢及正火钢，一般含碳量都较低，含Mn量又较高，因而$w(Mn)/w(S)$较高，具有较好的抗热裂纹能力。但是，当材料成分不合格而发生严重偏析或局部含C、S量很高时，也会出现热裂纹。例如，Q420(15MnVN)钢埋弧焊时，因焊缝中心发生偏析而引起了结晶裂纹的形成，如图6-1所示。

（2）低碳调质钢的热裂纹敏感性　低碳调质钢含碳量较低，含Mn量较高，一般也无热裂纹倾向。但对于一些高Ni低Mn类型的低碳调质钢来说，热裂倾向将会增大。此时通过选择合适的焊接材料，提高焊缝的含锰量，结晶裂纹是可以避免的，但要注意液化裂纹的产生，尽量减小焊接热输入，同时尽量降低焊接应力。

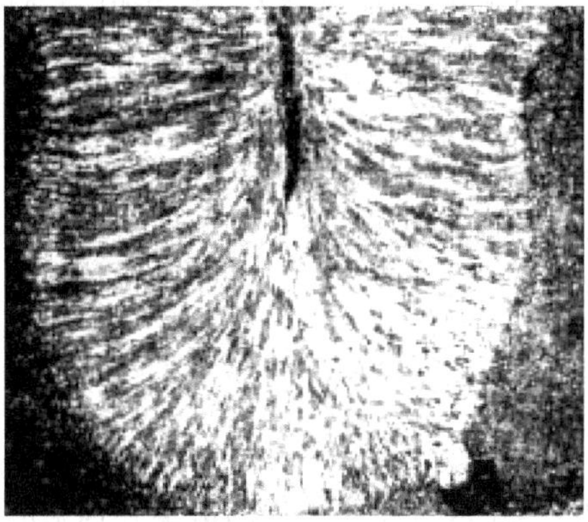

图6-1　Q420(15MnVN)钢埋弧焊焊缝中心的结晶裂纹

（3）中碳调质钢的热裂纹敏感性　中碳调质钢含碳量及合金元素含量都很高，具有较大的热裂倾向。焊接时应注意选择含C量低的，含S、P杂质少的焊接材料。例如，30CrMnSi钢的含碳量和含硅量都很高，因此热裂倾向较大。在这种情况下，为了提高焊缝金属的抗热裂纹能力，不得不采用低碳低硅焊丝，如H18CrMoA等。

2. 热裂纹的防止措施

（1）冶金措施

1）低合金钢焊接接头中热裂纹的形成主要归因于冶金因素，因此从冶金技术上采取措施是防止热裂纹最有效的手段。其中最主要的方法是，严格控制母材和焊缝金属中C、S、P和其他易形成低熔点共晶体的合金元素Nb、Ni、Si等的含量。若将母材的C、S和P的质量分数分别控制在0.12%、0.01%和0.02%以下，则可以采用较高热输入的焊接方法而不至于产生热裂纹。当以Nb作为微量合金元素对钢进行合金化时，Nb的最高质量分数不应超过0.03%。现代冶金技术已成功地解决了低碳、低硫和磷钢的冶炼问题，开发了一系列C、S和P的含量满足上述要求的低合金高强度钢，从而有效地解决了热裂纹问题。

2）若焊接结构的母材已选定，且C、S和P含量超过了以上限制，则应采用低碳、低硫的焊接材料来调整焊缝金属的成分。焊接接头应开适当的坡口，以减小熔合比，这也是控制焊缝金属成分的有效方法。为可靠地防止焊接热裂纹的形成，将焊缝金属中碳的质量分数限制在0.12%以下，S和P质量分数都限制在0.025%以下是十分必要的。

3）在焊丝成分的设计上应注意避免采用易形成低熔点共晶的合金元素，而适当加入Mo、W和V等能细化焊缝金属晶粒的合金元素，从而提高焊缝的抗裂性能。此外，采用高锰焊丝也是一种实用的防裂措施，因为由此提高了焊缝金属的$w(Mn)/w(S)$。对于碳质量分数在0.16%以下的低合金钢焊缝金属，$w(Mn)/w(S)$提高到50以上，就能起到防止热裂纹的作用。

4）采用碱性药皮焊条或焊剂焊接的焊缝金属，与采用酸性药皮焊条或焊剂相比，具有较高的抗热裂纹的能力。

(2) 工艺措施 除了冶金措施之外，工艺措施也是防止焊接热裂纹的重要手段，主要涉及接头类型、工艺参数以及预热等。

1) 设计合理的坡口形状和几何尺寸，规定适当的接头装配间隙，以降低母材在焊缝金属中所占的比例。

2) 调整焊接参数，如降低焊接电流，以增大焊缝的成形系数，即增大熔宽与熔深的比例。

3) 降低焊接热输入，加快焊接速度，从而提高焊缝金属的结晶速度，以降低晶间偏析的程度。但要注意由于焊接速度过大而加重区域偏析所带来的危害。

4) 正确控制焊前的预热温度及多层焊的层间温度。焊前预热温度恰当，可降低焊缝金属的应变速率，从而降低热裂的可能性。但过高的预热和层间温度会延长熔池在高温下的停留时间，从而降低了液态金属的结晶速度，反而加重了晶间偏析，增大了产生热裂纹的倾向。

6.2.2 冷裂纹

焊接冷裂纹是一种危害极大的焊接缺陷。在低合金高强度钢的焊接接头中，大多数冷裂纹是由淬硬组织、氢的富集和拘束应力三要素共同作用的结果。而且随着钢材强度级别的提高，其冷裂敏感性相应提高。

1. 冷裂纹的敏感性

(1) 热轧钢和正火钢的冷裂纹敏感性 在低合金高强度钢中，热轧钢的冷裂倾向是最小的。但与低碳钢相比，热轧钢由于含有少量的合金元素而增加了淬硬性，其冷裂倾向比低碳钢要大一些。例如，焊接热轧钢 Q345(16Mn)快冷时会出现少量的铁素体、珠光体及贝氏体和大量的马氏体；而焊接低碳钢时，则有大量铁素体、少量珠光体及贝氏体和更少量的马氏体。因此，热轧钢焊接淬硬倾向比低碳钢稍大，其冷裂倾向也比低碳钢稍大。

与 Q345(16Mn)等热轧钢相比，正火钢由于合金元素较多，强度级别提高，淬硬倾向有所增加。而且，同为正火钢，由于强度级别不同，冷裂倾向也不同。如图 6-2 所示，18MnMoNb 的过冷奥氏体比 Q420(15MnVN)的要稳定得多，特别是高温转变区。其 CCT 曲线比 Q420(15MnVN)的靠右，淬硬倾向较大，易于得到贝氏体和马氏体组织，故冷裂倾向比 15MnVN 大。这就是说，在正火钢中，随合金元素含量的增加和强度级别的提高，冷裂敏感性增大。

对于强度级别及碳当量较低的正火钢来讲，冷裂倾向不大。但随着强度级别及板厚的增加，其淬硬性及冷裂倾向都随之增大。在这种情况下，需要采取控制焊接热输入，降低含氢量以及采取预热和及时后热等措施，以防止冷裂纹的产生。

(2) 低碳调质钢的冷裂纹敏感性 低碳调质钢的合金化原理就是在低碳钢的基础上，通过加入多种提高淬透性的合金元素来保证获得强度高、韧性好的低碳马氏体和部分下贝氏体的混合组织。正是由于加入了多种合金元素，使过冷奥氏体的稳定性提高，尤其是在高温区，转变曲线明显右移，如图 6-3 所示。

这类钢淬硬倾向比较大，本应有较大的冷裂纹倾向。但由于其含碳量比较低，热影响区的粗晶区形成的是低碳马氏体，马氏体起始转变点 Ms 点比较高，如果在该温度下冷却速度较慢，则此时生成的马氏体在随后焊接冷却中还能来得及进行一次“自回火”处理，

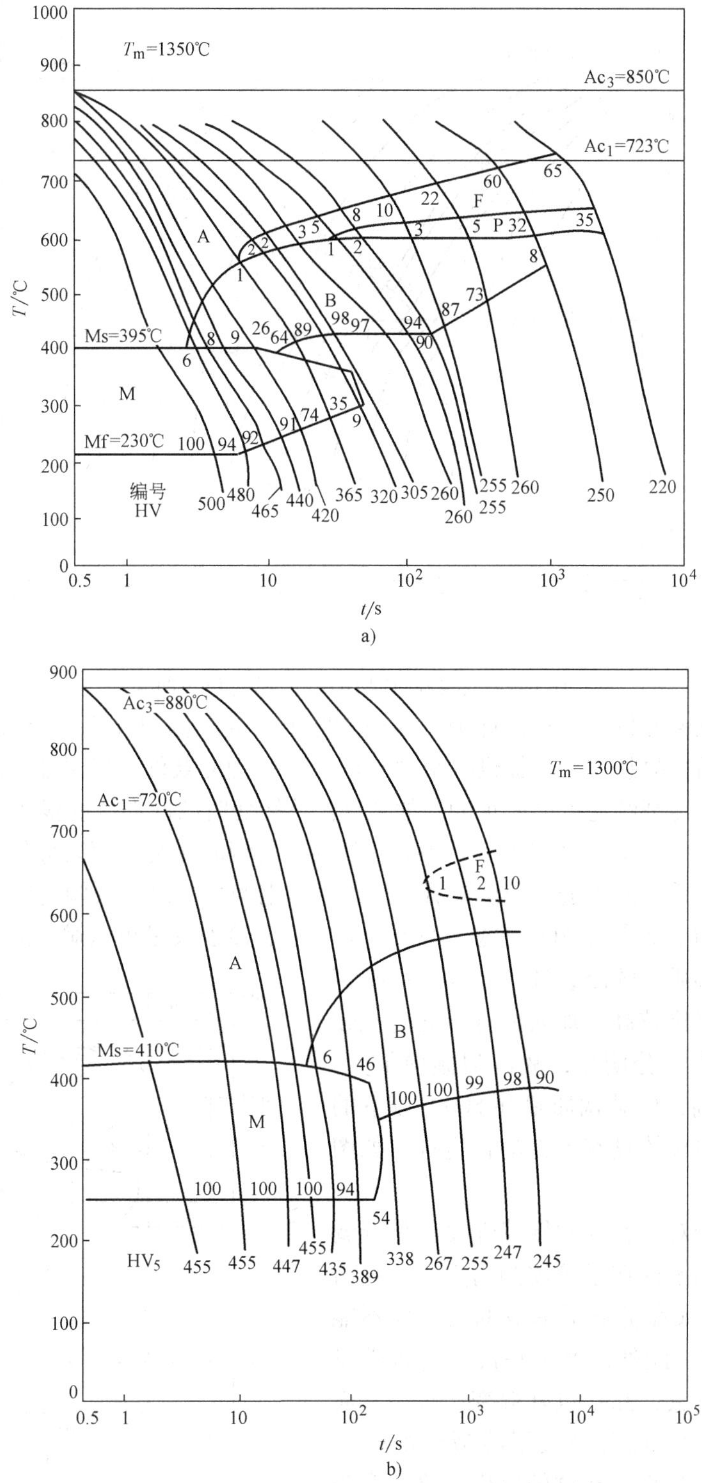

图 6-2　不同正火钢的焊接 CCT 曲线

a）Q420（15MnVN）　b）18MnMoNb

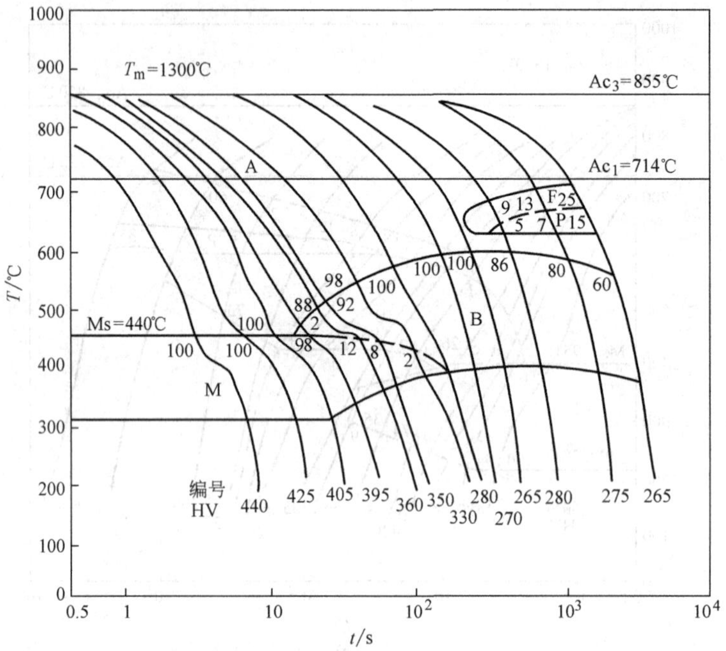

图 6-3 低碳调质钢 HQ70 的焊接 CCT 曲线

提高了塑性、韧性和抗冷裂纹的能力，因而实际上冷裂纹倾向并不一定很大。也就是说，在马氏体形成后如果从工艺上提供一个“自回火”处理的条件，以保证马氏体转变时的冷却速度较慢，则冷裂纹是可能避免的；如果马氏体转变时的冷却速度很快，得不到“自回火”效果，则冷裂纹倾向必然很大。因此，低碳调质钢的冷裂纹倾向与马氏体转变时的冷却速度有很大关系。从淬透性角度来看，低碳调质钢的焊接冷裂纹倾向应该较大，但从低碳马氏体的“自回火”作用来考虑，只要工艺合适，冷裂纹是可以避免的。

（3）中碳调质钢的冷裂纹敏感性　中碳调质钢由于含碳量比较高，加入的合金元素也较多，其淬硬倾向十分明显，故冷裂倾向很大。由于含碳量较高，中碳调质钢在 500℃ 以下的温度区间过冷奥氏体具有更大的稳定性，如图 6-4 所示。

中碳调质钢对冷裂纹的敏感性要比低碳调质钢大，其原因不仅在于淬硬倾向大，而且由于 Ms 点较低造成在低温下形成的马氏体不能实现“自回火”。此外，由于马氏体的含碳量较高，过饱和度大，晶格点阵畸变严重，因而硬度和脆性加大，显著增大了冷裂纹的敏感性。因此，为了防止冷裂纹的发生，除采取预热措施外，焊后还必须及时进行回火等热处理。

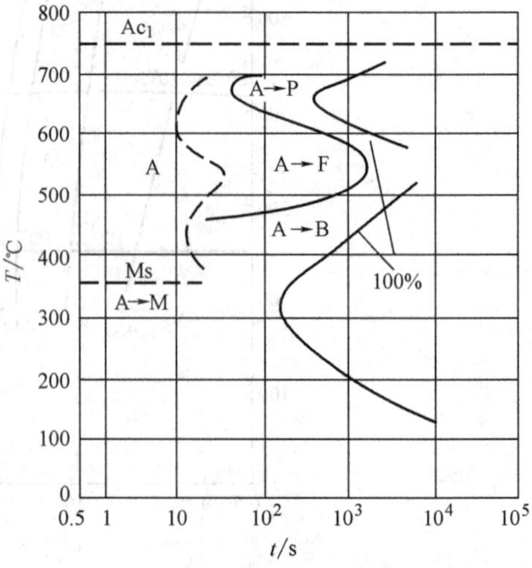

图 6-4 中碳调质钢 30CrMnSi 的奥氏体等温转变图

2. 冷裂纹的防止措施

（1）采用低强度的熔敷金属　焊接低合金高强钢时，采用焊缝金属强度比母材低的焊接材料，能大大提高整个接头的抗冷裂性，母材的强度愈高，其效果愈明显。例如，对于一些强度级别高而又无法进行预热或希望降低预热温度的构件，可以采用奥氏体焊条进行焊接。这样可以增加焊缝的塑性，降低焊接接头的应力水平，同时奥氏体溶氢量大，能有效防止冷裂纹的产生。

（2）建立低氢的焊接环境　氢是低合金高强度钢焊接产生冷裂纹的主要因素之一，因此建立低氢的焊接环境对于防止冷裂是至关重要的。被焊钢种的强度越高，其冷裂倾向越大，对低氢焊接环境的要求越严格。为建立低氢的焊接环境，需要控制保护气体内的水分以及填充材料和钢板表面的水分。此外，焊接某些中碳调质钢时，对焊接区周围大气的相对湿度也要加以控制。

（3）选择低氢的焊接方法　采用 CO_2 气体保护焊或富氩的混合气体保护焊可显著降低焊缝金属的含氢量。这是因为电弧气氛是活性的，能使氢离子结合成不溶于液态金属的 OH 和水蒸气，从而排除掉。由于焊缝金属的氢含量非常低，在某些情况下甚至可取消焊件的预热，因此这种低氢型焊接方法也是低合金钢的一种相当经济的焊接方法。

此外，焊条电弧焊和埋弧焊目前仍然是低合金钢焊接中应用最广泛的两种焊接方法。通过对焊条药皮配方的改进和新型焊剂的研制，也可以使焊缝金属的氢含量达到低氢的等级，只是效果不如 CO_2 焊。

（4）焊前预热　焊前预热是防止低合金钢接头产生冷裂纹的最有效措施之一，在低合金钢焊接中应用最为普遍。目前已通过焊接性试验和生产实际积累了有关预热温度的大量实验数据，许多制造规程对所认可的钢种亦规定了最低的预热温度，从而为预热温度的选择提供了依据。

（5）焊后低温热处理　焊后低温热处理是指焊接结束后将焊件或整条焊缝立即加热到 150～250℃温度范围，并保持一定的时间。这种热处理能有效降低接头在低温转变区的冷却速度，同时使焊缝中的氢有充分时间向外扩散，还可使焊缝及其附近区域因热膨胀而受到压应力的作用，因而可明显降低接头的冷裂倾向。

焊后低温热处理主要用于焊前预热还不足以防止冷裂纹形成的低合金钢或高拘束度接头。如表 6-7 所示，对于 13MnNiMo54 和 2. 25Cr1Mo 等合金成分较高的低合金钢来讲，焊后低温热处理比焊前预热更能有效地防止冷裂纹的形成。在一些焊接性尚可而又难以预热的低合金钢部件中，采用焊后低温热处理来降低焊前的预热温度，对于减轻焊工劳动强度和缩短制造周期具有重要的实际意义。

表 6-7　焊后低温热处理对低合金钢冷裂倾向的影响

钢号	焊接条件	预热和及时后热	裂纹部位和裂纹率
13MnNiMo54	焊条电弧焊 型号 E6015 直径 4mm	预热 150℃	热影响区根部裂纹率为 10%
		预热 180℃	无裂纹
		预热 60℃ + 后热 100℃	无裂纹
2. 25Cr1Mo	焊条电弧焊 型号 E6015-B3 直径 4mm	预热 180℃	热影响区及熔合区裂纹率为 50%
		预热 200℃	热影响区裂纹率为 20%
		预热 150℃ + 后热 150℃	无裂纹

（6）焊后脱氢处理　对于强度级别较高的钢种，特别是中碳调质钢，由于氢的作用极易在焊缝或热影响区中产生延迟裂纹，而且这种裂纹很难采用焊前预热加以消除。为了降低延迟裂纹的敏感性，应将整个接头焊后立即在300℃以上温度加热一段时间进行焊后脱氢处理。

在实际生产中，推荐的脱氢处理温度为300～400℃，时间为1～2h。应强调指出的是，脱氢处理必须在焊接结束后立即进行，否则就失去了脱氢处理的意义。在某些情况下，脱氢处理还可代替低合金钢厚板焊件的中间消除应力处理，这样既节约了能源消耗，又缩短了生产周期，可取得较好的经济效益。

6.2.3　再热裂纹

某些低合金高强钢在焊后600℃左右消除应力热处理过程中或焊后在500～650℃的高温及高压条件下运行时，在熔合区附近的粗晶部位可能产生所谓的再热裂纹。

1. 再热裂纹的敏感性

钢材的化学成分对再热裂纹的形成起决定性作用。在C-Mn和Mn-Si系的热轧钢中，由于不含强碳化物形成元素，因而对再热裂纹不敏感。对于正火钢Q420（15MnVN）来讲，虽然含有V，但实际证明它对再热裂纹并不敏感；而18MnMoNb和14MnMoV则有轻微的再热裂纹敏感性，可采用提高预热温度或焊后立即后热等措施防止再热裂纹的产生。

从调质钢的合金系统来看，在为加强淬透性和抗回火性而加入的一些合金元素中，大多数是属于能引起再热裂纹的元素。其中，Mo-V钢及Cr-Mo-V钢对再热裂纹较为敏感，而Mo-B钢和Cr-Mo钢也有一定的再热裂纹倾向。因此，在焊接Cr-Ni-Mo、Cr-Ni-Mo-V和Ni-Mo-V等类型的调质钢时，都要注意再热裂纹问题。

除了钢材的化学成分直接影响再热裂纹的敏感性外，钢材的显微组织和接头的应力状态对再热裂纹也有直接影响。大量的分析结果表明，过热区的粗晶加剧了再热裂纹的敏感性；焊缝厚度方向外层区域存在较大的残余拉应力，导致了该区域再热裂纹的产生。

2. 再热裂纹的防止措施

（1）控制钢材和焊缝的成分　控制母材的化学成分，降低含碳量以及杂质的含量，对防止再热裂纹是有益的。控制Cr、Mo和V等合金元素的含量，采用强度略低于母材或能快速松弛应力的焊缝金属，也是防止再热裂纹的有效措施。

（2）减少过热区的粗晶组织　采用合理的焊接工艺，降低焊接热输入，以减小过热区的粗晶比例。此外，采用窄坡口和窄焊道技术也可缩小接头过热区的粗晶比例。

（3）调整消除应力处理工艺　对再热裂纹敏感的接头在消除应力热处理时，并不是整个温度范围都可能形成再热裂纹，而是存在一个再热裂纹的敏感温区，因此最好避开这个敏感温区进行消除应力处理。在某些情况下，为保证焊接接头的其他重要性能指标而必须在再热裂纹敏感温区进行热处理时，则可采用多级热处理方法，即先将焊件在略低于敏感温区下限的温度作较长时间的处理，然后在规定的热处理温度下作短时的处理。这样既消除了焊接残余应力保证了接头的重要性能，又避免了再热裂纹的产生。

（4）降低焊接应力及应力集中　采用合理的坡口形状、焊接次序和焊前预热，可以降低接头中残余应力的峰值。设计结构时，尽量分开布置焊缝，消除焊缝几何形状的不连续和表面缺陷引起的应力集中。

6.2.4 层状撕裂

层状撕裂往往出现在钢制结构的施焊或使用过程中，是轧制板材中存在层状夹杂物条件下，在板材厚度方向受到较大拉应力时产生的。一般来讲，层状撕裂的产生不受钢材的种类和强度级别的限制，但与板厚有关，一般板厚在16mm以下就不易产生层状撕裂。

1. 层状撕裂的敏感性

如果采取特殊的脱硫、除气和夹杂物形态控制等冶金措施，可以得到抗层状撕裂很好的钢材。但一般冶炼条件下生产的热轧钢和正火钢都达不到这样的要求，因而对层状撕裂具有一定的敏感性。

对大多数调质钢来讲，由于采用了现代的冶炼技术，对夹杂物控制较严，纯净度较高，因此对层状撕裂的敏感性较低。然而，对于板厚方向承受特大载荷的结构，还存在层状撕裂的可能性。

2. 层状撕裂的防止

(1) 选用抗层状撕裂的钢材　层状撕裂的产生与否主要取决于钢材的化学成分和冶炼条件，应尽量降低钢材中硫等杂质的含量，控制夹杂物的数量、形态及其分布，从本质上解决层状撕裂的问题。

(2) 合理设计焊接结构　焊接结构的种类和使用条件、焊缝的形状和尺寸以及焊接次序等都对层状撕裂的产生有重要影响。设计时应该做到不使结构在过大的拘束状态中施焊和使用，尽量采用简单的结构形式，并使相邻焊接接头之间保持一定的距离。应尽量采用对接形式的接头，避免单面T形填角焊、角接头和贯通焊缝。应尽量采用双侧焊缝以改善焊缝根部的应力状态，防止应力集中。

6.2.5 脆化和软化

1. 过热区的脆化

热轧钢焊接接头的脆化原因因含碳量不同而异。以Q345(16Mn)钢为例，当碳的质量分数偏于下限($<0.12\%$)时，脆化一般是由于过热区晶粒粗化而形成魏氏组织造成的；当含碳量较高时，除了由于形成魏氏组织而脆化外，在发生偏析等情况下还可能出现由于形成高碳马氏体组织而引起的脆化。

正火钢的脆化程度不仅与晶粒粗化有关，而且与沉淀强化元素的含量有关。在焊接热源的作用下，熔合区附近的母材被加热到接近熔点的高温，碳化物或氮化物几乎完全溶于奥氏体。即使焊接冷却速度较低时，碳化物形成元素(如Ti、V等)也来不及析出而留存在固溶体中，其结果是使铁素体的硬度提高，韧性下降。而且，碳化物形成元素的含量越多，脆化越明显。如果焊后对接头重新正火，可使正火钢的塑性和韧性得到恢复。

低碳调质钢过热区脆化的规律与热轧钢、正火钢不同，低碳调质钢存在一个韧性最佳的组织，即马氏体和10%～30%的下贝氏体，而对应于该组织的冷却时间则可作为最佳的冷却时间。如果冷却时间小于最佳冷却时间，则会生成较多甚至全部为低碳的马氏体，韧性也会降低；若冷却时间大于最佳冷却时间，则容易产生上贝氏体及M-A组元，也会使韧性降低。

中碳调质钢的含碳量较高，合金元素含量较多，过热区内很容易生成硬而脆的高碳马氏体，因而脆化倾向比较严重。

2. 热影响区的软化

焊接热影响区的软化现象主要出现在低碳调质钢和在调质状态下焊接的中碳调质钢中。在焊接热循环的作用下，热影响区上峰值温度介于母材回火温度与 Ac_1 之间的区域，相当于经受了高于原来母材回火温度的更高温度的回火，强度和硬度降低，即出现局部软化现象。而且调质钢的强度级别越高，软化问题越突出。解决软化问题最好的方法是采用焊后重新进行调质处理，但如果不能进行重新调质处理，则应注意选择合适的焊接方法和焊接热输入。

6.3 低合金高强度钢的焊接工艺要点

合理的焊接工艺是保证产品质量的关键，焊接工艺的制定需要理论和实践的指导。一般来讲，通过对被焊母材的焊接性分析，针对焊接中容易出现的问题和产品的技术要求来制定焊接工艺。主要包括焊接方法的选择、焊接材料的确定、接头形式的设计、焊接参数的确定，以及采取相应的预热或焊后热处理措施等。

6.3.1 焊接方法及热输入

1. 焊接方法

对于热轧钢及正火钢，焊条电弧焊、埋弧焊、气体保护电弧焊等常规焊接方法都可以采用，主要根据材料的厚度、产品的结构和具体的施工条件来确定。

低碳调质钢存在高温回火软化问题，如果焊后进行调质处理，常用的弧焊方法都可以采用。不进行焊后调质处理时，必须尽量限制焊接过程中热量对母材的作用。由于软化程度与母材强度级别有很大关系，强度级别越高，越需要注意限制热输入。对于强度级别超过 980MPa 的低碳调质钢，最好采用钨极氩弧焊和电子束焊等能量集中的焊接方法；而强度级别低于 980MPa 的低碳调质钢，可采用焊条电弧焊、埋弧焊、熔化极气体保护焊和钨极氩弧焊等方法，并根据板厚和施工条件进行选择。

与低碳调质钢不同，中碳调质钢焊后的淬火组织是硬脆的高碳马氏体，对冷裂纹的敏感性很大，而且存在过热区脆化和热影响区软化等问题，焊后若不经热处理，热影响区性能达不到使用要求。因此，中碳调质钢一般首先进行退火，并在退火状态下进行焊接，焊后通过整体调质处理才能获得性能满足要求的焊接接头。此时，焊接热影响区的性能可以通过焊后的调质处理来保证，焊接重点是通过焊接材料、预热及焊后热处理解决冷裂纹问题。因此，在这种情况下，对选择焊接方法几乎没有限制。

但对于必须在调质状态下焊接的中碳调质钢来讲，除了焊接裂纹问题外，还要考虑热影响区的脆化和软化问题。热影响区的脆化问题可以通过焊后回火解决，但热影响区的软化问题，在焊后不进行调质处理时是无法解决的。因此，应从防止冷裂纹和避免软化两方面来选择焊接工艺和方法。为了防止冷裂纹应加强预热、控制层间温度并及时进行焊后回火处理；为了减少软化，应尽量采用能量密度高的热源进行焊接，如氩弧焊、等离子弧焊、激光束焊和电子束焊等。从经济和方便性考虑，目前还在采用焊条电弧焊来焊接这类钢种。

2. 焊接热输入

各种热轧钢和正火钢焊接接头的脆化程度、脆化原因和冷裂倾向是不同的，因此对热输入的要求也是不同的。对于含碳量很低的热轧钢如Q295(09Mn2)等，焊接热输入可以适当降低，以免过热区粗化甚至形成魏氏组织。而对于含碳量偏于上限的Q345(16Mn)，焊接热输入可以适当加大，以降低淬硬倾向，防止冷裂纹的产生。对于含有V、Nb和Ti的钢种，为降低过热区粗晶区脆化造成的不利影响，应选择较小的焊接热输入。

低碳调质钢的热影响区的强度、塑性和韧性是靠低碳马氏体或下贝氏体提供的。如果热影响区的冷却速度过低，则奥氏体将转变成粗大贝氏体，这对强度和韧性都不利，所以焊接这类钢时其冷却速度要高于某一临界冷却速度。然而，过高的冷却速度也会导致抗裂性和塑性的下降。因此，低碳调质钢焊接时有一个最佳的冷却速度范围。焊接热输入的选择应结合焊接时采用的预热温度，使焊接接头的冷却速度出现在最佳的冷却速度范围之内，如表6-8所示。

表6-8 14NiCrMoCuVB焊接热输入与板厚及预热温度的关系

<table>
<tr><th rowspan="3">预热温度/℃</th><th colspan="11">板厚/mm</th></tr>
<tr><th>6</th><th>8</th><th>10</th><th>12</th><th>16</th><th>20</th><th>25</th><th>30</th><th>36</th><th>40</th><th>50</th></tr>
<tr><th colspan="11">焊接热输入/(J/cm)</th></tr>
<tr><td>20</td><td>7500~16000</td><td>10000~19500</td><td>14000~23500</td><td>21500~29000</td><td>17500~46000</td><td colspan="6">抗裂性差</td></tr>
<tr><td>100</td><td colspan="4">冲击韧度低</td><td>16000~30000</td><td>22500~36000</td><td>24000~45000</td><td>26000~57500</td><td colspan="3">抗裂性差</td></tr>
<tr><td>150</td><td colspan="5">冲击韧度低</td><td>16000~28500</td><td>19000~35000</td><td>22500~44000</td><td>25000~49000</td><td>31000~60000</td><td>31500~61500</td></tr>
<tr><td>200</td><td colspan="7">冲击韧度低</td><td>16000~32500</td><td>20000~39500</td><td>22000~46500</td><td>23500~54000</td></tr>
</table>

中碳调质钢一般采用小焊接热输入焊接，有利于降低奥氏体的过热。因为即使采用大热输入焊接，热影响区仍然避免不了产生马氏体，却增大了奥氏体的稳定性，结果使淬火区形成粗大的马氏体，反而增大了脆化和冷裂倾向。

6.3.2 焊接材料

1. 热轧钢及正火钢的焊接材料

选择焊接材料时，应保证焊缝金属的强度、韧性和塑性等性能指标符合产品设计要求，综合考虑焊缝金属的力学性能与抗裂性。由热轧钢及正火钢的焊接性分析可知，这类钢焊缝金属的热裂纹倾向正常情况下是较小的，有一定的冷裂纹倾向，一般可按等强原则选择焊接材料，重要结构或厚板焊接优先选择低氢焊条或碱性适度的埋弧焊剂，如表6-9所示。

由表可以看出，对于每一个级别的钢种，按照力学性能等强的原则出发，可以选择几种焊接材料，但应根据结构的重要程度、板厚和结构形式等进行具体选择。对重要结构或厚板、拘束大的焊接结构，采用低氢焊条或碱性稍高的焊剂，以防止冷裂纹的发生。对于重要的焊接产品，应选择韧性好的焊接材料。选择埋弧焊焊丝和焊剂时，要考虑焊丝和焊剂的配合，以及焊接坡口和接头的形式。例如，HJ431 与 H08A 配合可以焊接不开坡口（即 I 形坡口）的 Q345（16Mn）钢，因为 I 形坡口熔合比大，焊缝仍然有足够的合金元素，从而保证焊缝的力学性能。但对中厚板的 Q345（16Mn）钢进行埋弧焊时，一般需要开 V 形、Y 形或 X 形等坡口形式，熔合比小。如果仍然采用 HJ431 与 H08A 配合，焊缝强度偏低，因此应采用 HJ431 与 H08MnA、H10Mn 及 H10MnSi 等含有一定合金元素的焊丝相配合，以保证焊缝金属的力学性能。对于开深坡口的大厚板 Q345（16Mn）钢埋弧焊，不仅要降低熔合比，而且应选择抗裂性较好的焊剂 HJ350，再配合韧性好的 H08MnMo 焊丝，以满足焊缝金属的力学性能和抗裂性的要求。

表 6-9 热轧钢及正火钢焊接时可选用的焊接材料

强度等级 σ_s/MPa	钢材牌号	焊条电弧焊	埋弧焊		电渣焊		CO_2 焊
		焊条型号	焊丝牌号	焊剂牌号	焊丝牌号	焊剂牌号	焊丝牌号
294	Q295 （09Mn2、 09MnV）	E4303 E4301 E4316 E4315	H08A H08MnA	HJ431	—	—	H08Mn2SiA
343	Q345（16Mn、 14MnNb） Q295（12Mn）	E5003 E5001 E5016 E5015	I 形坡口对接 H08A 中厚板开坡口对接 H08MnA H10Mn H10MnSi	HJ431	H08MnMoA	HJ431 HJ360	H08Mn2SiA
			厚板深坡口 H08MnMoA	HJ350	H08Mn2MoVA		
393	Q390 （15MnV、 15MnTi、 16MnNb）	E5003 E5001 E5016 E5015 E5015-G E5515-G	I 形坡口对接 H08A	HJ431	H08Mn2MoVA	HJ431 HJ360	H08Mn2SiA
			中厚板开坡口对接 H08MnA H10Mn H10MnSi	HJ431			
			厚板深坡口 H08MnMoA	HJ350 HJ250			
442	Q420 （15MnVN、 14MnVTiRE）	E5015-G E5515-G E6016-D1 E6015-D1	H08MnMoA H08MnVTiA	HJ431 HJ350	H10Mn2MoVA	HJ431 HJ360	—

（续）

强度等级 σ_s/MPa	钢材牌号	焊条电弧焊	埋弧焊		电渣焊		CO_2 焊
		焊条型号	焊丝牌号	焊剂牌号	焊丝牌号	焊剂牌号	焊丝牌号
491	14MnMoV 18MnMoNb	E6016-D1 E6015-D1 E6016-D1 E7015-G	H08Mn2MoA H08Mn2MoVA	HJ250 HJ350	H10Mn2MoA H10Mn2MoVA	HJ431 HJ360 HJ250 HJ350	—

2. 低碳调质钢的焊接材料

低碳调质钢一般也按等强原则进行焊接材料的选择，但当结构刚度较大时，可选择比母材强度稍低的焊接材料，以防止冷裂纹的形成。具体可选的焊接材料如表6-10所示。

表6-10　低碳调质钢焊接可用的焊接材料

钢材牌号	焊条电弧焊	埋弧焊		气体保护焊	
	焊条型号或牌号	焊丝牌号	焊剂牌号	焊丝牌号	保护气体
14MnMoVN	E7015-D2 E8515-G	H08Mn2MoA H08Mn2NiMoVA	HJ350	H08Mn2Si H08Mn2Mo	CO_2
		H08Mn2NiMoA	HJ250		
14MnMoNbB	H14(Mn-Mo) E8515-G	H08Mn2MoA H08Mn2Ni2CrMoVA	HJ350	—	—
HQ60	E6015 E6016-G E6017	—	—	H08MnNiMoA H08MnSiMoA	Ar+20% CO_2 或 CO_2
HQ70	E7015-G E7015-G E7015-G	—	—	H08Mn2NiMoA	Ar+20% CO_2 或 CO_2
HQ80C	E8015-G	—	—	H08MnNi2MoA	Ar+20% CO_2
HQ100	E9516-G	—	—	H08MnNi2CrMoVA	Ar+(5~20)% CO_2

注：保护气体中的百分数均为体积分数。

3. 中碳调质钢的焊接材料

中碳调质钢一般是先退火(或正火)后再进行焊接，焊后再进行整体调质。此时选择焊接材料应该考虑冷裂纹和热裂纹的敏感性，应尽量降低焊缝金属中硫和磷的含量，控制焊缝金属的含碳量和含硅量，使焊缝金属的主要成分尽量与母材相似，以保证在焊后调质处理后达到等强。

必须在调质下焊接的构件，由于焊后不再进行调质处理，因此选择焊接材料时没有必要考虑热处理规范对焊缝性能的影响，可以不采用和母材成分相匹配的焊接材料，重点防止冷裂纹的形成。由于在调质状态下直接焊接，母材的强度高，刚性大，冷裂纹倾向严重，所以有时采用抗裂性好的纯奥氏体焊接材料。具体情况如表 6-11 所示。

表 6-11　中碳调质钢焊接可用的焊接材料

钢材牌号	焊条电弧焊	埋弧焊		气体保护焊	
	焊条型号或牌号	焊丝牌号	焊剂牌号	焊丝牌号	保护气体
30CrMoA	E10015-G	H20CrMoA	HJ260	H20CrMoA H08Mn2Mo	Ar
30CrMnSiA	E8515-G E10015-G HT-1(H08A 焊芯) HT-1(H08CrMoA 焊芯) HT-3(H08A 焊芯) HT-3(H08CrMoA 焊芯) HT-4(HGH41 焊芯) HT-4(HGH30 焊芯)	H20CrMoA	HJ431	H08Mn2SiMoA H08Mn2SiA	CO_2
		H18CrMoA	HJ431 HJ260	H18CrMoA	Ar
30CrMnSiNi2A	HT-3(H08CrMoA 焊芯) HT-4(HGH41 焊芯) HT-4(HGH30 焊芯)	H18CrMoA	HJ350-1 HJ260	H18CrMoA	Ar
30CrMoVA	E5515-B2-VN6 E8515-G	H20CrMoA	HJ260	H20CrMoA	Ar
34CrNi3MoA	E2-11MoVNiW-15 E8515-G	—	—	H20Cr3MoNiA	Ar
40CrMnSiMoVA	E10015-G HT-3(H18CrMoA 焊芯) HT-2(H18CrMoA 焊芯)	—	—	—	—

6.3.3　接头设计和辅助措施

1. 接头设计

合理的接头设计应使应力集中系数尽可能小，具有好的可焊到性，且便于焊后检验。为此，应避免将焊缝布置在断面突然变化的部位，并考虑施焊方便。一般来说，对接焊缝比角焊缝更为合理，因为后者应力集中系数大并有明显的缺口效应。坡口形式以 U 形或 V 形为佳，也可以采用双 V 形(X 形)或双 U 形坡口，以降低焊接应力。不同的焊接方法焊接不同厚度的钢材时，坡口形式和尺寸是不同的，按照国家标准中的规定，采用气焊、焊条电弧焊和气体保护焊焊接不同板厚的钢材时，几种可选的坡口形式如图 6-5 所示。

2. 焊前预热

焊前预热是防止冷裂纹的有效措施，预热温度的确定取决于钢种的化学成分、板厚、焊接结构形状和拘束度以及环境温度等。表 6-12 分别列举了部分热轧钢、正火钢和低碳调质钢焊接时的预热温度，而中碳调质钢焊接时都需预热，预热温度为 200 ~ 350℃。

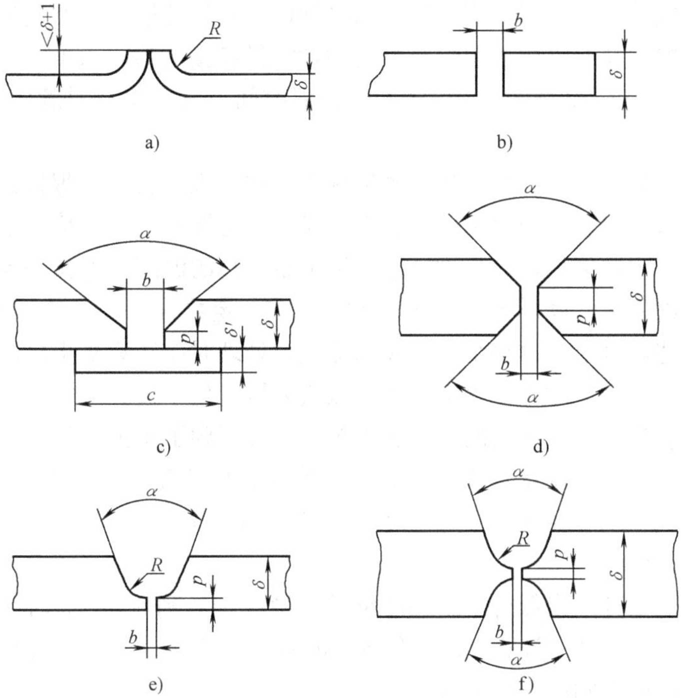

图6-5　对接接头的几种坡口形式

a) 卷边坡口（板厚1~2mm）　b) I形坡口（板厚1~6mm）

c) Y形坡口（板厚3~26mm）　d) X形坡口（板厚>10mm）

e) U形坡口（板厚20~60mm）　f) 双U形坡口（板厚>30mm）

表6-12　常用低合金钢推荐的预热温度范围

钢　　号	板厚/mm	预热温度范围/℃
Q345(16Mn)、SM50、HT50、17Mn4、19Mn6、15Mo3、15MnV、15MnTi、SA-299	≥30	100~150
20MnMo、HT60、12CrMo、15CrMo、13CrMo44、StE47、SA-387-P12	≥15	150~200
14MnMoV、18MnMoNb、13MnNiMo54、HT70、StE60、SA-387-P22、10CrMo910、22NiCrMo37	≥10	150~200
12Cr1MoV、13CrMoV42、StE70、HT80、24CrMoV55、12Cr2MoWVTiB	≥6	150~200

3. 焊后热处理

在低合金高强度钢的焊接中，出于不同的考虑和目的，可采取不同的焊后热处理措施。这些措施包括焊后低温热处理、消除应力处理、正火处理和调质处理等。

（1）焊后低温热处理　如前所述，焊后低温热处理是在焊接结束后将焊件或整条焊缝立即加热到150~250℃温度范围内并保持一段时间的一种处理工艺，主要目的是降低接头在低温转变区的冷却速度，以降低接头的冷裂倾向。

对于热轧钢及正火钢和低碳调质钢来讲，一般不需要焊后低温热处理，但对于结构拘束应力比较大而使冷裂纹倾向明显增大时，可以考虑采取这种后热措施。中碳调质钢焊接时，为防止冷裂纹的产生，焊后应立即采取这种低温热处理措施。所用的后热温度和时间取决于被焊钢种的冷裂纹敏感性、焊接材料的含氢量和接头的拘束度。一般来讲，后热温度为 150～250℃，含碳量高时可达 300℃，保温时间可按每毫米厚度保温 1min 计算，但至少不小于 30min。

（2）消除应力处理　这种焊后热处理措施主要用于板厚较大、焊接残余应力较大、低温工作、承受动载荷或有应力腐蚀要求，以及尺寸稳定性要求的结构。消除应力处理过程是将焊接构件以一定速度均匀加热到 Ac_1 点以下足够高的温度并保持一定的时间，所用的温度一般比母材的回火温度低 30～60℃。对于含有一定数量的 Cr、Mo、V、Ti 和 Nb 等沉淀强化元素的某些低合金钢焊接结构，在消除应力处理时应注意防止再热裂纹的发生。

（3）焊后正火处理　对于正火钢的焊接接头来讲，处于过热区的部位由于承受较高的温度而破坏了具有良好综合性能的正火态组织，使其回到了正火前的热轧状态，通过焊后正火处理，可以使组织再恢复到焊前状态。这种焊后热处理措施主要用于电渣焊结构件，以改善焊接接头的组织和性能。正火温度应一般比 Ac_3 高 30～50℃，而正火时间一般按每毫米厚度 1～2min 计算。

（4）焊后调质处理　当低合金高强度钢的强度级别达到 500MPa 时，焊后调质处理可以提高接头的强度和韧性。淬火温度一般比 Ac_3 高 30～50℃，保温一定时间后，在水中急冷，然后按母材的回火制度进行回火。

表 6-13 给出了几种低合金高强度钢的焊后热处理温度。但应当指出，在选择焊后热处理规范时，除了依据母材的化学成分和焊件厚度外，还应综合考虑冶金和工艺特点，以避免在材料回火脆性或再热裂纹的敏感温区进行，加快敏感温区内的加热速度和冷却速度。针对不同用途的材料，各国法规所规定的热处理温度的差别较大，这与设计准则、材料标准及焊接工艺评定标准不同有关，使用时应根据具体情况综合考虑。

表 6-13　几种低合金高强度钢的焊后热处理温度

强度等级 σ_s/MPa	钢材牌号	回火温度/℃	正火温度/℃	消除应力处理温度/℃
295	Q295(09Mn2、09MnV)	—	900～940	550～600
345	Q345(16Mn、14MnNb) Q295(12Mn)	580～620	900～940	550～600
390	Q390(15MnV、15MnTi、16MnNb)	620～640	910～950	600～650
442	Q420(15MnVN、14MnVTiRE)	620～640	910～950	600～660
491	14MnMoV 18MnMoNb	640～660 620～640	920～950	600～660

6.4　典型低合金高强度钢的焊接

6.4.1　正火钢 Q345(14MnNb)的焊接

Q345(14MnNb)是屈服强度为 345MPa 级的 Nb 微合金化桥梁用钢，钢板厚度为 16～50mm。在正火状态下，钢材具有优良的低温冲击韧度，50mm 厚板抗层状撕裂性能良好。

通过焊接性研究表明，该钢材采用低热输入焊接时，焊接热影响区会产生淬硬组织，具有一定的冷裂敏感性；而采用较高热输入焊接时，热影响区的粗晶区有过热脆化倾向。

由 Q345(14MnNb)焊接而成的弦杆箱形梁是桥梁上的一个重要受力部件，箱形梁由对接、角接及棱角接头组成，如图6-6所示。根据箱形梁的具体结构形式，为了满足焊接接头各种力学性能要求，分别采用不同的焊接材料与焊接工艺进行焊接。

1. 手工定位焊焊接工艺

焊接材料：E5015，ϕ4.0mm，350～400℃烘干1h后存放于保温筒中，2h内使用。

施焊环境：温度>5℃，湿度<80%。

预热温度：δ=16～24mm，不预热；δ=32～40mm，预热≥60℃；δ=44～50mm，预热≥80℃。

焊接参数：焊接电流160～200A，电弧电压23～26V。

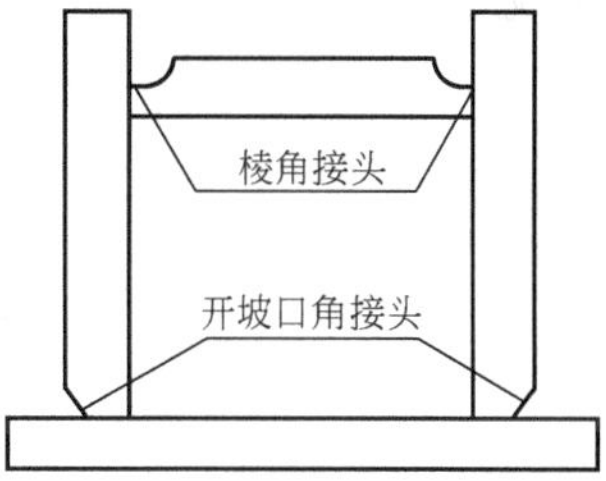

图6-6　箱形梁结构示意图

2. 对接接头埋弧焊焊接工艺

坡口形式：δ≤24mm，X形坡口，夹角76°；δ≥32mm，双U形坡口，根部R=8mm。

焊接材料：焊丝H08Mn2E，焊剂SJ101，使用前350℃烘干2h。

预热及层间温度：不预热，焊道层间温度不超过200℃。

焊接参数：ϕ1.6mm焊丝，焊接电流320～360A，焊接电压32～36V，焊接速度21.5～25m/h；ϕ5.0mm焊丝，焊接电流660～700A，焊接电压32V，焊接速度21.5m/h。

焊丝伸出长度：ϕ1.6mm焊丝，20～25mm；ϕ5.0mm焊丝，35～40mm。

第1道焊接时，背面用焊剂衬垫；翻身焊时，背面清根，翻身焊焊接方向与第1道焊接方向相反。

3. 开坡口角接头埋弧焊焊接工艺

坡口形式：竖板开45°的V形坡口。

施焊位置：船形位置焊接，水平板与水平面夹角67.5°。

焊接材料：焊丝H08MnE，焊剂SJ101，使用前350℃烘干2h。

预热及层间温度：打底焊预热温度不低于50℃，焊道层间温度不超过200℃。

焊接参数：打底焊道采用ϕ1.6mm焊丝，焊接电流240～260A，焊接电压22～24V，焊接速度21.5m/h；其他焊道采用ϕ5.0mm焊丝，焊接电流680～700A，焊接电压30～32V，焊接速度18m/h。

焊丝伸出长度：ϕ1.6mm焊丝，20～25mm；ϕ5.0mm焊丝，35～40mm。

4. 棱角接头埋弧焊焊接工艺

坡口形式：水平板开半U形坡口，根部R=10mm。

施焊位置：平焊，焊丝与竖板之间的夹角保持在25°左右。

焊接材料：焊丝H08Mn2E，焊剂SJ101，使用前350℃烘干2h。

预热及层间温度：打底焊预热温度不低于50℃，焊道层间温度不超过200℃。

焊接参数：打底焊道采用ϕ1.6mm焊丝，焊接电流240～260A，焊接电压22～24V，焊接速度21.5m/h；其他焊道采用ϕ5.0mm焊丝，焊接电流680～700A，焊接电压30～32V，焊接速度18m/h。

焊丝伸出长度：ϕ1.6mm焊丝，20～25mm；ϕ5.0mm焊丝，35～40mm。

6.4.2 低碳调质钢 HQ80C 的焊接

汽车起重机的活动支腿是汽车起重机的重要受力部件，承受汽车起重机的自重和起重量，受力复杂。某厂采用 HQ80C 钢和 HS-80A(H08MnNi2MoA)焊丝、富氩混合气体保护焊，成功地焊接制造了 40t 汽车起重机的活动支腿，其结构断面如图 6-7 所示，具体焊接工艺见表 6-14。

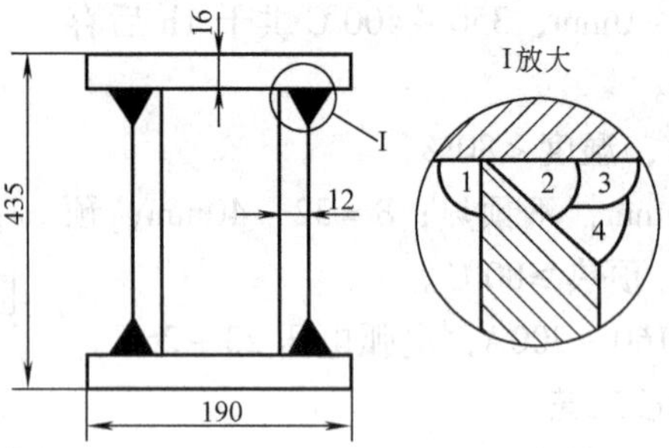

图 6-7 40t 汽车起重机的活动支腿结构

表 6-14 40t 汽车起重机用 HQ80C 钢活动支腿焊接工艺

项目	内容			
焊前处理	组装前经抛丸处理，去除钢板表面的氧化皮、油污及其他杂物			
接头形式	棱角接头			
焊缝形式	熔透焊缝			
焊接位置	平焊			
焊道数	4 道			
焊接顺序	先焊 4 条内角缝，从外部清根至露出内角缝焊肉，再焊外角各焊缝			
焊丝摆动	施焊时焊丝不做横向摆动，焊道宽 8 ~ 12mm，焊缝高 4 ~ 6mm			
预热及层间温度	100 ~ 125℃，预热火焰头距板面不小于 50mm			
焊丝	HS-80A(H08MnNi2MoA)，ϕ1.2mm			
保护气体	Ar + 20% CO_2，严格控制 CO_2 气体中的水分			
气体流量	10 ~ 15L/min			
焊接电流	打底内角焊缝	120 ~ 150A	填充和盖面焊缝	270 ~ 300A
电弧电压		18 ~ 22V		22 ~ 29V
热输入		约 1.0kJ/mm		约 1.5kJ/mm
焊后修磨	每一道焊缝清理干净后，方可施焊下一焊道；焊后必须用砂轮修磨焊缝，去除焊接飞溅，不允许存在外观缺陷			
其他	严禁在非焊接区打火引弧			

6.4.3 中碳调质钢 35CrMoA 的焊接

35CrMoA 钢是最常用的中碳调质钢，在调质状态下具有高强度和较好的焊接性。因此，当构件的刚度不太大而采用熔化极气体保护焊时，无须采用预热及消除应力热处理即可得到满意的焊接接头。35CrMoA 钢组合齿轮结构如图 6-8 所示，其焊接工艺见表 6-15。

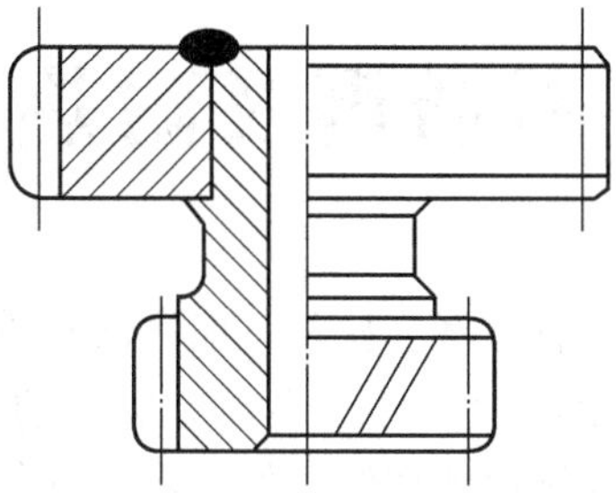

图 6-8 35CrMoA 钢组合齿轮结构

表 6-15 35CrMoA 钢组合齿轮的焊接工艺

焊接方法		实芯焊丝熔化极气体保护焊	
接头形式	对接	保护气体	CO_2
焊接位置	平焊	焊丝	H08Mn2SiA，ϕ0.8mm
预热	无	焊接电流	95～100A
焊后热处理	无	电弧电压	21～22V
夹具	可实现自动焊的特制夹具	焊接速度	7～8mm/s

思 考 题

1. 论述低合金高强度钢焊接热裂纹的敏感性及防止措施。
2. 论述低合金高强度钢焊接冷裂纹的敏感性及防止措施。
3. 论述低合金高强度钢焊接接头再热裂纹的敏感性及防止措施。
4. 论述低合金高强度钢焊接热影响区的脆化和软化倾向及防止措施。
5. 分析低碳调质钢焊接中存在的问题、产生的原因，提出相应的解决办法。
6. 分析中碳调质钢焊接中存在的问题、产生的原因，提出相应的解决办法。
7. 在低碳调质钢、中碳调质钢的焊接中，焊接热输入及焊接材料的选择有何不同？
8. 论述低碳调质钢的焊接工艺要点。

第7章　不锈钢及耐热钢的焊接

不锈钢是指能耐空气、水、酸、碱、盐和其他腐蚀介质腐蚀的，并具有高度化学稳定性的钢种。它除了具有优良的耐蚀性能外，还具有优良的力学性能和很宽的工作温度范围，适合于制造要求耐腐蚀、抗氧化和超低温的部件和设备。

耐热钢是主要在高温下使用的一类高合金钢，它分为抗氧化钢和热强钢两类。抗氧化钢在高温下能抵抗氧化和其他介质的侵蚀，并具有一定的强度，其工作温度可高达900～1100℃；热强钢在高温下具有较高的强韧性和一定的抗氧化性，其工作温度可达600～800℃。耐热钢一般用于制造动力机械、锅炉、石油化工设备中长期在高温工作的零部件。

本章将根据不锈钢和耐热钢的室温组织差别，将其分为铁素体钢、马氏体钢、奥氏体钢、铁素体-奥氏体双相钢和沉淀硬化钢，简单介绍其成分、组织及其性能特点，结合焊接要求重点分析它们的焊接性，并在此基础上给出焊接工艺要点及焊接实例。

7.1　不锈钢及耐热钢的成分及性能

7.1.1　不锈钢及耐热钢的成分及分类

不锈钢和耐热钢的种类繁多，其主要合金成分为Cr和Ni。一般来讲，只有$w(Cr) \geq 12\%$时才能在大气环境下不发生锈蚀，增加Ni或提高Cr含量，耐蚀性或耐热性均可提高。

表7-1是典型钢号的主要化学成分。按化学成分划分，不锈钢可以分为Cr系不锈钢和Cr-Ni系不锈钢；耐热钢可以分为Cr系、Cr-Mo系、Cr-Mo-V系和Cr-Ni系耐热钢。本章主要介绍含Cr和Ni量较高的Cr系和Cr-Ni系不锈钢和耐热钢。

表7-1　典型不锈钢和耐热钢的主要化学成分（质量分数）　　（%）

国产牌号	国际牌号	C	Si	Mn	Cr	Ni	其他
1Cr17	430	≤0.12	≤0.75	≤1.00	16.0～18.0	—	—
1Cr13	410	≤0.15	≤1.00	≤1.00	11.5～13.0	—	—
0Cr18Ni9Ti	321	≤0.07	≤1.00	≤2.00	17.0～19.0	8.00～11.0	Ti：0.5～0.7
0Cr25Ni20	310S	≤0.08	≤1.00	≤2.00	24.0～26.0	19.0～22.0	—
00Cr25Ni5Mo2N	—	≤0.03	≤1.00	≤2.00	24.0～26.0	5.0～8.0	—
0Cr17Ni7Al	631	≤0.09	≤1.00	≤1.00	16.0～18.0	6.5～7.5	Al：0.75～1.5

不锈钢和耐热钢按材料供应状态的组织可以分为以下五种类型，即铁素体钢、马氏体钢、奥氏体钢、铁素体-奥氏体双相钢和沉淀硬化钢。

1. 铁素体钢

铁素体钢是$w(Cr) = 17\% \sim 30\%$的高Cr钢，如1Cr17。这类钢主要用作抗氧化钢，也可用作耐蚀钢。铁素体钢以退火状态供货，它又可细分为普通铁素体钢和高纯铁素体钢。普通铁素体钢包括低Cr钢，如00Cr12、0Cr13、0Cr13Al等；中Cr钢，如0Cr17Ti、1Cr17Mo；高Cr钢，如1Cr25Ti、1Cr28等。根据高纯铁素体钢中C+N的含量，又可细分为三种，即$w(C+N) \leqslant 0.035\% \sim 0.045\%$，如00Cr18Mo2；$w(C+N) \leqslant 0.03\%$，如00Cr18Mo2Ti；$w(C+N) \leqslant 0.01\% \sim 0.015\%$，如000Cr18Mo2Ti、000Cr26Mo1和000Cr30Mo2等。

2. 马氏体钢

马氏体钢以Cr13系列钢为主，可细分为普通Cr13马氏体钢、热强马氏体钢和超低碳复相马氏体钢。普通Cr13马氏体钢是最常用的一类马氏体钢，如1Cr13、2Cr13、3Cr13、4Cr13等。这类钢经高温加热后空冷就可淬硬，一般均为调制处理状态。热强马氏体钢是以Cr12为基进行多元复合化的马氏体钢，如2Cr12WMoV、2Cr12MoV和2Cr12Ni3MoV等，其淬硬倾向更大，高温极限使用温度可达600℃，一般均为调制处理状态。超低碳复相马氏体钢是一种新型马氏体钢，室温组织为超细化的$M+\gamma'$（γ'是富C富Ni且很稳定的逆转变奥氏体，属韧性相），具有优异的强韧性组合。

3. 奥氏体钢

奥氏体钢以Cr-Ni系钢为典型，多以固溶处理状态供货。其中，以Cr18Ni8为代表的系列简称18-8钢，如0Cr19Ni9、1Cr18Ni9Ti（简称18-8Ti）；以Cr25Ni20为代表的系列简称为25-20钢，如00Cr25Ni22Mo2（简称25-20Mo）、0Cr25Ni20、2Cr25Ni20Si2、4Cr25Ni20等。

4. 铁素体-奥氏体双相钢

这类钢中铁素体占60%～40%，奥氏体占40%～60%，故称为双相钢，其供货状态为固溶处理态。最典型的有18-5型、22-5型和25-5型，如00Cr18Ni5Mo3Si2、00Cr22Ni5Mo3N、00Cr25Ni5Mo2N等。这种双相钢主要是通过在Cr-Ni系钢中提高Cr的含量降低Ni的含量，同时添加Mo和N元素获得的，因而具有极其优异的抗腐蚀性能。

5. 沉淀硬化钢

沉淀硬化钢又称PH不锈钢，最典型的有马氏体沉淀硬化钢，如0Cr17Ni4Cu4（简称17-4PH）；半奥氏体沉淀硬化钢，如0Cr17Ni7Al（简称17-7PH）。此类钢均经时效处理进行了析出强化，主要用作高强度不锈钢。

7.1.2　不锈钢的耐蚀性能

不锈钢的腐蚀形式主要有均匀腐蚀和局部腐蚀，局部腐蚀包括晶间腐蚀、点蚀、缝隙腐蚀和应力腐蚀等。

1. 均匀腐蚀

不锈钢与硝酸等氧化性酸作用，在表面能形成稳定的钝化层，不易产生腐蚀。不锈钢与硫酸等还原性酸相互作用，只含Cr的马氏体和铁素体钢发生腐蚀，而既含Cr又含Ni的奥氏体钢则具有良好的耐蚀性。在含Cl^-离子的介质中，奥氏体钢也容易发生腐蚀，而双相不锈钢的耐蚀性与奥氏体钢相近。一般来讲，耐蚀性依奥氏体钢、双相不锈钢、铁素体钢、马氏体钢的顺序依次减弱。

2. 点蚀和缝隙腐蚀

点蚀是指金属表面产生小孔状或小坑状的腐蚀，其直径一般等于或小于深度；缝隙腐蚀是指在金属结构的各种缝隙处产生的腐蚀。两者形成的条件不同，但是产生的机理是一样的，都是在腐蚀区内产生电化学作用所致。点蚀主要是不锈钢在含有Cl^-离子的溶液中，其表面钝化膜由于某种原因导致局部破坏，如组织缺陷、表面机械损伤等，在破坏点形成了腐蚀。缝隙腐蚀是由于存在缝隙的构件处于 Cl^- 离子环境中，缝隙处溶液流动发生迟滞，介质扩散受到限制，出现介质成分和浓度与整体溶液有很大差别，从而发生电化学作用而出现腐蚀。

一般不锈钢耐点蚀性均不理想，如 18-8 型不锈钢在温度不超过 100℃ 的高浓度 Cl^- 离子环境中，主要腐蚀形式就是点蚀。由于双相不锈钢中含有 Cr 和 Mo，它具有优异的耐点蚀性能。18-8Mo、25-20Mo 钢同样也具有比较优良的耐点蚀性能。由于点蚀和缝隙腐蚀具有共同的性质，因而耐点蚀的钢也都有耐缝隙腐蚀的性能。

3. 晶间腐蚀

在腐蚀介质的作用下，起源于金属表面沿晶界深入金属内部的腐蚀称为晶间腐蚀。晶间腐蚀导致晶粒间的结合力丧失，材料强度几乎消失，金属外观虽仍呈金属光泽，但敲击时已无金属的声音，钢质变脆。

晶间腐蚀常见于奥氏体不锈钢，它对晶间腐蚀的敏感程度与其成分、加热温度和时间有关。图 7-1 为 18-8 型奥氏体不锈钢晶间腐蚀敏感温度与时间的对应关系曲线，其中阴影部分是丧失抵抗腐蚀能力区域。由图可以看出，18-8 型奥氏体不锈钢在 450～850℃ 温度范围内加热后对晶间腐蚀最为敏感，通常把这一温度区间称敏化温度区间，在此区间内加热的过程称为敏化过程。敏化温度随钢的含碳量的变化而改变，碳含量越高出现晶间腐蚀的温度上限越高。短时间加热或较长时间加热，都不出现晶间腐蚀，敏化时间随钢的含碳量的降低而延长。晶间腐蚀多半与晶界层“贫铬”现象有联系，如图 7-2 所示。对于 18-8 奥氏体钢，如果在服役过程中经 450～850℃ 的加热过程，即经历所谓的“敏化加热”，由于在奥氏体当中超出溶解度的碳会向晶界扩散，而且 C 的扩散速度较快，沿奥氏体晶界就会沉淀出 $Cr_{23}C_6$ 或 $(Fe,Cr)_{23}C_6$（常写成 $M_{23}C_6$），使晶界 Cr 含量降低。此时晶内的 Cr 原子向晶界扩散，但是由于其扩散速度比较慢，不能及时补充晶界 Cr 的短缺，以致使晶界层 Cr 的质量分数低于 12%，即所谓的“贫铬”。此时如遇到化学腐蚀介质，将会沿晶界发生腐蚀。

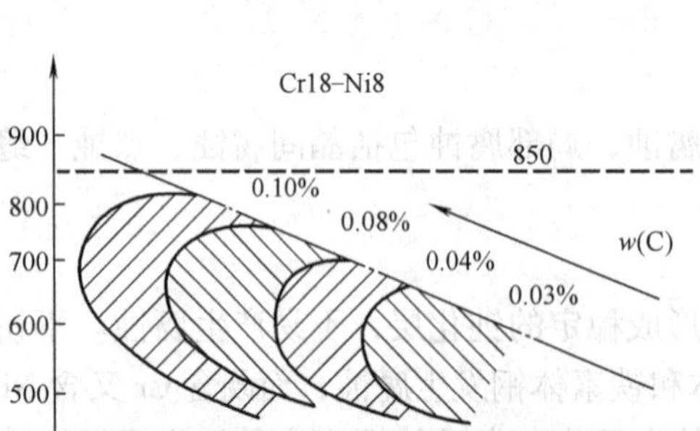

图 7-1　18-8 型奥氏体不锈钢晶间腐蚀敏感温度与时间对应关系曲线

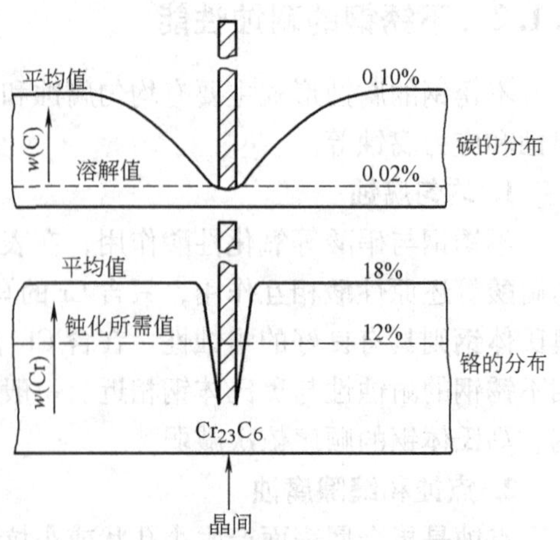

图 7-2　晶间腐蚀贫铬理论示意图

高 Cr 铁素体钢也会发生晶间腐蚀，但腐蚀发生的条件大不一样。当铁素体钢服役时，若从 1000～1200℃急速冷却时，产生晶间腐蚀的倾向较大；再经 450～850℃的加热缓冷以后反而消除了晶间腐蚀倾向。这是由于碳在铁素体中的溶解度比在奥氏体中小得多，易于沉淀，而且它在铁素体中的扩散速度也比较大，高温急冷过程实际上相当于“敏化处理”而形成了 $Cr_{23}C_6$，因而在晶界发生了“贫铬”现象。再次在 450～850℃加热缓冷，使得晶界与晶内的 Cr 扩散均匀化，贫铬层消失，相当于“稳定化处理”。

固溶处理可以改善耐晶间腐蚀性能。为改善耐晶间腐蚀性能，应适当提高钢中铁素体化元素 Cr、Mo、Nb、Ti 和 Si 的含量，同时降低奥氏体化元素 Ni、C 和 N 的含量。Ti、Nb 等强碳化物形成元素，可以降低形成铬的碳化物倾向。采用超低碳奥氏体钢时(如 18-8 型)，如果奥氏体钢中存在一定数量的铁素体相，晶间腐蚀倾向可显著减小。因此，含有一定数量 δ 相的双相不锈钢，在耐晶间腐蚀性能上优于奥氏体钢。一般地，奥氏体化元素多富集于 γ 相中，当材料被敏化加热时，富 Cr 碳化物最易形成于两相界面的 δ 相一侧，由于 Cr 在 δ 相中扩散快，Cr 容易均匀化，不会形成贫铬层。

4. 应力腐蚀

应力腐蚀也称为应力腐蚀开裂。在一定的应力和温度条件下，在特定的电化学介质中，不锈钢均有产生应力腐蚀的可能。一般地，应力腐蚀是在腐蚀介质和材料特定组合条件下产生的。对于奥氏体不锈钢，产生应力腐蚀的介质是含有 Cl^- 离子和氧的溶液，而且 Cl^- 离子和氧的浓度要合适。尽管 Cl^- 离子的浓度很高，若氧的量很少时，不会产生应力腐蚀裂纹；反之，尽管氧的量很多，若 Cl^- 离子的浓度很低时，同样不会产生应力腐蚀裂纹。

奥氏体不锈钢耐氯化物应力腐蚀性能随其 Ni 含量的增加而增强，铁素体不锈钢比奥氏体不锈钢具有更好的耐应力腐蚀性能，双相不锈钢中 δ 相为 40%～50% 时具有最好的耐应力腐蚀性能。

7.1.3　不锈钢及耐热钢的力学性能

1. 不锈钢的力学性能

不锈钢常温的力学性能与其微观组织结构有着密切的关系，不同的组织状态对应着不同的力学性能。马氏体钢在退火状态下强度低，塑性、韧性好，但是一经淬火处理，显示出很高的抗拉强度，同时塑性、韧性降低。铁素体钢没有淬硬性，抗拉强度几乎与碳素钢相同，但一般韧性较低。奥氏体钢抗拉强度高，塑性、韧性也好，但屈服点较低。不锈钢在供货时因热处理制度不同，在常温下具有不同的力学性能，如表 7-2 所示。

2. 耐热钢的耐热性能

耐热性能是指在高温下既有抗氧化或耐气体介质腐蚀的性能，同时又有足够的强度。为使钢在高温下具有耐氧化和耐气体介质腐蚀的性能，必须使钢表面不能形成疏松或易于破裂的 Fe_3O_4、Fe_2O_3 氧化膜。为此，在钢中添加 Cr、Al 和 Si 等合金元素，在钢表面形成结构致密而又牢固的 Cr_2O_3、Al_2O_3 等氧化膜，这层氧化膜具有良好的保护作用，可提高钢的使用温度。在耐热钢中，为发挥更大的抗氧化能力，综合加入上述合金元素，表面氧化膜主要以 Cr_2O_3 为主。

耐热钢的强度指标主要是高温蠕变强度，不同钢种的蠕变强度如表 7-3 所示。从耐热钢的显微组织特征来看，奥氏体钢比铁素体钢具有更高的热强性。

表 7-2 常见不锈钢的力学性能数据

类型	牌号	热处理状态	屈服强度 $\sigma_{0.2}$/MPa	抗拉强度 σ_b/MPa	伸长率 δ_5（%）
铁素体钢	1Cr17	退火处理	205	450	22
	0Cr13Al		175	410	20
马氏体钢	1Cr13	退火处理	205	440	20
奥氏体钢	1Cr18Ni9Ti	固溶处理	205	520	40
	0Cr25Ni20		205	520	40
沉淀硬化钢	0Cr17Ni7Al	固溶处理	380	1030	20
		565℃时效	960	1140	3～5
		510℃时效	1030	1230	4
双相钢	00Cr26Ni5Mo2	固溶处理	390	590	20

表 7-3 奥氏体耐热钢在不同温度下的蠕变强度

温度/℃	持续时间 10^5h 对应的蠕变强度/MPa			温度/℃	持续时间 10^5h 对应的蠕变强度/MPa		
	0Cr19Ni9	0Cr17Ni12Mo2	0Cr25Ni20		0Cr19Ni9	0Cr17Ni12Mo2	0Cr25Ni20
500	234	284	216	700	39	83	37
550	167	219	149	750	29	54	25
600	110	167	98	800	19.6	29.4	14.7
650	64	123	59	850	14.7	17.6	9.8

7.1.4 不锈钢及耐热钢的物理性能

不锈钢及耐热钢的物理性能与低碳钢有很大差异，其物理性能数据如表 7-4 所示。一般来讲，钢中的合金元素含量越多，钢的热导率越小，线膨胀系数和电阻率越大。由表可知，低碳钢的密度略高于铁素体钢和马氏体钢，而略低于奥氏体钢。电阻率和线膨胀系数按马氏体钢、铁素体钢和奥氏体钢的顺序递增，但电阻率都远高于低碳钢。奥氏体钢的热导率约为低碳钢的 1/3，其线膨胀系数比低碳钢大 50%，而马氏体钢和铁素体钢的热导率约为低碳钢的 1/2，其线膨胀系数与低碳钢大体相当。

表 7-4 不锈钢及耐热钢的物理性能

类型	牌号	密度 ρ /(g/cm³) (20℃)	比热容 c /[J/(g·℃)] (0～100℃)	热导率 λ /[W/(cm·℃)] (100℃)	线膨胀系数 α /(10⁻⁶/℃) (0～100℃)	电阻率 μ /(10⁻⁶Ω·cm) (20℃)
铁素体钢	0Cr13	7.75	0.46	0.27	10.8	61
	4Cr25N	7.47	0.50	0.21	10.4	67
马氏体钢	1Cr13	7.75	0.46	0.25	9.9	57
	2Cr13	7.75	0.46	0.25	10.3	55

（续）

类型	牌号	密度 ρ /(g/cm³) (20℃)	比热容 c /[J/(g·℃)] (0~100℃)	热导率 λ /[W/(cm·℃)] (100℃)	线膨胀系数 α /(10⁻⁶/℃) (0~100℃)	电阻率 μ /(10⁻⁶Ω·cm) (20℃)
18-8 奥氏体钢	0Cr19Ni10	8.03	0.50	0.15	16.9	72
	1Cr18Ni9Ti	8.03	0.50	0.16	16.7	74
25-20 奥氏体钢	2Cr25Ni20	8.03	0.50	0.14	14.4	78
	0Cr21Ni20	8.03	0.50	0.11	14.2	99
低碳钢	—	7.86	0.50	0.59	11.7	13

7.2　不锈钢及耐热钢的焊接性分析

7.2.1　焊接接头的组织转变

1. 焊缝的组织图

焊缝金属的室温组织对不锈钢及耐热钢(Cr-Ni 钢)接头的性能有重要的影响。为了获得合适的焊缝金属组织，必须合理调整 Cr_{eq}/Ni_{eq} 比值。这里，Cr_{eq} 为 Cr 当量，是将每一种铁素体化元素按其铁素体化的强烈程度折合成相当的 Cr 元素的量的总和；Ni_{eq} 为 Ni 当量，是把每一种奥氏体化元素按其奥氏体化的强烈程度折合成相当的 Ni 元素的量的总和。Cr 当量 Cr_{eq} 和 Ni 当量 Ni_{eq} 的计算公式如式(7-1)和(7-2)所示。

$$Cr_{eq}=w(Cr)+w(Mo)+1.5w(Si)+0.5w(Nb)+3w(Al)+5w(V) \tag{7-1}$$

$$Ni_{eq}=w(Ni)+30w(C)+0.87w(Mn)+K[w(N)-0.045]+0.33w(Cu) \tag{7-2}$$

式中，K 与 N 有关。当 $w(N)=0\sim0.2\%$ 时，$K=30$；当 $w(N)=0.21\%\sim0.25\%$ 时，$K=22$；当 $w(N)=0.26\%\sim0.35\%$ 时，$K=20$。

图 7-3 是 Cr-Ni 钢的焊缝组织图，是舍夫勒(Schaeffler)最早于 1949 年根据焊条电弧焊条件所确定的，所以又称为舍夫勒图。利用舍夫勒图可以把 Cr-Ni 钢的焊缝室温组织与焊缝成分联系起来。

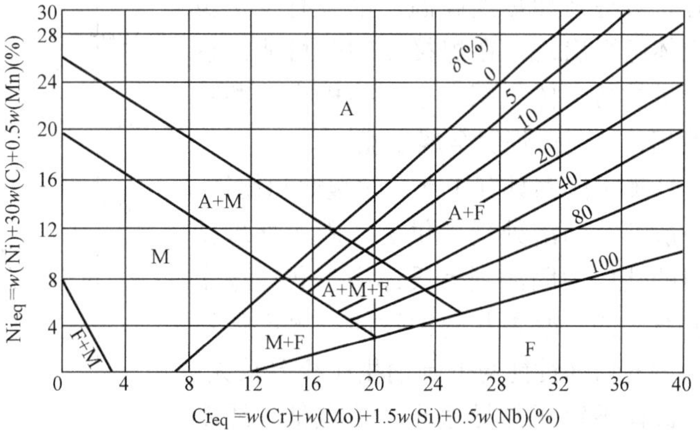

图 7-3　Cr-Ni 钢的舍夫勒图

焊缝组织是焊缝金属不同凝固(结晶)过程导致的结果。根据 Fe-Cr-Ni 合金伪二元相图(见图 7-5)可知，凝固模式可分为四种：①合金以 δ 相完成整个凝固过程，凝固模式以 F 表示；②合金以 δ 相为初生相，依次发生包晶和共晶反应，即 L+δ→L+δ+γ→δ+γ，凝固模式以 FA 表示；③合金以 γ 相为初生相，依次发生包晶和共晶反应，即 L+γ→L+δ+γ→δ+γ，凝固模式以 AF 表示；④合金以 γ 相为初生相，直到凝固

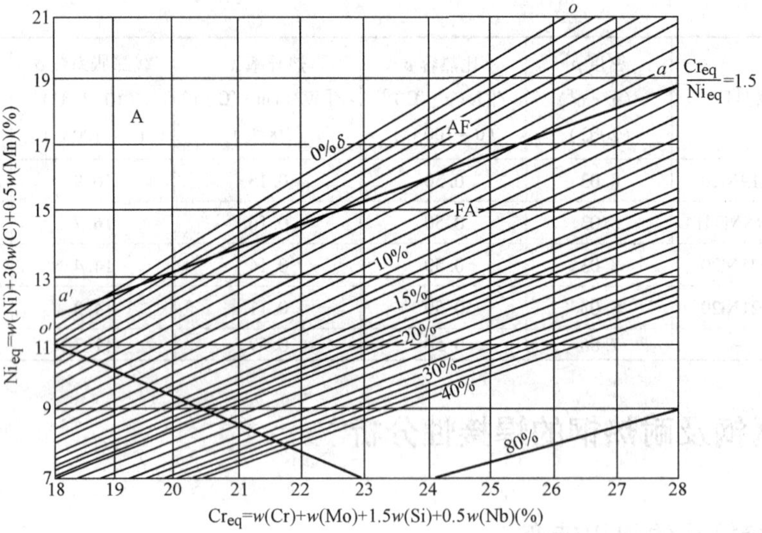

图 7-4 标有 AF/FA 界线的舍夫勒焊缝组织图

结束不再发生变化，凝固模式以 A 表示。合金以 F 和 A 模式凝固时，只有单纯 δ 铁素体组织和 γ 奥氏体组织；合金以 AF 模式凝固，共晶 δ 相的存在不足以阻碍 γ 枝晶的生长；合金以 FA 模式凝固，形成的初生相 δ 呈蠕虫状，能破坏 γ 枝晶的充分发展。显然，AF 与 FA 凝固模式可以得到双相组织，其分界具有重要意义。据文献可知，按舍夫勒图 Cr_{eq}、Ni_{eq} 的计算，此界限大约在 $Cr_{eq}/Ni_{eq}=1.5$，图 7-4 给出了标有 AF/FA 界线的舍夫勒焊缝组织图。

2. 接头的组织转变

铁素体钢一般在室温下具有纯铁素体组织，强度不算很高，塑性、韧性良好，若将其加热到高温，也会有少量奥氏体组织出现。在焊接冷却时可能出现少量的马氏体组织，也可能析出某些脆性相，从而使焊缝金属变脆。

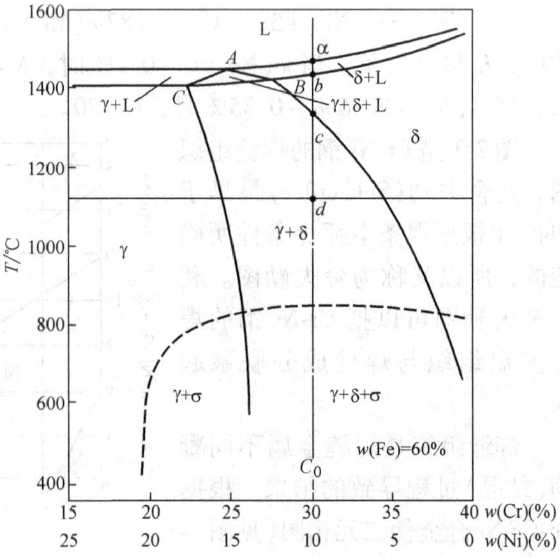

图 7-5 $w(Fe)=60\%$ 的 Fe-Cr-Ni 合金伪二元相图

奥氏体钢具有非常好的塑性和韧性，一般都经固溶处理后供货。固溶处理使铬的碳化物固溶到奥氏体中，获得稳定的奥氏体，改善其耐蚀性能。奥氏体不锈钢的物理性能与低碳钢相比相差较大，奥氏体不锈钢热导率小、熔点低、线膨胀系数大，因此在相同的焊接规范下，被加热到 600℃ 以上的区域大，焊缝金属高温停留时间长，容易形成粗大的铸态组织，并产生较大的应力和变形。与其他类型的钢种相比，奥氏体钢是较易焊接的，在任何温度下都不发生相变，对氢不敏感，焊接接头在焊态下具有较好的塑、韧性。但在焊接材料或焊接工艺选择不正确时，会出现晶间腐蚀或热裂纹等缺陷。

双相钢具有优良的焊接性，选用合适的焊接材料不会发生焊接热裂纹和冷裂纹，焊接接头的耐应力腐蚀、点蚀和缝隙腐蚀能力优于奥氏体钢，抗晶间腐蚀能力与奥氏体钢相当，但熔合线附近区域的铁素体晶粒不可避免地粗大，从而降低耐蚀性。

奥氏体钢或铁素体钢经受热循环时，通常没有明显的组织变化，但可能析出少许的第二相，如碳化物、氮化物和σ相等；在某些非稳定奥氏体钢中又可能出现百分之几的铁素体相。奥氏体-铁素体双相钢则不同，焊接加热时，低于1000℃时平衡相比例为各占50%，随着温度的升高，奥氏体逐步减少而铁素体逐步增多。当加热到1350℃以上至固相线的温度区间时，其平衡组织为100%的铁素体。

图7-5是$w(Fe)=60\%$的Fe-Cr-Ni合金伪二元相图，现以$w(Cr)=30\%$的双相钢成分为例，分析其结晶过程。显然，这一合金在降温过程中以F凝固模式进行凝固，没有γ相出现，凝固刚结束时为单相的δ铁素体组织(见图7-5中a—c之间)。继续冷却，就会进入γ+δ两相区，γ奥氏体形成于δ铁素体晶粒的边界及亚晶界。在平衡条件下，冷却过程中可以不断发生δ→γ转变，达到室温时仍然保留有相当数量的δ相，即成为γ+δ两相组织。

如果上述冷却结晶过程是焊接的冷却结晶过程，情况有很大差别。焊接过程是不平衡过程，冷却过程中，δ→γ转变是不可能完全进行的，因此室温得到的二次γ相的数量要少得多。也就是说，同样成分的焊缝金属和母材，焊缝中γ相要比母材少得多。为此，应该在双相钢焊接时采用超合金化的焊接材料(即含奥氏体化元素多的焊材)为好，这样才能加速δ→γ转变过程，使焊缝金属与母材在微观结构上一致起来。焊后进行短时固溶处理，使得未能充分转变的δ相还可再进行δ→γ转变，可增多一些γ相。多次焊接循环，也能增多一些焊缝中γ相数量。

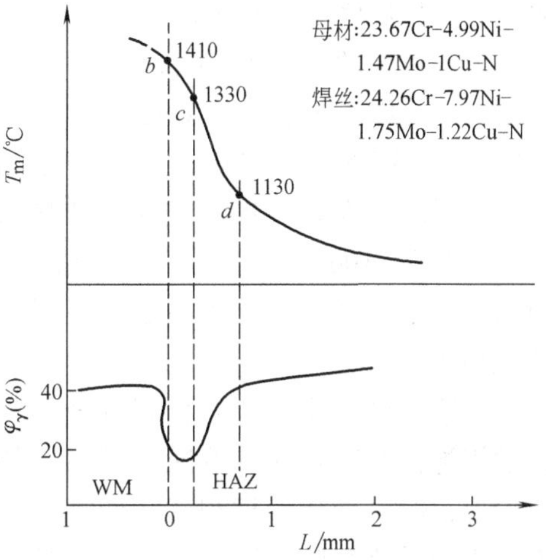

图7-6　24-5Mo2Cu双相钢焊接接头中γ相体积分数φ_γ与峰值温度T_m的关系

对于焊接热影响区，在焊接热循环作用下，整个热影响区受到不同峰值温度的作用，如图7-6所示。在加热峰值温度低于固溶处理温度1130℃的加热区内，γ与δ两相比例变化不大。超过固溶处理温度的高温区(图7-6中的d—c段)，会发生晶粒长大，γ相数量明显减少。加热温度处于图7-6中的c—b段时，γ相全部溶入δ相中，成为粗大的单相δ组织。这种δ相在冷却下来时可转变形成羽毛状的γ相，有时具有魏氏体组织的特征。因此，焊接冷却过程的不平衡相变过程的结果，导致熔合线附近的热影响区中γ相数量最少。

7.2.2　焊接接头的耐蚀性

1. 晶间腐蚀

不锈钢和耐热钢采用不当的工艺规范焊接后，接头在腐蚀介质作用下易产生沿晶粒边界的晶间腐蚀。其特点是腐蚀沿晶深入焊缝金属或母材内部，并引起焊缝金属及母材力学性能和耐蚀性降低，是极危险的一种破坏形式。

根据不锈钢和耐热钢母材材料类型和所采用焊接工艺的不同，焊接接头的晶间腐蚀可能产生于焊缝、熔合区和热影响区(见图7-7)，其腐蚀机理符合贫铬理论。

(1) 焊缝区的晶间腐蚀　普通的18-8型奥氏体钢焊缝的晶间腐蚀通常在多层多道焊的情况下出现，后一层焊缝对前一层焊缝的加热处于敏化温度区域时，在晶界上容易析出铬的碳化物，形成贫铬的晶粒边界。如果焊缝表面与腐蚀介质接触，则将产生晶间腐蚀。

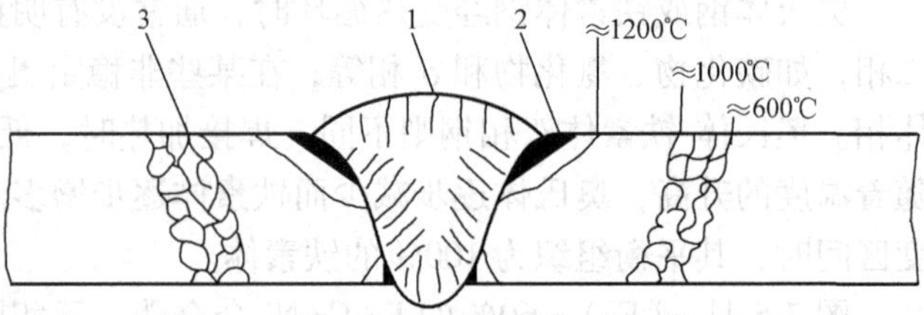

图7-7　焊接接头晶间腐蚀产生的部位示意图

1—焊缝　2—熔合区　3—热影响区

控制奥氏体不锈钢焊缝晶间腐蚀的关键是防止晶粒表层区域的贫铬。因此，防止晶间腐蚀的主要措施有：①选择超低碳[w(C)≤0.03%]或添加钛和铌等固碳元素的焊接材料；②形成奥氏体-铁素体双相组织的焊缝；③合理选择焊接工艺，减少敏化温度范围的停留时间；④焊后将工件加热到1050~1150℃固溶处理后淬火，使晶界上的碳化物溶入晶粒内部，形成均匀的奥氏体组织。

(2) 热影响区的晶间腐蚀　在普通的18-8型奥氏体钢的焊接热影响区会产生晶间腐蚀，主要出现在焊接热影响区中加热峰值温度处于600~1000℃的区域。产生晶间腐蚀的原因，仍是该区内奥氏体晶粒边界析出铬的碳化物所造成的。

一般来讲，凡是能防止焊缝金属晶间腐蚀的措施，对防止热影响区晶间腐蚀均有参考价值，但只能从母材和工艺两方面加以考虑：①选择超低碳或含Ti、Nb的奥氏体不锈钢母材，或者选择含有少量δ铁素体的双相不锈钢母材；②选用小热输入、快速冷却的焊接工艺等。

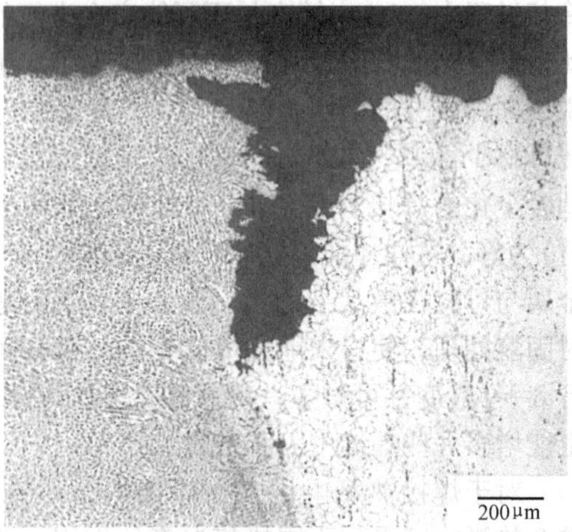

图7-8　18-8Ti奥氏体不锈钢焊接接头的刀状腐蚀

普通高铬铁素体不锈钢焊接接头在焊接热循环的作用下，被加热到950℃以上的区域，也存在晶间腐蚀问题。焊后经700~850℃短时保温退火处理，可恢复其耐蚀性。

普通高铬铁素体不锈钢焊接接头的晶间腐蚀机理也符合贫铬理论。该钢种一般在退火状态下焊接，其组织状态为固溶微量碳和氮的铁素体及少量均匀分布的碳、氮的化合物。当焊接温度高于950℃时，碳、氮的化合物逐步溶解到铁素体中，得到碳、氮过饱和固溶体。由于碳、氮在铁素体中的扩散速度快，短时间就能扩散到晶界，使晶界上碳、氮的含量高于晶内，于是在晶界上沉淀出碳化物$(Cr,Fe)_{23}C_6$和氮化物Cr_2N。由于Cr的扩散速度慢，导致在晶界上出现贫铬层，在腐蚀介质的作用下即出现晶间腐蚀。

(3) 熔合区的刀状腐蚀 这种刀状腐蚀只出现在含 Ti 或 Nb 的 18-8Ti 或 18-8Nb 奥氏体不锈钢焊接接头的熔合区内，如图 7-8 所示。刀状腐蚀在接头表面的熔合区处开始形成，顺着熔合区向板的厚度方向深入，并向母材和焊缝扩展。当母材中不含 Ti、Nb，或 C 的质量分数低于 0.06% 时，18-8 奥氏体钢焊接后是不出现刀状腐蚀的。显然，刀状腐蚀与 C、Ti 或 Nb 的存在密切相关，而腐蚀的机理仍然是晶界贫铬。

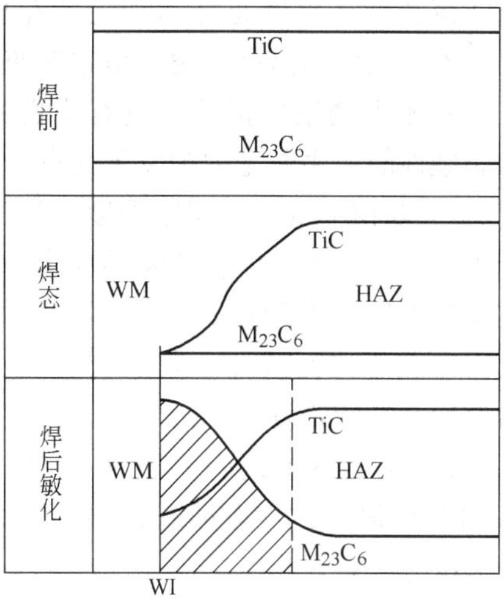

图 7-9 18-8Ti 奥氏体不锈钢焊接接头碳化物分布示意图
WM—焊缝 WI—焊缝边界

如图 7-9 所示，母材在焊接之前为固溶处理状态(1050～1150℃固溶 + 水淬)，$M_{23}C_6$ 全部固溶消失，而 TiC 由于不能固溶而存在。焊接时，加热温度超过 1200℃的熔合区部位，TiC 发生溶解，其含量降低。游离的 Ti 和 C 原子将全部固溶于 γ 相晶粒内。冷却时，部分固溶的 C 原子扩散并偏聚于 γ 相晶界处，Ti 来不及扩散而保留在原地，因而 C 将在晶界附近处于过饱和状态。在随后的 1000～600℃的敏化温度区间内，饱和的 C 与 Cr 在 γ 晶界结合形成 $Cr_{23}C_6$ 型碳化物，从而造成该区晶粒边界的贫铬现象。加热温度越高，TiC 的溶解越多，晶界处的贫铬越严重，而熔合区恰恰是除焊缝以外受热影响最高的部位。

因此，刀状腐蚀也就出现在熔合区。因此，焊接 18-8Ti 和 18-8Nb 奥氏体不锈钢时，最好控制 C 的质量分数低于 0.06%，以避免刀状腐蚀的发生。同时，尽量采用小的热输入，避免交叉焊缝，以减少过热，进而降低刀状腐蚀倾向。

2. 点蚀和应力腐蚀

(1) 点蚀 不锈钢焊接接头的点蚀常成为应力腐蚀的裂纹源，因此必须解决点蚀问题。奥氏体不锈钢焊接接头具有点蚀倾向，双相钢有时也有点蚀产生，含 Mo 的不锈钢比其他钢的耐点蚀性能好。最容易产生点蚀的部位是熔合区，因该区域化学成分极不均匀。焊缝中心部位也会产生点蚀，其主要原因是 Cr 和 Mo 的偏析。为提高接头的耐点蚀性能，应减少焊缝金属中枝晶晶轴与晶界处 Cr、Mo 的偏析，也可采用含有更多 Cr、Mo 的焊接材料。试验证明，提高 Ni 的含量，晶轴中 Cr、Mo 的偏析减少，因此采用高 Ni 焊丝对防止点蚀有利。此外还要考虑母材的稀释作用，采用超合金化的焊丝，以保证焊缝金属中含有足够的合金元素，而不能采用自熔焊接。

对于双相不锈钢来讲，如 18-5 型、22-5 型、25-5 型，在正常焊接条件下，焊接接头的耐点蚀性一般不会有问题。但是，如果焊接工艺规范选择不当，可能造成熔合区附近 γ 和 δ 相比例失调，致使 δ 相增多而 γ 相减少，常常会在 δ—δ 相界上有析出相 Cr_2N、CrN 以及 $Cr_{23}C_6$ 等。由于 Cr_2N、CrN 的析出，使其周围形成贫络层，沿此部位优先发生腐蚀，形成蚀孔。由于 N 在 δ 相中溶解度有限，易呈过饱和状态，故 δ 相越多，贫铬越严重，腐蚀也越严重。

(2) 应力腐蚀 对于不锈钢来说，应力腐蚀断裂的部位通常不存在均匀腐蚀，断裂往往以点蚀、缝隙腐蚀为起始点。裂纹的形态一般有分支特征，裂纹尖端较锐利，如图 7-10 所示。从断口形貌上分析，无明显的塑性变形迹象，起裂处表面附近的断口颜色最深。从微观上分析，奥氏体不锈钢多为穿晶断裂，呈河流花样、扇形花样和羽毛状花样；铁素体不锈钢多为沿晶断裂，呈冰糖花样。

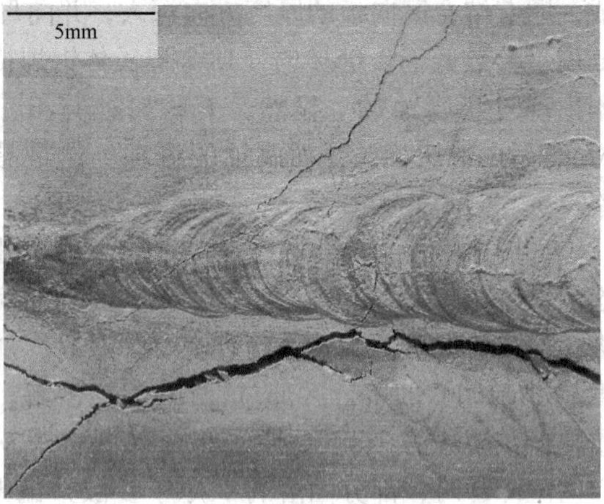

图 7-10　304 不锈钢焊接接头表面的应力腐蚀开裂

双相不锈钢焊接接头具有优良的耐应力腐蚀性能，主要是因为以下几点：

1）双相不锈钢的屈服强度比奥氏体不锈钢高，产生表面滑移所需的应力水平高，在相同的腐蚀介质中，双相不锈钢的表面膜因表面滑移而破坏所需的应力较大，应力腐蚀开裂较难发生。

2）双相不锈钢中一般含有 Mo 元素，Cr 含量也很高，耐点蚀能力强，应力腐蚀开裂缺乏起始点。

3）双相不锈钢的两个相的电极电位不同，裂纹在不同相和相界面的扩展机制不同，对裂纹的扩展起到阻止或抑制作用，应力腐蚀开裂的发展速度缓慢。

但应该指出，尽管双相不锈钢对于 Cl^- 介质有优良的耐应力腐蚀性能和耐点蚀性能，但由于 δ 相的存在，使得双相不锈钢焊接接头抗 H_2S 的应力腐蚀性能变差，因此，尤其是在熔合区附近的热影响区中，应控制母材和焊缝的相比例，以获得合适的 δ/γ 双相组织。

7.2.3　焊接接头的裂纹

在各种类型的不锈钢及耐热钢中，奥氏体钢接头易于出现热裂纹，某些奥氏体-铁素体双相钢也会出现热裂纹，而马氏体钢对冷裂纹较为敏感，铁素体钢的裂纹敏感性较低。

1. 热裂纹

与一般结构钢相比，奥氏体不锈钢焊接时更容易产生热裂纹，并以结晶裂纹为主，有时也可能出现液化裂纹。这是因为：①奥氏体钢的热导率小和线膨胀系数大，在焊接局部加热和冷却下，接头在冷却过程中易形成较大的拉应力；②奥氏体钢易于联生结晶形成方向性强的柱状晶组织，促使形成晶间液膜；③奥氏体钢焊缝的合金成分组成复杂，S、P、Sn 和 Pb 等杂质元素或者 Si、Nb 等有限溶解度元素都可能形成低熔点共晶液膜，导致产生热裂纹。

焊缝成分对奥氏体钢的热裂敏感性有决定性的影响，因为它直接影响液态金属及合金的凝固模式。在合金的四种凝固模式中，当合金以 F 或 A 模式凝固时，只形成单相 γ 奥氏体组织或 δ 铁素体组织，而且晶粒粗大，容易造成元素偏析，从而增大热裂倾向；当合金以 AF 模式凝固时，δ 相的存在不足以阻碍 γ 相枝晶的生长，同样会产生粗大的枝晶组织及偏析，热裂倾向也大；只有合金以 FA 模式凝固时，形成的初生 δ 相呈蠕虫状，能阻碍 γ 相枝晶的充分发展，细化晶粒，减少元素偏析，因而热裂倾向最低。

焊缝组织构成对奥氏体的热裂倾向有很大的影响。由奥氏体和少量的铁素体构成的焊缝组织比单相奥氏体组织的抗裂性能好。因为单相的奥氏体焊缝金属合金化程度高，奥氏体非常稳定，焊接时易形成方向性强的粗大柱状晶，会促进有害杂质S、P的偏析，易于形成连续的晶间液态夹层，从而增大热裂倾向。

对于Ni的质量分数低于15%的奥氏体钢(如18-8)，如果能使焊缝存在少量(约5%左右)的δ铁素体，那么可以大幅度提高焊缝金属的抗裂能力。因为少量δ铁素体能阻止γ奥氏体晶粒长大，细化凝固组织，打乱枝晶的方向性，增加晶界和亚晶界的面积，使液态薄膜呈不连续分布，从而减小低熔共晶物的有害作用。此外，δ铁素体比γ奥氏体能固溶更多的杂质元素。例如，S在δ铁素体中固溶度为0.18%，而在γ奥氏体中只有0.05%；P在δ相铁素体中固溶度为2.8%，而在γ奥氏体中只有0.25%。因此，δ铁素体的存在减少了有害杂质S、P等元素的偏析。

对于Ni的质量分数大于15%的奥氏体钢(如25-20钢)，采用γ+δ双相组织来防止热裂纹是行不通的，因为这一类钢中含Ni量高，具有稳定的奥氏体组织，要使焊缝获得δ铁素体必须加入更多的铁素体化元素，这样将造成焊缝金属与母材的化学成分有很大差别，从而降低焊缝金属的塑性和韧性。此外，由于δ铁素体的增多，导致在高温下长期工作时σ相析出脆化。将此类奥氏体钢的焊缝设计为$\gamma + C_1$(C_1为一次碳化物)或$\gamma + B_1$(B_1为一次硼化物)的双相组织，既可以提高焊缝金属的抗裂性能，又不降低焊缝金属的高温性能。例如，为了获得$\gamma + C_1$双相组织，可以适当提高含碳量和含铌量，从而形成NbC，起到细化晶粒的作用；为了获得$\gamma + B_1$双相组织，可以在焊缝金属中加入适量的B元素，使之形成硼化物，起到愈合作用。

对于希望焊缝金属为单一γ相的低温韧性钢或无磁性奥氏体不锈钢(如18-8Mn)，就不能采用双相组织的方法来避免热裂纹，而合理选择凝固方式是解决这一问题的关键。如果选择FA凝固方式，虽然初生相为δ铁素体，但焊缝金属的室温组织完全转变为γ奥氏体，而且是枝晶发展很差的奥氏体组织，破坏了液态夹层的连续分布，减少了有害杂质的偏析，这样也不会产生热裂纹。为了使焊缝金属按FA凝固方式凝固，在焊缝金属中添加适量Mn元素是有效的方法。研究表明，在合金凝固过程中，Mn可以对δ相的生成起促进作用，同时又促使低温下$\delta \rightarrow \gamma$转变加速。

焊缝金属中合金元素的含量也对热裂纹有一定的影响。Si在18-8钢中有利于δ相的产生，可以提高焊缝金属的抗裂性能。但是，Si在25-20钢的焊缝中，如Si的质量分数在2%以内，增大Si含量，偏析非常严重，热裂倾向增大；当Si的质量分数大于2%时，由于δ相铁素体的出现，合金凝固模式为AF模式，热裂倾向降低。在奥氏体焊缝中，提高Ni的含量，热裂倾向增大；而提高Cr的含量，对热裂无明显影响。在含Ni量低的奥氏体钢中加入Cu，焊缝金属的热裂倾向明显增大。

一般的双相不锈钢热裂倾向均不大，在焊接接头应变≤2%的情况下，其抗热裂性还是令人满意的。但是，对于含Cu的双相不锈钢，由于Cu、P与Fe形成复杂的液态薄膜，从而增大了的热裂倾向。而当焊接接头存在很高的应变时，双相不锈钢的热裂倾向也会增大。

2. 冷裂纹

冷裂纹主要出现在马氏体钢焊接接头中。由于含碳量高，极大地提高了其淬硬性，因而不论焊前的原始状态如何，冷却速度较快时，焊接接头的熔合区及其附近的热影响区总会形成淬硬的马氏体组织。随含碳量的增加，导致马氏体转变温度（Ms点）下降、硬度提高、韧性降低。随着淬硬倾向的增大，接头对冷裂也更加敏感，尤其在有氢存在时，马氏体钢还会产生更危险的氢致延迟裂纹。

对于焊接含奥氏体形成元素碳、镍较少或含铁素体形成元素铬、钼、钨或钒较多的马氏体钢，如1Cr13、1Cr17Ni2等，其铁素体稳定性偏高，加热至高温时铁素体不能全部转变为奥氏体，焊后除了获得马氏体组织外，还会产生一定量的铁素体组织。这部分铁素体组织分布在粗大的马氏体晶间，使马氏体回火后的冲击韧度降低，这会使焊接接头对冷裂纹更加敏感。

预热和控制层间温度是防止马氏体钢冷裂纹的有效方法。为了获得优良的使用性能，防止延迟裂纹，焊后需要热处理。

7.2.4 焊缝金属的脆化

1. 焊缝的粗晶脆化

铁素体不锈钢焊接接头易出现粗晶脆化。由于其含有足够的铬或配有少量其他铁素体形成元素，其铁素体组织十分稳定，在熔化前几乎不会发生相变，加热时有强烈的晶粒长大倾向。焊接时，焊缝和熔合线附近的热影响区被加热到950℃以上，在这些区域都会产生晶粒严重长大，从而降低热影响区的韧性，导致热影响区的粗晶脆化。一般来讲，晶粒粗化的程度取决于峰值温度和停留时间，因此焊接时应尽量缩短在950℃以上的高温停留时间。此外，铁素体不锈钢焊缝金属粗大的铸态组织，导致了整个铁素体不锈钢焊接接头的韧性降低，而粗大的铁素体晶粒很难采用热处理的方法使之细化。

双相不锈钢因δ相的存在也存在铁素体固有的粗晶脆化倾向。对于18-5型、22-5型、25-5型双相不锈钢的焊接接头，铬氮化合物的析出对热影响区的韧性影响很大。当γ相的比例小于30%时，氮化物越多，热影响区韧性越低。热影响区的韧性受制于δ→γ转变的程度及γ相的形态，当γ相呈魏氏组织特征时，焊接接头的低温韧性显著降低。

2. 焊缝的σ相脆化

σ相是一种硬脆而无磁性的铁铬金属间化合物Fe_nCr_m（硬度高达800～1000HV），具有可变成分和复杂的晶体结构，它的形成与焊缝金属的化学成分、组织、加热温度和保温时间等因素有关。金属中的Al、Si、Mo、Ti和Nb均能增大产生σ相的倾向，Mn能使高铬钢形成σ相所需铬的含量降低，C和N使形成σ相所需铬的含量提高，而Ni能使σ相形成所需的温度降低。由于σ相的形成依赖于Cr、Ni原子的扩散，形成速度较慢，因此对于大多数钢，焊接加热过程和焊后热处理都不易产生σ相脆化。然而，对于长期工作于850～650℃温度区间的耐热钢焊接构件，σ相脆化就是一个不可忽视的问题。

铁素不锈钢焊接接头易出现σ相脆化。对于Cr的质量分数超过21%的铁素体钢，如果在850～650℃温度区间长期加热，铁素体向σ相转化。在纯Fe-Cr合金中，Cr的质量分数超过20%就可形成σ相。当存在其他合金元素，特别是存在Mn、Si、Mo、W时，会促使在较低含Cr量下形成σ相，而且可以由三元组成，如Fe-Cr-Mo。σ相主要析集于柱状晶的晶界，从而导致接头的韧性降低。

对于含Ni量不是特别高的奥氏体钢，特别是为了提高焊缝金属抗裂性而设计的δ铁素体体积分数为3%～5%或更高的焊缝，在850～650℃温度区间高温持续服役的过程中

会发生 σ 相的析出。如 0Cr25Ni20 奥氏体钢，在温度低于 800℃时，σ 相析出缓慢；当温度高于 900℃时，σ 相就不会析出。对于 18-8 型不锈钢，当温度超过 850℃时，σ 相就不会析出。含 Ni 量很高的稳定奥氏体钢很少发生 σ 相脆化，或者说 σ 相脆化程度轻，可以高温长时间工作。在奥氏体钢中，σ 相在晶界析出，或顺着孪晶界和滑移带析出，长成块状，或在奥氏体晶粒内形成针状或片状，并以魏氏组织形式存在。由片状构成的羽状组织具有极强的脆化效果，使得焊接接头的塑性、韧性及持久强度大大降低，而块状或细粒状 σ 相的不良影响较轻。

双相不锈钢因 δ 相的存在也会出现铁素体固有的 σ 相脆化倾向。高 Cr 双相钢通常在 550～900℃范围内，从铁素体相中析出 σ 相。不同化学成分的双相钢，形成 σ 相的温度也各不相同。如 00Cr18Ni5Mo3Si2 双相不锈钢，在 550～650℃保温处理，晶界有片状 $Fe_3Cr_3Mo_2Si_2$ 金属相的析出，它具有多层重叠状生长结构和高密度结构缺陷的特征，硬而脆；在 800～900℃保温处理，在相界面和铁素体内形成 σ 相。

3. 焊缝的 475℃脆化

焊缝的 475℃脆化主要出现在 Cr 的质量分数超过 15% 的铁素体钢或含铁素体较高的双相钢中。在 430～480℃的温度区间长时间加热并缓慢冷却，就导致在常温时或低温时出现的脆化现象。造成 475℃脆化的主要原因是在 Fe-Cr 合金系中以共析反应的方式沉淀析出富 Cr 的 α′相(体心立方结构)所致，而且杂质对 475℃脆化有促进作用。475℃脆化可在 700～800℃加热，然后进行空冷处理来消除。

双相钢的组织是由奥氏体和铁素体两相组成，其中铁素体所占比例较大。如果在 430～480℃的温度区间长时间加热并缓慢冷却，就会导致在铁素体相中析出富 Cr 的 α′脆性相，从而出现 475℃脆化。但是，有时为了使双相钢兼有耐磨性，可以采用 475℃时效处理来提高其耐磨性。

7.2.5　异种钢接头的成分不均匀性

本节主要讨论珠光体钢与奥氏体钢焊接时出现的接头成分的不均匀性及其危害。图 7-11 是确定 18-8 不锈钢(*s*)对低碳钢(*m*)焊缝中心组织所用的舍夫勒图。如果不填充焊接

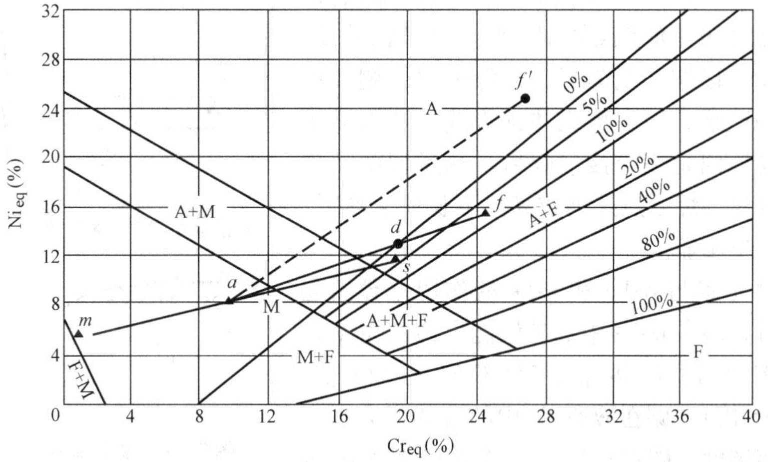

图 7-11　确定 18-8 不锈钢/低碳钢焊缝中心组织的舍夫勒图

材料，这两种钢同等比例混合在焊接熔池中，根据混合后的化学成分和铬、镍当量数，可求得焊缝金属在舍夫勒图中所处的位置点 *a*(见图 7-11 中点 *m* 和点 *s* 之连线上点 *a*)。可见点 *a* 的化学成分与18-8 不锈钢相比明显不同，其铬、镍当量明显降低，焊缝组织为马氏体M。如果此时加入成分为 *f*(相当于23-13)或 *f*′(相当于25-20)的填充金属，混合后的焊缝成分点应该落在点 *a* 与点 *f* 或 *f*′的连线上。若采用奥氏体化元素含量多的填充材料 *f*′，即使熔合比很高，焊缝中也不会出现马氏体组织，而是单相奥氏体组织。从抗热裂纹的角度考虑，这种组织不够理想。若采用奥氏体化元素含量稍低的填充金属 *f*，熔合比控制在0.3以下，则可以得到能够减弱热裂倾向的 A + F 双相组织。因此，一般采用超合金化焊接材料(含有较多合金化元素的焊接材料)进行珠光体钢与奥氏体钢的焊接。

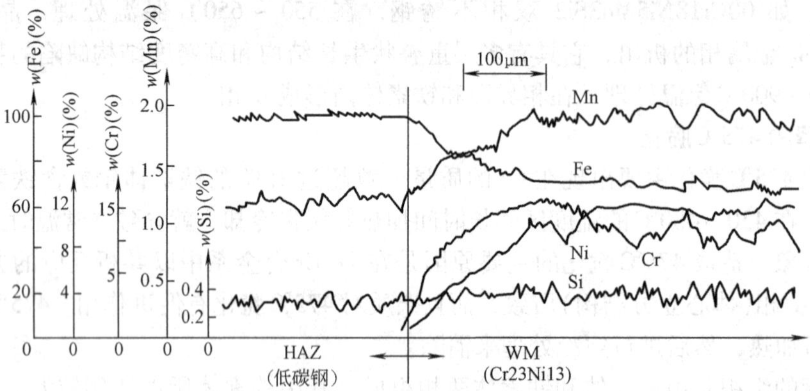

图 7-12　低碳钢母材与奥氏体钢焊缝边界的元素分布图

图 7-12 为低碳钢母材与 Cr23Ni13 奥氏体钢焊缝边界的元素分布情况图。可以看出，在低碳钢母材和奥氏体钢焊缝的边界附近 100μm 宽度范围内，合金元素含量的变化非常大，特别是 Cr、Ni 的变化。利用舍夫勒焊缝组织图可以对照出此区域的组织应该为马氏体组织。

图 7-13 是珠光体钢与 23-13 奥氏体钢焊接接头的硬度分布图。从图中可以看出，在熔合线附近低碳钢一侧硬度很低，而奥氏体钢一侧硬度急剧升高。测试分析表明，以熔合线为界，在低碳钢一侧的母材上形成了脱碳层，而在奥氏体钢焊缝一侧形成了增碳层，主要原因是在焊接或焊后加热过程中出现了碳的迁移现象。焊后热处理或高温下长期工作后，增碳、脱碳层更明显。

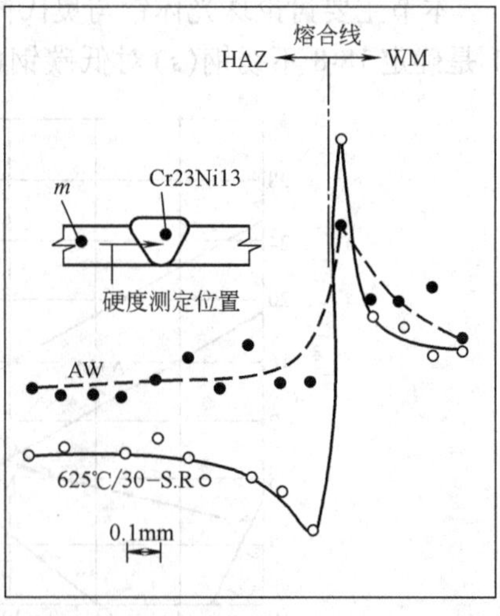

图 7-13　珠光体钢与 23-13 奥氏体钢焊接接头的硬度分布

碳的迁移是碳与 α-Fe 和 γ-Fe 的作用差异引起的。一般来讲，碳在 α-Fe 中的扩散能力均比在 γ-Fe 中大得多(910℃时大 39 倍，755℃时大 126 倍，500℃时大 835 倍)。碳在液态 Fe 中的溶解度大于在固态铁中的溶解度，碳在 γ-Fe 中的溶解度大于在 α-Fe 中的溶解度，而且，奥氏体焊缝中含有较多的碳化物形成元素(Cr、Mo、V、Nb、Ti 等)，它们都能减弱碳的扩散，非碳化物形成元素(Si、Al、Ni 等)都能增大碳的扩散能力，并且在液态或固态金属中影响是一致的。这些因素促使碳发生上坡扩散，增加了熔合区附近焊缝一侧的含碳量，造成金属硬度增大。

总之，珠光体钢与奥氏体钢焊接必须注意：一是采用超合金化焊接材料，避免形成单相奥氏体焊缝，以减小热裂倾向；二是在选择焊接材料时，在含 Cr 量一定的条件下，适当提高焊缝含 Ni 量，降低熔合区碳的扩散迁移和熔合线附近焊缝区马氏体脆化层的宽度。

7.3 不锈钢及耐热钢的焊接工艺

本节将根据上节焊接性分析的主要观点，分别讨论铁素体钢、马氏体钢、奥氏体钢、双相钢以及异种钢的焊接工艺，主要包括焊接材料的选择和焊接工艺要点。

7.3.1 铁素体钢的焊接工艺

1. 焊接材料的选择

采用与母材同质的焊接材料焊接普通的高铬铁素体钢时，由于铁素体稳定化元素多，焊缝金属粗化严重，韧性很差。因此，应尽量限制焊接材料中的杂质含量，同时添加 Ti、Nb 等元素进行晶粒细化。以 Cr17 钢为例，焊缝中添加质量分数为 0.8% 左右的 Nb，可以显著改善其韧性。而普通不含 Nb 的 Cr17 焊缝，其室温韧性很差，即使焊后进行热处理，韧性也得不到改善。对于 Cr17 而言，标准化的焊条为 A302，实芯焊丝为 H1Cr17。

也可以采用异质的奥氏体钢焊接材料，焊前预热或焊后热处理可以免除。但是必须注意焊后不可退火处理，因铁素体钢退火温度范围(787 ~ 843℃)正好处在奥氏体钢敏化温度区间，容易产生晶间腐蚀及脆化。奥氏体钢焊缝的颜色和性能都和母材不同，必须根据用途来确定是否适用。

对于 Cr25-30 型的铁素体钢，目前常用的奥氏体焊接材料为 Cr19Ni10 型和 Cr18Ni12Mo 型超低碳焊条或焊丝。对于 Cr16-18 型的铁素体钢，目前常用的奥氏体焊接材料为 Cr25Ni13 型和 Cr25Ni20 型超低碳焊条或焊丝，还可以采用 Cr 含量与母材相当的奥氏体 + 铁素体双相钢焊接材料，焊接接头不仅具有较高的强度、塑性和韧性，焊缝金属还有较高的耐蚀性。

对于碳、氮、氧等元素含量极低的高纯高铬铁素体钢，高温引起的脆化并不显著，焊接接头具有很好的塑性和韧性。一般采用与母材同质的焊接材料，也可采用纯度较高的奥氏体焊接材料或具有奥氏体 + 铁素体双相组织的焊接材料。

2. 焊接工艺要点

(1) 焊接方法　铁素体钢通常采用焊条电弧焊、TIG 焊和 MIG 焊，有时也采用埋弧焊。但对耐蚀性和韧性要求高的高纯铁素体钢不推荐采用埋弧焊，以防焊接接头过热和碳、氮侵入焊缝金属，其采用真空电子束焊效果最好。

(2) 焊前预热　铁素体钢被加热至 950 ~ 1000℃以上后急冷至室温，塑性和缺口韧性显著降低，在焊接热影响区就会出现高温脆性，同时耐蚀性也显著降低。这是与碳、氮化合物在晶界和晶内位错上析出有关。另外，铁素体钢在室温的韧性本来就很低，焊接时很容易出现裂纹，因此焊接之前必须要预热。一是使焊后焊件的降温变缓，避免出现 HAZ

的高温脆性；二是缓解焊接应力，防止应力导致开裂。预热温度一般为 100 ~ 150℃，含 Cr 量越高，预热温度也应有所提高。

（3）焊接热输入　焊接过程应该采取较小的热输入。多层多道焊时，普通高铬铁素体钢层间温度控制在 150℃以上，而高纯高铬铁素体钢层间温度控制在 100℃以上，但也不可过高。

（4）焊后热处理　铁素体钢多用于要求耐蚀的场合，高 Cr 铁素体钢也有晶间腐蚀倾向。但与奥氏体钢不同，从高温（Cr17 约为 1100 ~ 1200℃，Cr25 约为 1000 ~ 1200℃）急冷下来就产生了晶间腐蚀倾向，再经 650 ~ 850℃加热缓冷以后反而消除了晶间腐蚀倾向。由此可见，焊后在 650 ~ 850℃进行热处理是很重要的。实际上常常是在 750 ~ 850℃进行退火处理，不仅可以消除晶间腐蚀倾向，还可以改善韧性。退火后应快速冷却，以防止 σ 相脆化和 475℃脆化。

7.3.2　马氏体钢的焊接工艺

1. 焊接材料的选择

从使用性能要求的角度考虑，马氏体钢的焊缝成分应该与母材同质，因此一般采用同质的填充材料来焊接马氏体钢；同时，考虑焊缝金属组织的改变，应考虑对焊接材料进行合理的合金化，以改变其硬脆性。

对于含碳量较高的马氏体钢，若采用同质的填充焊接材料来焊接，焊缝金属会出现粗大马氏体与铁素体的混合物，硬而脆，易产生裂纹。因此，应考虑焊接材料进行合理的合金化，如添加少量 Ti、Al、N、Nb 等以细化晶粒，降低脆硬性。为防止焊接时出现冷裂纹，可以采用奥氏体钢焊接材料，焊缝为奥氏体组织。但是，奥氏体焊缝与母材在物理、化学、冶金和力学性能上都存在着很大差异。如果在循环温度工作时，由于焊缝与母材膨胀系数不同，在熔合区会产生切应力，导致接头过早破坏。因此，采用异质焊接材料焊接马氏体钢时，应该按照异种钢焊接原则来设计焊缝成分并选择焊接材料。

对于热强型马氏体钢，希望焊缝为均一的微细马氏体组织，不出现 δ 相。马氏体热强钢的主要成分多为铁素体化元素（如 Mo、Nb、W、V 等），必须用奥氏体化元素（如 C、Mn、N、Ni 等）加以平衡。由于焊接过程中合金元素的烧损，焊缝中含碳量会降低，焊缝组织中就会出现较大量的块状和网状的 δ 相，使焊缝金属韧性急剧降低，也不利于抗蠕变性能。因此，在添加 Ti 并减少 Cr 的情况下，适当提高含碳量。

2. 焊接工艺要点

（1）焊接方法　马氏体钢的焊接通常采用焊条电弧焊、TIG 焊和 MIG 焊。焊条电弧焊是最常用的焊接方法，适用范围比较广；TIG 焊适合于薄壁构件；MIG 焊也经常应用于焊接马氏体钢，具有焊接效率高、焊接质量好、焊缝金属抗裂性能高的特点。

（2）焊前预热　为防止接头产生冷裂纹，应该采取预热措施。预热温度的确定须根据马氏体钢含碳量和焊接件拘束度的大小综合确定。对拘束度小的薄壁焊件，有时不一定预热。对于拘束度很大的厚大焊件，即使采用了奥氏体钢焊接材料，也有必要预热。一般预热温度在 150 ~400℃之间。例如，简单成分的 Cr13 钢，当 $w(C) < 0.1\%$ 时，可以不预热；当 $w(C) = 0.1\% \sim 0.2\%$ 时，应预热到 260℃，焊后应该缓冷；当 $w(C) = 0.2\% \sim 0.5\%$ 时，应预热到 260℃，但焊后应及时退火。焊接预热温度不宜过高，否则会在接头中引起

晶间碳化物沉淀和形成铁素体的组织，还必须进行焊后调质处理。

（3）焊后热处理　焊后热处理的作用是通过退火处理降低焊缝金属和热影响区的硬度，改善焊接接头的韧性，还可降低焊接结构的残余应力。焊后热处理的制度必须根据母材和焊缝金属的具体条件和要求而定。对于 Cr13 焊缝金属，焊后加热到 600℃ 就可开始恢复韧性，在 850℃ 左右韧性最好，至 900℃ 以上韧性急剧下降到很低的水平。对于 2Cr12WMoV 马氏体钢，不允许焊后立即回火，而要在焊后冷却到一定温度下稍作保温（100 ~ 150℃，保温 0.5 ~ 1h），然后立即升温进行回火处理。否则，由于 2Cr12WMoV 马氏体钢含有多元合金元素，焊接过程中常会有奥氏体来不及完全转变的情况，焊后立即回火会沿奥氏体晶界析出碳化物，并发生奥氏体向珠光体的转变，这样的组织是很脆的；但若等到完全冷却至室温以后再进行回火，则又可能产生冷裂纹。

7.3.3　奥氏体钢的焊接工艺

1. 焊接材料的选择

1）根据钢的具体成分和服役条件以及对焊缝金属的性能要求选择焊接材料。Cr 和 Ni 当量、腐蚀环境与介质、高温性能、抗氧化性能等要求，都是在选择焊接材料时必须要考虑的，可以按照"同质焊接材料"原则和"微超合金化焊接材料"来选择与确定。实际上，奥氏体不锈钢的焊接，焊缝金属与母材不存在完全"同质"，常常是采用"轻度"超合金化的焊接材料。例如，最普通的 0Cr18Ni11Ti 钢，用于耐氧化性酸的条件下，其熔敷金属的成分是 0Cr21Ni9Nb，不但 Cr、Ni 含量有差异，而且是以 Nb 代替 Ti，如表 7-5 所示。

表 7-5　一些典型奥氏体钢及其组配的熔敷金属

母材	熔敷金属	组　织
0Cr18Ni11Ti	0Cr21Ni9Nb、0Cr18Ni9SiV3	$\gamma+\delta$
1Cr18Ni9Ti	1Cr19Ni10Nb、1Cr16Ni9Mo2	$\gamma+\delta$
00Cr19Ni11	00Cr21Ni10	$\gamma+\delta$
00Cr19Ni13Mo3	00Cr20Ni13Mo3、00Cr23Ni13Mo2	$\gamma+\delta$
1Cr18Ni12Mo3Ti	1Cr18Ni10Mn3Mo2V、Cr19Ni12Mo2Nb	$\gamma+\delta$
0Cr17Ni12Mo2	0Cr19Ni12Mo2Nb	$\gamma+\delta$
0Cr18Ni12Mo2Cu2	00Cr19Ni14Mo2Cu2	$\gamma+\delta$
2Cr25Ni20Si2	2Cr25Ni18Mn7、1Cr25Ni18Si2B	γ（$\delta<0.5\%$）、$\gamma+B_1$
2Cr25Ni20	2Cr26Ni21Mo2	γ

2）根据焊接材料的具体成分及其变动范围确定其与母材的匹配是否适用。如图 7-14 所示，在舍夫勒焊缝组织图上标有各种焊接材料的成分变动范围。以焊条 308 为例，实际的成分可能是 A、B 或 D 的成分。若用于焊接 18-8 奥氏体钢，希望为 FA 凝固模式，那么焊缝成分应处于 $a—a'$线右下侧，只有点 B 的成分对应双相组织的合金成分范围。采用焊条 310 焊接 25-20 奥氏体钢时，其成分变动范围内的 L 点成分对应双相组织，含 δ 约 5% ~ 7%，抗热裂性能好，可用于耐蚀条件；如果用于对热强性能有要求的条件，即不允许存在 δ 相时，点 X 的成分未必能保证焊缝是稳定的全奥氏体组织，而点 O 或 G 则对应稳

定的奥氏体组织的成分范围。

3）必须考虑母材的稀释作用，否则会使焊缝的合金化元素含量降低，难以得到理想的凝固模式和室温双相组织，因而不能保证焊缝金属的抗裂性能。

2. 焊接工艺要点

（1）焊接方法　奥氏体钢对焊接方法没有什么特殊要求，一般的焊条电弧焊、TIG 焊、MIG 焊、埋弧焊等方法均可采用，只要根据焊接的生产效率和质量要求加以确定即可。

（2）焊接热输入　合理控制焊接参数，避免接头产生过热现象。因为奥氏体钢热导率小，热量不易散失，容易对 HAZ 造成过热；还有电阻率高，焊条存在尾红，因此焊接电流不宜过高。一般而言，焊接所用的焊接电流和焊接热输入比焊接碳钢要小 20% 左右。

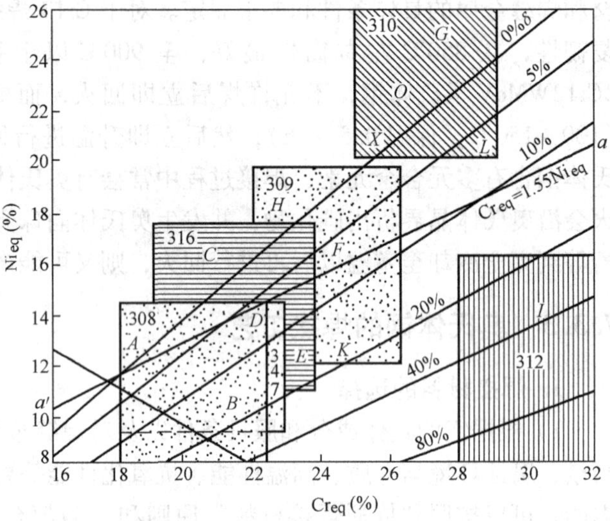

图 7-14　标有焊接材料成分变化范围的舍夫勒焊缝组织图

（3）预热和后热　奥氏体钢焊接时，通常不需要焊前预热，也不需要焊后热处理，而且应该适当加快冷却，严格控制较低的层间温度，还应该避免交叉焊缝。

（4）保证熔合比稳定　焊缝的化学成分变化对焊缝组织影响很大，为确保理想的焊缝组织，必须保证焊缝的化学成分稳定。因此，应该尽可能控制焊接工艺，以保证熔合比稳定。

（5）保护原焊件表面状态　焊前和焊后的清理工作常会影响耐蚀性。例如，焊后采用不锈钢丝刷清理奥氏体和双相不锈钢接头，反而会产生点蚀，因此必须慎重对待清理工作。至于随意引弧造成的弧击，铁锤敲击、打冲眼等，都是腐蚀根源，应予禁止。控制焊缝施焊次序，使面向介质的焊缝在最后施焊，也是保护措施之一，以避免面对介质的焊缝及其热影响区发生敏化腐蚀。

7.3.4　铁素体-奥氏体双相钢的焊接工艺

1. 焊接材料的选择

对于铁素体-奥氏体双相钢焊接均按照“超合金化焊接材料”原则来选择与确定焊接材料。既可以选择与母材成分相近的焊接材料，也可以选择奥氏体焊接材料。例如，焊接 00Cr22Ni5Mo3N 时，可使熔敷金属为 00CrNi7Mo3N。部分典型铁素体-奥氏体双相钢及其组配的熔敷金属如表 7-6 所示。

2. 焊接工艺要点

（1）焊接方法　与奥氏体钢焊接相似，铁素体-奥氏体双相钢的焊接对焊接方法也没有特殊要求，一般的焊条电弧焊、TIG 焊、MIG 焊、埋弧焊等方法均可采用，激光焊、电子束焊应用的实例也越来越多。

表7-6　典型铁素体-奥氏体双相钢及其组配的熔敷金属

母　　材	熔敷金属	组　　织
0Cr21Ni6Mn9N	00Cr21Ni15Mn9N	γ
00Cr25Ni6Mo3N	00Cr24Ni7Mo3N、00Cr23Ni13Mo3	γ+δ
00Cr25Ni5Mo2N	00Cr25Ni9Mo3N、00Cr23Ni13Mo3	γ+δ
00Cr25Ni7Mo3WCuN	00Cr25Ni11Mo3WCuN	γ+δ

（2）合理控制焊接热输入　焊接时应该尽量选用小的热输入，以避免接头产生过热现象。多道焊时，层间温度应小于100℃。接触腐蚀介质的焊缝要先焊，不接触介质的焊缝最后焊接，目的是后面的焊接过程要对前面的焊道进行热处理，使部分铁素体转变为奥氏体组织。

（3）预热和后热　铁素体-奥氏体双相钢焊接时，通常不需要焊前预热，也不需要焊后热处理，而且应该适当进行缓慢冷却，获得理想的δ/γ相比例。

（4）保证熔合比稳定　尽可能控制焊接工艺，保证熔合比稳定，从而稳定焊缝的化学成分，以获得理想的焊缝组织。

7.3.5　奥氏体钢对珠光体钢的焊接工艺

采用熔焊方法焊接奥氏体钢与珠光体钢，焊接熔合比是影响焊接接头质量的关键因素。通常希望熔合比越小越好，以降低焊缝金属的稀释程度，避免焊缝中出现脆硬马氏体组织。一般来讲，TIG焊的熔合比范围最宽，可在10%～100%范围内进行调节，焊条电弧焊的熔合比范围最窄，只有15%～30%。若采用不填充焊丝的TIG焊时，熔合比最大。

现以Q235珠光体钢对1Cr18Ni9Ti奥氏体钢的焊接为例，分析填充材料对焊缝组织的影响规律。当采用Ni的质量分数大于12%的25-13型或25-20型焊接材料时，由于较高含量的Ni起到了稳定奥氏体组织的作用，焊后得到的焊缝组织是奥氏体+铁素体组织或全部为奥氏体组织。控制熔合比在30%以下，在焊缝金属中可以得到一定比例的铁素体组织，对提高抗热裂和腐蚀能力有利。当采用Cr15Ni70镍基合金作为焊接材料时，由于镍基合金的线膨胀系数与珠光体钢接近，焊接热应力将集中在奥氏体钢一侧，对焊接接头抗裂有利，而且由于焊缝金属中含Ni量高，可以有效抑制熔合区中碳的扩散，避免接头硬度分布不均匀。

为防止形成凝固过渡层，可以在珠光体钢的坡口面上先堆焊一层25-13型的奥氏体金属过渡层。由于在珠光体钢上堆焊的过渡层是在拘束度极小的情况下完成的，因此所受应力极小。堆焊过渡层后，奥氏体钢与过渡层之间的焊接就成为奥氏体钢与奥氏体钢之间的焊接了，这样就可选用普通的奥氏体焊接材料进行焊接。但应当避免在奥氏体钢上堆焊碳钢或低合金钢来制作过渡层，因为这样可导致形成硬脆马氏体组织的焊缝。

也可以采用“过渡段”焊接工艺，这主要是防止碳迁移现象。选用V、Ti、Nb量较高的一段珠光体钢作为过渡段，先与原珠光体钢焊接起来，然后再与奥氏体钢焊接。过渡段与奥氏体钢的焊接，可采用隔离层堆焊法或者采用直接施焊法。

还可以采用“过渡接头”的焊接工艺，即先在比较有利的条件下采用过渡层堆焊方法焊成一个短的珠光体钢与奥氏体钢的异质过渡接头，再在实际构件上进行同质钢的焊接，即珠光体钢与珠光体钢焊接和奥氏体钢与奥氏体钢焊接，因而施工方便，易于保证焊接质量。

7.4 典型不锈钢及耐热钢的焊接

7.4.1 高纯0Cr18Mo2铁素体钢的焊接

高纯0Cr18Mo2铁素体不锈钢具有优良的抗氯化物应力腐蚀开裂、耐点蚀和缝隙腐蚀的性能，供货状态为850℃/10min/空冷，其化学成分如表7-7所示。

表7-7 高纯0Cr18Mo2铁素体不锈钢的化学成分及力学性能

化学成分(质量分数)(%)									力学性能		
C	Mn	Si	Cr	Ni	Mo	Ti	S	P	σ_b/MPa	σ_s/MPa	δ_5(%)
0.019	0.28	0.16	18.88	0.14	1.06	0.20	0.005	0.024	550~700	300~400	30~40

选定焊芯成分为00Cr18Ni12Mo2Nb的超低碳奥氏体不锈钢焊条，其熔敷金属的化学成分为：w(C)=0.04%、w(Cr)=17%~20%、w(Ni)=11%~14%、w(Mo)=2.0%~2.5%。

焊接方法为焊条电弧焊，试板尺寸为500mm×100mm×3mm，接头形式为不开坡口的平板对接。焊接规范为：焊接电流90~105A，焊接速度0.6~0.8cm/s。焊前不预热，焊后进行750℃/32h的退火处理。

观察焊接接头外观可见，焊缝表面呈白色的金属光泽，X射线无损探伤表明，焊缝无气孔、未熔合及焊接裂纹等缺陷。

焊缝区金属显微组织为铁素体+奥氏体，其中基体为奥氏体，晶界上有少量的树枝状铁素体。这种少量铁素体与奥氏体共存的焊缝组织具有良好的强度、塑性和韧性。

与母材的晶粒相比，焊接热影响区的晶粒明显粗大，而且在焊接热影响区中还分布着一些点状的析出物。经过焊后热处理，热影响区中晶粒明显粗大，点状析出物增多。X射线衍射分析表明，焊缝区由δ铁素体和γ奥氏体构成。电子探针分析表明，热影响区中的点状析出物为TiN、TiC和Cr_3N。

7.4.2 3Cr13马氏体不锈钢试管机压力阀套的焊接

1000t试管机压力阀套由两个锻件通过焊接而成，基体材料为3Cr13马氏体钢，其结构及尺寸如图7-15所示。为使母材在焊接过程中获得一定的热量并使焊件冷却速度缓慢，选择V形坡口(见图7-15b)，接头形式为对接。

采用整体预热工艺，预热温度为200~400℃。采用焊条电弧焊方法，选用直流电源并反接。焊接材料为直径ϕ4mm的A402焊条，焊接电流为160~210A。

装配按图样要求，控制好装配间隙，预热后用直径为3.2mm的焊条进行定位焊，及时检查定位质量，不允许存在裂纹等焊接缺陷。定位焊合格后，开始进行正式焊接，采用多层多道连续焊。打底焊时焊接电流为160A，以后各层的焊接电流选用180~210A，层间温度控制在200℃。

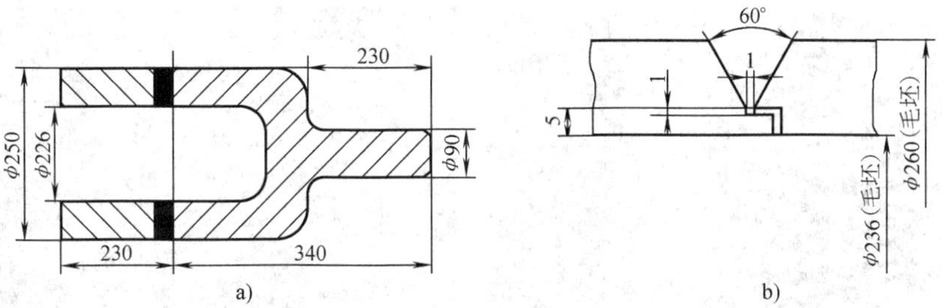

图 7-15　3Cr13 试管机压力阀套的焊接结构和焊接坡口形式及尺寸
a）焊接结构形式及尺寸　b）焊接坡口形式及尺寸

操作时要注意焊条不作摆动，在熄弧时应稍作停留，以填满弧坑。每层和每道焊缝的起弧和收弧处要相互错开位置，不能在同一点上。焊接完成后，应立即将焊件埋入石灰堆里，使其保温缓冷。

焊缝外观先进行目视检查，并用着色渗透探伤，要求焊缝表面不得存在裂纹，然后进行 X 射线探伤。焊接件在焊后进行 730 ~ 790℃ 的高温回火处理，热处理后按照图样进行机械加工，削除 V 形接头的多余焊肉。

7.4.3　18-8Ti 奥氏体钢的焊接

18-8Ti 奥氏体不锈钢具有优良的抗腐蚀、耐高温和力学性能，而且具有良好的焊接性，其焊接结构广泛应用于机械、化工、核电等工业领域。

试验选用的母材为 1Cr18Ni9Ti(18-8Ti)，焊接材料为奥氏体焊条 A302(Cr25Ni13)。焊接方法选用两种：一种是 TIG 焊，不填充焊接材料，直接重熔形成接头；另一种是焊条电弧焊，填充 Cr25Ni13 焊条，焊条直径为 4mm。母材和熔敷金属的化学成分如表 7-8 所示，所用焊接参数如表 7-9 所示。

表 7-8　母材和熔敷金属的化学成分(质量分数)　(%)

材料	C	Cr	Ni	Ti
18-8Ti 母材	0.045	18.96	8.56	0.95
A302 熔敷金属	0.15	22 ~ 25	12 ~ 14	—

表 7-9　试验用焊接参数

焊接方法	焊接电流/A	电弧电压/V	焊接速度/(cm/min)
焊条电弧焊	150	19	8.6
TIG 焊	150	22 ~ 25	12 ~ 14

从 18-8Ti 钢焊条电弧焊接头的微观组织照片(图 7-16a)可以看出，从焊缝到母材的组织变化规律为：在焊缝中部，粗大的柱状奥氏体晶粒基体上分布有较大的蠕虫状 δ 铁素体；在焊缝边缘，细小的蠕虫状 δ 铁素体分布在窄小的柱状奥氏体晶粒上；在熔合区，δ 铁素体更加细小、不连续且无方向性，奥氏体基体无明显的柱状晶特征；在热影响区，单相的奥氏体晶粒较为粗大。

从 18-8Ti 钢 TIG 重熔焊接接头组织照片(图 7-16b)可以发现，焊缝区中蠕虫状 δ 铁素体比较细小，与之相邻区域观察到了细小、不连续、无方向性的 δ 铁素体分布在奥氏体基

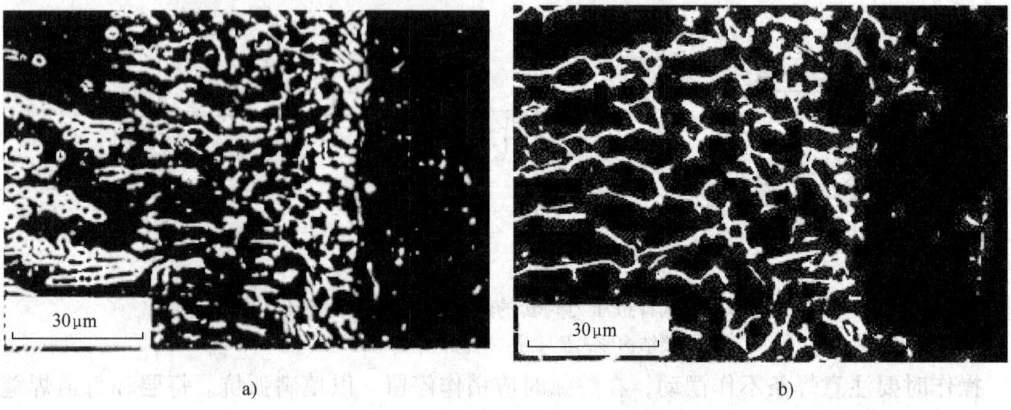

图 7-16　18-8Ti 奥氏体钢焊接接头的组织特征

a）焊条电弧焊　b）TIG 焊

体上。

7.4.4　SAF2205 铁素体-奥氏体双相钢的焊接

SAF2205 双相钢为瑞典 SANDVIK 公司生产的，主要成分是 Cr、Ni、Mo 和 N。在焊接过程中，随着温度的升高，奥氏体逐步转化为铁素体，熔化后结晶为 100% 的铁素体。在随后的冷却过程中，部分铁素体向奥氏体转变，但由于焊接热循环的短暂性，往往来不及发生奥氏体的析出，导致焊缝金属中铁素体占绝对优势。因此，双相不锈钢焊接的关键是平衡 δ 与 γ 双相组织的比例。

在选择焊接材料时要充分考虑焊接材料中 γ 相形成元素的含量，因此选择 AWS ER2209 的 22. 8. 3. L 焊丝(相当于 00CrNi5Mo3V)，焊丝直径为 2. 0mm。SAF2205 双相不锈钢母材和填充材料的化学成分如表 7-10 所示。

表 7-10　SAF2205 双相不锈钢母材和填充材料的化学成分（质量分数）　　（%）

材料	C	Mn	Si	Cr	Ni	Mo	S	P	N
母材	0. 015	0. 83	0. 49	22. 29	5. 32	3. 18	0. 001	0. 024	0. 17
焊丝	0. 014	1. 55	0. 51	22. 92	8. 61	3. 12	0. 001	0. 018	0. 17

焊接方法可以采用 TIG 焊、MIG 焊，也可以采用埋弧焊。在进行氩弧焊时，为了防止焊缝中 N 的损失，在保护气体氩中添加体积分数为 1% ~2% 的氮气，而焊缝的根部选用 100% 的氮气进行保护。

焊接热输入对焊接效率、焊缝成形及焊接接头的质量有很大的影响。焊接热输入小，冷却速度快，焊缝金属中的 δ 相含量增加；焊接热输入大，焊缝金属过热，会导致铁素体粗化，不利奥氏体的相转变。最高层间温度应设定为 200℃，过高的层间温度会造成焊缝组织粗大，从而使性能变坏。

思　考　题

1. Cr_{eq} 和 Ni_{eq} 的含义是什么？它们与不锈钢及耐热钢的焊缝组织存在何种关系？
2. 不锈钢晶间腐蚀贫铬理论的基本内容是什么？

3. 论述奥氏体不锈钢焊接接头发生晶间腐蚀的部位及形成机理。
4. 对比分析各种不锈钢的焊接裂纹敏感性，提出相应的防止措施。
5. 论述各种不锈钢焊缝金属的脆化现象及其成因，如何防止或消除？
6. 低碳钢与奥氏体钢焊接时会出现哪些现象？其焊接工艺要点是什么？
7. 如何选择奥氏体钢的焊接材料？其焊接工艺要点包括哪些具体内容？
8. 在对铁素体-奥氏体双相钢的焊接中，怎样选择焊接材料？焊接工艺方面应注意哪些问题？

第8章 有色金属的焊接

有色金属材料由于具有钢铁材料不能具备的很多特性而在现代工业中获得了越来越广泛的应用，其焊接问题也得到了广大研究工作者和工程技术人员的高度重视。通过大量的科学研究和工程实践，国内外在这类材料的焊接方面已积累了丰富的经验，基本能够解决其焊接问题。本章仅从种类繁多的有色金属材料中选择具有代表性的铝及铝合金、钛及钛合金和铜及铜合金加以分析，重点论述它们的焊接性并由此得出焊接工艺要点。

8.1 铝及铝合金的焊接

铝及其合金不但具有高的比强度、比模量、疲劳强度和耐腐蚀稳定性，而且具有良好的成形性能和焊接性能，从而成为航空、航天、船舶、铁路及武器装备等工业中广泛应用的有色金属结构材料。例如，运载火箭及各种航天器都采用了铝合金作为主要结构材料；高速列车、城市轻轨和地铁车辆结构中采用高强度铝合金材料已成主要发展方向。本节将重点介绍铝及铝合金的种类，分析其焊接性并提出焊接工艺要点。

8.1.1 铝及铝合金的种类和性能

1. 铝及铝合金的种类

根据化学成分和制造工艺，可将铝合金分为铸造铝合金和变形铝合金两大类，具体类别如图8-1所示。

- 铝及铝合金
  - 变形铝合金
    - 非热处理强化铝合金
      - 工业纯铝（1000系）
      - 防锈铝（3000系或5000系）
        - Al-Mn合金
        - Al-Mg合金
    - 热处理强化铝合金
      - 硬铝（2000系）Al-Cu-Mg合金
      - 锻铝（4000系或6000系）
        - Al-Mg-Si
        - Al-Cu-Mg-Si
      - 超硬铝（7000系）Al-Zn-Mg-Cu
      - 新型铝合金（Al-Li系合金）
  - 铸造铝合金
    - 铝硅系合金
    - 铝铜系合金
    - 铝镁系合金
    - 铝锌系合金

图8-1 铝及铝合金的分类

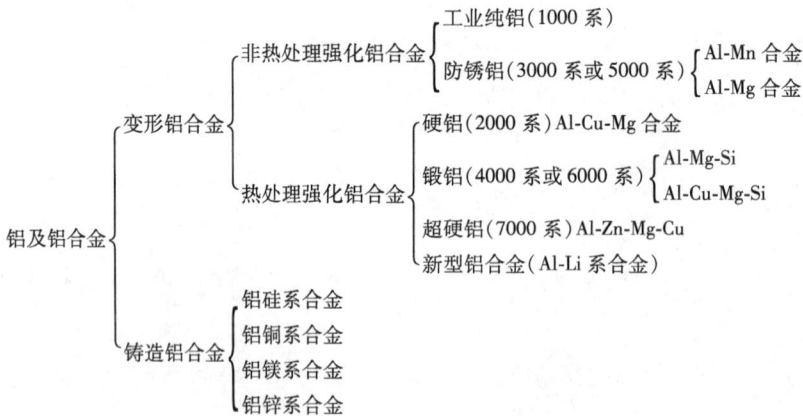

铸造铝合金一般含有较多的溶质，液态下具有较好的流动性，固态下存在共晶组织，适合于铸造成形。与铸造铝合金相比，变形铝合金所含溶质较少，能获得均匀的单相固溶体组织，适合于锻造和压延，焊接结构中主要应用的也是这类铝合金。按强化方式，变形铝合金又分为热处理强化铝合金和非热处理强化铝合金。非热处理强化铝合金的固溶体成分不随温度而变化，不能通过热处理进行强化，只能通过冷作变形强化，如工业纯铝和防

锈铝即属此类。热处理强化铝合金固溶体成分随温度而变化，可通过淬火和时效处理使之强化，如硬铝、锻铝和超硬铝都属此类。

2. 变形铝合金的成分及性能

如上所述，焊接结构中采用的铝合金主要是变形铝合金，这类铝合金包括非热处理强化铝合金和热处理强化铝合金两大类，其主要化学成分和物理性能如表 8-1 和表 8-2 所示。

表 8-1　典型变形铝合金的化学成分(质量分数)　(%)

牌号	Al	Cu	Mn	Mg	Zn	Cr	Ni	Ti	Zr	Si	Fe	其他
1A97	99.97	0.005	—	—	—	—	—	—	—	0.015	0.015	—
1A85	99.85	0.01	—	—	—	—	—	—	—	0.08	0.10	—
1070	99.70	0.04	0.03	0.03	0.04	—	—	0.03	—	0.20	0.25	V：0.05
1050	99.50	0.05	0.05	0.05	0.05	—	—	0.03	—	0.25	0.40	V：0.05
1100	99.00	0.05 ~ 0.20	0.05	—	0.10	—	—	—	—	(Si + Fe)：0.95		—
2A11	余量	3.8 ~ 4.8	0.40 ~ 0.8	0.40 ~ 0.8	0.30	—	0.10	0.15	—	0.7	0.7	(Fe + Ni)：0.70
2A14	余量	3.9 ~ 4.8	0.40 ~ 0.1	0.4 ~ 0.8	0.30	—	0.10	0.15	—	0.6 ~ 1.2	0.70	—
3A21	余量	0.20	1.0 ~ 1.6	0.05	0.10	—	—	0.15	—	0.6	0.70	—
5A01	余量	0.10	0.03 ~ 0.7	6.0 ~ 7.0	0.25	0.1 ~ 0.2	—	—	0.1 ~ 0.2	(Si + Fe)：0.40		—
5A06	余量	0.10	0.50 ~ 0.8	4.8 ~ 6.8	0.20	—	—	0.02 ~ 0.10	—	0.40	0.40	Be：0.0001 ~ 0.005
5A13	余量	0.05	0.40 ~ 0.8	9.2 ~ 10.5	0.20	—	0.1	0.05 ~ 0.15	—	0.13	0.30	Be：0.005 Sb：0.004 ~ 0.05
5082	余量	0.15	0.15	4.0 ~ 5.0	0.25	0.15	—	0.10	—	0.20	0.35	—
5083	余量	0.10	0.40 ~ 1.0	4.0 ~ 4.9	0.25	0.05 ~ 0.25	—	0.15	—	0.40	0.40	—
6061	余量	0.15 ~ 0.40	0.15	0.8 ~ 1.2	0.25	0.04 ~ 0.35	—	0.15	—	0.40 ~ 0.8	0.70	—
6063	余量	0.10	0.10	0.45 ~ 0.9	0.10	0.10	—	0.10	—	0.20 ~ 0.6	0.35	—
7A01	余量	0.01	—	—	0.9 ~ 1.3	—	—	—	—	0.30	0.30	—
7A03	余量	1.8 ~ 2.4	0.10	1.2 ~ 1.6	6.0 ~ 6.7	0.05	—	—	—	0.20	0.20	—

（续）

牌号	Al	Cu	Mn	Mg	Zn	Cr	Ni	Ti	Zr	Si	Fe	其他
7A09	余量	1.2～2.0	0.15	2.0～3.0	5.1～6.1	0.16～0.30	—	—	—	0.50	0.50	—
7003	余量	0.20	0.30	0.50～1.0	5.0～6.5	0.20	—	—	—	0.30	0.35	—

表 8-2 铝及铝合金的物理性能

合金类型与牌号		密度 ρ /(g/cm³) (20℃)	比热容 c /[J/(g·℃)] (100℃)	热导率 λ /[W/(cm·℃)] (25℃)	线膨胀系数 α /(10⁻⁶/℃) (20～100℃)	电阻率 μ /(10⁻⁶Ω·cm) (20℃)
纯铝		2.69	0.90	2.21	23.6	2.67
防锈铝	5A03	2.67	0.88	1.46	23.5	4.96
	5A06	2.64	0.92	1.17	23.7	6.73
	3A21	2.73	1.00	1.80	23.2	3.45
硬铝	2A12	2.78	0.92	1.17	22.7	5.79
	2A16	2.84	0.88	1.38	22.6	6.10
超硬铝	7A04	2.85	—	1.59	23.1	4.20
锻铝	6A02	2.70	0.79	1.75	23.5	3.70
	2A14	2.80	0.83	1.59	22.5	4.30

非热处理强化铝合金主要包括工业纯铝和防锈铝。工业纯铝的强度较低，退火态的铝板抗拉强度为60～100MPa，伸长率为35%～40%，进行60%～80%的冷变形后，抗拉强度虽然有较大提高，但伸长率却降低到1%～1.5%。防锈铝包括铝锰合金和铝镁合金，其强度比工业纯铝高，具有良好的抗蚀性和焊接性。铝锰合金中锰的质量分数介于1.0%～1.6%之间，因而具有较高的塑性、抗蚀性和良好的焊接性，并多以退火、半硬化和硬化状态供应。铝镁合金中镁的质量分数应控制在7%以下，其中加入质量分数为0.15%～0.8%的锰有利于改善耐蚀性和强度。这类铝合金应用最为广泛，具有良好的耐蚀性、焊接性及综合性能，其密度比工业纯铝小，强度高于工业纯铝和铝锰合金。

热处理强化铝合金包括硬铝、锻铝、超硬铝及铝锂合金。铜是硬铝的主要成分，其合金系主要是Al-Cu-Mg；锰也是硬铝的主要成分，它可以消除铁对抗蚀性的有害影响，起到细化晶粒和加速时效强化的作用。锻铝主要包括Al-Mg-Si和Al-Cu-Mg-Si等类型，具有中等强度和良好的抗蚀性。超硬铝的强度很高，Al-Zn-Mg-Cu是其主要的合金系。铝锂合金是在硬铝基础上添加少量锂而发展起来的一种新型铝合金，具有非常高的强度，能达到700MPa的数量级，适用于强度要求高的场合。

除了以上成分和性能外，铝及铝合金的物理和化学性能对焊接性的影响也非常重要。一般来讲，铝的外观呈银白色，熔点为660℃，密度只有2698kg/m³，线膨胀系数和热导率大，具有良好的导电性和导热性。铝的化学性质很活泼，其标准电极电位为－0.86V，在大气中极易与氧作用形成一层致密而牢固的氧化膜，从而能有效防止铝被继续氧化，使铝具有优异的耐酸性。

8.1.2　铝及铝合金的焊接性分析

在铝及铝合金的熔焊中，主要存在气孔、热裂纹和软化问题。尤其是热处理强化的铝合金，热裂敏感性强，接头软化严重，接头耐蚀性降低。总的来看，随合金强度级别的提高，其焊接性变差，如表 8-3 所示。

表 8-3　铝及铝合金的焊接性比较

焊接性		抗拉强度 σ_b/MPa				
		<100	100~200	200~300	300~400	>400
合金牌号	1050A、1100	优良				
	3A21		优良			
	5A02~5A06、5083			优良		
	5A03（冷轧）、7039、7N01、7005				优良	
	6A2、2A16（退火）				适中	
	2A06、2219、2519					适中
	2A11、2A12、2A90、2A14					较差
	7A04、2195					最差

注：除特别标明外，所有非热处理强化铝合金均为退火态，所有热处理强化铝合金均为时效强化态。

1. 气孔

气孔是铝及其合金焊接时容易出现的焊接缺陷，它的存在降低了焊缝的致密性和耐蚀性，减小了接头的有效承载面积，容易形成应力集中，从而降低接头的强度和塑性，因此必须对气孔加以控制，以减小其危害。

（1）气孔的分布特征

1）临近焊缝表层的“皮下气孔”。在焊缝结晶过程中，当液态铝从高温冷却接近凝固点时，液态铝中的氢由于溶解度降低而脱溶形成氢气泡。在氢气泡上浮过程中，当上浮速度低于熔池的冷却速度时，已上浮到熔池表面附近的氢气泡来不及逸出而残留在焊缝的表层，从而形成焊缝表层下的气孔，即“皮下气孔”，其尺寸一般较大，如图 8-2a 所示。

2）焊缝中部或根部的“密集气孔”。在熔池结晶过程中，氢的脱溶析出可能聚集在枝晶间大量存在的微小空穴中，形成密集的微小气泡，熔池完全结晶后而残留在焊缝的中部或根部，从而形成局部密集的气孔，其尺寸一般较小，如图 8-2b 所示。

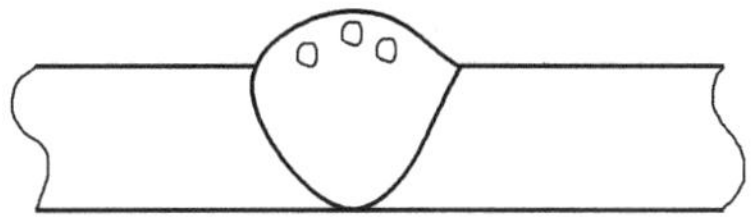

a)

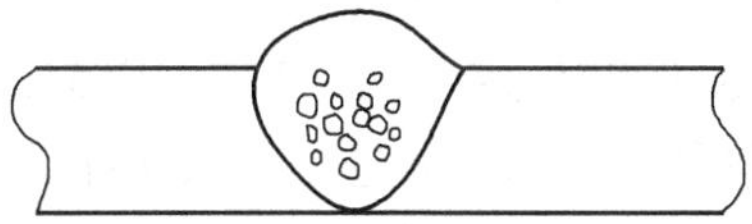

b)

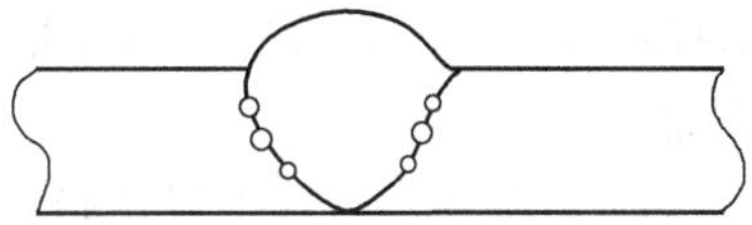

c)

图 8-2　铝及铝合金焊接气孔的分布特征
a) 皮下气孔　b) 密集气孔　c) 氧化膜气孔

3）熔合区边界的“氧化膜气孔”。在熔合区的边界处，由于母材坡口附近的氧化膜未能熔化而残存下来，氧化膜中的水分因受热分解而析出氢，并在氧化膜上形成气泡，熔池结晶后形成气孔，其内壁一般呈氧化色。这类气孔是由于氧化膜吸收水分所致，并位于熔合区边界，故称为熔合区边界的“氧化膜气孔”，如图 8-2c 所示。

(2) 气孔的形成原因

1) 焊接区内存在氢的来源。弧柱气氛中的水分、焊接材料和母材所吸附的水分在焊接中能分解形成氢气，这是造成焊缝产生气孔的直接原因。由图 8-3 可以看出，随着氩气中水分的增加，气孔的体积分数开始迅速上升，当水分的体积分数超过 1.5%时，气孔的体积分数几乎不再增加，达到饱和状态。

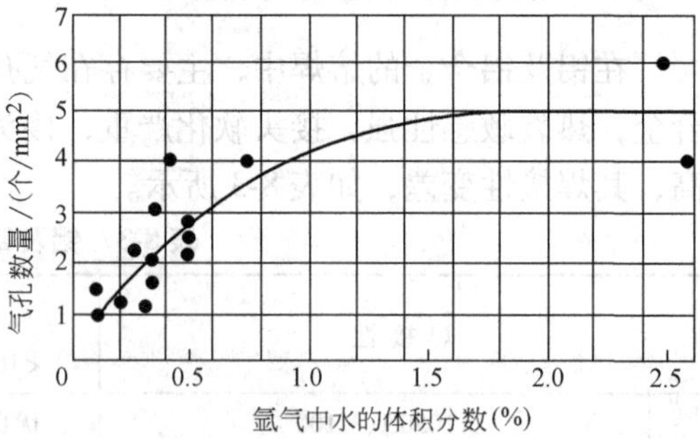

图 8-3 氩气中水的体积分数对气孔生成倾向的影响

2) 铝合金中氢的溶解度存在突变。表 8-4 给出了氢在铝中的溶解度和扩散速度随温度的变化关系。可以看出，氢在铝中的溶解度随温度的下降而降低，到铝的凝固点时，溶解度由凝固前的 0.75mL/100g，迅速降到 0.035mL/100g，前后相差约 20 倍。正是由于氢在铝中的溶解度在固液两相中存在巨大的差异，使熔池结晶过程中会有大量的氢需要逸出，为气孔的形成提供了必要的条件。

表 8-4 氢在铝中的溶解度和扩散速度

温度/℃	溶解度/(mL/100g)	扩散速度/(cm^3/s)
0	0.001	1.9×10^{-22}
100	0.001	2.9×10^{-15}
600	0.025	4.7×10^{-5}
660(固)	0.035	1.7×10^{-3}
660(液)	0.75	—
800	1.7	—

3) 铝合金熔池凝固速度快。铝合金导热性很强，同样的工艺条件，铝合金熔合区的冷却速度为钢的 4~7 倍，因而熔池凝固速度很快。在这样的快冷条件下，熔池中析出的气体可能来不及逸出，从而在焊缝中形成气孔。

(3) 气孔的防止措施 为了减少或消除氢对焊缝产生气孔的影响，应尽量减少氢的来源，亦即控制水分进入焊接区，具体措施包括以下几个方面。

1) 清除材料表面的氧化膜和污染物。电弧气氛中的水分，除了来自保护气和空气外，很大程度上来自母材和焊丝的表面，特别是母材表面的氧化膜(如 MgO)，易于吸附水分。因此，焊接铝及其合金时，应采用机械和化学的方法，在焊前严格清理母材表面上的氧化膜及油污等。例如，用刮刀修刮焊接坡口、端面和焊缝两侧 20mm 范

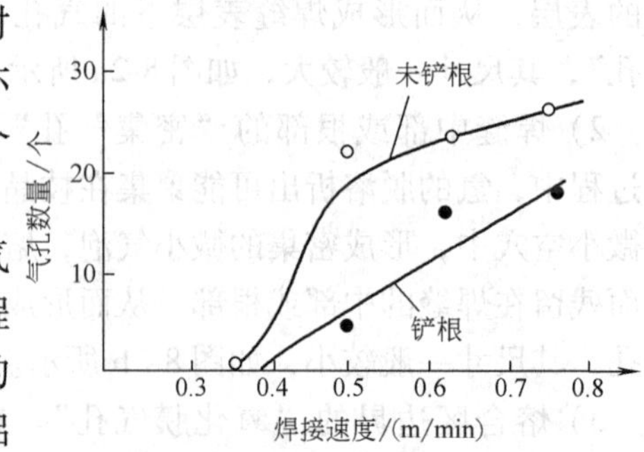

图 8-4 铲根对铝镁合金 MIG 焊焊缝气孔倾向的影响

围内的母材；将坡口下端(根部)刮去一个倒角，成为倒V形小坡口，也叫铲根，对防止根部氧化膜引起的气孔是比较有效的，如图8-4所示。

在清洗焊丝之前要认真检查其表面质量，不允许存在腐蚀斑点和拉沟等缺陷。可用丙酮、汽油、煤油等有机溶剂去油，用40～70℃的NaOH溶液碱洗3～7 min(纯铝稍长，但不超过20 min)，并用流动清水冲洗；再用室温至60℃的HNO_3溶液酸洗1～3 min，用流动清水冲洗。清洗后的焊丝要在60～80℃的烘箱内烘干1～2h，并且随用随取。为避免焊丝清洗后的重复污染，必须戴洁净的手套拿放和盘绕，力争清洗、烘干后的焊丝在一个班次内使用完毕。

2）降低气氛中的水分。空气的湿度直接影响电弧气氛中水蒸气的分解，水蒸气分解越多，越容易产生氢气孔。如图8-5所示，采用MIG焊方法焊接5083铝合金，当环境温度不高于25℃、相对湿度在60%以下时，产生气孔倾向性较小；而相对湿度高于85%时，气孔数量明显增加。由于水分可吸附在工件、焊丝及送丝管内壁上，因而焊前对它们进行干燥处理是必要的。此外，气体保护焊接时，尽量采用纯度高的保护气体，一般氩气的纯度至少大于99.99%。

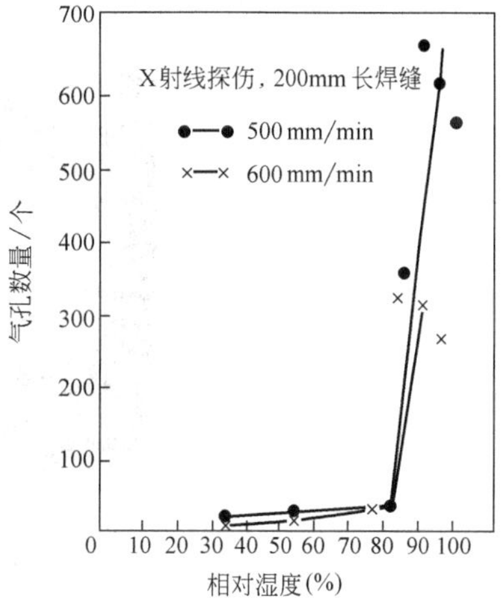

图8-5 相对湿度对焊缝中气孔数量的影响

3）控制焊接参数。不同的焊接方法，对弧柱气氛中水分的敏感性是不同的。在MIG焊中，焊丝是以小熔滴形式通过弧柱进入熔池，由于弧柱温度高，且熔滴比表面积大，易于吸氢。而TIG焊时，主要是熔池金属表面吸氢，由于比表面积较小且温度较低，故吸氢较少。此外，MIG焊的熔深一般大于TIG焊，不利于气泡浮出。因此，在同样的气氛条件下，MIG焊的焊缝中形成气孔的倾向比TIG焊大。

焊接参数对气孔的形成有重要影响，但影响规律比较复杂。焊接参数的影响主要归结为对熔池高温存在时间的影响，该时间越长，越有利于氢的逸出，但也有利于氢的溶入。由图8-6可以看出，采用大电流配合较高的焊接速度是比较有利的。这是因为，在MIG焊条件下，减少熔池存在时间难以有效防止焊丝氧化膜分解出来的氢向熔池的浸入，一般希望增大熔池存在时间以利于气泡的逸出；而TIG焊时，氢主要是通过熔池直接溶入的，故降低熔池的存在时间有利于防止气孔的产生。

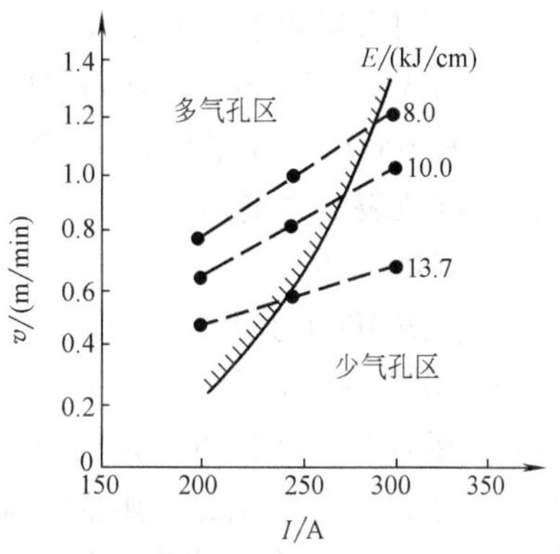

图8-6 MIG焊的焊缝气孔倾向与焊接参数的关系

2. 热裂纹

(1) 热裂纹的形成原因　如图8-7所示，铝合金焊接裂纹可能出现在焊缝，也可能出现在焊接热影响区，而在焊缝的弧坑处更容易出现。从性质上看，焊缝中的热裂纹属于结晶裂纹，而热影响区中的热裂纹主要是液化裂纹。

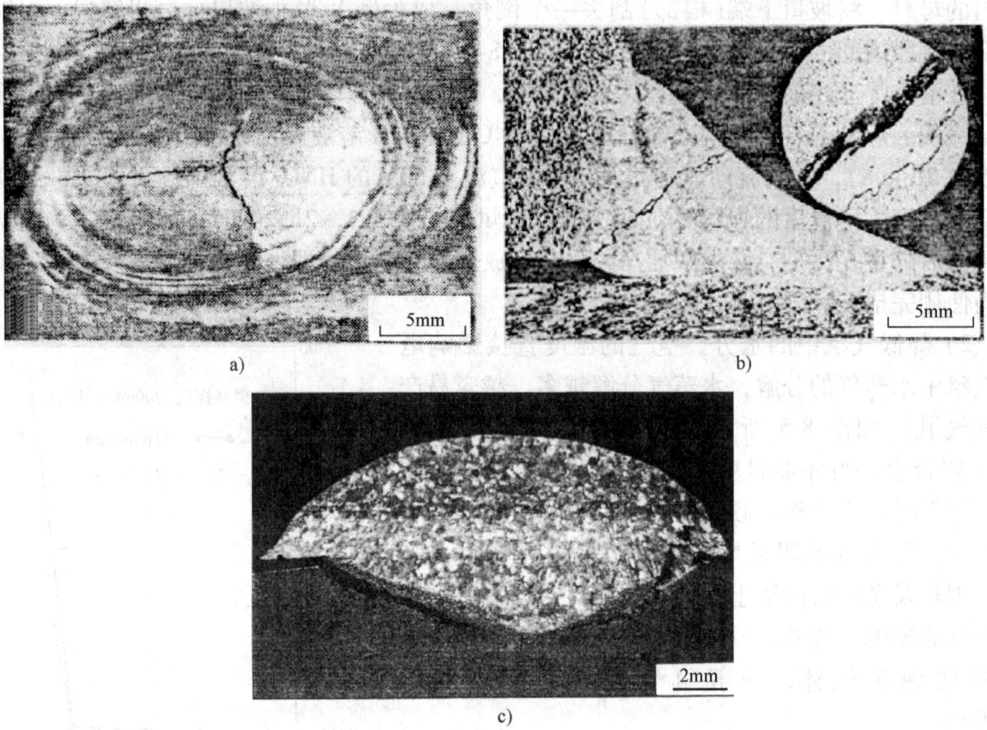

图 8-7 铝合金的焊接热裂纹

a）弧坑裂纹 b）焊缝中的热裂纹 c）热影响区中的热裂纹

铝及铝合金属于典型的共晶合金，在焊缝的结晶后期，少量易熔共晶的存在是结晶裂纹形成的一个主要原因。同时，铝合金的线膨胀系数大，熔池金属冷却速度很快，易产生较大的焊接应力，使铝合金具有较大的裂纹倾向。对于刚性较大的铝合金结构件，在快速冷却过程中，由于过大的收缩热应力而在焊缝和热影响区等部位产生热裂纹。

（2）热裂纹的敏感性 铝合金焊接热裂纹的形成主要受到其化学成分的影响。也就是说，不同系列的铝合金具有不同的热裂纹敏感性。一般来讲，铝合金的抗裂能力按 2000 系（Al-Cu-Mg）、7000 系（Al-Zn-Mg-Cu）、6000 系（Al-Mg-Si）和 7000 系（Al-Zn-Mg）的顺序增加，而 1000 系（工业纯铝）、3000 系（Al-Mn）、4000 系（Al-Si）和 5000 系（Al-Mg-Mn）的铝合金抗热裂能力更强。

在 1000 系铝合金中，Fe、Si 和 Cu 等杂质对焊接热裂纹是有影响的，但这些杂质的含量很少，故 1000 系铝合金对热裂敏感性很小。

在 2000 系铝合金中，2219 含 Cu 的质量分数为 6.3%，其焊接热裂敏感性较低；而 2024 等铝合金，除含质量分数为 4.3% 的 Cu 外，还含有能形成低熔点多元共晶的 Mg 和 Si 等合金元素，故焊接热裂敏感性高，焊接性差。但是，如果不考虑强度和抗蚀性等问题，采用 4000 系的铝合金作为填加金属，则能够防止产生裂纹。此外，对于 2014 等铝合金薄板，采用某些焊接方法也可以获得质量良好的焊接接头。

在 3000 系的铝合金中，Mn 对焊接热裂纹没有明显的影响，因而不易产生裂纹；而 4000 系的铝合金，其液态金属的流动性很好，对热裂纹有“自愈”作用，焊接性优良。

在 5000 系铝合金中，Mg 含量高（质量分数大于 3%）的 5083 和 5154 等铝合金比 Mg

含量低（质量分数小于3%）的5005和5052等铝合金的焊接性好。但是，对于Mg含量低的5005和5052铝合金，如果采用Mg含量高（质量分数约5%）的5356和5183作填加金属，也能防止焊接热裂纹的形成。

对6000系铝合金而言，当$w(Mg)/w(Si)$为2∶1时，容易产生热裂纹；当$w(Mg)/w(Si)$约为1时，热裂纹倾向最严重。大多数实用合金的化学成分均处于热裂纹敏感性最高的范围内，当采用与基体金属同系的填加金属焊接时，即使添加细化晶粒的元素，也难以焊接。因此，一般均用Al-Si系（如4043）或Al-Mg系（如5356）合金作填加金属使用。此外，当焊接热输入过大时，该系合金的热影响区会由于过热而产生晶间液化裂纹，并且基体金属的晶粒越粗大，产生裂纹的倾向越大。

对7000系的铝合金来讲，在环形铸造试验中，当Zn和Mg的质量分数分别为7%和1%左右时，裂纹倾向最大。实用的7075和7N01的成分范围虽然稍微偏离这一区域，但合金元素含量都较高，采用同系的填加金属焊接时，容易产生裂纹，而采用Al-Mg系合金作填加金属可显著降低裂纹倾向，强度也基本能够满足要求，因此一般多采用5356和5183等合金作填加金属使用。

（3）热裂纹的防止措施

1）材料选择。如上所述，不同铝合金具有不同的热裂敏感性，因而必须注意母材与焊接材料的配合问题。一般来讲，纯铝的裂纹敏感性最低，添加Cu的铝合金的裂纹敏感性较高。Mg、Zn和Si等合金元素对裂纹也有不同程度的影响，合金元素的添加量不同，铝合金的裂纹敏感性也不同。对Mg含量低的母材，采用Mg含量高的焊接材料（如5183、5356和5556等）是降低裂纹敏感性的有效方法。当Mg的质量分数大于2%以后，随Mg的增加，热裂纹倾向降低。

此外，通过添加微量元素也可显著降低裂纹倾向，如添加晶粒细化元素Ti、Ti+B和Zr等。在Al-Cu系焊丝的基础上添加适量的稀土元素钇，可降低2A12高强铝合金的焊接热裂敏感性。

2）接头设计。焊接焊根间隙大的接头、端面接头和角接接头时，熔敷金属量少、焊道余高小（凹形），容易产生纵向的焊道裂纹。此时，应增加熔敷金属量（减小焊接速度、增大焊接电流），并考虑采用拘束应力小的焊接顺序。另外，进行带永久衬垫焊道的焊接时，该衬垫会成为裂纹源，由此而产生焊根裂纹。

此外，防止焊接热裂纹可以通过调整和改善焊接时的应力和应变情况，即采取适当措施使处于脆性温度区间的焊缝或热影响区金属承受一种外加压缩应变，以抵消焊接凝固过程中凝固收缩和热收缩及外部应力造成的致裂拉伸应变。这种措施的主要方法有碾压法、局部加热法、局部冷却法以及随焊锤击法等。

3）焊接操作。弧坑裂纹是以最后凝固区为中心而产生的，因此断弧时必须处理弧坑。当要停止或暂停焊接时，应使电弧继续燃烧，待弧坑堆高之后断弧，并用铣刀等工具将弧坑加以修整。当进行接续焊接时，要养成先清理弧坑而后进行接续焊的习惯。

4）特殊措施。防止铝合金焊接热裂纹产生的另一重要方面是，采取特殊工艺措施改善焊接冶金过程和焊缝结晶条件，如横向或纵向的电弧振荡对焊缝的显微组织和抗热裂性能均有改善作用。特别是对焊接性较好的铝合金，高频电弧振荡可使晶粒细化并降低热裂倾向。

3. 焊接热影响区的软化

（1）软化及其成因　热处理强化铝合金及焊前经过冷作硬化的非热处理强化铝合金，热影响区的力学性能，特别是强度和硬度相对原来的母材会有不同程度的降低，亦即焊接接头出现了软化，如表 8-5 所示。

表 8-5　典型铝合金焊接接头和母材的常温力学性能

牌号	母材（最小值）				接头（焊缝余高削除）				
	状态	σ_b/MPa	σ_s/MPa	δ(%)	焊丝	焊后热处理	σ_b/MPa	σ_s/MPa	δ(%)
5052	退火	173	66	20	Al－5% Mg	—	200	96	18
	冷作	234	178	6	Al－5% Mg	—	193	82.3	18
6061	退火	152	82.5	16	Al－5% Si	—	124	61.6	32
	固溶＋自然时效	207	109	16	Al－5% Si	—	176	—	7.6
	固溶＋人工时效	289	241	10	Al－5% Si	—	186	124	8.5
					Al－5% Si	人工时效	304	275	2
					Al－5% Mg	人工时效	297	211	1
2024	退火	220	109	16	Al－5% Si	—	207	109	15
					Al－5% Mg	—	207	109	15
	固溶＋自然时效	427	275	15	Al－5% Si	—	280	201	3.1
					Al－5% Mg	—	295	194	3.9
					同母材	—	289	275	4
					同母材	自然时效 1 个月	371	—	4
2219	退火	220	109	12	同母材	人工时效	386	275	7
	固溶＋人工时效	372	248	6	同母材	—	248	134	4
7075	固溶＋人工时效	536	482	7	Al－5% Si	人工时效	309	200	3.7
X7005	固溶＋自然时效	352	225	18	X5180	自然时效 1 个月	316	214	7.3
	固溶＋人工时效	352	304	15	X5180 (Al-4% Mg -2% Zn -0.15% Zr)	自然时效 1 个月	312	214	6.2
						自然时效 6 个月	341	248	8.8
						人工时效	344	295	9.5
						固溶＋人工时效	351	335	3.4

1）非时效强化铝合金的软化。非时效强化铝合金，如果焊前经过冷作硬化处理，热

影响区的峰值温度超过再结晶温度（大约 200 ~ 300℃）的区域，将产生明显的软化现象。软化的主要原因是再结晶消除了原来冷作硬化效果。但对退火状态的非时效强化铝合金而言，焊接接头可与母材等强。

2）时效强化铝合金的软化。时效强化铝合金主要是焊接热影响区“过时效”软化问题，其严重程度决定于合金第二相的性质，也与焊接热循环特性有一定的关系。第二相越易于脱溶析出并易于聚集长大时，就越容易发生“过时效”。但对于 Al-Zn-Mg 合金来讲，焊后经过足够时间的自然时效，接头强度即可提高到接近母材的水平。

此外，所有时效强化的铝合金，焊后不论是否经过时效处理，其接头塑性均未能达到母材的水平。

（2）软化的控制措施　针对接头的软化问题，采取的措施主要是制定符合特定材料的焊接工艺，如限制焊接条件，采取适当的焊接顺序，控制预热温度和层间温度，以及进行焊后热处理等。对于焊后软化不能恢复的铝合金，最好采用退火或在固溶状态下焊接，焊后再进行热处理。若不允许进行焊后热处理，则应采用能量集中的焊接方法和小的焊接热输入，以减小接头强度的损失。

如表 8-6 所示，对热处理强化铝合金的焊接，焊后热处理可以大大恢复原有的性能。如果焊后可以进行完全的热处理工序，则焊前为退火状态者最佳。

表 8-6　焊后热处理对 2024 铝合金接头性能的影响

工　序	σ_b/MPa	α/(°)
淬火——时效（母材）	411.6	121
淬火——时效——焊接	287.1	54
淬火——焊接——淬火——时效	373.4	84
退火——焊接——淬火——时效	403.8	93

8.1.3　铝及铝合金的焊接工艺要点

1. 焊接方法

铝及其合金的焊接方法较多，如钨极氩弧焊、熔化极氩弧焊、变极性等离子弧焊、激光和电子束焊、搅拌摩擦焊等。各种方法适合于不同的场合，应根据合金牌号、焊件厚度、产品结构以及焊接质量要求等因素加以选择。

（1）钨极氩弧焊　钨极氩弧焊热量比较集中，电弧燃烧稳定，采用交流或直流反接，可用于焊接铝合金，能得到高质量的接头。但由于电流大小的限制，一般用于薄板的焊接，焊接厚板时效率较低。在普通钨极氩弧焊基础上发展起来的钨极脉冲氩弧焊，可明显地改善小电流焊接过程的稳定性，能很好地控制焊接热输入和焊缝成形，特别适合于薄板和全位置焊接，易于获得高质量的焊缝。

（2）熔化极氩弧焊　与钨极氩弧焊相比，熔化极氩弧焊可焊的铝合金厚度明显加大，而且焊接效率高，适合于自动化生产。当采用脉冲电流焊接时，可减小热输入和焊接变形。

（3）变极性等离子弧焊　变极性等离子弧焊技术用于铝合金焊接，明显提高了单道焊接铝合金所能达到的厚度。通过采用立向上焊接工艺，既有利于焊缝的正面成形，又有利于熔池中氢的逸出，减少气孔缺陷，提高了焊接质量。

（4）激光和电子束焊　激光和电子束是焊接铝合金较好的热源，焊接变形小，焊接质量高。当采用激光与电弧复合进行焊接时，可明显增加熔深，减少缺陷，有效提高了可焊铝合金的厚度。特别是电子束焊，可焊铝合金的厚度范围很宽，能从零点几毫米到几十毫米，显著提高了厚板的焊接效率。

（5）搅拌摩擦焊　搅拌摩擦焊属于一种新型的固态连接方法，具有高质量、低成本、低变形、易于自动化等特点，克服了熔焊方法易产生气孔、裂纹及接头性能严重降低的问题，使那些曾经被认为是难于焊接的铝合金变得非常容易焊接，而且焊接效率高，对环境无污染，可以焊接所有牌号的铝合金，为大型铝合金结构产品的开发提供了可能。

搅拌摩擦焊的工作原理如图 8-8 所示，焊接过程包括焊具插入、平移(即焊接)和抽出三个阶段。利用高速旋转的焊具与工件摩擦产生的热量使被焊材料局部塑性化，当焊具沿着焊接界面向前移动时，被塑性化的材料在焊具的转动摩擦力作用下由焊具的前部流向后部，并在焊具的挤压下形成致密的固相焊缝。

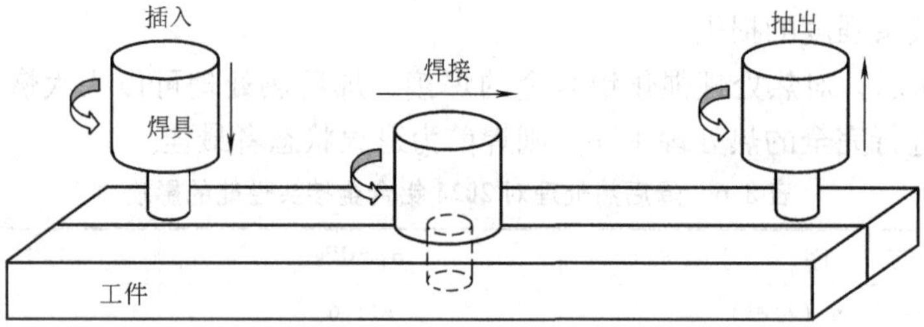

图 8-8　搅拌摩擦焊接过程示意图

2. 焊接材料

选择焊接材料要充分考虑接头的力学性能、抗裂性及抗腐蚀性能，并结合母材的成分、产品的具体施工条件和结构的刚性等。铝及铝合金焊接用焊丝的选择如表 8-7 所示。

表 8-7　铝及铝合金焊接用焊丝的选择

母材	1060	1050A、1200	5A02	5A03	5A05	5B05	3A21	2A11	2A12
焊丝	1070A HS301	1050A HS301	5A02 5A03	5A03 5A05 HS331	5A05 5A06 HS331	5A06 5B06	3A21 HS321	2A11 HS311	HS311

焊接纯铝、铝锰、铝镁和铝硅合金时，一般采用与母材成分相近的焊丝或母材切条(没有现成的焊丝时，可以用相应牌号的板材切成条)。对具有一定耐蚀性要求的纯铝接头，应选用纯度比母材高一级的纯铝丝。焊接铝镁合金时，为补偿镁烧损对焊缝性能的影响，应采用镁的质量分数比母材高 1% ~2% 的焊丝。焊接硬铝、超硬铝及锻铝时，为提高焊缝的抗裂性能，可以采用 Si 的质量分数为 5% 的 Al-Si 焊丝，但接头的强度只有母材的 50% ~60%。

焊接过程中，由于元素的氧化、挥发以及母材的稀释作用，不可能获得与填加金属成分完全相同的焊缝金属，而且合金元素的损耗还随焊接方法、热输入量和焊接速度等焊接参数而变化。因此，最好采用合金元素含量比母材略高的填加材料，而且为了使焊缝金属的晶粒细化，填加材料中最好含 Ti 和 B 等元素。为了获得特殊的性能或达到特殊的目的，可以采用更为特殊的组配，如表 8-8 所示。

表 8-8　针对特殊目的而推荐使用的焊接材料与母材的组配

母材	推荐的填加材料			
	要求必要的强度	要求必要的塑性	要求阳极化处理后颜色的一致性	要求抗海水腐蚀性能
1100	4043	1100	1100	1100
2219	2319	2319	2319	2319
6061	5356	5356	5154	4043
6063	5356	5356	5356	4043
3003	5356	1100	1100	1100
5052	5356	5356	5356	4048
5086	5556	5356	5356	5183
5083	5183	5356	5356	5183
5454	5356	5554	5554	5554
5456	5556	5356	5556	5556
7039	5039	5356	5039	5039

3. 接头设计

根据材料厚度、焊接方法、焊接位置、有无衬垫和是否清根等条件进行接头设计，合理选择接头类型和坡口形式。

在管材的对接接头中，当需要进行背面成形焊道的焊接时，薄壁管(通常小于 4mm)可以采用 I 形坡口进行焊接，但厚度大于 4mm 的厚壁管，应采用 V 形或 U 形坡口进行焊接。当管径大而焊缝长时，采用 U 形坡口不受焊接操作技术的影响，易于得到质量稳定的焊缝。

进行板材对接焊时，一般采用 I 形、V 形和 X 形的坡口形状。进行双面焊时，通常进行清根处理；对于薄板的 I 形坡口，通常不进行清根处理。为了提高焊接效率和减小变形，最好减小 V 形和 X 形坡口的角度，但过小时会降低焊接操作性能并引起焊接缺陷。通常坡口角度以大于 60°为标准，但厚板(大于 25mm)在改进了焊枪喷嘴的形状(采用扁平喷嘴)和保护气体(采用氩-氦混合气体)等条件下，有时可采用小于 60°的坡口角度。此外，厚板的 X 形坡口多数采用非对称形式，以防止角变形或减少清根量。

4. 焊接参数

正确选用焊接参数是保证焊接接头质量的重要条件。焊接参数的选定要考虑接头的形状、尺寸及焊缝成形的要求，同时还要考虑对气孔、裂纹和接头软化程度的影响。一般来讲，焊接电流越大，焊接速度和送丝速度相应提高，但焊接电流和焊接速度的配合，应以实践经验和基本理论为依据，还应通过适当的焊接试验(焊接工艺评定)来制定详细的焊接工艺规程，以便正确使用。表 8-9 给出了纯铝和铝镁合金手工钨极氩弧焊的焊接参数。

5. 焊前准备

(1) 焊前清理　铝及铝合金焊接时，为了保证焊接质量，在焊前必须清除焊丝(表面抛光焊丝除外)和母材表面上的油污和氧化膜。油污的去除可采用汽油或丙酮、醋酸乙酯、松香水及四氯化碳等溶剂，而氧化膜的清理有机械清理及化学清理两种方法。

表 8-9 纯铝和铝镁合金手工钨极氩弧焊的焊接参数

板材厚度 / mm	焊丝直径 /mm	钨极直径 /mm	预热温度 /℃	焊接电流 /A	氩气流量 /(L/min)	喷嘴孔径 /mm	焊接层数 (正面/反面)	备注
1	1.6	2	—	45~60	7~9	8	正 1	卷边焊
1.5	1.6~2	2	—	50~80	7~9	8	正 1	卷边或单面对接
2	2~2.5	2~3	—	90~120	8~12	8~12	正 1	V 形坡口对接
3	2~3	3	—	150~180	8~12	8~12	正 1	V 形坡口对接
4	3	4	—	180~200	10~15	8~12	1~2/1	V 形坡口对接
5	3~4	4	—	180~240	10~15	10~12	1~2/1	V 形坡口对接
6	4	5	—	240~280	16~20	14~16	1~2/1	V 形坡口对接
8	4~5	5	100	260~320	16~20	14~16	2/1	V 形坡口对接
10	4~5	5	100~150	280~340	16~20	14~16	3~4/1~2	V 形坡口对接
12	4~5	5~6	150~200	300~360	18~22	16~20	3~4/1~2	V 形坡口对接
14	5~6	5~6	180~200	340~380	20~24	16~20	3~4/1~2	V 形坡口对接
16	5~6	6	200~220	340~380	20~24	16~20	4~5/1~2	V 形坡口对接
18	5~6	6	200~240	360~400	25~30	16~20	4~5/1~2	V 形坡口对接
20	5~6	6	200~260	360~400	25~30	20~22	4~5/1~2	V 形坡口对接
16~20	5~6	6	200~260	300~380	25~30	16~20	2~3/2~3	双 V 形坡口对接
22~25	5~6	6~7	200~260	360~400	30~35	20~22	3~4/3~4	双 V 形坡口对接

机械清理主要用于焊缝质量要求不高、焊件尺寸较大、不易用化学方法清理或化学清理后又被局部污染的焊件。机械清理的过程为：在去除油污后，用细钢丝刷、不锈钢丝轮、铜丝轮(单根丝的直径≤0.3mm)或刮刀将焊件坡口两侧 20mm 左右范围内的氧化膜去除，然后再用丙酮清洗。

化学清理的清洗效率高，质量稳定，适用于清洗焊丝及尺寸不大、成批生产的工件。化学清理的过程为：先把铝合金板材、管材及焊丝放入温度为 40~60℃、质量分数为 8%~10% 的 NaOH 溶液中浸蚀，保持 5~10min 后取出，用冷水冲洗 2min，再置于质量分数为 30% 的稀硝酸溶液中进行光化处理，以中和余碱，最后再用流水冲洗 2~3min。清理工作完成后，焊丝应放置于 150~200℃ 的烘箱中烘干 30min，然后保存在 100℃ 的烘箱内，随用随取。

(2) 施加垫板 铝及铝合金在高温时强度很低，焊接时容易下塌。为了保证焊透而不至于塌陷，常采用垫板来托住熔化、软化的金属。垫板可采用石墨、不锈钢或碳钢等。垫板表面开一个弧形槽，以保证焊缝背面成形。如果采用单面焊双面成形工艺，可以不加垫板。

(3) 焊前预热 厚度超过 5~8mm 的焊件，焊前需将工件慢慢加热到 100~300℃，以防止变形、未焊透，并减少气孔。可以用氧乙炔焰、电炉或喷灯等来加热，也可用焊接电弧烘烤。

6. 焊后处理

焊后留在焊缝及邻近区的残存溶剂和焊渣，需要及时清理干净。可以在热水中用硬毛刷刷洗或在温度为 60 ~ 80℃左右、质量分数为 2% ~ 3% 的铬酸水溶液（重铬酸钾水溶液）中浸洗约 5 ~ 10min，并用硬毛刷仔细洗刷，洗刷后在干燥箱中烘干或用热空气吸干，也可以自然晾干。

8.1.4　典型铝合金的焊接

1. 材质与结构

如图 8-9 所示，$4m^3$ 纯铝容器筒身分为三节，每节由两块 6mm 厚的 1035 铝板焊成，封头是 8mm 厚的 1035 铝板拼焊后压制而成。

2. 焊接工艺要点

（1）焊接方法和参数　采用手工钨极氩弧焊的方法，所用焊接参数列于表 8-10 中。

表 8-10　纯铝容器手工钨极氩弧焊焊接参数

工件厚度/mm	焊丝直径/mm	钨极直径/mm	焊接电流/A	喷嘴孔径/mm	电弧长度/mm	预热温度/℃
6	5 ~ 6	5	190	14	2 ~ 3	不预热
8	6	6	260 ~ 270	14	2 ~ 3	150

（2）焊接材料　填充材料采用与母材同牌号的 1035 焊丝。为了提高焊缝抗腐蚀性能，有时可选用纯度比母材高一些的焊丝。

（3）焊前准备　6mm 厚板（筒体）不开坡口，装配定位焊后的间隙为 2mm。8mm 厚板（封头）开 70°、Y 形坡口，钝边为 1 ~ 1.5mm，定位焊后的间隙保证在 3mm 左右。焊缝正面焊接后，背面清根后再焊一层。

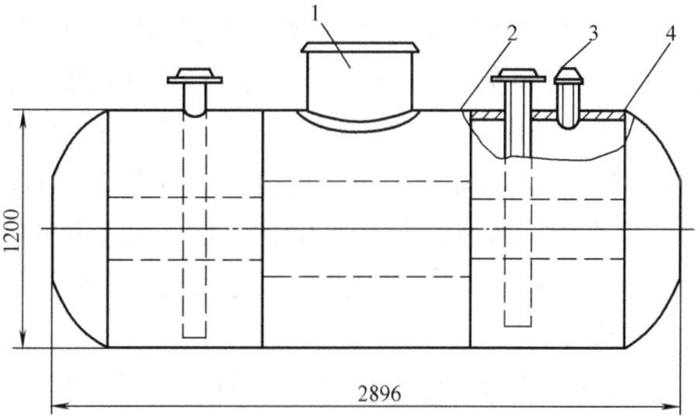

图 8-9　$4m^3$ 纯铝容器结构图
1—人孔　2—筒身　3—管接头　4—封头

由于工件较大，化学清洗有困难，因此采用机械清理。选用丙酮除掉油污，然后用钢丝刷将坡口与两侧来回刷几次，再用刮刀将坡口内表面清理干净。焊接过程中采用风动钢丝轮进行清理，所用钢丝刷或钢丝轮的钢丝为不锈钢丝，直径小于 0.15mm，机械清理后最好马上施焊。

（4）焊后检验　所有环缝和纵缝采用煤油进行渗透性检验和 100% 的 X 射线探伤。力学性能测试表明，焊缝抗拉强度为 69MPa（筒体）和 98MPa（封头），都高于母材抗拉强度的下限。

8.2　钛及钛合金的焊接

钛及钛合金具有优良的耐蚀性、高的比强度及较好的耐热性和加工性，因此广泛应用于航空、航天、化工及冶金等各个领域，用于制造飞机、火箭、导弹、宇宙飞船、化工机械及仪器仪表等。焊接是钛合金制品生产和制造过程中必不可少的工艺，本节重点介绍钛合金在焊接过程中的基本问题及其焊接工艺。

8.2.1 钛及钛合金的种类和性能

1. 钛的性质及合金化

（1）钛的基本性质 纯净的钛是银白色金属，具有银灰色光泽。如表8-11所示，钛的密度为4.5g/cm^3，只相当于钢的57%，属轻金属。钛的熔点较高，导电性差，热导率及线膨胀系数均较低。钛无磁性，在很强的磁场下也不会磁化。

表8-11 几种金属室温物理性能的比较

金属	密度ρ /(g/cm^3)	熔点T_L /℃	比热容c /[J/(g·℃)]	热导率λ /[W/(cm·℃)]
Ti	4.50	1680	0.54	0.15
Al	2.69	660	0.90	2.21
Cu	8.93	1083	0.38	3.84
Fe	7.86	1539	0.71	0.55

钛具有两种同素异构晶体，即室温时密排六方结构（α钛）和高温下的体心立方结构（β钛）。合金化可以改变相稳定存在的温度范围，可使α相和β相在室温存在。钛在882℃进行同素异构转变，在882℃以下为密排六方晶格结构，在882℃以上为体心立方晶格结构，而且同素异构转变温度随加入合金元素的种类及数量的不同而变化。

钛在高温能保持比较高的比强度。随温度的升高，其强度逐渐下降，但其高的比强度可保持到550～600℃。同时，钛在低温下仍然具有良好的力学性能，如高的强度、良好的塑性和韧性等。

钛与氧能形成化学稳定性高的致密氧化膜，在低温和高温气体中具有极高的耐蚀性，在海水中的抗腐蚀性也比铝合金、不锈钢和镍基合金好。

（2）钛的合金化 在工业纯钛中加入铝、锡、硅、铁、钼、钒、锰、铬、硼和铜等合金元素后则成为钛合金，其强度、塑性和抗氧化等性能显著提高。根据各种元素与钛形成相图的特点及对钛的同素异构转变的影响，加入钛中的合金元素可以分为提高α→β转变温度的α稳定元素，降低α→β转变温度的β稳定元素以及对同素异构转变温度影响很小的中性元素。

铝是最为广泛采用的惟一有效的α稳定元素。钛中加入铝，可以降低熔点和提高β转变温度，在室温和高温都起到强化作用。

β稳定元素分为两种。一是β同晶元素，如钒、钼、铌和钽等，在元素周期表上的位置靠近钛，具有与β钛相同的晶格类型，能与β钛无限互溶，而在α钛中具有有限的溶解度。由于β同晶元素的晶格类型与β钛相同，它们能以置换的方式大量溶入β钛中，产生较小的晶格畸变，因此这些元素在强化合金的同时，可保持其较高的塑性。另一种是β共析元素，如锰、铁、铬、硅和铜等，在α和β钛中均具有有限的溶解度，但在β钛中的溶解度较在α钛中的大，并以共析反应为特征。其中，锰、铁和铬等使钛的β相具有很慢的共析反应，反应在一般的冷却速度下不易进行，因而慢共析元素与β同晶元素作用类似，对合金产生固溶强化作用。而硅和铜等元素在β钛中所形成的共析反应速度很快，在一般的冷却速度下就可以进行，β 相很难保留到室温。共析分解所产生的化合物都比较脆，但在一定的条件下，一些元素的共析反应可用于强化钛合金，尤其是可以提高其热强性。

与钛同族的锆和铪等为中性元素，在 α 和 β 两相中有较大的溶解度，甚至能够形成无限固溶体。另外，锡、铪、镧和镁等对钛的 β 转变温度影响不明显，亦属中性。中性元素加入后主要对 α 相起固溶强化作用，故有时也可将中性元素看作 α 稳定元素。钛合金中常用的中性元素主要为锆和锡，它们在提高 α 相强度的同时，也提高其热强性，但其强化效果低于铝，对塑性的不利作用比铝小，这有利于压力加工和焊接。

除了上述合金元素对钛合金的组织和性能有较大的影响外，钛中的杂质元素对钛的性能也有影响。钛中的主要杂质元素有氧、氮、氢、碳、铁和硅，其中前四种属于间隙型元素，后两种属于置换型元素，它们可以固溶在 α 相或 β 相中，也可以化合物形式存在。钛的硬度对间隙型杂质元素很敏感，杂质含量越多，钛的硬度就越高。因此，生产上常根据钛的硬度来估计其纯度。

2. 钛及钛合金的种类和性能

根据合金元素的种类、含量以及室温组织，钛及钛合金可分为工业纯钛，α 型钛合金，(α + β)型钛合金和 β 型钛合金等，其化学成分和力学性能如表 8-12 和表 8-13 所示。

表 8-12　典型变形钛及钛合金的牌号和化学成分(质量分数)　(%)

合金类型	合金牌号	主要成分										杂质，不大于						
		Ti	Al	Sn	Mo	V	Cr	Fe	Mn	Zr	Si	Fe	C	N	H	O	其他元素 单一	其他元素 总和
工业纯钛	TA0	余量	—	—	—	—	—	—	—	—	—	0.15	0.10	0.03	0.015	0.15	0.1	0.4
	TA1	余量	—	—	—	—	—	—	—	—	—	0.25	0.10	0.03	0.015	0.20	0.1	0.4
	TA3	余量	—	—	—	—	—	—	—	—	—	0.40	0.10	0.05	0.015	0.30	0.1	0.4
α 型钛合金	TA4	余量	2.0 ~ 3.3	—	—	—	—	—	—	—	—	0.30	0.10	0.05	0.015	0.15	0.1	0.4
	TA6	余量	4.0 ~ 5.5	—	—	—	—	—	—	—	—	0.30		0.05	0.015	0.15	0.1	0.4
	TA7	余量	4.0 ~ 6.0	2.0 ~ 3.0	—	—	—	—	—	—	—	0.50	0.10	0.05	0.015	0.20	0.1	0.4
β 型钛合金	TB2	余量	2.5 ~ 3.5	—	4.7 ~ 5.7	4.7 ~ 5.7	4.5 ~ 8.5	—	—	—	—	0.30	0.05	0.04	0.015	0.15	0.1	0.4
	TB4	余量	3.0 ~ 4.5	—	6.0 ~ 7.8	9.0 ~ 10.5	—	1.5 ~ 2.5	0.7 ~ 2.0	0.5 ~ 1.5	—	—	0.05	0.04	0.015	0.20	0.1	0.4
(α + β)型钛合金	TC1	余量	1.0 ~ 2.5	—	—	—	—	—	0.8 ~ 2.0	—	—	0.30	0.10	0.05	0.012	0.15	0.1	0.4
	TC3	余量	4.5 ~ 6.0	—	—	3.5 ~ 4.5	—	—	—	—	—	0.30	0.10	0.05	0.015	0.15	0.1	0.4
	TC4	余量	5.5 ~ 6.8	—	—	3.5 ~ 4.5	—	—	—	—	—	0.30	0.10	0.05	0.015	0.20	0.1	0.1
	TC6	余量	5.5 ~ 7.0	—	2.0 ~ 3.0	—	0.8 ~ 2.3	0.2 ~ 0.7	—	—	0.15 ~ 0.40	—	0.10	0.04	0.015	0.18	0.1	0.4
	TC11	余量	5.8 ~ 7.0	—	2.8 ~ 3.8	—	—	—	—	0.8 ~ 2.0	0.20 ~ 0.35	0.25	0.10	0.04	0.012	0.15	0.05	0.3

表 8-13 钛及钛合金板材的横向室温力学性能

牌号	状态	板材厚度/mm	抗拉强度 σ_b/MPa	屈服强度 $\sigma_{0.2}$/MPa	伸长率 δ(%)
TA0	M	0.3～2.0 2.1～5.0 5.1～10.0	280～420	170	45 30 30
TA1	M	0.3～1.0 2.1～5.0 5.1～10.0	370～530	250	40 30 30
TA3	M	0.3～1.0 1.1～2.0 2.1～5.0 5.1～10.0	540～720	410	30 25 20 20
TA5	M	0.5～1.0 1.1～2.0 2.1～5.0 5.1～10.0	685	585	20 15 12 12
TA7	M	0.8～1.5 1.6～2.0 2.1～5.0 5.1～10.0	735～930	685	20 15 12 12
TA9	M	0.8～2.0 2.1～5.0 5.1～10.0	370～530	250	30 25 25
TB2	C CS	1.0～3.5	≤980 1320	—	20 8
TC1	M	0.5～1.0 1.1～2.0 2.1～5.0 5.1～10.0	590～735	—	25 25 20 20
TC3	M	0.8～2.0 2.1～5.0 5.1～10.0	880	—	12 10 10
TC4	M	0.8～2.0 2.1～5.0 5.1～10.0	895	830	12 10 10

（1）工业纯钛　工业纯钛的熔点高（1668℃），比强度大，并具有很高的化学活性。当钛暴露在空气中时，即会在表面上形成一层致密而稳定的氧化膜，由于该层膜的保护作

用，使钛在硝酸、稀硫酸、稀盐酸、磷酸、氯盐溶液及各种浓度的碱液中具有优良的耐蚀性。工业纯钛中含有微量的杂质，这些杂质促使钛强化。工业纯钛的编号为TA，其后为序号，如TA0～TA3，其中TA0的纯度最高，而TA3最低。随着杂质含量的增加，纯钛的屈服点、抗拉强度增加，而伸长率下降。

工业纯钛与化学纯钛不同之处是，含有较多量的氧、氮、碳及多种其他杂质元素，它实质上是一种低合金含量的钛合金。

工业纯钛容易加工成形，但加工后会产生冷作硬化现象。工业纯钛还具有优良的冲击韧度，尤其是低温下的冲击韧度，已在化工机械、石油机械、航空和航天等工业部门获得广泛应用。

（2）α型钛合金　与工业纯钛相同，α型钛合金的编号也为TA，但其序号不同，如TA4～TA8都属于α型钛合金。α型钛合金中的主要合金元素是铝，铝可溶入钛中形成α固溶体，从而提高再结晶温度。此外，耐热性能及力学性能也有所提高，铝还能扩大氢在钛中的溶解度，减少形成氢脆敏感性的作用。但铝的加入量不宜过多，否则出现Ti_3Al相引起脆性，铝的质量分数一般不应超过7%。

α型钛合金具有高温强度高、韧性好、抗氧化能力强、焊接性能优良、组织稳定等特点，但加工性能较β及(α+β)型钛合金差。α型钛合金不能进行热处理强化，因而只有中等的室温强度，而冷作硬化是这种钛合金强化的惟一手段。

TA7是应用较广的一种α型钛合金，此合金中除含质量分数为4.0%～6.0%的铝外，尚含质量分数为2.0%～3.0%的锡，以提高合金的室温性能和热强性。TA7的抗蠕变能力较高，低温冲击韧度、压力加工性能及焊接性良好，易于冲压形成复杂的零件，也可以进行冷变形。

（3）(α+β)型钛合金　这类合金编号为TC，其后为合金序号，如TC3、TC4等。(α+β)型钛合金有较好的综合力学性能，强度高，可热处理强化，压力加工性好，在中等温度下耐热性也比较好，但组织不够稳定。

(α+β)型钛合金既加入α稳定元素又加入β稳定元素，使α和β同时强化。β稳定元素加入的质量分数约为4%～6%，主要是为了获得足够数量的β相，以改善合金的塑性成形性和赋予合金以热处理强化的能力。因此，(α+β)钛合金的性能主要由β相稳定元素来决定。元素对β相的固溶强化和稳定能力越大，对性能改善就越明显。

在钛合金中用量最大并且性能数据最为齐全的是TC4，即Ti-6Al-4V。它具有良好的力学性能和工艺性能，可加工成棒材、型材、板材、锻件等半成品，在航空工业中多用于制造压气机叶片、盘以及某些紧固件等。

（4）β型钛合金　这类合金的编号为TB，如TB1和TB2等，是含β稳定元素较多(质量分数>17%)的合金。目前工业上应用的β型合金在平衡状态下均为α+β两相组织，但空冷时可将高温的β相保持到室温，从而得到全β组织。此类合金有良好的变形加工性能，经淬火时效后可得到很高的室温强度。但高温组织不稳定，耐热性差，焊接性也不好。

8.2.2　钛及钛合金的焊接性分析

1. 间隙杂质引起的接头力学性能变化

常温下，钛及钛合金能与氧生成致密的氧化膜而保持高的稳定性和耐蚀性。但在高温下，钛及钛合金吸收氧、氮及氢的能力很强，对焊接接头力学性能产生较大的影响。氮和氧都能提高钛的相变温度，扩大 α 相区，属于 α 相稳定元素。氮和氧在相当宽的浓度范围内与钛形成间隙固溶体，提高钛的强度，但急剧降低钛的塑性，如图 8-10 所示。

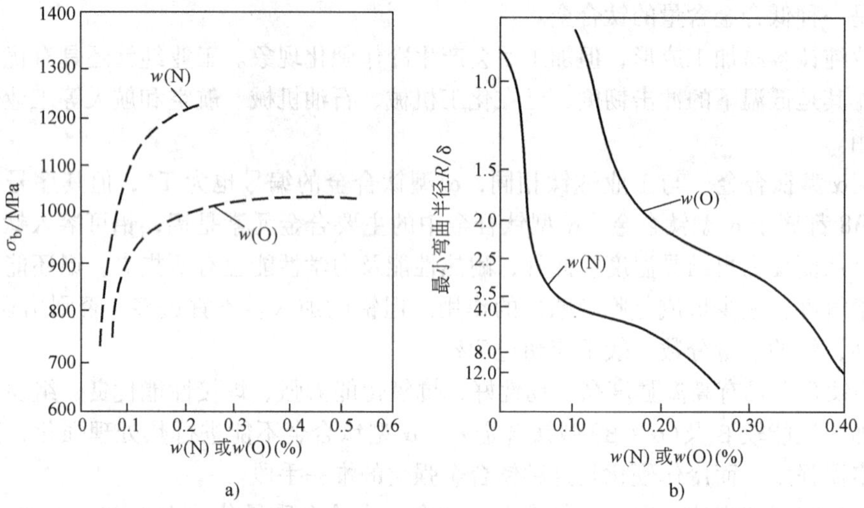

图 8-10 焊缝中氧和氮的含量对工业纯钛焊缝性能的影响

a）抗拉强度 b）冷弯塑性

氢能降低钛的相变温度，是 β 相稳定元素，它对钛的性能影响主要表现为氢脆。钛和氢有极强的亲和力，氢在钛中的溶解度达 33%（原子分数），是氢在铁中溶解度的几万倍。钛吸收大量的氢后，可以形成氢化钛（TiH_2），一般沿孪晶线和滑移面析出，从而增大了钛中的含氢量，使韧性急剧下降，如图 8-11 所示。

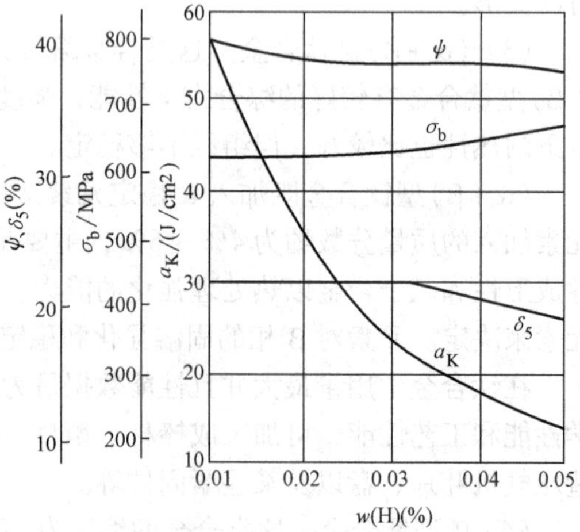

图 8-11 焊缝含氢量对工业纯钛焊缝及接头力学性能的影响

常温下钛表面钝化层（氧化膜）的致密性极强，使得钛非常稳定。但在温度升高过程中，钛对氢、氧和氮的吸收能力不断加强。在大气中，钛从 250℃ 开始吸氢，从 400℃ 开始吸氧，从 600℃ 开始吸氮。如果焊接时钛及钛合金还采用焊接铝及其合金的气体保护焊焊枪，所形成的气体保护层只能保护好熔池，对已凝固而尚处于高温状态的焊缝及热影响区则无保护作用，焊缝及热影响区吸收空气中的氮及氧而导致塑性下降，使接头脆化。因此，在钛及钛合金的焊接中，必须使用氩气进行大范围保护或者置于真空环境中，以防大气污染。同时，为保证焊缝质量，对焊缝中氧、氮和氢等的含量应加以限制。例如，焊接工业纯钛时，焊缝氧、氮和氢的质量分数分别不应超过0.15%、0.05%和0.015%。

此外，由于工件表面上的油污等物也可能使焊缝增碳，碳的增加会使钛的强度提高，塑性下降。特别是焊缝中出现 TiC 时会使塑性急剧降低，焊接应力作用下也会产生裂纹。因此，焊缝中碳的质量分数一般规定不应大于0.1%。

2. 焊接裂纹

由于钛及钛合金中硫、磷和碳等杂质很少，晶界上低熔点共晶不易形成，结晶温度区间窄，加之焊接凝固时收缩量小，因此出现焊接热裂纹的可能性较小。但如果母材和焊丝质量不合格，杂质含量超标，则有可能出现热裂纹。

当焊缝含氧量和含氮量较高时，接头将出现脆化，在较大的焊接应力作用下，则会出现冷裂纹，并增大对缺口的敏感性。同时，焊接热影响区也易形成延迟裂纹，这主要是由氢引起的。焊接时由于熔池和低温区母材中氢向热影响区扩散，引起热影响区氢的集聚，使析出 TiH_2 的数量增加，增大脆性的同时，也增大了组织应力，从而导致裂纹的形成。因此，焊后真空退火可以降低含氢量和残余应力，从而减小延迟裂纹的倾向。当然，对焊接区加强保护，防止氢、氧和氮等有害气体的侵入是最主要的防裂措施。

3. 气孔

气孔是焊接钛合金时较为普遍的缺陷，其特点是分布于熔合线附近。一般认为，钛合金焊接时的气孔主要是氢气孔，是由于氢在钛中的溶解度在凝固时存在突变和随温度的升高而降低造成的。如图8-12所示，一方面，熔池中部比边缘(即熔合线附近)温度高，故氢会由中部向边缘扩散，使边缘处氢的含量提高；另一方面，熔池边缘凝固时溶解度突然降低，因而此处氢易于发生过饱和而形成氢气泡，当其来不及逸出时，便在熔合线附近形成了氢气孔。

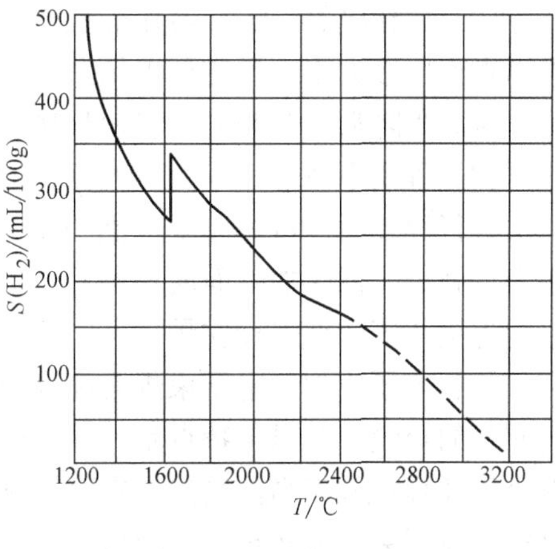

图8-12 氢在钛中的溶解度随温度的变化

研究表明，双相(α+β)钛合金焊缝较单相β钛合金焊缝形成气孔的倾向性大，增加多层焊焊道的数量，使气孔数量增加。为了消除钛合金焊缝中的气孔，应严格控制氢的来源。例如，采用机械和化学方法认真清理工件、焊丝及辅助工装表面上的油污和氧化膜等物，采用高纯度氩气焊接以减少水分，采用局部或整体保护方法以隔离空气等。此外，以氟化物为主要活性剂的氩弧焊(A-TIG)也已经开始用于钛合金的焊接，在能增加熔深的同时，可有效地防止焊接气孔的产生。

4. 焊接热影响区的组织变化

钛合金焊接时在热影响区上发生的组织变化包括相和晶粒尺寸的变化。与母材淬火时的组织变化相似，热影响区中相的变化能形成几种类型的介稳定相，从而影响热影响区的性能。其中，最典型的是钛马氏体α′，它是合金化元素在α钛中的过饱和固溶体，是钛合金在加热到相变点以上而快冷时形成的无扩散型相变的产物(即β→α′)，具有与α一样的六方晶体结构。由于α′相的形成机理与钢中的马氏体相似，故α′又称钛马氏体，它的存在使热影响区的塑性有所降低。

热影响区中晶粒尺寸的变化主要表现是，熔合线附近过热区中晶粒的长大。在相变温度以上，晶粒发生明显长大，峰值温度越高，高温停留时间越长，晶粒长大越严重。粗大的晶粒会导致热影响区脆性增加，性能降低。因此，确定焊接方法和热输入时，既要防止热输入过大造成的粗晶脆化，又要避免冷速过快而形成过多的钛马氏体。

8.2.3 钛及钛合金的焊接工艺要点

1. 焊接方法

选择焊接方法时，主要考虑钛合金的物理性能、化学性能和冶金学特点，还要兼顾工件的结构和尺寸。由于钛合金的导热性差、比热容低、熔合线附近的热影响区容易过热，故应选择能量集中的焊接方法。同时，由于钛合金的化学活性大，易于发生冶金反应，故需采用良好的保护方法。因此，焊接钛及钛合金应用最多的焊接方法是钨极氩弧焊，而熔化极氩弧焊、等离子弧焊、电子束焊和激光束焊等方法也获得了不同程度的应用。

（1）钨极氩弧焊　钨极氩弧焊是焊接钛合金中最为常用的焊接方法，主要用于10mm厚以下板材的焊接。对于0.5~2mm厚的薄板，可以采用钨极脉冲氩弧焊进行焊接。近几年来，国内已开始研究活性钨极氩弧焊(A-TIG)，通过在焊件表面涂敷活性剂，可以显著增加熔深，改善焊缝成形，并有助于消除气孔倾向。

（2）熔化极氩弧焊　熔化极氩弧焊比钨极氩弧焊的效率高，主要用于厚板的焊接，并采用直流反接方法。为避免焊枪摆动而影响保护效果及扩大热影响区，宜采用直线行进方式焊接。为降低气孔倾向宜慢速焊接，同时要采用杂质少的焊丝，并注意焊接作业环境。

（3）等离子弧焊　采用氩气保护的等离子弧焊，非常适合于焊接钛及钛合金。采用小孔法进行焊接时，可焊厚度范围为1.5~15mm；当焊接1.5mm厚以下的板材时，宜采用熔入法施焊，同时加反面成形垫；而当板厚小到0.5mm以下时，应当采用微束等离子弧进行焊接才能保证焊接质量。

（4）电子束焊　电子束焊是在高真空室中进行的，可完全防止大气的污染，易于获得高质量的焊缝。其显著特点是：能量密度高，焊缝窄，热影响区小，可焊厚度大，焊接变形小以及焊接效率高。当然，在真空室中焊接，有时会限制工件的形状和尺寸，因此局部真空的电子束焊方法也已获得应用。

（5）激光束焊　单激光束的穿透力不如电子束，对于大厚度板材的焊接，电子束焊接更具有优越性。例如，20kW的激光器只能焊接19mm厚以下的钛合金，而5kW的电子束可以焊30mm以下的钛合金。因此，激光束用于焊接钛及钛合金的薄板及精密零件，具有广阔的应用前景。特别是随着航空、航天事业的发展，需求会更为明显，应用也会更为广泛。

2. 焊接材料

钛及钛合金一般可以选择与母材成分相同的焊丝，也可以选择强度略低于母材的焊丝，以提高接头的韧性。常用的焊丝有TA1~TA6和TC3等，这些焊丝均以真空退火状态供应。如缺少上述标准牌号的焊丝时，则可从母材上剪下窄条作为焊丝，窄条的宽度与板厚相同。

3. 焊前准备

（1）板材切割　切割钛合金板材和管材时，应采用等离子切割、激光切割及高压水切割等方法，不能采用火焰方法进行切割，否则会使材料发生氧化和氮化而变脆。

（2）坡口设计和加工　坡口形式及尺寸的选择原则是尽量减少焊接层数和填充金属量，因为随焊接层数的增多，焊缝的累积吸气量增加，从而影响接头的塑性。钛及钛合金手工钨极氩弧焊的坡口形式及尺寸如表8-14所示。其中，采用V形坡口可简化焊缝背部的保护，其钝边最小，在单面焊时甚至可不留钝边，坡口角度在60°~65°之间。

最好用碳化钨工具及氧化铝、碳化硅磨石或低速砂轮加工坡口。采用砂轮时，最终还要用刮刀进行处理，以免杂质进入焊缝。

表8-14　钛及钛合金手工钨极氩弧焊的坡口形式及尺寸

坡口形式	板厚 δ/mm	坡口尺寸		
		间隙/mm	钝边/mm	角度 α/(°)
I形坡口对接	0.5~2.5	0~0.5	—	—
V形坡口	3~15	0~1.0	0.5~1.5	60~65
对称双V形坡口	10~30	1.0~1.5	1.5~2.0	60~65

（3）表面清理　焊接前对坡口及两侧各25mm以内的内外表面进行清理，清除表面氧化膜和污染物，而后进行清洗和干燥。厚氧化膜（在600℃以上的温度形成）的清理方法为：先用机械方法（喷砂、砂轮打磨等）去除表面氧化皮，然后按表8-15给出的酸洗条件进行酸洗。焊接区附近的薄氧化膜可直接酸洗，最后用清水冲洗并烘干，临焊前应再擦洗。清洗后的焊件应在4h内焊完，否则需重新清理。此外，对所用的焊丝表面也要进行严格的机械清理和化学清理。

表8-15　钛及钛合金表面的酸洗条件

酸洗液配方（体积分数）（%）			酸洗温度/℃	酸洗时间/min
HF	HNO_3	H_2O	60	2~3
2~4	30~40	余量		

4. 焊接参数

钛及钛合金焊接时，都有晶粒粗化的倾向，尤以β型钛合金最为显著。为防止晶粒粗化，应采用较小的焊接热输入，但也要注意热输入过低造成的不利影响。表8-16给出了手工钨极氩弧焊焊接钛及钛合金所用的焊接参数。

表8-16　钛及钛合金手工钨极氩弧焊的焊接参数

板厚/mm	坡口形式	钨极直径/mm	焊丝直径/mm	焊接层数	焊接电流/A	氩气流量/(L/min)			喷嘴孔径/mm	备注
						主喷嘴	拖罩	背面		
0.5	I形	1.5	1.0	1	30~50	8~10	14~16	6~8	10	
1.0		2.0	1.0~2.0	1	40~60	8~10	14~16	6~8	10	间隙0.5mm可不加焊丝
1.5		2.0	1.0~2.0	1	60~80	10~12	14~16	8~10	10~12	
2.0		2.0~3.0	1.0~2.0	1	80~110	12~14	16~20	10~12	12~14	间隙1.0mm
2.5		2.0~3.0	2.0	1	110~120	12~14	16~20	10~12	12~14	

（续）

板厚 /mm	坡口形式	钨极直径 /mm	焊丝直径 /mm	焊接层数	焊接电流 /A	氩气流量/(L/min)			喷嘴孔径 /mm	备注
						主喷嘴	拖罩	背面		
3.0	V形	3.0	2.0~3.0	1~2	120~140	12~14	16~20	10~12	14~18	
3.5		3.0~4.0	2.0~3.0	1~2	120~140	12~14	16~20	10~12	14~18	间隙2~3mm 钝边0.5mm
4.0		3.0~4.0	2.0~3.0	2	130~150	14~16	20~25	12~14	18~20	
4.0		3.0~4.0	2.0~3.0	2	200	14~16	20~25	12~14	18~20	焊缝反面衬有钢垫板
5.0		4.0	3.0	2~3	130~150	14~16	20~25	12~14	18~20	
6.0		4.0	3.0~4.0	2~3	140~180	14~16	25~28	12~14	18~20	坡口角度60°~65°
7.0		4.0	3.0~4.0	2~3	140~180	14~16	25~28	12~14	20~22	
8.0		4.0	3.0~4.0	3~4	140~180	14~16	25~28	12~14	20~22	
10.0	对称双V形	4.0	3.0~4.0	4~6	160~200	14~16	25~28	12~14	20~22	
13.0		4.0	3.0~4.0	6~8	220~240	14~16	25~28	12~14	20~22	坡口角度60° 钝边1mm
20.0		4.0	4.0	12	200~240	12~14	20	10~12	18	
22		4.0	4.0~5.0	6	230~250	15~18	18~20	18~20	20	坡口角度55° 钝边1.5~2.0mm
25		4.0	3.0~4.0	15~16	200~220	16~18	26~30	20~26	22	
30		4.0	3.0~4.0	17~18	200~220	16~18	26~30	20~26	22	坡口角度55° 钝边1.5~2.0mm 间隙1.5mm

焊接前，先通入保护气体以确保保护部位气体的纯度，然后再起弧焊接。焊接结束要滞后停气，特别是对于保护范围内的高温区，要持续保护到温度降至400℃以下。焊接时采用口径较大的气体喷嘴，喷嘴与工件间的距离适当缩小以加强保护，钨极伸出喷嘴的长度宜短，以能观察到熔池为宜。采用短弧焊接，不摆动焊枪，焊丝热端在焊接时不能脱离保护范围，如发现被氧化须将氧化部分清除。

5. 焊后热处理

焊后热处理可以调整钛及钛合金焊缝及热影响区的微观组织，从而改善焊接接头的性能。一般来讲，采用真空退火工艺，即在700~750℃保温1h，可提高工业纯钛焊接接头的塑性。而对双相(α+β)型钛合金来讲，焊接和热处理的顺序可以是淬火+时效+焊接+局部退火，或者淬火+焊接+退火。焊后退火的温度和时间取决于合金的牌号、接头的类型和构件的工作条件等。一般在550~900℃范围内进行退火时，能大大提高焊缝和热影响区抗冷裂纹的稳定性。当β相数量不多时，在500~550℃退火对消除应力是合适的。当焊缝中β稳定剂的总质量分数增到3%~6%时，必须进行降低α′相弥散度的稳定化退火，退火温度为700~850℃，而后空冷。

8.2.4 典型钛合金的焊接

1. TB8钛合金薄板的焊接

(1) 母材的成分和性能 TB8钛合金的名义成分是Ti-15Mo-2.7Nb-3Al-0.2Si，实际成分如表8-17所示。它是美国Timet公司于1989年研制成功的一种新型亚稳定β型钛合金，具有优良的加工性能、综合力学性能、高温性能和抗氧化性能，被认为是一种有发展前途的新型钛合金。在其研制成功的两年后即获得了商业应用，如麦道和波音公司用它制造了发动机和飞机结构件。

表8-17 TB8钛合金的化学成分

元素	Mo	Al	Nb	Si	Fe	C	O	N	H	Ti
质量分数(%)	15.13	2.83	2.89	0.18	0.08	0.03	0.12	0.011	0.008	余量

(2) 焊接及焊后热处理工艺

1) 焊接方法及焊接参数。所用的板材厚度为1.5mm，采用电子束焊和钨极氩弧焊两种方法进行焊接。在ZD150－15A型电子束焊机上进行焊接时，真空度为10^{-2}Pa，加速电压为140kV，焊接速度为1m/min，焊接电流(即束流)变化范围为11.2～18.4mA。

进行钨极氩弧焊时，采用直流正接方式，钨极直径为2.4mm，焊接过程中焊枪、拖罩及板材背面的氩气流量固定为10L/min，焊接速度为12.6m/h，焊接电流和电压的配合分别为85A/7.8V、90A/8.4V或95A/9.0V。

2) 焊后热处理及其规范。焊后进行X射线检测，对没有缺陷的试件进行焊后热处理。在真空炉中，分别采用一次时效处理与两次时效处理方案。一次时效处理规范为：500℃/8h；540℃/2h、4h、6h、8h和10h；560℃/2h、4h、6h、8h和10h；590℃/4h。两次时效处理规范为：500℃/8h加580℃/30min、600℃/30min和620℃/30min；500℃/10h加620℃/30min；500℃/16h加620℃/30min。

(3) 接头力学性能 母材和焊接接头经过一次焊后时效处理得到的室温力学性能如表8-18所示，而经过两次时效处理得到的室温力学性能如表8-19所示。所有的焊接接头，其拉伸断口均发生在热影响区或母材上。

表8-18 焊后一次时效处理得到的力学性能

母材或接头	热处理	σ_b/MPa	$\sigma_{0.2}$/MPa	δ_5(%)	弯曲角α/(°)	强度系数②
母材	原始固溶状态①	905	885	26.0	105.0	—
电子束焊		905	880	19.0	45.0	1.00
TIG焊		915	870	17.0	41.0	1.01
母材	500℃/8h	1490	1440	8.0	10.0	—
电子束焊		1450	1442	8.0	3.0	0.97
母材	540℃/2h	1390	1320	9.5	15.0	—
电子束焊		1370	1310	10.0	7.0	0.99
母材	540℃/6h	1300	1250	9.0	17.0	—
电子束焊		1320	1300	9.0	10.0	1.01

（续）

母材或接头	热处理	σ_b/MPa	$\sigma_{0.2}$/MPa	δ_5(%)	弯曲角 α/(°)	强度系数②
母材	560℃/2h	1320	1250	12.0	7.0	—
电子束焊		1310	1260	13.0	4.0	0.99
母材	560℃/6h	1340	1290	9.0	9.0	—
电子束焊		1270	1260	11.0	8.0	0.95
母材	590℃/4h	1230	1170	14.0	25.0	—
电子束焊		1220	1150	12.0	13.0	0.99

① 原始固溶处理规范：845℃/10min，空冷。

② 强度系数：接头抗拉强度/母材抗拉强度。

表 8-19 焊后两次时效处理得到的力学性能

母材或接头	热处理	σ_b/MPa	$\sigma_{0.2}$/MPa	δ_5(%)	弯曲角 α/(°)	强度系数
母材	500℃/8h + 580℃/30min	1450	1380	10.0	10.0	—
电子束焊		1440	1400	10.0	8.0	0.99
TIG 焊		1460	1420	9.0	6.0	1.01
母材	500℃/8h + 600℃/30min	1430	1390	10.0	11.0	—
电子束焊		1410	1385	10.0	9.0	0.99
TIG 焊		1450	1400	9.5	8.0	1.01
母材	500℃/8h + 620℃/30min	1420	1360	10.5	10.0	—
电子束焊		1410	1360	11.0	13.0	0.99
TIG 焊		1430	1390	10.0	11.0	1.01
母材	500℃/10h + 620℃/30min	1390	1360	11.5	12.0	—
电子束焊		1390	1360	10.5	10.0	1.00
TIG 焊		1420	1390	8.0	8.0	1.02
母材	500℃/16h + 620℃/30min	1430	1400	9.0	11.0	—
电子束焊		1430	1400	10.0	10.0	1.00
TIG 焊		1440	1420	6.0	7.0	1.01

由表可以看出，焊接接头的强度系数均大于 0.95；焊接接头一次时效后焊缝处的弯曲角大大低于母材的弯曲角；两次时效后焊缝的弯曲角略低于母材的弯曲角。焊接接头两次时效后，弯曲角明显增加，说明焊缝的塑性有明显改善。焊后采用两次时效可使焊接接头具有良好的综合力学性能。在不进行时效处理和进行焊后两次时效处理条件下，电子束焊的接头强度稍低于氩弧焊的接头强度，而其伸长率和焊缝弯曲角均稍高于氩弧焊的接头。

2. TC4 钛合金化学反应罐的焊接

（1）下料准备 某化工厂采用 8mm 厚的 TC4 热轧钛合金板材制造化学反应罐。采用等离子弧切割进行下料，切口留出加工余量。采用橡胶或尼龙渗合氧化铝的砂轮进行表面清理，打磨时不允许出现过热的色泽。

（2）施工要求 钛合金材料焊接应在独立的钛合金加工车间进行。如果在钢铁车间内进行焊接，应开设单独的作业区。若有条件，可在焊接场地铺设地面，搭防尘棚，配备去湿机，禁止铁污染，这对提高焊接质量有良好效果。

（3）板材对接　采用 TIG 焊对板材进行对接，开 45°V 形坡口，选用直径为 3mm 的 TC3 焊丝，具体焊接参数如表 8-20 所示。母材和焊接接头的室温拉伸和冲击性能如表 8-21 所示。可以看出，焊接接头强度与母材接近，约为 900 ~ 920MPa，并具有较高的塑性和韧性。

表 8-20　TC4 板材的 TIG 焊参数

钨极直径 /mm	焊接电流 /A	电弧电压 /V	焊接速度 /(m/h)	氩气流量 /(L/min)	焊后热处理规范
3.0	130 ~ 140	18 ~ 20	9	15	880℃/50min，空冷

表 8-21　TC4 母材和焊接接头的室温拉伸和冲击性能

焊接接头				母　材			
σ_b/MPa	$\sigma_{0.2}$/MPa	δ_5(%)	a_K/(J/cm^2)	σ_b/MPa	$\sigma_{0.2}$/MPa	δ_5(%)	a_K/(J/cm^2)
910	860	8	78	920	890	11	92
908	860	9	78	920	888	12	92
920	862	10	79	925	885	10	90

（4）主缝的焊接　钛合金化学反应罐筒体的纵缝和环缝采用手工和自动钨极氩弧焊，使用纯度为 99.99% 以上的氩气进行保护，具体焊接参数如表 8-22 所示。

表 8-22　钛合金化学反应罐筒体 TIG 焊工艺参数

焊接方法	层次	焊接电流/A	电弧电压/V	焊接速度/(m/h)	喷嘴直径/mm
手工 TIG 焊	第 1 层	100 ~ 150	12 ~ 13	4 ~ 5	16
自动 TIG 焊	第 2 层	180 ~ 190	11 ~ 12	8 ~ 9	22
自动 TIG 焊	第 3 ~ 4 层	180 ~ 190	11 ~ 12	8 ~ 9	22
手工 TIG 焊	第 5 层	150 ~ 160	12 ~ 13	5 ~ 6	16

焊前用不锈钢丝刷及丙酮清理坡口及焊丝。第 1 层采用手工焊是考虑装配错边时容易控制，第 5 层采用手工焊是因为在筒体内部，自动焊机头难以进入。除第 5 层外，用直径为 2mm 的 TC3 焊丝施焊。选用的钨极直径为 4mm，氩气主流量 14 ~ 15L/min，尾罩气流量 15 ~ 20L/min，背面保护气流量 10 ~ 15L/min。氩气保护焊好纵、环缝的关键是尾罩及背面保护气罩必须安置得当。

8.3　铜及铜合金的焊接

铜及铜合金具有优良的导电性、导热性、延展性以及在某些介质中良好的抗腐蚀性能，因而成为电子、化工、船舶、能源动力、交通等工业领域中换热管道、导电装置及抗腐蚀部件的优选材料。本节主要介绍铜及铜合金的焊接性、焊接工艺要点及典型材料的焊接。

8.3.1　铜及铜合金的种类和性能

按化学组成和表面颜色可将铜及其合金分为纯铜、黄铜、青铜及白铜四大类别，下面分别介绍它们的成分和性能。

1. 纯铜

纯铜实际为工业纯铜，其主要成分、物理性能和力学性能见表 8-23、表 8-24 和表 8-25。工业纯铜中常见的杂质元素有氧、硫、铅、铋、砷及磷等。少量的杂质元素能完全固溶于铜中，对铜的塑性变形性能影响不大。但当杂质元素含量超过其在铜中的溶解度而出现多相结构时，将显著降低铜的各种性能，如铋、铅、氧、硫与铜形成的低熔点共晶组织分布在晶界上，增加了材料的脆性和焊接热裂纹的敏感性。用于制造焊接结构的铜材要求其含铅的质量分数小于 0.03%，含铋小于 0.003%，含氧和含硫应分别小于 0.03% 和 0.01%。磷虽然也可能与铜形成脆性化合物，但当其含量不超过它在室温铜中的最大溶解度时，可作为一种良好的脱氧剂。

表 8-23　纯铜的化学成分(质量分数) (%)

名称	牌号	主要成分			杂质≤					
		Cu≤	P	Mn	Bi	Pb	S	P	O	总和
二号铜	T2	99.90	—	—	0.002	0.005	0.005	—	0.06	0.1
四号铜	T4	99.50	—	—	0.003	0.05	0.01	—	0.1	0.5
二号无氧铜	TU2	99.95	—	—	0.002	0.005	0.005	0.003	0.003	0.05
磷脱氧铜	TP	99.50	0.01 ~ 0.04	—	0.003	0.01	0.01	—	0.01	0.49
锰脱氧铜	TMn	99.60	—	0.1 ~ 0.3	0.002	0.007	0.005	0.003	—	0.30

表 8-24　纯铜的物理性能

密度 /(g/cm^3)	熔点 /℃	热导率 /[W/(m·K)]	比热容 /[J/(g·K)]	电阻率 /($10^{-8}\Omega\cdot m$)	线膨胀系数 /(10^{-6}/K)	表面张力系数 /(10^{-5}N/cm)
8.94	1083	391	0.384	1.68	16.8	1300

表 8-25　纯铜的力学性能

材料状态	抗拉强度 σ_b/MPa	屈服强度 σ_s/MPa	延伸率 δ_5(%)	断面收缩率 ψ(%)
软态(轧制并退火)	196 ~ 235	68.6	50	75
硬态(冷加工变形)	392 ~ 490	372.4	6	36

纯铜在退火状态(软态)下具有很好的塑性，但强度低。经冷加工变形后(硬态)，强度可提高一倍，但塑性降低若干倍。加工硬化的纯铜经 550 ~ 600℃退火后，可使塑性完全恢复。

2. 黄铜

普通黄铜是铜和锌的二元合金，表面呈淡黄色，其化学成分、力学性能及物理性能见表 8-26 和表 8-27。黄铜具有比纯铜高得多的强度、硬度和耐蚀能力，并具有一定的塑性，能很好地承受热压和冷压加工。为了改善普通黄铜的力学性能、耐蚀性能和工艺性能，在铜锌合金中加入少量的锡、锰、铅、硅、铝、镍、铁等元素可成为特殊的黄铜，如锡黄铜、铅黄铜等。黄铜根据工艺性能、力学性能和用途的不同，分为压力加工用的黄铜和铸造用黄铜两大类。锌的质量分数小于 39% 时，形成单相 α 组织(锌在铜中的固溶体)，因而具有较高的强度和塑性；当锌的质量分数为39%～46%时，形成α+β′组织（β′相是以电子化合物为基的脆性固溶体），难以承受冷加工。再提高黄铜中的锌含量，出现纯β′相，室温下单相β′合金因性能太脆而不能应用。

表8-26　常用黄铜的化学成分（质量分数）　　（%）

材料名称	牌　号	Cu	Zn	Sn	Mn	Al	Si	其他	杂质≤
压力加工黄铜	H68	67.0～70.0	余量	—	—	—	—	—	0.3
	HMn58-2	57.0～60.0		—	1.0～2.0	—	—	—	1.2
	HFe59-1-1	57.0～60.0		0.3～0.7	0.5～0.8	0.1～0.4	—	Fe：0.6～1.2	0.25
	HSi80-3	79.0～81.0		—	—	—	2.5～4.0	—	1.5
铸造黄铜	ZHAlFeMn 66-6-3-2	64.0～68.0		—	1.5～2.5	6.0～7.0	—	Fe：2.0～4.0	2.1
	ZHMnFe55-3	53.0～68.0		—	3.0～4.0	—	—	Fe：0.5～1.5	2.0
	ZHSi80-3	79.0～81.0		—	—	—	2.5～4.5	—	2.8
	ZHMn58-2-2	57.0～60.0		—	1.5～2.5	—	—	Pb：1.5～2.5	2.5

表8-27　黄铜的常温力学性能及物理性能

牌号	材料状态	力学性能		物理性能				
		σ_b /MPa	δ_5 (%)	密度 /(g/cm³)	线膨胀系数 /(10^{-6}/K)	热导率 /[W/(m·K)]	电阻率 /($10^{-8}\Omega\cdot m$)	熔点 /℃
H68	软态	313	55	8.5	19.9	117.04	6.8	932
	硬态	646	3					
ZHSi 80-3	—	245	10	8.3	17.0	41.8	—	900
	—	294	15					

3. 青铜

凡不以锌、镍为主要组成元素，而以锡、铝、硅、铅、铍等元素为主要组成成分的铜合金称为青铜。常用的青铜有锡青铜、铝青铜、硅青铜及铍青铜等。为了获得某些特殊性能，青铜中还加有少量的其他元素，如锌、磷、钛等。常用压力加工和铸造青铜的化学成分、力学性能及物理性能见表8-28和表8-29。

表8-28　常用青铜的化学成分（质量分数）　　（%）

材料名称	牌　号	Cu	Si	Mn	Al	Si	其他	杂质≤
压力加工青铜	QSn6.5-0.4	余量	6.0～7.0	—	—	—	P：0.3～0.4	0.1
	QAl9-2		—	1.5～2.5	8～10	—	—	1.7
	QSi3-1		—	1.0～1.5	—	2.75～3.5	—	1.1
铸造青铜	ZQSnP10-1		9.0～11.0	—	—	—	P：0.8～1.2	0.75
	ZQAlMn9-2		8.0～10.0	1.5～2.5	8～10	—	—	2.8
	ZQAlFe9-4		—	—	8～10	—	Fe：2～4	2.7

表 8-29 青铜的常温力学性能及物理性能

材料名称	牌号	材料状态	力学性能		物理性能				
			σ_b /MPa	δ_5 (%)	密度 /(g/cm³)	线膨胀系数 /(10⁻⁶/K)	热导率 /[W/(m·K)]	电阻率 /(10⁻⁸Ω·m)	熔点 /℃
锡青铜	QSn 65-0.4	软态	343~441	60~70	8.8	19.1	50.16	17.6	995
		硬态	686~784	7.5~12					
铝青铜	QAl9-4	软态	490~588	40	7.5	16.2	58.52	12	1040
		硬态	784~980	5					
	ZQAl9-4	—	392	10	7.6	18.1	58.52	12.4	1040
		—	294~490	10~20					
硅青铜	QSi3-1	—	343~392	50~60	8.4	15.8	45.98	15	1025
		—	637~735	1~5					

青铜所加入的合金元素含量与黄铜一样均控制在铜中的溶解度范围内，所获得的合金基本上是单相组织。青铜具有较高的力学性能、铸造性能和耐蚀性能，并具有一定的塑性。除铍青铜外，其他青铜的导热性能比纯铜和黄铜降低几倍至几十倍，且具有较窄的结晶温度区间，大大改善了焊接性。

4. 白铜

镍的质量分数低于50%的铜镍合金称为白铜，加入锰、铁、锌等元素的白铜分别称为锰白铜、铁白铜、锌白铜。按照白铜的性能与应用范围，白铜又可分为结构白铜与电工白铜。

白铜具有较好的力学性能和耐蚀性能，在海水、有机酸和各种盐溶液中具有较高的化学稳定性，其冷、热加工性能优良，广泛用于化工、精密机械、海洋工程中。电工白铜具有极高的电阻、非常小的电阻温度系数，是重要的电工材料。在焊接结构中使用的白铜多是镍的质量分数为10%、20%及30%的铜镍合金，其化学成分见表8-30。由于镍与铜无限固溶，所以白铜具有单一的α相组织，其塑性和冷、热加工性能均好。典型白铜的力学性能和物理性能见表8-31，它不仅具有较好的综合力学性能，而且由于导热性能接近于碳钢而使得其焊接性较好。

表 8-30 典型白铜的化学成分(质量分数) (%)

牌号	Cu	Mn	Ni+Co	Fe	杂质≤
B10	余量	0.5~1.0	9~11	0.5~1.0	0.5
B30		—	29~33	—	—

表 8-31 典型白铜的常温力学性能和物理性能

牌号	材料状态	力学性能		物理性能				
		σ_b /MPa	δ_5 (%)	密度 /(g/cm³)	线膨胀系数 /(10⁻⁶/K)	热导率 /[W/(m·K)]	电阻率 /(10⁻⁸Ω·m)	熔点 /℃
B10	软态	300	25	—	—	30.93	—	1149
	硬态	340	8					
B30	软态	372	25	8.9	16	47.20	42	1230
	硬态	490	6					

8.3.2　铜及铜合金的焊接性分析

1. 难于熔化及成形

焊接铜及铜合金时，当采用与同厚度低碳钢一样的焊接参数时，母材就很难熔化，填充金属也与母材不易熔合，这与铜及铜合金的热物理性能有关。由表 8-32 可见，铜的导热率比铁大 7～11 倍，厚度越大，散热越快，越难达到熔化温度，热影响区也宽。采用能量密度低的焊接热源进行焊接时，如氧乙炔焊和焊条电弧焊，需要进行高温预热。采用氩弧焊接，必须采用强规范才能熔化母材，否则需要高温预热后才能进行焊接。然而，铜在达到熔化温度时，其表面张力比铁小 1/3，流动性比铁大 1～1.5 倍，因此采用大电流的强规范焊接时，焊缝成形难以控制。铜的线膨胀系数也较大，收缩率约比铁大一倍以上，因此焊接变形大。研究表明，采用气体保护电弧焊焊接高导热的纯铜及铝青铜时，在电流相同的情况下，若想实现不预热焊接，必须在保护气体中添加能使电弧产生高能的气体，如氦气或氮气等。氦氩混合气体保护电弧所放出的热能约比单纯氩弧放出的热能高 1/3，而采用氩氮混合气体保护焊接时，焊接气孔是难以克服的一个问题。

表 8-32　铜与铁的热物理性能参数的比较

金属	热导率/[W/(cm·℃)]		线膨胀系数/(10^{-6}/℃)	收缩率(%)
	20℃	1000℃	20～100℃	
Cu	3.84	3.27	16.4	4.7
Fe	0.55	0.29	14.2	2.0

2. 热裂倾向大

铜及铜合金中存在氧、硫、磷、铅、铋等杂质元素，铜能与它们分别生成熔点为 270℃的(Cu + Bi)、326℃的(Cu + Pb)、1064℃的($Cu + Cu_2O$)和 1067℃的($Cu + Cu_2S$)等多种低熔点共晶，这些低熔点共晶在熔池结晶过程中分布在树枝晶间或晶界处，使铜或铜合金具有明显的热脆性，如图 8-13 所示。在这些杂质中，氧的危害性最大，它不但在冶炼时以杂质的形式存在于铜内，在以后的轧制加工和焊接过程中，都会以 Cu_2O 的形式存

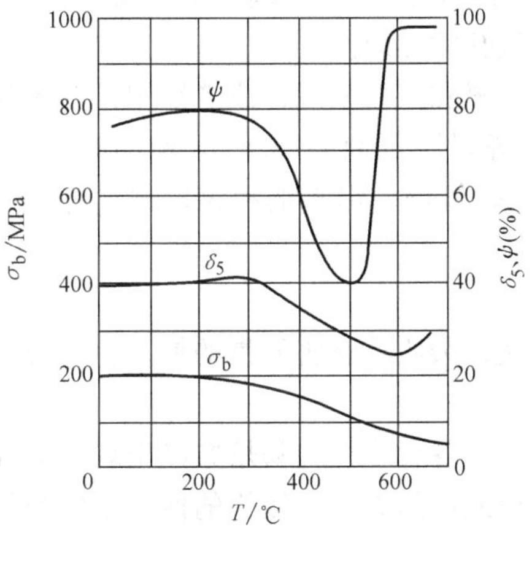

图 8-13　铜的力学性能与温度的关系

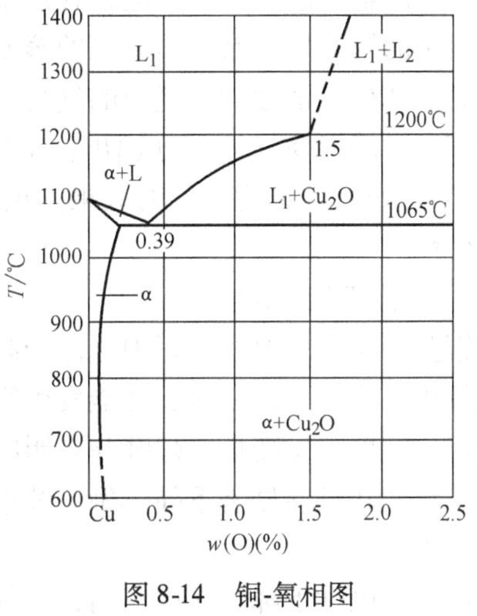

图 8-14　铜-氧相图

在于焊缝金属中。从图 8-14 可见，Cu_2O 能与 Cu 生成熔点略低于铜的低熔点共晶物，会导致焊接热裂纹的产生。研究表明，当焊缝含质量分数为 0.2% 以上的 Cu_2O（含氧约为 0.02%）、Pb 的质量分数超过 0.03% 或 Bi 的质量分数超过 0.005% 时就会出现热裂纹。此外，铜及铜合金无同素异构转变，焊缝中易生成大量的柱状晶，而且铜及铜合金的热膨胀系数及收缩率较大，增加了焊接热应力，更增大了接头的热裂倾向。

3. 气孔严重

熔化焊接铜及铜合金时，出现气孔的倾向比低碳钢要大得多，所形成的气孔几乎分布在焊缝的各个部位。气孔的形成主要与氢、氧和氮在铜中的溶解有关，而且熔池凝固时间短也加剧了气孔的形成倾向。

氢在铜中的溶解度随温度升高而增大，且在铜的液-固转变时有一突变，如图 8-15 所示。在电弧作用下的高温熔池中，氢在液态铜中的极限溶解度（铜被加热至 2130℃ 蒸发温度前的最高溶解度）与熔点时的最大溶解度之比为 3.7，而铁仅为 1.4，因而铜焊缝结晶时氢的过饱和程度比钢焊缝大好几倍，构成了气孔形成的必要条件；同时，由于铜的热导率大，是铁的 7 倍以上，熔池结晶速度很快，析出的过饱和气体来不及逸出，从而残留在焊缝中形成气孔。

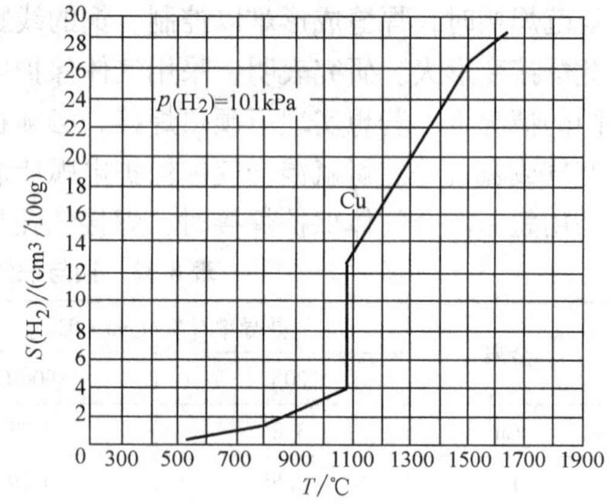

图 8-15 氢在铜中的溶解度与温度的关系

当铜中含有氧时，在高温下能形成溶于液态铜的 Cu_2O，但熔池从高温降到 1200℃ 时，Cu_2O 开始从液态铜中析出，并与溶解在液态铜中的氢发生如下反应

$$Cu_2O + 2H = 2Cu + H_2O\uparrow \tag{8-1}$$

生成不溶于铜的水蒸气，由于熔池结晶速度快来不及逸出而形成水气孔。

在电弧高温下位于极斑处的焊接熔池，也能溶入部分氮，而且电弧气氛中氮的分压越大，氮的溶解量越多。当熔池快速结晶时，由于氮的析出会在焊缝中形成氮气孔。此外，铜合金中的锌、磷等易挥发元素的蒸发也会促进气孔的形成。

为了减少或消除铜焊缝中的气孔，应控制氢、氧和氮的来源，或者采用预热来延长溶池的存在时间而使气体充分逸出。采用含铝、钛等强脱氧剂的焊丝（它们同时也是脱氮、脱氢的元素），能取得良好的效果。正因为这样，脱氧铜、铝青铜和锡青铜具有较小的气孔敏感性。

4. 接头性能下降

铜及铜合金在熔焊过程中，由于晶粒严重长大，杂质及有害元素的掺入，有益合金元素的氧化、蒸发等，使接头性能发生很大的变化。

（1）塑性严重变坏　焊缝与热影响区晶粒变粗、各种脆性的易熔共晶出现于晶界，使接头的塑性和韧性显著下降。例如纯铜焊条电弧焊或埋弧焊时，接头的伸长率仅为母材的 20% ~50%。

（2）导电性下降　铜中任何元素的掺入都会使其导电性下降。因此，焊接过程中杂质和合金元素的溶入都会不同程度地降低接头的导电性能。

（3）耐蚀性能下降 铜合金的耐蚀性能是依靠锌、锡、锰、镍、铝等元素的合金化而获得的，熔焊过程中这些元素的蒸发和氧化烧损都会不同程度地使接头耐蚀性下降。焊接应力的存在则使对应力腐蚀敏感的高锌黄铜、铝青铜和镍锰青铜的焊接接头在腐蚀环境中过早地破坏。

8.3.3 铜及铜合金的焊接工艺要点

1. 焊接材料

（1）焊丝及焊条 铜及铜合金熔焊所用的焊接材料有焊丝（棒）、焊条和焊剂，表 8-33 是铜及铜合金焊丝的化学成分及性能。在焊丝中加入 Si、Mn、P、Ti、Al 和 Sn 等元素是为了加强脱氧，降低焊缝中的气孔。其中 Ti 和 Al 除脱氧以外，还能细化焊缝晶粒，提高焊缝金属的塑性和韧性；Si 在焊接黄铜时可防止锌的蒸发、氧化，降低烟雾，提高熔池金属的流动性；Sn 可提高熔池金属的流动性和焊缝金属的耐蚀性。

表 8-33 铜及铜合金焊丝的成分和性能

牌号	名　称	主要化学成分（质量分数）（%）	熔点/℃	接头抗拉强度/MPa	主要用途
HSCu201 (SCu-2)	纯铜焊丝	1.1 Sn, 0.4 Si, 0.4Mn, 余为 Cu	1050	≥196	纯铜的氩弧焊、气焊（配用 CJ301）、埋弧焊（配用 HJ431 或 HJ150）
HSCu202 (SCu-1)	低磷铜焊丝	0.3 P, 余为 Cu	1060	≥196	纯铜气焊及碳弧焊（配用气体焊剂）
HSCu220 (SCuZn-2)	锡黄铜焊丝	5.9Cu, 1Sn, 余为 Zn	886	—	黄铜的气焊和氩弧焊
HSCu221 (SCuZn-3)	锡黄铜焊丝	60Cu, 1Sn, 0.3Si, 余为 Zn	890	≥333	黄铜的气焊和碳弧焊
HSCu222 (SCuZn-4)	铁黄铜焊丝	58Cu, 0.9Sn, 0.1Si, 0.8Fe, 余为 Zn	860	≥333	黄铜的气焊和碳弧焊
HSCu224 (SCuZn-5)	硅黄铜焊丝	62Cu, 0.5Si, 余为 Zn	905	≥330	黄铜的气焊和碳弧焊（配用气体焊剂）
非国标 (SCuAl)	铝青铜焊丝	7 ~ 9Al, 2Mn, 余为 Cu	—	—	铝青铜的 TIG 和 MIG 焊或焊条电弧焊的焊芯
非国标 (SCuSi)	硅青铜焊丝	3.1Si, 1.25Mn, 余为 Cu	—	—	硅青铜及黄铜的 TIG 和 MIG 焊
非国标 (SCuSn)	锡青铜焊丝	7 ~ 9Sn, 0.25P, 余为 Cu	—	—	锡青铜的 TIG 焊或焊条电弧焊用焊芯

为了减少焊缝中的气孔，焊条均采用低氢型药皮。为了向焊接熔池过渡 Si、Mn、Ti、Al 等脱氧元素，以获得良好的焊缝力学性能，在焊条药皮中添加硅铁、锰铁、钛铁、铝铁和铝铜等金属粉。

对于纯铜，材料本身不含脱氧元素，一般选择含有 Si 、P 或 Ti 脱氧剂的无氧铜焊丝，如 HS201 、ECu 、ERCuSi 等，它们具有较高的导电性和母材颜色相同的特点。对于白铜，为了防止气孔及裂纹的产生，即使焊接刚性较小的薄板，也要求采用白铜焊丝来控制熔池的脱氧反应。对于黄铜，为了抑制锌的蒸发烧损对气氛造成污染和对电弧燃烧稳定性造成的不利影响，填充金属不应含锌。引弧后使电弧偏向填充金属而不是偏向母材，这有利于减少母材中锌的烧损和烟雾。焊普通黄铜，采用锡青铜焊丝，如 SCuSnSi；焊高强度黄铜，采用硅青铜焊丝或铝青铜焊丝，如 SCuAl 、SCuSi 、RCuSi 等。对于青铜，材料本身所含合金元素就具有较强的脱氧能力，焊丝成分只需补充氧化烧损部分，即选用合金元素含量略高于母材的焊丝，如硅青铜焊丝 SCuSi 及 RCuSi、铝青铜焊丝 SCuAl 和锡青铜焊丝 SCuSn 及 RCuSn 等。

（2）焊剂　气焊通用的焊剂主要有硼酸盐、卤化物或它们的混合物，如表 8-34 所示。工业用硼砂的熔点为 743℃，焊接时熔化成液体，迅速与熔池中的氧化锌、氧化铜等反应，生成熔点低、密度小的硼酸复合盐（熔渣）浮在熔池表面。卤化物则对熔池中氧化物（Al_2O_3）起物理溶解作用，是一种活性很强的去膜剂，同时还起到调节焊剂的熔点、流动性及脱渣性的作用，有很好的去膜效果。

表 8-34　铜及铜合金焊接用焊剂

牌号	化学成分（质量分数）(%)							熔点/℃	应用范围
	$Na_2B_4O_7$	H_3BO_3	NaF	NaCl	KCl	$AlPO_4$	LiAl		
CJ301	17.5	77.5	—	—	—	5	—	650	铜及铜合金气焊
CJ401	—	—	7.5 ~ 9	27 ~ 30	49.5 ~ 52	—	13.5 ~ 15	560	青铜的气焊

气焊黄铜的焊剂主要成分是含硼酸甲酯和甲醇的混合液，在 100kPa 压力下，其沸点为 54℃左右，焊接时能保证蒸馏分离物成分不变。当乙炔通过盛有这种饱和蒸气的容器时，将此蒸气带入焊炬，与氧混合燃烧后发生反应，在火焰内形成的硼酐 B_2O_3 蒸气凝聚到金属及焊丝上，与金属氧化物发生反应产生硼酸盐，以薄膜形式浮在熔池表面，有效地防止了锌的蒸发，保护熔池金属不继续发生氧化。

HJ431、HJ260、HJ150 及 HJ250 是埋弧焊常用的焊剂，其中 HJ260、HJ150 的氧化性小，与普通纯铜焊丝配合使用，接头塑性高，伸长率可达 38% ~45%，接头导电性能也较高。HJ431 氧化性强，容易向焊缝过渡 Si、Mn 等元素，使接头的导电性及耐蚀性下降。

2. 接头设计

应采用散热条件对称的对接接头、端接接头，并根据母材厚度和焊接方法的不同，制备相应的坡口，如图 8-16 所示。对不等厚度（厚度差超过 3mm）的纯铜板对接焊时，厚度大的一端必须按规定削薄。采用单面焊接接头，特别是开坡口的单面焊接接头又要求背面成形时，必须在背面上加成形垫板，以保证焊缝成形良好。一般情况下，铜及铜合金工件不宜采用立焊和仰焊。

3. 焊接方法及工艺

焊接铜及铜合金需要大功率、高能量密度的热源，热效率越高，能量越集中越有利。铜及铜合金常用的熔焊方法有气焊、焊条电弧焊、氩弧焊、埋弧焊、等离子弧焊和电子束焊。不同厚度的材料应采用不同焊接方法，如薄板焊接采用钨极氩弧焊、焊条电弧焊及气

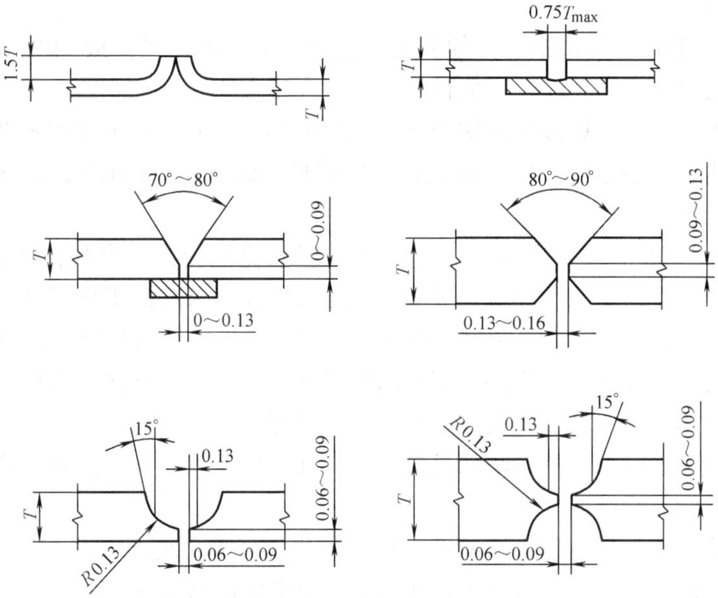

图8-16 接头形式及坡口尺寸

焊，中厚板采用熔化极氩弧焊和电子束焊，而厚板则建议采用埋弧焊。

(1) 气焊 氧乙炔气焊比较适合焊接薄铜片、铜件的修补或不重要结构的焊接。对厚度较大的，需要采用较高的预热温度或多层焊，而且焊接表面质量很差。

气焊用焊接材料可根据被焊材料以及焊丝与焊剂匹配选择，焊丝也可以采用相同成分母材上的切条。对没有清理氧化膜的母材、焊丝，气焊时必须使用焊剂，可用蒸馏水把焊剂调成糊状，均匀涂在焊丝和坡口上，用火焰烘干后即可施焊。

为了减少焊接内应力，防止产生缺陷，应采取预热措施。对薄板及小尺寸工件，预热温度为400～500℃，厚大工件预热温度为600～700℃。焊接薄板时应采用左焊法，这有利于抑制晶粒长大。当焊件厚度大于6mm时，宜采用右焊法，以较高的温度加热母材，便于观察熔池，操作也方便。焊接长焊缝时，焊前必须留有适合的收缩余量，并要先定位焊后焊接，焊接时应采用分段退焊法，以减少变形。对受力或较重要的焊件，必须采取焊后锤击和热处理措施。薄件焊后要立即对焊缝两侧的热影响区进行锤击，5mm以上的中厚板需要加热至500～600℃后进行锤击。锤击后将焊件加热至500～600℃，然后在水中急冷，可提高接头的塑性和韧性。此外，黄铜焊后应尽快在500℃左右退火。

(2) 氩弧焊 TIG焊是铜和铜合金的主要焊接方法之一，适于中、薄板和小件的焊接和补焊。TIG焊主要采用直流正接，一般采用左焊法。铍青铜、铝青铜采用交流TIG焊，有利于清除表面氧化膜。硅青铜的流动性差，是惟一可以采用手工TIG焊在立焊和仰焊位置进行焊接的铜合金。

MIG焊是焊接铜及铜合金中、厚板常用的方法。用该方法焊接脱氧铜，能获得无气孔、强度较高的焊缝。MIG焊对由氧引起的焊缝气孔和强度降低很敏感，在焊接脱氧元素不足的铜时，焊缝的气孔较多，且强度较低。MIG焊焊接铜时，采用直流反极性、大电流、高焊速，从而提高电弧的稳定性，避免硅青铜、磷青铜的热脆性和近缝区晶粒长大。对于硅青铜和铍青铜，根据其脆性及高强度的特点，焊后应进行消除应力和500℃保温3h

的时效硬化处理。

对于厚度超过6mm的纯铜，必须采用焊前预热工艺进行TIG或MIG焊接，才能实现熔化成形，并避免产生热裂纹，一般预热温度应高于400℃。

(3) 埋弧焊　埋弧焊焊接铜及铜合金时，厚度小于20mm的工件在不开坡口的条件下可获得优质接头，特别适合于中厚板的长焊缝焊接。纯铜、青铜埋弧焊的焊接性能较好，黄铜的焊接性尚可。

HJ430、HJ431焊剂具有良好的工艺性能，但氧化性较强，容易向焊缝过渡硅、锰，使焊接接头的导电性、耐蚀性和塑性下降。对接头性能要求高的工件可选用氧化性较弱的HJ260和HJ150焊剂，用无氧氟化物焊剂可获得导热、导电性与母材相同的焊缝。

对纯铜进行埋弧焊时，若焊件厚度或结构尺寸不大，可不预热，但厚度较大时最好采用局部预热，预热温度的高低与板厚、接头形式及焊接参数有关。预热温度过低达不到预热的效果，而过高时会引起热影响区晶粒长大，并产生激烈氧化，以致形成气孔、夹杂等缺陷，降低接头的力学性能。

纯铜的热导率大、热容量大，应选大的焊接电流和高的焊接电压(一般为34～40V)。黄铜埋弧焊时，应选用较小焊接电流(约比纯铜的焊接电流小15%～20%)和较低的焊接电压，以减小锌的蒸发烧损。

(4) 等离子弧焊　等离子弧具有比TIG和MIG电弧更高的能量密度和温度，因而具有焊接速度快、热影响区及变形量小等优点。对6～8mm厚的铜件可不预热、不开坡口一次焊成，接头质量可达到母材水平。厚度大于8mm的可采用留大钝边、开V形坡口的等离子弧焊与MIG焊或TIG焊联合工艺，即选用不填焊丝的等离子弧焊封底，然后用MIG焊或填丝TIG焊填满坡口。

由于铜及铜合金的流动性好，液态的表面张力较小，自重大，小孔效应不容易稳定，焊缝易烧穿，一般采用非穿透法而不用小孔法。为了获得更高的能量，可采用Ar+5% H_2或Ar+30% He的混合气体作为离子气。

(5) 电子束焊　电子束的能量密度和穿透能力比等离子弧还强，利用它对铜及铜合金作穿透性焊接有很大的优越性。电子束焊接时一般不填加焊丝，其冷却快、晶粒细、热影响区很小，在真空下焊接可完全避免接头的氧化，焊缝的力学性能与物理性能均可达到与母材相等的程度。

电子束焊接含锌、锡、磷等低熔点元素的黄铜和青铜时，这些元素的蒸发会造成合金元素的损失。此时，应避免电子束直接长时间聚焦在焊缝处。例如，可使电子束聚焦在高于工件表面的位置，或采用摆动电子束的办法。

电子束焊接厚大铜件时，会出现因电子束冲击发生熔化金属的飞溅问题，导致焊缝成形变坏，可采用散射电子束修饰焊缝的办法加以改善。

8.3.4 典型铜及铜合金的焊接

1. 纯铜母线的焊接

(1) 材质与结构　母线主要指的是在发电厂、电解工程中用于传导大电流的初级导线，一般厚度均在10mm以上，母线截面有300mm×16mm、200mm×12mm、200mm×16mm、200mm×28mm等多种尺寸，单根母线长短不等。母线所用的纯铜牌号一般为T1，其化学成分见表8-35。

表8-35　纯铜T1的化学成分

元素	Cu	P	Mn	Bi	Pb	S	P	O
质量分数(%)	99.95	—	—	0.002	0.005	0.005	0.001	0.02

（2）焊接材料　纯铜母线的焊接填充材料可以用母材本身，也可以用HS201焊丝，有棒状和盘装两种，可用于钨极氩弧焊和埋弧焊，其化学成分见表8-36。TIG焊用焊剂一般可选CJ301气剂或粉剂，埋弧焊一般选择HJ431焊剂。

表8-36　HS201焊丝的化学成分

元素	Si	Mn	Sn	Cu
质量分数(%)	0.3	0.3	1.0	余量

（3）焊接方法及工艺　对于大截面尺寸的纯铜母线，可用的焊接方法有钨极氩弧焊和埋弧焊等。埋弧焊的预热温度可降低到500℃以下，可以采用较大的焊接热输入，有利于母材与填充金属的熔合，熔池保护效果好，焊接质量比较稳定，但是焊接工艺及设备比较复杂。钨极氩弧焊热输入小，操作简单，快捷方便。

1）钨极氩弧焊。焊接件的坡口采用单面V形，坡口角度55°，钝边1mm，焊接间隙4～5mm。预热温度为500℃，采用焦炭炉持续加热，焊缝两边用石棉被各包裹400mm宽的范围。焊接坡口上均匀地撒上CJ301气剂，焊枪与工件夹角为75°～85°，焊丝与工件间夹角为10°～20°。为减少氧化，采用左焊法，焊接速度应快。电弧长度保持恒定，弧长一般控制在2～4mm。当填充或盖面时，焊丝应作轻微横向摆动。层间焊接温度应该保持在300～600℃左右，不宜长时间停留。焊后应采取水润法快速冷却，锤击减少应力。冷却后，用钢丝刷清理焊渣，采用酸洗法清除焊缝区及热影响区的氧化层。

2）埋弧焊。采用4mm厚的钢板作为垫板，长度要比焊接件长200～300mm，在板上撒满30mm厚的HJ431焊剂，焊接件在焊剂上组对，间隙小于1mm。必须采用焊前预热措施。预热温度为500℃，采用氧乙炔火焰加热。预热到设定温度时，即开始进行焊接。焊接电流为700～800A，电弧电压为40～45V，焊接速度为0.55m/min，层间温度控制在500℃。

2. 黄铜螺旋桨的焊补

（1）材质与结构　螺旋桨是船上的一个重要部件，所用的材料一般有锰黄铜、锰铝青铜和铝青铜。在使用中往往由于各种原因，诸如事故、腐蚀等使得桨叶产生缺口或裂纹，严重时桨叶断裂，如图8-17所示。由于螺旋桨制造价格昂贵，报废换新会造成较大的经济损失，如果根据《铜合金螺旋桨焊补规则》并经船级社评审通过，采用焊接的方法对损伤进行修补，将具有较大的经济效益。

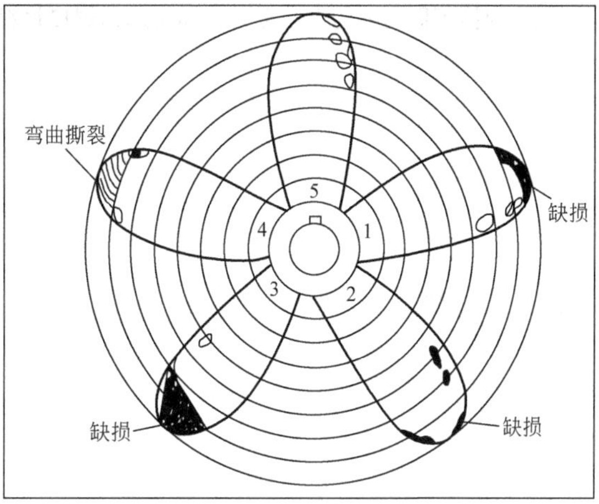

图8-17　船用螺旋桨损伤情况示意图

以某船的螺旋桨为例，每只质量达65kg，直径916mm，桨毂外径155mm，毂高190mm，材料为锰黄铜，其化学成分见表8-37。

表8-37 锰黄铜的化学成分

元素	Cu	Mn	Fe	Zn
质量分数(%)	58.2	3.56	0.16	37.6

（2）焊接要点 焊接坡口采用X形，坡口角度60°~80°。采用焊条电弧焊，填充材料选用T227焊条，焊芯化学成分见表8-38。直流反极性接法，焊接电流为120~150A。在焊接过程中，焊接件的固定靠胎卡具定位，从叶片中间向两边进行焊接，焊条作横向摆动。为了避免Zn的蒸发和空气进入熔池，要严格控制弧长，并进行快速焊接。焊后将焊接件加热至500℃保温3h，以消除应力。

表8-38 T227(ECuSn-B)焊条焊芯的化学成分

元素	Cu	Sn	P
质量分数（%）	余量	7.9~9.0	0.03~0.3

思考题

1. 论述不同类型铝合金焊接热裂纹的敏感性及其防止措施。
2. 为什么铝及铝合金焊接时易产生气孔？如何防止？
3. 铝及铝合金焊接热影响区的软化程度与哪些因素有关？如何控制？
4. 焊接不同类型的铝合金时，如何选择焊接材料、焊接方法及工艺参数？
5. 钛及钛合金焊接的主要问题是什么？
6. 为什么钛及钛合金焊接中必须加强保护？
7. 焊接钛及钛合金时，如何选择焊接材料、焊接方法及工艺参数？
8. 铜及铜合金焊接的主要问题是什么？
9. 论述铜及铜合金焊接气孔的类型及形成原因。
10. 焊接不同类型的铜合金时，如何选择焊接材料、焊接方法及工艺参数？

参考文献

[1] 中国机械工程学会焊接分会．焊接词典［M］．2 版．北京：机械工业出版社，1998.

[2] Kou S. Welding Metallurgy［M］. 2nd ed. New Jersey：Wiley Interscience，2002.

[3] 张文钺．焊接冶金学（基本原理）［M］．北京：机械工业出版社，1999.

[4] 周振丰．焊接冶金学（金属焊接性）［M］．北京：机械工业出版社，2000.

[5] 中国机械工程学会焊接学会．焊接手册：第 1 卷　焊接方法［M］．2 版．北京：机械工业出版社，2001.

[6] ASM International. ASM Handbook：Volume 6［M］. OH：Materials Park，1993.

[7] Blackman S A，Dorling D V. Technology Advancements Push Pipeline Wilding Productivity［J］. Welding Journal，2000，79（8）：39-44.

[8] 拉达伊 D. 焊接热效应［M］．熊第京，等译．北京：机械工业出版社，1997.

[9] 张文钺．焊接传热学［M］．北京：机械工业出版社，1989.

[10] 武传松．焊接热过程数值分析［M］．哈尔滨：哈尔滨工业大学出版社，1990.

[11] 中国机械工程学会焊接学会．焊接手册：第 2 卷　材料的焊接［M］．2 版．北京：机械工业出版社，2001.

[12] 张文钺．焊接物理冶金［M］．天津：天津大学出版社，1991.

[13] 邹增大．焊接材料、工艺及设备手册［M］．北京：化学工业出版社，2001.

[14] 机械工业部．焊接材料产品样本［M］．北京：机械工业出版社，1997.

[15] 陈裕川．低合金结构钢的焊接［M］．北京：机械工业出版社，1992.

[16] 廖立乾．焊条的设计、制造与使用［M］．北京：机械工业出版社，1988.

[17] 唐伯钢．低碳钢与低合金高强度钢焊接材料［M］．北京：机械工业出版社，1987.

[18] 陈伯蠡．焊接冶金原理［M］．北京：清华大学出版社，1991.

[19] 杜则裕．工程焊接冶金学［M］．北京：机械工业出版社，1993.

[20] 尹士科．国外药芯焊丝发展概况［J］．焊接技术，1988，（1）：26-30.

[21] Connor L P. Welding Handbook：Volume 1. 8th Edition. Miami FL：American Welding Society，1987.

[22] 魏琪，等．高氟化钙型渣系自保护药芯焊丝气孔敏感性研究［C］//第八届全国焊接会议论文集第二册．1997，H－II－033－97.

[23] Lancaster J F. Metallurgy of Welding［M］. 5th Edition. London：Chapman & Hall，1993.

[24] 熊弟京，等．低合金高强钢焊接金属中残余氢的研究［J］．北京工业大学学报，1990（2）：1-8.

[25] 傅积和．焊接数据资料手册［M］．北京：机械工业出版社，1997.

[26] 唐伯钢，等．采用稀土降低熔敷金属扩散氢的研究［J］．冶金部建筑研究总院学报，1987（1）：1-5.

[27] Boniszewski T. Self－Shielded Arc Welding［M］. Cambridge：Abington Publishing，1992.

[28] 徐祖耀．贝氏体相变与贝氏体钢［M］．北京：科学出版社，1991.

[29] 薛松柏．低氢焊条 CaF_2 去氢的进一步研究［C］//第六届全国焊接会议论文集第 3 集．1990，3－52.

[30] 斯重遥．焊接金相图谱［M］．北京：机械工业出版社，1987.

[31] 王世亮，等．采用重稀土改善焊缝韧性的研究［J］．焊接学报，1986，7（2）：55-62.

[32] 邵德春，等．钇对低合金钢焊缝组织和低温韧性的影响［J］．金属科学与工艺，1985，4（1）：1-6.

[33] 阎澄，等．低合金高强钢多层焊缝薄弱环节的组织和韧性［J］．焊接学报，1992，13（1）：21-24.
[34] Obrien R L. Jefferson's Welding Encyclopedia［M］. 18th Edition. Miami FL：American Welding Society，1997.
[35] Villafuerte J C，Kerr H W. Electromagnetic Stirring and Grain Refinement in Stainless Steel GTA Welds［J］. Welding Journal，1990，69（1）：1-13.
[36] David S A，Vitek J M. Correlation between Solidification Parameters and Weld Microstructures［J］. International Materials Review，1989，34：213-245.
[37] 吕德林，等．焊接金相分析［M］．北京：机械工业出版社，1986.
[38] 中国机械工程学会焊接分会．焊接金相图谱［M］．北京：机械工业出版社，1987.
[39] 张志明，等．碲、稀土对焊缝金属的降氢韧化作用研究［J］．哈尔滨工业大学学报，1985（S3）：141-146．
[40] 陈伯蠡．高强钢埋弧焊焊缝的强韧化研究［J］．焊接学报，1987，8（3）：153-161.
[41] 曾乐．焊接工程学［M］．北京：新时代出版社，1986.
[42] 张文钺，等．低合金高强钢焊接冷裂敏感性研究［J］．焊接与切割，1991，1（5）：82-89.
[43] 田燕，等．微Ti合金化对Q420钢焊接粗晶区时效韧化的改善效果［C］//第六届全国焊接会议论文集第三册．1990，H－IXa－045－90.
[44] 王智慧，等．奥氏体/铁素体异种钢焊接接头熔合区组织的研究［J］．北京工业大学学报，1988，14（4）：9-18.
[45] 周敏惠，等．焊接缺陷与对策［M］．上海：上海科学技术文献出版社，1989.
[46] 陈伯蠡．焊接工程缺欠分析与对策［M］．北京：机械工业出版社，1998.
[47] 张其枢，堵耀庭．不锈钢焊接［M］．北京：机械工业出版社，2002.
[48] 伊斯特林格．焊接无力冶金导论［M］．唐慕尧，等译．北京：机械工业出版社，1989.
[49] Yurioka N，Suzuki H. Hydrogen Assisted Cracking in C－Mn and Low Alloy Steel Weldment［J］. International Materials Reviews，1990，35（4）：217-249.
[50] 张炳范，等．焊缝金属对高强钢HAZ抗裂性的影响［J］．焊接学报，1991，12（1）：31-38.
[51] 张文钺．焊接工艺与失效分析［M］．北京：机械工业出版社，1989.
[52] 陈祝年．焊接工程师手册［M］．北京：机械工业出版社，2002.
[53] 陈裕川．焊接工艺评定手册［M］．北京：机械工业出版社，2000.
[54] 吴世初．金属的可焊性试验［M］．上海：上海科学技术文献出版社，1983.
[55] 王文翰．焊接技术手册［M］．郑州：河南科学技术出版社，2001．
[56] 邹增大，等．低合金高强度钢焊接及工程应用［M］．北京：化学工业出版社，2000.
[57] 史耀武．焊接技术手册［M］．福州：福建科学技术出版社，2005.
[58] 李亚江．焊接组织性能与质量控制［M］．北京：化学工业出版社，2005.
[59] 英若采．熔焊原理及金属材料焊接［M］．2版．北京：机械工业出版社，2004.
[60] 徐祖泽．新型微合金钢的焊接［M］．北京：机械工业出版社，2004.
[61] 黄文哲．焊工手册：手工焊接与切割［M］．修订版．北京：机械工业出版社，1991.
[62] 郭延秋．大型火电机组检修实用技术丛书：金属与焊接分册［M］．北京：中国电力出版社，2003.
[63] 张汉谦．钢熔接接头金属学［M］．北京：机械工业出版社，2000.
[64] 李亚江．焊接材料的选用［M］．北京：化学工业出版社，2004.
[65] 翁宇庆．超细晶钢—钢的组织细化理论与控制技术［M］．北京：冶金工业出版社，2003.
[66] 刘会杰．搅拌摩擦焊常用名词术语［J］．焊接，2005（1）：4.

[67] 刘会杰，冯吉才，陈迎春．5 mm 厚铝合金双面搅拌摩擦焊接［J］．焊接学报，2004，25（5）：9-12.

[68] Liu H J, Fujii H, Maeda M. Tensile Properties and Fracture Locations of Friction - Stir - Welded Joints of 2017 - T351 Aluminum Alloy [J]. Journal of Materials Processing Technology, 2003, 142 (3): 692-696.

[69] 冈毅民．中国不锈钢腐蚀手册［M］．北京：冶金工业出版社，1992.

[70] 陈伯蠡．金属焊接性基础［M］．北京：机械工业出版社，1982.

[71] 富克哈德 E. 不锈钢焊接冶金［M］．栗卓新，朱学军，译．北京：化学工业出版社，2004.

[72] Krysiak K F. Welding Behavior of Ferrite Stainless Steels - An Overreview [J]. Welding Journal, 1986, 65: 37-41.

[73] 张文钺，侯胜昌．双相不锈钢的焊接性及其焊接材料［J］．焊接技术，2004，33（1）：40-42.

[74] 李为卫，宫少涛，熊庆人．2205 双相不锈钢的焊接性及焊接技术［J］．热加工工艺，2006，35（3）：36-38.

[75] 孙宾，李亚江，迟青．高纯 0Cr18Mo2 铁素体不锈钢的焊接工艺［J］．热加工工艺，2004（4）：53-54.

[76] 张永兰，李亚江，于衍志．铁素体不锈钢焊接区域的组织特征［J］．机械工程材料，1994，18（6）：14-16.

[77] 冯涛，吴雄斌，李洪军，李云军．大型马氏体不锈钢转轮焊接工艺研究［J］．东方电气评论，2000，14（4）：215-226.

[78] 陈冰泉，潘春旭，张志慧．奥氏体不锈钢焊接接头过渡区组织变化研究［J］．武汉交通科技大学学报，1995，19（1）：1-6.

[79] 王玉良．SAF2205 双相不锈钢 GTAW 焊接工艺［J］．广船科技，2002（4）：25-28.

[80] 刘靖涛．SAF2205 双相不锈钢焊接［J］．焊接技术，2001，30（6）：17-18.

[81] 李尚周，Wiseman R，Sunter B J. SAF2205 双相不锈钢 MIG 焊接研究［J］．焊接学报，1995，16（2）：68-73.

[82] 刘志华，赵兵，赵青．21 世纪航天工业铝合金焊接工艺技术展望［J］．导弹与航天运载技术，2002（5）：63-68.

[83] 李惠中，张新明．2519 铝合金焊接接头的组织和性能［J］．有色金属学报，2004，4（6）：956-960.

[84] 李标锋．船用铝合金焊接及其船体建造工艺［M］．北京：国防工业出版社，2005.

[85] 顾曾迪，陈根宝，金心溥．有色金属焊接［M］．2 版．北京：机械工业出版社，1997.

[86] 黄旺福，黄金刚．铝及铝合金焊接指南［M］．长沙：湖南科学技术出版社，2005.

[87] 水野政夫．铝及其合金的焊接［M］．北京：冶金工业出版社，1985.

[88] 周振丰，张文钺．焊接冶金与金属焊接性［M］．2 版．北京：机械工业出版社，1988.

[89] 张喜燕，赵永庆，白晨光．钛合金及其应用［M］．北京：化学工业出版社，2005.

[90] Harwig D D, Ittiwattana W and Castner H. Advances in Oxygen Equivalent Equations for Predicting the Properties of Titanium Welds [J]. Welding Journal, 2001, 80 (5): 126.

[91] 董宝明．TB8 钢板的焊接性［J］．金属学报，2002，22（增刊）：302-304.

[92] 王焕琴．钛合金焊接工艺的控制和焊接接头的组织及性能分析［J］．热加工工艺，2004（8）：66-67.

[93] 董宝明，郭德伦，张田仓．钛合金焊接结构在先进飞机中的应用及发展［J］．航空材料学报，2003，23（增刊）：239-243.

[94] 沈宁福．新编金属材料手册［M］．北京：科学出版社，2002.

[95] 季杰，马学智．铜及铜合金的焊接［J］．焊接技术，1999（2）：13-15.
[96] Wegrzyn J. Welding with Coated Electrodes of Thick Copper and Steel - Copper Parts［J］. Welding International, 1993, 7（3）: 2-5.
[97] 闫久春，崔西会，李庆芬．预热对紫铜厚板 TIG 焊接工艺性的影响［J］．焊接，2005（9）：58-61.
[98] 闫久春，李庆芬，于汉臣，李春风，杨士勤．紫铜厚板焊接研究现状及展望［J］．中国焊接产业，2006（2）：18-20.
[99] Kuwana T, Kokawa H and Honda A. Effects of Nitrogen and Titanium on Mechanical Properties and Annealed Structure of Copper Weld Metal by Ar - N2 Gas Metal Arc Welding［J］. Quarterly Journal of the Japan Welding Society, 1986, 4（4）: 753-758.
[100] Kuwana T, Kokawa H and Honda A. Effects of Nitrogen and Titanium on Blow Hole Formation and Microstructure in Copper Weld Metal by Ar - N_2 Gas Metal Arc Welding［J］. Quarterly Journal of the Japan Welding Society, 1986, 4（4）: 758-759.
[101] 梅福欣，Le Y P. 混合气体保护电弧焊接紫铜［J］．华南工学院学报，1987，15（1）：101-105.
[102] Siewart T A. Mechanical Properties of Electron Beam Welds in Thick Copper［J］. Advances in Cryogenic Engineering, 1990, 36（Part B）: 1185-1192.
[103] 刘方军，王世卿．大厚度紫铜电子束焊接的研究［J］．中国机械工程，1997，7（3）：101-102.
[104] 申有才．大截面紫铜母线钨极氩弧焊焊接工艺［J］．化工建设工程，2001，23（4）：25-26.
[105] 金政，吕明．锰黄铜螺旋桨的焊补修复工艺［J］．造船技术，1996（10）：39-41.
[106] 王熔铎．铜合金螺旋桨修理质量控制浅析［J］．中国修船，1999（2）：8-10.

《焊接冶金与焊接性》信息反馈表

尊敬的老师：

您好！感谢您多年来对机械工业出版社的支持和厚爱！为了进一步提高我社教材的出版质量，更好地为我国高等教育发展服务，欢迎您对我社的教材多提宝贵意见和建议。另外，如果您在教学中选用了本书，欢迎您对本书提出修改建议和意见。

一、基本信息

姓名：________ 性别：______ 职称：________ 职务：___________

邮编：________ 地址：____

任教课程：____________ 电话：________—________（H）________（O）

电子邮件：____________________________________ 手机：____________

二、您对本书的意见和建议

（欢迎您指出本书的疏误之处）

三、您对我们的其他意见和建议

请与我们联系：

100037　北京百万庄大街22号·机械工业出版社·高等教育分社　冯春生　收

Tel：010—8837 9715（O），6899 4030（Fax）

E-mail：fcs8888@sohu.com